Leitfaden zum Berechnen und Entwerfen

von

Lüftungs- und Heizungs-Anlagen.

Auf Anregung

Seiner Excellenz des Herrn Ministers der öffentlichen Arbeiten

verfasst von

H. Rietschel,

Geh. Regierungs-Rath,
Professor an der Kgl. Technischen Hochschule zu Berlin.

Dritte, vollständig neu bearbeitete Auflage.

Zweiter Theil.

Tabellen und Tafeln.

Springer-Verlag
Berlin Heidelberg GmbH
1902.

Additional material to this book can be downloaded from http://extras.springer.com

ISBN 978-3-662-40624-3   ISBN 978-3-662-41104-9 (eBook)
DOI 10.1007/978-3-662-41104-9

Softcover reprint of the hardcover 1st edition 1902

Inhaltsverzeichniss.

Zweiter Theil.

I. Tabellen.

II. Tafeln.

Gewicht, Volumen, Dichtigkeit und Wassergehalt der Luft sowie Spannung des Wasserdampfes für verschiedene Temperaturen.

Temperatur	1 cbm trockene Luft			Spannung des Wasserdampfes in mm Quecksilber	Wasserdampf enthält bei Normalbarometerstand in gesättigtem Zustande	
	wiegt bei Normalbarometerstand kg	von 0° giebt cbm von t^0 $(1 + a\,t)$	von t^0 giebt cbm von 0° $\left(\dfrac{1}{1 + a\,t}\right)$		1 cbm Luft kg	1 kg Luft kg
—20	1,396	0,927	1,079	0,927	0,0011	0,0008
19	1,390	0,930	1,075	1,015	0,0012	0,0008
18	1,385	0,934	1,071	1,116	0,0013	0,0009
17	1,379	0,938	1,066	1,207	0,0014	0,0010
16	1,374	0,941	1,062	1,308	0,0015	0,0011
15	1,368	0,945	1,058	1,400	0,0016	0,0011
14	1,363	0,949	1,054	1,549	0,0017	0,0013
13	1,358	0,952	1,050	1,680	0,0019	0,0014
12	1,353	0,956	1,046	1,831	0,0020	0,0015
11	1,348	0,959	1,042	1,982	0,0022	0,0016
10	1,342	0,963	1,038	2,093	0,0023	0,0017
9	1,337	0,967	1,034	2,267	0,0025	0,0019
8	1,332	0,971	1,030	2,455	0,0027	0,0020
7	1,327	0,974	1,026	2,658	0,0029	0,0022
6	1,322	0,978	1,023	2,876	0,0031	0,0024
5	1,317	0,982	1,019	3,113	0,0034	0,0026
4	1,312	0,985	1,015	3,368	0,0036	0,0028
3	1,308	0,989	1,011	3,644	0,0039	0,0030
2	1,303	0,993	1,007	3,941	0,0042	0,0032
—1	1,298	0,996	1,004	4,263	0,0045	0,0035
0	1,293	1,000	1,000	4,600	0,0049	0,0038
+1	1,288	1,004	0,996	4,940	0,0052	0,0041
2	1,284	1,007	0,993	5,302	0,0056	0,0043
3	1,279	1,011	0,989	5,687	0,0060	0,0047
4	1,275	1,015	0,986	6,097	0,0064	0,0050
5	1,270	1,018	0,982	6,534	0,0068	0,0054
6	1,265	1,022	0,979	6,998	0,0073	0,0057
7	1,261	1,026	0,975	7,492	0,0077	0,0061
8	1,256	1,029	0,972	8,017	0,0083	0,0066
9	1,252	1,033	0,968	8,574	0,0088	0,0070
10	1,248	1,037	0,965	9,165	0,0094	0,0075

Temperatur	1 cbm trockene Luft			Spannung des Wasserdampfes in mm Quecksilber	Wasserdampf enthält bei Normalbarometerstand in gesättigtem Zustande	
	wiegt bei Normalbarometerstand kg	von 0^0 giebt cbm von t^0 $(1+at)$	von t^0 giebt cbm von 0^0 $\left(\dfrac{1}{1+at}\right)$		1 cbm Luft kg	1 kg Luft kg
11	1,243	1,040	0,961	9,762	0,0099	0,0080
12	1,239	1,044	0,958	10,457	0,0106	0,0086
13	1,235	1,048	0,955	11,162	0,0113	0,0092
14	1,230	1,051	0,951	11,908	0.0120	0,0098
15	1,226	1,055	0,948	12,699	0,0128	0,0104
16	1,222	1,059	0,945	13,536	0,0136	0,0111
17	1,217	1,062	0,941	14,421	0,0144	0,0118
18	1,213	1,066	0,938	15,357	0,0153	0,0126
19	1,209	1,070	0,935	16,346	0,0162	0,0134
20	1,205	1,073	0,932	17,391	0,0172	0,0143
21	1,201	1,077	0,929	18,495	0,0182	0,0152
22	1,197	1,081	0,925	19,659	0,0193	0,0161
23	1,193	1,084	0,922	20,888	0,0204	0,0171
24	1,189	1,088	0,919	22,184	0,0216	0,0182
25	1,185	1,092	0,916	23,550	0,0229	0,0193
26	1,181	1,095	0,913	24,988	0,0242	0,0201
27	1,177	1,099	0,910	26,505	0,0256	0,0217
28	1,173	1,103	0,907	28,101	0,0270	0,0230
29	1,169	1,106	0,904	29,782	0,0285	0,0244
30	1,165	1,110	0,901	31,548	0,0301	0,0259
31	1,161	1,114	0,898	33,406	0,0318	0,0274
32	1,157	1,117	0,895	35,359	0,0335	0,0290
33	1,154	1,121	0,892	37,411	0,0354	0,0307
34	1,150	1,125	0,889	39,565	0,0373	0,0324
35	1,146	1,128	0,886	41,827	0,0393	0,0343
36	1,142	1,132	0,884	44,201	0,0414	0,0362
37	1,139	1,136	0,881	46,691	0,0436	0,0383
38	1,135	1,139	0,878	49,302	0,0459	0,0404
39	1.132	1,143	0,875	52,039	0,0483	0,0427
40	1,128	1,147	0,872	54,906	0,0508	0,0450
41	1,124	1,150	0,869	57,910	0,0534	0,0475
42	1,121	1,154	0,867	61,055	0,0561	0,0501
43	1,117	1,158	0,864	64,346	0,0589	0,0528
44	1,114	1,161	0,861	67,790	0,0619	0,0556
45	1,110	1,165	0,858	71,391	0,0650	0,0584
46	1,107	1,169	0,856	75,158	0,0682	0,0616
47	1,103	1,172	0,853	79,093	0,0715	0,0649
48	1,100	1,176	0,850	83,204	0,0750	0,0682
49	1,096	1,180	0,848	87,499	0,0786	0,0717
50	1,093	1,183	0,845	91,982	0,0823	0,0754
51	1,090	1,187	0,843	96,661	0,0863	0,0793
52	1,086	1,191	0,840	101,543	0,0904	0,0833
53	1,083	1,194	0,837	106,636	0,0946	0,0874
54	1,080	1,198	0,835	111,945	0,0991	0,0918
55	1,076	1,202	0,832	117,478	0,1036	0,0963

Tabelle 1 (Forts.)

Temperatur	1 cbm trockene Luft			Spannung des Wasserdampfes in mm Quecksilber	Wasserdampf enthält bei Normalbarometerstand in gesättigtem Zustande	
	wiegt bei Normalbarometerstand kg	von 0^0 giebt cbm von t^0 $(1+at)$	von t^0 giebt cbm von 0^0 $\left(\dfrac{1}{1+at}\right)$		1 cbm Luft kg	1 kg Luft kg
56	1,073	1,205	0,830	123,244	0,1084	0,1011
57	1,070	1,209	0,827	129,251	0,1133	0,1060
58	1,067	1,213	0,825	135,505	0,1185	0,1111
59	1,063	1,216	0,822	142,015	0,1238	0,1165
60	1,060	1,220	0,820	148,791	0,1293	0,1220
61	1,057	1,224	0,817	155,839	0,1350	0,1278
62	1,054	1,227	0,815	163,170	0,1409	0,1338
63	1,051	1,231	0,812	170,791	0,1471	0,1401
64	1,048	1,235	0,810	178,714	0,1534	0,1465
65	1,044	1,238	0,808	186,945	0,1600	0,1533
66	1,041	1,242	0,805	195,496	0,1669	0,1603
67	1,038	1,246	0,803	204,376	0,1739	0,1676
68	1,035	1,249	0,801	213,596	0,1812	0,1751
69	1,032	1,253	0,798	223,165	0,1888	0,1830
70	1,029	1,257	0,796	233,093	0,1966	0,1911
71	1,026	1,260	0,794	243,393	0,2047	0,1996
72	1,023	1,264	0,791	254,073	0,2132	0,2083
73	1,020	1,268	0,789	265,147	0,2217	0,2174
74	1,017	1,271	0,787	276,624	0,2307	0,2268
75	1,014	1,275	0,784	288,517	0,2399	0,2366
76	1,011	1,279	0,782	300,838	0,2494	0,2467
77	1,009	1,282	0,780	313,600	0,2593	0,2571
78	1,006	1,286	0,771	326,811	0,2694	0,2680
79	1,003	1,290	0,776	340,488	0,2799	0,2792
80	1,000	1,293	0,773	354,643	0,2907	0,2908
81	0,997	1,297	0,771	369,287	0,3018	0,3028
82	0,994	1,301	0,769	384,435	0,3133	0,3152
83	0,992	1,304	0,767	400,101	0,3252	0,3281
84	0,989	1,308	0,765	416,298	0,3374	0,3414
85	0,986	1,312	0,763	433,041	0,3500	0,3551
86	0,983	1,315	0,760	450,301	0,3629	0,3692
87	0.981	1,319	0,758	468,175	0,7763	0,3839
88	0,978	1,323	0,756	486,638	0,3900	0,3990
89	0,975	1,326	0,754	505,705	0,4042	0,4147
90	0,973	1,330	0,752	525,392	0,4188	0,4308
91	0,970	1,334	0,750	545,715	0,4338	0,4475
92	0,967	1,337	0,748	566.690	0,4492	0,4647
93	0,965	1,341	0,746	588,333	0,4651	0,4824
94	0,962	1,345	0,744	610,661	0,4815	0,5007
95	0,959	1,348	0,742	633,692	0,4983	0,5196
96	0,957	1,352	0,740	657,443	0,5155	0,5391
97	0,954	1,356	0,738	681,931	0,5332	0,5592
98	0,951	1,359	0,736	707,174	0,5515	0,5799
99	0,949	1,363	0,734	733,191	0,5703	0,6012
100	0,947	1,367	0,732	760,000	0,5895	0,6232

Temperatur	1 cbm trockene Luft			Temperatur	1 cbm trockene Luft		
	wiegt bei Normalbarometerstand kg	von 0^0 giebt cbm von t^0 $(1 + at)$	von t^0 giebt cbm von 0^0 $\left(\dfrac{1}{1+at}\right)$		wiegt bei Normalbarometerstand kg	von 0^0 giebt cbm von t^0 $(1 + at)$	von t^0 giebt cbm von 0^0 $\left(\dfrac{1}{1+at}\right)$
101	0,944	1,370	0,730	146	0,842	1,535	0,651
102	0,941	1,374	0,728	147	0,840	1,539	0,650
103	0,939	1,378	0,726	148	0,838	1,542	0,648
104	0,936	1,381	0,724	149	0,836	1,546	0,647
105	0,934	1,385	0,722	150	0,835	1,550	0,645
106	0,931	1,389	0,720	151	0,832	1,553	0,644
107	0,929	1,392	0,718	152	0,831	1,557	0,642
108	0,927	1,396	0,716	153	0,829	1,561	0,641
109	0,924	1,400	0,715	154	0,827	1,564	0,639
110	0,922	1,403	0,713	155	0,825	1,568	0,638
111	0,919	1,407	0,711	156	0,823	1,572	0,636
112	0,917	1,411	0,709	157	0,821	1,575	0,635
113	0,914	1,414	0,707	158	0,819	1,579	0,633
114	0,912	1,418	0,705	159	0,817	1,583	0,632
115	0,910	1,422	0,704	160	0,815	1,586	0,630
116	0,908	1,425	0,702	161	0,813	1,590	0,629
117	0,905	1,429	0,700	162	0,812	1,594	0,628
118	0,903	1,433	0,698	163	0,810	1,597	0,626
119	0,901	1,436	0,696	164	0,808	1,601	0,625
120	0,898	1,440	0,695	165	0,806	1,605	0,623
121	0,896	1,444	0,693	166	0,804	1,608	0,622
122	0,894	1,447	0,691	167	0,802	1,612	0,620
123	0,891	1,451	0,689	168	0,800	1,616	0,619
124	0,889	1,455	0,688	169	0,799	1,619	0,618
125	0,887	1,458	0,686	170	0,797	1,623	0,616
126	0,885	1,462	0,684	171	0,795	1,627	0,615
127	0,883	1,466	0,682	172	0,793	1,630	0,613
128	0,880	1,469	0,681	173	0,791	1,634	0,612
129	0,878	1,473	0,679	174	0,790	1,638	0,611
130	0,876	1,477	0,677	175	0,788	1,641	0,609
131	0,874	1,480	0,676	176	0,786	1,645	0,608
132	0,872	1,484	0,674	177	0,784	1,649	0,607
133	0,869	1,487	0,672	178	0,783	1,652	0,605
134	0,867	1,491	0,671	179	0,781	1,656	0,604
135	0,865	1,495	0,669	180	0,779	1,660	0,603
136	0,863	1,498	0,667	181	0,778	1,663	0,601
137	0,861	1,502	0,666	182	0,776	1,667	0,600
138	0,859	1,506	0,664	183	0,774	1,671	0,599
139	0,857	1,509	0,663	184	0,772	1,674	0,597
140	0,855	1,513	0,661	185	0,771	1,678	0,596
141	0,853	1,517	0,659	186	0,769	1,682	0,595
142	0,851	1,520	0,658	187	0,767	1,685	0,593
143	0,849	1,524	0,656	188	0,766	1,689	0,592
144	0,847	1,528	0,655	189	0,764	1,693	0,591
145	0,845	1,531	0,653	190	0,762	1,696	0,590

Tabelle 1 (Forts.)

Temperatur	1 cbm trockene Luft			Temperatur	1 cbm trockene Luft		
	wiegt bei Normalbarometerstand kg	von 0^0 giebt cbm von t^0 $(1 + at)$	von t^0 giebt cbm von 0^0 $\left(\dfrac{1}{1+at}\right)$		wiegt bei Normalbarometerstand kg	von 0^0 giebt cbm von t^0 $(1 + at)$	von t^0 giebt cbm von 0^0 $\left(\dfrac{1}{1+at}\right)$
191	0,761	1,700	0,588	255	0,668	1,935	0,517
192	0,759	1,704	0,587	260	0,662	1,953	0,512
193	0,757	1,707	0,586	265	0,656	1,971	0,507
194	0,756	1,711	0,585	270	0,650	1,990	0,503
195	0,754	1,715	0,583	275	0,644	2,008	0,498
196	0,753	1,718	0,582	280	0,638	2,026	0,494
197	0,751	1,722	0,581	285	0,633	2,045	0,489
198	0,749	1,726	0,580	290	0,627	2,063	0,485
199	0,748	1,729	0,578	295	0,621	2,081	0,481
200	0,746	1,733	0,577	300	0,616	2,100	0,476
205	0,738	1,751	0,571	310	0,605	2,136	0,468
210	0,731	1,770	0,565	320	0,595	2,173	0,460
215	0,723	1,788	0,559	330	0,585	2,210	0,453
220	0,716	1,806	0,554	340	0,576	2,246	0,445
225	0,709	1,825	0,548	350	0,567	2,283	0,438
230	0,702	1,843	0,543	360	0,558	2,319	0,431
235	0,695	1,861	0,537	370	0,549	2,356	0,424
240	0,688	1,880	0,532	380	0,540	2,393	0,418
245	0,681	1,898	0,527	390	0,532	2,429	0,412
250	0,675	1,916	0,522	400	0,524	2,466	0,406

Werthe von $\dfrac{1+\alpha t_1}{1+\alpha t} = \dfrac{273+t_1}{273+t}$

t_1	$t=-25$	-24	-23	-22	-21	-20	-19	-18	-17	-16	$t=-15$	t_1
-25	1,000	0,996	0,992	0,988	0,984	0,980	0,976	0,973	0,969	0,965	0,961	-25
-24	1,004	1,000	0,996	0,982	0,988	0,984	0,980	0,976	0,973	0,969	0,965	-24
-23	1,008	1,004	1,000	0,996	0,992	0,988	0,984	0,980	0,977	0,973	0,969	-23
-22	1,012	1,008	1,004	1,000	0,996	0,992	0,988	0,984	0,980	0,977	0,973	-22
-21	1,016	1,012	1,008	1,004	1,000	0,996	0,992	0,988	0,984	0,980	0,977	-21
-20	1,020	1,016	1,012	1,008	1,004	1,000	0,996	0,992	0,988	0,984	0,981	-20
-19	1,024	1,020	1,016	1,012	1,008	1,004	1,000	0,996	0,992	0,988	0,984	-19
-18	1,028	1,024	1,020	1,016	1,012	1,008	1,004	1,000	0,996	0,992	0,988	-18
-17	1,032	1,028	1,024	1,020	1,016	1,012	1,008	1,004	1,000	0,996	0,992	-17
-16	1,036	1,032	1,028	1,024	1,020	1,016	1,012	1,008	1,004	1,000	0,996	-16
-15	1,040	1,036	1,032	1,028	1,024	1,020	1,016	1,012	1,008	1,004	1,000	-15
-14	1,044	1,040	1,036	1,032	1,028	1,024	1,020	1,016	1,012	1,008	1,004	-14
-13	1,048	1,044	1,040	1,036	1,032	1,028	1,024	1,020	1,016	1,012	1,008	-13
-12	1,052	1,048	1,044	1,040	1,036	1,032	1,028	1,024	1,020	1,016	1,012	-12
-11	1,056	1,052	1,048	1,044	1,040	1,036	1,032	1,027	1,023	1,019	1,016	-11
-10	1,061	1,056	1,052	1,048	1,044	1,040	1,035	1,031	1,027	1,023	1,019	-10
-9	1,065	1,060	1,056	1,052	1,048	1,044	1,039	1,035	1,031	1,027	1,023	-9
-8	1,069	1,064	1,060	1,056	1,052	1,047	1,043	1,039	1,035	1,031	1,027	-8
-7	1,073	1,068	1,064	1,060	1,056	1,051	1,047	1,043	1,039	1,035	1,031	-7
-6	1,077	1,072	1,068	1,064	1,060	1,055	1,051	1,047	1,043	1,039	1,035	-6
-5	1,081	1,076	1,072	1,068	1,064	1,059	1,055	1,051	1,047	1,043	1,039	-5
-4	1,085	1,080	1,076	1,072	1,067	1,063	1,059	1,055	1,051	1,047	1,043	-4
-3	1,089	1,084	1,080	1,076	1,071	1,067	1,063	1,059	1,055	1,051	1,047	-3
-2	1,093	1,088	1,084	1,080	1,075	1,071	1,067	1,063	1,059	1,055	1,050	-2
-1	1,097	1,092	1,088	1,084	1,079	1,075	1,071	1,067	1,063	1,058	1,054	-1
0	1,101	1,096	1,092	1,088	1,083	1,079	1,075	1,071	1,066	1,062	1,058	0
$+1$	1,105	1,100	1,096	1,092	1,087	1,083	1,079	1,075	1,070	1,066	1,062	$+1$
$+2$	1,109	1,104	1,100	1,096	1,091	1,087	1,083	1,078	1,074	1,070	1,066	$+2$
$+3$	1,113	1,108	1,104	1,100	1,095	1,091	1,087	1,082	1,078	1,074	1,070	$+3$
$+4$	1,117	1,112	1,108	1,104	1,099	1,095	1,091	1,086	1,082	1,078	1,074	$+4$
$+5$	1,121	1,116	1,112	1,108	1,103	1,099	1,095	1,090	1,086	1,082	1,078	$+5$
$+6$	1,125	1,121	1,116	1,112	1,107	1,103	1,098	1,094	1,090	1,086	1,081	$+6$
$+7$	1,129	1,125	1,120	1,116	1,111	1,107	1,102	1,098	1,094	1,090	1,085	$+7$
$+8$	1,133	1,129	1,124	1,120	1,115	1,111	1,106	1,102	1,098	1,093	1,089	$+8$
$+9$	1,137	1,133	1,128	1,124	1,119	1,115	1,110	1,106	1,102	1,097	1,093	$+9$
$+10$	1,141	1,137	1,132	1,128	1,123	1,119	1,114	1,110	1,106	1,101	1,097	$+10$
$+11$	1,145	1,141	1,136	1,132	1,127	1,123	1,118	1,114	1,109	1,105	1,101	$+11$
$+12$	1,149	1,145	1,140	1,136	1,131	1,127	1,122	1,118	1,113	1,109	1,105	$+12$
$+13$	1,153	1,149	1,144	1,140	1,135	1,131	1,126	1,122	1,117	1,113	1,109	$+13$
$+14$	1,157	1,153	1,148	1,143	1,139	1,134	1,130	1,126	1,121	1,117	1,112	$+14$
$+15$	1,161	1,157	1,152	1,147	1,143	1,138	1,134	1,129	1,125	1,121	1,116	$+15$
$+16$	1,165	1,161	1,156	1,151	1,147	1,142	1,138	1,133	1,129	1,125	1,120	$+16$
$+17$	1,169	1,165	1,160	1,155	1,151	1,146	1,142	1,137	1,133	1,128	1,124	$+17$
$+18$	1,173	1,169	1,164	1,159	1,155	1,150	1,146	1,141	1,137	1,132	1,128	$+18$
$+19$	1,177	1,173	1,168	1,163	1,159	1,154	1,150	1,145	1,140	1,136	1,132	$+19$
$+20$	1,182	1,177	1,172	1,167	1,163	1,158	1,154	1,149	1,145	1,140	1,136	$+20$
$+21$	1,186	1,181	1,176	1,171	1,167	1,162	1,158	1,153	1,149	1,144	1,140	$+21$
$+22$	1,190	1,185	1,180	1,175	1,171	1,166	1,161	1,157	1,152	1,148	1,143	$+22$
$+23$	1,194	1,189	1,184	1,179	1,175	1,170	1,165	1,161	1,156	1,152	1,147	$+23$
$+24$	1,198	1,193	1,188	1,183	1,179	1,174	1,169	1,165	1,160	1,156	1,151	$+24$
$+25$	1,202	1,197	1,192	1,187	1,183	1,178	1,173	1,169	1,164	1,160	1,155	$+25$
$+26$	1,206	1,201	1,196	1,191	1,187	1,182	1,177	1,173	1,168	1,164	1,158	$+26$
$+27$	1,210	1,205	1,200	1,195	1,191	1,186.	1,181	1,177	1,172	1,167	1,163	$+27$
$+28$	1,214	1,209	1,204	1,199	1,195	1,190	1,185	1,181	1,176	1,171	1,167	$+28$
$+29$	1,218	1,213	1,208	1,203	1,199	1,194	1,189	1,184	1,180	1,175	1,171	$+29$
$+30$	1,222	1,217	1,212	1,207	1,202	1,198	1,193	1,188	1,184	1,179	1,175	$+30$
$+31$	1,226	1,221	1,216	1,211	1,206	1,202	1,197	1,192	1,188	1,183	1,178	$+31$
$+32$	1,230	1,225	1,220	1,215	1,210	1,206	1,201	1,196	1,191	1,187	1,182	$+32$
$+33$	1,234	1,229	1,224	1,219	1,214	1,210	1,205	1,200	1,195	1,191	1,186	$+33$
$+34$	1,238	1,233	1,228	1,223	1,218	1,214	1,209	1,204	1,199	1,195	1,190	$+34$
$+35$	1,242	1,237	1,232	1,227	1,222	1,218	1,213	1,208	1,203	1,199	1,194	$+35$
$+36$	1,246	1,241	1,236	1,231	1,226	1,221	1,217	1,212	1,207	1,202	1,198	$+36$
$+37$	1,250	1,245	1,240	1,235	1,230	1,225	1,221	1,216	1,211	1,206	1,202	$+37$
$+38$	1,254	1,249	1,244	1,239	1,234	1,229	1,225	1,220	1,215	1,210	1,206	$+38$
$+39$	1,258	1,253	1,248	1,243	1,238	1,233	1,228	1,224	1,219	1,214	1,209	$+39$
$+40$	1,262	1,257	1,252	1,247	1,242	1,237	1,232	1,228	1,223	1,218	1,213	$+40$

Tabelle 2.

Werthe von $\dfrac{1+a t_1}{1+a t} = \dfrac{273+t_1}{273+t}$

t_1	$t=-14$	-13	-12	-11	-10	-9	-8	-7	-6	-5	$t=-4$	t_1
-25	0,958	0,954	0,950	0,947	0,943	0,939	0,936	0,932	0,929	0,925	0,922	-25
-24	0,961	0,958	0,954	0,950	0,947	0,943	0,940	0,936	0,933	0,929	0,926	-24
-23	0,965	0,962	0,958	0,954	0,951	0,947	0,943	0,940	0,936	0,933	0,929	-23
-22	0,969	0,965	0,962	0,958	0,954	0,951	0,947	0,943	0,940	0,937	0,933	-22
-21	0,973	0,969	0,965	0,962	0,958	0,955	0,951	0,947	0,944	0,940	0,937	-21
-20	0,977	0,973	0,969	0,966	0,962	0,958	0,955	0,951	0,048	0,944	0,940	-20
-19	0,981	0,977	0,973	0,069	0,966	0,962	0,958	0,955	0,951	0,948	0,944	-19
-18	0,985	0,981	0,977	0,973	0,970	0,966	0,962	0,959	0,955	0,951	0,948	-18
-17	0,988	0,985	0,981	0,977	0,973	0,970	0,966	0,962	0,959	0,955	0,952	-17
-16	0,992	0,988	0,985	0,981	0,977	0,973	0,970	0,966	0,963	0,059	0,955	-16
-15	0,996	0,992	0,988	0,985	0,981	0,977	0,974	0,970	0,966	0,963	0,959	-15
-14	1,000	0,996	0,992	0,989	0,985	0,981	0,977	0,974	0,970	0,966	0,963	-14
-13	1,004	1,000	0,996	0,992	0,989	0,985	0,981	0,977	0,974	0,970	0,967	-13
-12	1,008	1,004	1,000	0,996	0,992	0,989	0,985	0,981	0,978	0,974	0,970	-12
-11	1,012	1,008	1,004	1,000	0,996	0,992	0,989	0,985	0,982	0,978	0,974	-11
-10	1,015	1,012	1,008	1,004	1,000	0,996	0,992	0,989	0,985	0,981	0,978	-10
-9	1,019	1,015	1,012	1,008	1,004	1,000	0,996	0,992	0,989	0,985	0,981	-9
-8	1,023	1,019	1,015	1,011	1,008	1,004	1,000	0,996	0,993	0,989	0,985	-8
-7	1,027	1,023	1,019	1,015	1,011	1,008	1,004	1,000	0,996	0,993	0,989	-7
-6	1,031	1,027	1,023	1,019	1,015	1,011	1,008	1,004	1,000	0,996	0,993	-6
-5	1,035	1,031	1,027	1,023	1,019	1,015	1,011	1,008	1,004	1,000	0,996	-5
-4	1,039	1,035	1,031	1,027	1,023	1,019	1,015	1,011	1,007	1,004	1,000	-4
-3	1,042	1,038	1,035	1,031	1,027	1,023	1,019	1,015	1,011	1,008	1,004	-3
-2	1,046	1,042	1,038	1,034	1,030	1,027	1,023	1,019	1,015	1,011	1,007	-2
-1	1,050	1,046	1,042	1,038	1,034	1,030	1,026	1,023	1,019	1,015	1,011	-1
0	1,054	1,050	1,046	1,042	1,038	1,034	1,030	1,026	1,022	1,019	1,015	0
$+1$	1,058	1,054	1,050	1,046	1,042	1,038	1,034	1,030	1,026	1,022	1,019	$+1$
$+2$	1,062	1,058	1,054	1,050	1,046	1,042	1,038	1,034	1,030	1,026	1,022	$+2$
$+3$	1,066	1,062	1,058	1,053	1,049	1,045	1,042	1,038	1,034	1,030	1,026	$+3$
$+4$	1,070	1,065	1,061	1,057	1,053	1,049	1,045	1,041	1,037	1,034	1,030	$+4$
$+5$	1,073	1,069	1,065	1,061	1,057	1,053	1,049	1,045	1,041	1,037	1,033	$+5$
$+6$	1,077	1,073	1,069	1,065	1,061	1,057	1,053	1,049	1,045	1,041	1,037	$+6$
$+7$	1,081	1,077	1,073	1,069	1,065	1,061	1,057	1,053	1,049	1,045	1,041	$+7$
$+8$	1,085	1,081	1,077	1,073	1,068	1,064	1,060	1,056	1,052	1,049	1,045	$+8$
$+9$	1,089	1,085	1,081	1,076	1,072	1,068	1,064	1,060	1,056	1,052	1,048	$+9$
$+10$	1,093	1,089	1,084	1,080	1,076	1,072	1,068	1,064	1,060	1,056	1,052	$+10$
$+11$	1,097	1,092	1,088	1,084	1,080	1,076	1,072	1,068	1,064	1,060	1,056	$+11$
$+12$	1,101	1,096	1,092	1,088	1,084	1,080	1,076	1,071	1,067	1,063	1,060	$+12$
$+13$	1,104	1,100	1,096	1,092	1,087	1,083	1,079	1,075	1,071	1,067	1,063	$+13$
$+14$	1,108	1,104	1,100	1,095	1,091	1,087	1,083	1,079	1,075	1,071	1,067	$+14$
$+15$	1,112	1,108	1,104	1,099	1,095	1,091	1,087	1,083	1,079	1,075	1,071	$+15$
$+16$	1,116	1,112	1,107	1,103	1,099	1,095	1,091	1,087	1,082	1,078	1,074	$+16$
$+17$	1,120	1,115	1,111	1,107	1,103	1,099	1,094	1,090	1,086	1,082	1,078	$+17$
$+18$	1,124	1,119	1,115	1,111	1,107	1,102	1,098	1,094	1,090	1,086	1,082	$+18$
$+19$	1,127	1,123	1,119	1,115	1,110	1,106	1,102	1,098	1,094	1,090	1,086	$+19$
$+20$	1,131	1,127	1,123	1,118	1,114	1,110	1,106	1,102	1,097	1,093	1,089	$+20$
$+21$	1,135	1,131	1,127	1,122	1,118	1,114	1,110	1,105	1,101	1,097	1,093	$+21$
$+22$	1,140	1,135	1,130	1,126	1,122	1,117	1,113	1,109	1,105	1,101	1,097	$+22$
$+23$	1,143	1,139	1,134	1,130	1,126	1,121	1,117	1,113	1,109	1,105	1,100	$+23$
$+24$	1,147	1,142	1,138	1,134	1,129	1,125	1,121	1,117	1,112	1,108	1,104	$+24$
$+25$	1,151	1,146	1,142	1,137	1,133	1,129	1,125	1,120	1,116	1,112	1,108	$+25$
$+26$	1,155	1,150	1,146	1,141	1,137	1,133	1,128	1,124	1,120	1,116	1,112	$+26$
$+27$	1,158	1,154	1,150	1,145	1,141	1,136	1,132	1,128	1,124	1,119	1,115	$+27$
$+28$	1,162	1,158	1,153	1,149	1,145	1,140	1,136	1,132	1,127	1,123	1,119	$+28$
$+29$	1,166	1,162	1,157	1,153	1,148	1,144	1,140	1,135	1,131	1,127	1,123	$+29$
$+30$	1,170	1,165	1,161	1,157	1,152	1,148	1,143	1,139	1,135	1,131	1,126	$+30$
$+31$	1,174	1,169	1,165	1,160	1,156	1,152	1,147	1,143	1,139	1,134	1,130	$+31$
$+32$	1,178	1,173	1,169	1,164	1,160	1,155	1,151	1,147	1,142	1,138	1,134	$+32$
$+33$	1,182	1,177	1,173	1,168	1,164	1,159	1,155	1,150	1,146	1,142	1,138	$+33$
$+34$	1,185	1,181	1,176	1,172	1,167	1,163	1,159	1,154	1,150	1,146	1,141	$+34$
$+35$	1,189	1,185	1,180	1,176	1,171	1,167	1,162	1,158	1,154	1,149	1,145	$+35$
$+36$	1,193	1,188	1,184	1,179	1,175	1,171	1,166	1,162	1,157	1,153	1,149	$+36$
$+37$	1,197	1,192	1,188	1,183	1,179	1,174	1,170	1,166	1,161	1,157	1,153	$+37$
$+38$	1,201	1,196	1,192	1,187	1,183	1,178	1,174	1,169	1,165	1,161	1 156	$+38$
$+39$	1,205	1,200	1,196	1,191	1,186	1,182	1,177	1,173	1,169	1,164	1,160	$+39$
$+40$	1,209	1,204	1,199	1,195	1,190	1,186	1,181	1,177	1,172	1,168	1,164	$+40$

t_1	$t=-3$	-2	-1	-0	$+1$	$+2$	$+3$	$+4$	$+5$	$+6$	$t=+7$	t_1
-25	0,918	0,915	0,912	0,908	0,905	0,902	0,899	0,895	0,892	0,889	0,886	-25
-24	0,922	0,919	0,915	0,912	0,909	0,905	0,902	0,899	0,896	0,892	0,889	-24
-23	0,926	0,923	0,919	0,916	0,912	0,909	0,906	0,902	0,899	0,896	0,893	-23
-22	0,930	0,926	0,923	0,919	0,916	0,913	0,909	0,906	0,903	0,900	0,896	-22
-21	0,933	0,930	0,926	0,923	0,920	0,916	0,913	0,910	0,906	0,903	0,900	-21
-20	0,937	0,934	0,930	0,928	0,923	0,920	0,917	0,913	0,910	0,907	0,904	-20
-19	0,941	0,937	0,934	0,930	0,927	0,924	0,920	0,917	0,914	0,910	0,907	-19
-18	0,944	0,941	0,937	0,934	0,931	0,927	0,924	0,921	0,917	0,914	0,911	-18
-17	0,948	0,945	0,941	0,938	0,934	0,931	0,928	0,924	0,921	0,918	0,914	-17
-16	0,952	0,948	0,945	0,941	0,938	0,934	0,931	0,928	0,924	0,921	0,918	-16
-15	0,956	0,952	0,948	0,945	0,942	0,938	0,935	0,931	0,928	0,925	0,921	-15
-14	0,959	0,956	0,952	0,949	0,945	0,942	0,938	0,935	0,932	0,928	0,925	-14
-13	0,963	0,959	0,956	0,952	0,949	0,945	0,942	0,939	0,935	0,932	0,929	-13
-12	0,967	0,963	0,960	0,956	0,953	0,949	0,946	0,942	0,939	0,935	0,932	-12
-11	0,970	0,967	0,963	0,960	0,956	0,953	0,949	0,946	0,942	0,939	0,936	-11
-10	0,974	0,970	0,967	0,963	0,960	0,956	0,953	0,949	0,946	0,943	0,939	-10
-9	0,978	0,974	0,971	0,967	0,963	0,960	0,957	0,953	0,950	0,946	0,943	-9
-8	0,981	0,978	0,974	0,971	0,967	0,964	0,960	0,957	0,953	0,950	0,946	-8
-7	0,985	0,982	0,978	0,974	0,971	0,967	0,964	0,960	0,957	0,953	0,950	-7
-6	0,989	0,985	0,982	0,978	0,974	0,971	0,967	0,964	0,960	0,957	0,954	-6
-5	0,993	0,989	0.985	0,982	0,978	0,975	0.971	0,967	0,964	0,961	0,957	-5
-4	0,996	0,993	0,989	0,985	0,982	9,978	0,975	0,971	0,968	0,964	0,961	-4
-3	1,000	0,996	0,993	0,989	0,985	0,982	0,978	0,975	0,971	0,968	0,964	-3
-2	1,004	1,000	0,996	0,993	0,989	0,985	0,982	0,978	0,975	0,971	0,968	-2
-1	1,007	1,004	1,000	0,996	0,993	0,989	0,986	0,982	0,978	0,975	0,971	-1
0	1,011	1,008	1,004	1,000	0,996	0,993	0,989	0,986	0,982	0,978	0,975	0
$+1$	1,015	1,011	1,007	1,004	1,000	0,996	0,993	0,989	0,986	0,982	0,979	$+1$
$+2$	1,019	1,015	1,011	1,007	1,004	1,000	0,996	0,993	0,989	0,986	0,982	$+2$
$+3$	1,022	1,018	1,015	1,011	1,007	1,004	1,000	0,996	0,993	0,989	0,986	$+3$
$+4$	1,026	1,022	1,018	1,015	1,011	1,007	1,004	1,000	0,996	0,993	0,989	$+4$
$+5$	1,030	1,026	1,022	1,018	1,015	1,011	1,007	1,004	1,000	0,996	0,993	$+5$
$+6$	1,033	1,030	1,026	1,022	1,018	1,015	1,011	1,007	1,004	1,000	0,996	$+6$
$+7$	1,037	1,033	1,029	1,026	1,022	1,018	1,015	1,011	1,007	1,004	1,000	$+7$
$+8$	1,041	1,037	1,033	1,029	1,026	1,022	1,018	1,014	1,011	1,007	1,004	$+8$
$+9$	1,044	1,041	1,037	1,033	1,029	1,025	1,022	1,018	1,014	1,011	1,007	$+9$
$+10$	1,048	1,044	1,040	1,037	1,033	1,029	1,025	1,022	1,018	1,014	1,011	$+10$
$+11$	1,052	1,048	1,044	1,040	1,037	1,033	1,029	1,025	1,022	1,018	1,014	$+11$
$+12$	1,056	1,052	1,048	1,044	1,040	1,036	1,033	1,029	1,025	1,022	1,018	$+12$
$+13$	1,059	1,055	1,052	1,048	1,044	1,040	1,036	1,033	1,029	1,025	1,021	$+13$
$+14$	1,063	1,059	1,055	1,051	1,047	1,044	1,040	1,036	1,032	1,029	1,025	$+14$
$+15$	1,067	1,063	1,059	1,055	1,051	1,047	1,044	1,040	1,036	1,032	1,029	$+15$
$+16$	1,070	1,066	1,063	1,059	1,055	1,051	1,047	1,043	1,040	1,036	1,032	$+16$
$+17$	1,074	1,070	1,066	1,062	1,058	1,055	1,051	1,047	1 043	1,039	1,036	$+17$
$+18$	1,078	1,074	1,070	1,066	1,062	1,058	1,054	1,051	1,047	1,043	1,039	$+18$
$+19$	1,082	1,078	1,074	1,070	1,066	1,062	1,058	1,054	1,050	1,047	1,043	$+19$
$+20$	1,085	1,081	1,077	1,073	1,069	1,066	1,062	1,058	1,054	1,050	1,046	$+20$
$+21$	1,089	1,085	1,081	1,077	1,073	1,069	1,065	1,061	1,058	1,054	1,050	$+21$
$+22$	1,093	1,089	1,085	1,081	1,077	1,073	1,069	1,065	1,061	1,057	1,054	$+22$
$+23$	1,096	1,092	1,088	1,084	1,080	1,076	1,073	1,069	1,065	1,061	1,057	$+23$
$+24$	1,100	1,096	1,092	1,088	1,084	1,080	1,076	1,072	í,068	1,065	1,061	$+24$
$+25$	1,104	1,100	1,096	1,092	1,088	1,084	1,080	1,076	1,072	1,068	1,064	$+25$
$+26$	1,107	1,103	1,099	1,095	1,091	1,087	1,083	1,079	1,076	1,072	1,068	$+26$
$+27$	1,111	1,107	1,103	1,099	1,095	1,091	1,087	1,083	1,079	1,075	1,071	$+27$
$+28$	1,115	1,111	1,107	1,103	1,099	1,095	1,091	1,087	1,083	1,079	1,075	$+28$
$+29$	1,119	1,114	1,110	1,106	1,102	1,098	1,094	1,090	1,086	1,082	1,079	$+29$
$+30$	1,122	1,118	1,114	1,110	1,106	1,102	1,098	1,094	1,090	1,086	1,082	$+30$
$+31$	1,126	1,122	1,118	1,114	1,110	1,106	1,102	1,098	1,094	1,090	1,086	$+31$
$+32$	1,130	1,126	1,121	1,117	1,113	1,109	1,105	1,101	1,097	1,093	1,089	$+32$
$+33$	1,133	1,129	1,125	1,121	1,117	1,113	1,109	1,105	1,101	1,097	1,093	$+33$
$+34$	1,137	1,133	1,129	1,125	1,120	1,116	1,112	1,108	1,104	1,100	1,096	$+34$
$+35$	1,141	1,137	1,132	1,128	1,124	1,120	1,116	1,112	1,108	1,104	1,100	$+35$
$+36$	1,145	1,140	1,136	1,132	1,128	1,124	1,119	1,116	1,112	1,108	1,104	$+36$
$+37$	1,148	1,144	1,140	1,136	1,131	1,127	1,123	1,119	1,115	1,111	1,107	$+37$
$+38$	1,152	1,148	1,143	1,139	1,135	1,131	1,127	1,123	1,119	1,115	1,111	$+38$
$+39$	1,156	1,151	1,147	1,143	1,139	1,135	1,131	1,126	1,122	1,118	1,114	$+39$
$+40$	1,159	1,155	1,151	1,147	1,142	1,138	1,134	1,130	1,126	1,122	1,118	$+40$

t_1	$t=+8$	$+9$	$+10$	$+11$	$+12$	$+13$	$+14$	$+15$	$+16$	$+17$	$t=+18$	t_1
−25	0,882	0,879	0,876	0,873	0,870	0,867	0,864	0,861	0,858	0,855	0,852	−25
−24	0,886	0,883	0,880	0,877	0,874	0,871	0,868	0,865	0,862	0,859	0,856	−24
−23	0,890	0,886	0,883	0,880	0,877	0,874	0,871	0,868	0,865	0,862	0,859	−23
−22	0,893	0,890	0,887	0,884	0,881	0,878	0,875	0,871	0,868	0,865	0,862	−22
−21	0,897	0,894	0,890	0,887	0,884	0,881	0,878	0,875	0,872	0,869	0,866	−21
−20	0,900	0,897	0,894	0,891	0,888	0,885	0,881	0,878	0,875	0,872	0,869	−20
−19	0,904	0,901	0,897	0,894	0,891	0,888	0,885	0,882	0,879	0,876	0,873	−19
−18	0,907	0,904	0,901	0,898	0,895	0,892	0,888	0,885	0,882	0,879	0,876	−18
−17	0,911	0,908	0,905	0,901	0,898	0,895	0,892	0,889	0,886	0,883	0,880	−17
−16	0,915	0,911	0,908	0,905	0,902	0,899	0,895	0,892	0,889	0,886	0,883	−16
−15	0,918	0,915	0,912	0,908	0,905	0,902	0,899	0,896	0,893	0,890	0,887	−15
−14	0,922	0,918	0,915	0,912	0,909	0,906	0,902	0,899	0,896	0,893	0,890	−14
−13	0,925	0,922	0,919	0,915	0,912	0,909	0,906	0,903	0,900	0,897	0,893	−13
−12	0,929	0,925	0,922	0,919	0,916	0,913	0,909	0,906	0,903	0,900	0,897	−12
−11	0,932	0,929	0,926	0,922	0,919	0,916	0,913	0,910	0,907	0,903	0,900	−11
−10	0,936	0,933	0,929	0,926	0,923	0,920	0,916	0,913	0,910	0,907	0,904	−10
−9	0,939	0,936	0,933	0,930	0,926	0,923	0,920	0,917	0,913	0,910	0,907	−9
−8	0,943	0,940	0,936	0,933	0,930	0,927	0,923	0,920	0,917	0,914	0,911	−8
−7	0,947	0,943	0,940	0,937	0,933	0,930	0,927	0,924	0,920	0,917	0,914	−7
−6	0,950	0,947	0,943	0,940	0,937	0,934	0,930	0,927	0,924	0,921	0,917	−6
−5	0,954	0,950	0,947	0,944	0,940	0,937	0,934	0,931	0,927	0,924	0,921	−5
−4	0,957	0,954	0,951	0,947	0,944	0,941	0,937	0,934	0,931	0,928	0,924	−4
−3	0,961	0,957	0,954	0,951	0,947	0,944	0,941	0,937	0,934	0,931	0,928	−3
−2	0,964	0,961	0,958	0,954	0,951	0,048	0,944	0,941	0,938	0,934	0,931	−2
−1	0,968	0,965	0,961	0,958	0,954	0,951	0,948	0,944	0,941	0,938	0,935	−1
0	0,972	0,968	0,965	0,961	0,958	0,955	0,951	0,948	0,945	0,941	0,938	0
+1	0,975	0,972	0,968	0,965	0,961	0,958	0,955	0,951	0,948	0,945	0,942	+1
+2	0,979	0,975	0,972	0,968	0,965	0,962	0,958	0,955	0,952	0,948	0,945	+2
+3	0,982	0,979	0,975	0,972	0,968	0,965	0,962	0,958	0,955	0,952	0,948	+3
+4	0,986	0,982	0,979	0,975	0,972	0,969	0,965	0,962	0,958	0,955	0,952	+4
+5	0,989	0,986	0,982	0,979	0,975	0,972	0,969	0,965	0,962	0,959	0,955	+5
+6	0,993	0,989	0,986	0,982	0,979	0,976	0,972	0,969	0,965	0,962	0,959	+6
+7	0,996	0,993	0,989	0,986	0,982	0,979	0,976	0,972	0,969	0,966	0,962	+7
+8	1,000	0,996	0,993	0,989	0,986	0,983	0,979	0,976	0,972	0,969	0,966	+8
+9	1,004	1,000	0,996	0,993	0,989	0,986	0,983	0,979	0,976	0,972	0,969	+9
+10	1,007	1,004	1,000	0,996	0,993	0,990	0,986	0,983	0,979	0,976	0,972	+10
+11	1,011	1,007	1,004	1,000	0,996	0,993	0,990	0,986	0,983	0,979	0,976	+11
+12	1,014	1,011	1,007	1,004	1,000	0,997	0,993	0,990	0,986	0,983	0,979	+12
+13	1,018	1,014	1,011	1,007	1,004	1,000	0,997	0,993	0,990	0,986	0,983	+13
+14	1,021	1,018	1,014	1,011	1,007	1,003	1,000	0,997	0,993	0,990	0,986	+14
+15	1,025	1,021	1,018	1,014	1,011	1,007	1,003	1,000	0,997	0,993	0,990	+15
+16	1,028	1,025	1,021	1,018	1,014	1,010	1,007	1,003	1,000	0,997	0,993	+16
+17	1,032	1,028	1,025	1,021	1,018	1,014	1,010	1,007	1,003	1,000	0,997	+17
+18	1,036	1,032	1,028	1,025	1,021	1,017	1,014	1,010	1,007	1,003	1,000	+18
+19	1,039	1,035	1,032	1,028	1,025	1,021	1,017	1,014	1,010	1,007	1,003	+19
+20	1,043	1,039	1,035	1,032	1,028	1,024	1,021	1,017	1,014	1,010	1,007	+20
+21	1,046	1,043	1,039	1,035	1,032	1,028	1,024	1,021	1,017	1,014	1,010	+21
+22	1,050	1,046	1,042	1,039	1,035	1,031	1,028	1,024	1,021	1,017	1,014	+22
+23	1,053	1,050	1,046	1,042	1,039	1,035	1,031	1,028	1,024	1,021	1,017	+23
+24	1,057	1,053	1,049	1,046	1,042	1,038	1,035	1,031	1,028	1,024	1,021	+24
+25	1,061	1,057	1,053	1,049	1,046	1,042	1,038	1,035	1,031	1,028	1,024	+25
+26	1,064	1,060	1,057	1,053	1,049	1,045	1,042	1,038	1,035	1,031	1,028	+26
+27	1,068	1,064	1,060	1,056	1,053	1,049	1,045	1,042	1,038	1,035	1,031	+27
+28	1,071	1,067	1,064	1,060	1,056	1,052	1,049	1,045	1,042	1,038	1,034	+28
+29	1,075	1,071	1,067	1,063	1,060	1,056	1,052	1,049	1,045	1,041	1,038	+29
+30	1,078	1,075	1,071	1,067	1,063	1,059	1,056	1,052	1,048	1,045	1,041	+30
+31	1,082	1,078	1,074	1,070	1,068	1,063	1,059	1,056	1,052	1,048	1,045	+31
+32	1,085	1,082	1,078	1,074	1,070	1,066	1,063	1,059	1,055	1,052	1,048	+32
+33	1,089	1,085	1,081	1,078	1,074	1,070	1,066	1,063	1,059	1,055	1,052	+33
+34	1,093	1,089	1,085	1,081	1,077	1,073	1,070	1,066	1,062	1,059	1,055	+34
+35	1,096	1,092	1,088	1,085	1,081	1,077	1,073	1,069	1,066	1,062	1,058	+35
+36	1,100	1,096	1,092	1,088	1,084	1,080	1,077	1,073	1,069	1,066	1,062	+36
+37	1,103	1,099	1,095	1,092	1,088	1,084	1,080	1,076	1,073	1,069	1,065	+37
+38	1,107	1,103	1,099	1,095	1,091	1,087	1,084	1,080	1,076	1,072	1,069	+38
+39	1,110	1,106	1,103	1,099	1,095	1,091	1,087	1,083	1,080	1,076	1,072	+39
+40	1,114	1,110	1,106	1,102	1,098	1,094	1,091	1,087	1,083	1,079	1,076	+40

Werthe von $\dfrac{1+at_1}{1+at}=\dfrac{273+t_1}{273+t}$

t_1	$t=+19$	$+20$	$+21$	$+22$	$+23$	$+24$	$+25$	$+26$	$+27$	$+28$	$t=+29$	t_1
-25	0,849	0,846	0,843	0,841	0,838	0,835	0,832	0,829	0,827	0,824	0,821	-25
-24	0,853	0,850	0,847	0,844	0,841	0,838	0,835	0,833	0,830	0,827	0,824	-24
-23	0,856	0,853	0,850	0,847	0,845	0,842	0,839	0,836	0,833	0,830	0,828	-23
-22	0,860	0,857	0,854	0,851	0,848	0,845	0,842	0,839	0,837	0,834	0,831	-22
-21	0,863	0,860	0,857	0,854	0,851	0,848	0,846	0,843	0,840	0,837	0,834	-21
-20	0,866	0,863	0,860	0,858	0,855	0,852	0,849	0,846	0,843	0,840	0,838	-20
-19	0,870	0,867	0,864	0,861	0,858	0,855	0,852	0,849	0,847	0,844	0,841	-19
-18	0,873	0,870	0,867	0,864	0,861	0,859	0,856	0,853	0,850	0,847	0,844	-18
-17	0,877	0,874	0,871	0,868	0,865	0,862	0,860	0,856	0,853	0,850	0,848	-17
-16	0,880	0,877	0,874	0,871	0,868	0,865	0,862	0,859	0,857	0,854	0,851	-16
-15	0,884	0,880	0,877	0,874	0,872	0,869	0,866	0,863	0,860	0,857	0,854	-15
-14	0,887	0,884	0,881	0,878	0,875	0,872	0,869	0,866	0,863	0,860	0,858	-14
-13	0,890	0,887	0,884	0,881	0,878	0,875	0,872	0,870	0,867	0,864	0,861	-13
-12	0,894	0,891	0,888	0,885	0,882	0,879	0,876	0,873	0,870	0,867	0,864	-12
-11	0,897	0,894	0,891	0,888	0,885	0,882	0,879	0,876	0,873	0,870	0,867	-11
-10	0,901	0,898	0,895	0,891	0,888	0,885	0,882	0,880	0,877	0,874	0,871	-10
-9	0,904	0,901	0,898	0,895	0,892	0,889	0,886	0,883	0,880	0,877	0,874	-9
-8	0,907	0,904	0,901	0,898	0,895	0,892	0,889	0,886	0,883	0,880	0,877	-8
-7	0,911	0,908	0,905	0,902	0,899	0,896	0,893	0,890	0,887	0,884	0,881	-7
-6	0,914	0,911	0,908	0,905	0,902	0,899	0,896	0,893	0,890	0,887	0,884	-6
-5	0,918	0,915	0,912	0,908	0,905	0,902	0,899	0,896	0,893	0,890	0,887	-5
-4	0,921	0,918	0,915	0,912	0,909	0,906	0,903	0,900	0,897	0,894	0,891	-4
-3	0,925	0,921	0,918	0,915	0,912	0,909	0,906	0,903	0,900	0,897	0,894	-3
-2	0,928	0,925	0,922	0,919	0,916	0,912	0,909	0,906	0,903	0,900	0,897	-2
-1	0,931	0,928	0,925	0,922	0,919	0,916	0,913	0,910	0,907	0,904	0,901	-1
0	0,935	0,932	0,929	0,925	0,922	0,919	0,916	0,913	0,910	0,907	0,904	0
$+1$	0,938	0,935	0,932	0,929	0,927	0,923	0,919	0,916	0,913	0,910	0,907	$+1$
$+2$	0,942	0,939	0,935	0,932	0,929	0,926	0,923	0,920	0,917	0,914	0,911	$+2$
$+3$	0,945	0,942	0,939	0,936	0,932	0,929	0,926	0,923	0,920	0,917	0,914	$+3$
$+4$	0,949	0,945	0,942	0,939	0,936	0,933	0,929	0,927	0,923	0,920	0,917	$+4$
$+5$	0,952	0,949	0,946	0,942	0,939	0,936	0,933	0,930	0,927	0,924	0,920	$+5$
$+6$	0,955	0,952	0,949	0,946	0,943	0,939	0,936	0,933	0,930	0,927	0,924	$+6$
$+7$	0,959	0,956	0,952	0,949	0,946	0,943	0,940	0,936	0,933	0,930	0,927	$+7$
$+8$	0,962	0,959	0,956	0,953	0,949	0,946	0,943	0,940	0,937	0,934	0,930	$+8$
$+9$	0,966	0,962	0,959	0,956	0,953	0,949	0,946	0,943	0,940	0,937	0,934	$+9$
$+10$	0,969	0,966	0,963	0,959	0,956	0,953	0,950	0,946	0,943	0,940	0,937	$+10$
$+11$	0,973	0,969	0,966	0,963	0,959	0,956	0,953	0,950	0,947	0,943	0,940	$+11$
$+12$	0,976	0,973	0,969	0,966	0,963	0,960	0,956	0,953	0,950	0,947	0,944	$+12$
$+13$	0,979	0,976	0,973	0,969	0,966	0,963	0,960	0,957	0,953	0,950	0,947	$+13$
$+14$	0,983	0,980	0,976	0,973	0,970	0,966	0,963	9,960	0,957	0,953	0,950	$+14$
$+15$	0,986	0,983	0,980	0,976	0,973	0,970	0,966	0,963	0,960	0,957	0,954	$+15$
$+16$	0,990	0,986	0,983	0,980	0,976	0,973	0,970	0,967	0,963	0,960	0,957	$+16$
$+17$	0,993	0,990	0,986	0,983	0,980	0,976	0,973	0,970	0,967	0,963	0,960	$+17$
$+18$	0,997	0,993	0,990	0,986	0,983	0,980	0,976	0,973	0,970	0,967	0,964	$+18$
$+19$	1,000	0,997	0,993	0,990	0,986	0,983	0,980	0,977	0,973	0,970	0,967	$+19$
$+20$	1,003	1,000	0,997	0,993	0,990	0,987	0,983	0,980	0,977	0,973	0,970	$+20$
$+21$	1,007	1,003	1,000	0,997	0,993	0,990	0,987	0,983	0,980	0,977	0,973	$+21$
$+22$	1,010	1,007	1,003	1,000	0,997	0,993	0,990	0,987	0,983	0,980	0,977	$+22$
$+23$	1,014	1,010	1,007	1,003	1,000	0,997	0,993	0,990	0,987	0,983	0,980	$+23$
$+24$	1,017	1,014	1,010	1,007	1,003	1,000	0,997	0,993	0,990	0,987	0,983	$+24$
$+25$	1,021	1,017	1,014	1,010	1,007	1,003	1,000	0,997	0,993	0,990	0,987	$+25$
$+26$	1,024	1,020	1,017	1,014	1,010	1,007	1,003	1,000	0,997	0,993	0,990	$+26$
$+27$	1,027	1,024	1,020	1,017	1,014	1,010	1,007	1,003	1,000	0,997	0,993	$+27$
$+28$	1,031	1,027	1,024	1,020	1,017	1,013	1,010	1,007	1,003	1,000	0,997	$+28$
$+29$	1,034	1,031	1,027	1,024	1,020	1,017	1,013	1,010	1,007	1,003	1,000	$+29$
$+30$	1,038	1,034	1,031	1,027	1,024	1,020	1,017	1,013	1,010	1,007	1,003	$+30$
$+31$	1,041	1,038	1,034	1,031	1,027	1,024	1,020	1,017	1,013	1,010	1,007	$+31$
$+32$	1,045	1,041	1,037	1,034	1,030	1,027	1,024	1,020	1,017	1,013	1,010	$+32$
$+33$	1,048	1,044	1,041	1,037	1,034	1,030	1,027	1,023	1,020	1,017	1,013	$+33$
$+34$	1,051	1,048	1,044	1,041	1,037	1,034	1,030	1,027	1,023	1,020	1,017	$+34$
$+35$	1,055	1,051	1,048	1,044	1,041	1,037	1,034	1,030	1,027	1,023	1,020	$+35$
$+36$	1,058	1,055	1,051	1,047	1,044	1,040	1,037	1,033	1,030	1,027	1,023	$+36$
$+37$	1,062	1,058	1,054	1,051	1,047	1,044	1,040	1,037	1,033	1,030	1,027	$+37$
$+38$	1,065	1,061	1,058	1,054	1,051	1,047	1,044	1,040	1,037	1,033	1,030	$+38$
$+39$	1,069	1,065	1,061	1,058	1,054	1,051	1,047	1,043	1,040	1,037	1,033	$+39$
$+40$	1,072	1,068	1,065	1,061	1,057	1,054	1,050	1,047	1,043	1,040	1.036	$+40$

t_1	$t=+30$	$+31$	$+32$	$+33$	$+34$	$+35$	$+36$	$+37$	$+38$	$+39$	$t=+40$	t_1
-25	0,818	0,816	0,813	0,810	0,808	0,805	0,802	0,800	0,797	0,795	0,792	-25
-24	0,822	0,819	0,816	0,814	0,811	0,808	0,806	0,803	0,801	0,798	0,795.	-24
-23	0,825	0,822	0,820	0,817	0,814	0,812	0,809	0,806	0,804	0,801	0,799	-23
-22	0,828	0,826	0,823	0,820	0,817	0,815	0,812	0,810	0,807	0,804	0,802	-22
-21	0,832	0,829	0,826	0,823	0,821	0,818	0,815	0,813	0,810	0,808	0,805	-21
-20	0,835	0,832	0,829	0,827	0,824	0,821	0,819	0,816	0,813	0,811	0,808	-20
-19	0,838	0,835	0,833	0,830	0,827	0,825	0,822	0,819	0,817	0,814	0,811	-19
-18	0,842	0,839	0,836	0,833	0,831	0,828	0,825	0,823	0,820	0,817	0,815	-18
-17	0,845	0,842	0,839	0,837	0,834	0,831	0,828	0,826	0,823	0,820	0,818	-17
-16	0,848	0,845	0,843	0,840	0,837	0,834	0,832	0,829	0,826	0,824	0,821	-16
-15	0,851	0,849	0,846	0,843	0,840	0,838	0,835	0,832	0,829	0,827	0,824	-15
-14	0,855	0,852	0,849	0,846	0,844	0,841	0,838	0,835	0,833	0,830	0,827	-14
-13	0,858	0,855	0,852	0,850	0,847	0,844	0,841	0,839	0,836	0,833	0,831	-13
-12	0,861	0,858	0,856	0,853	0,850	0,847	0,845	0,842	0,839	0,836	0,834	-12
-11	0,865	0,862	0,859	0,856	0,853	0,851	0,948	0,845	0,842	0,840	0,837	-11
-10	0,868	0,865	0,862	0,859	0,857	0,854	0,851	0,848	0,846	0,843	0,840	-10
-9	0,871	0,868	0,866	0,863	0,860	0,857	0,854	0,852	0,849	0,846	0,843	-9
-8	0,875	0,872	0,869	0,866	0,863	0,860	0,858	0,855	0,852	0,849	0,847	-8
-7	0,878	0,875	0,872	0,869	0,866	0,864	0,861	0,858	0,855	0,852	0,850	-7
-6	0,881	0,878	0,875	0,872	0,870	0,867	0,864	0,861	0,858	0,856	0,853	-6
-5	0,884	0,882	0,879	0,876	0,873	0,870	0,867	0,864	0,862	0,859	0,856	-5
-4	0,888	0,885	0,882	0,879	0,876	0,873	0,870	0,868	0,865	0,862	0,859	-4
-3	0,891	0,888	0,885	0,882	0,879	0,877	0,874	0,871	0,868	0,865	0,863	-3
-2	0,894	0,891	0,888	0,886	0,883	0,880	0,877	0,874	0,871	0,869	0,866	-2
-1	0,898	0,895	0,892	0,889	0,886	0,883	0,880	0,877	0,875	0,872	0,869	-1
0	0,901	0,898	0,895	0,892	0,889	0,886	0,883	0,881	0,878	0,875	0,872	0
$+1$	0,904	0,901	0,898	0,895	0,892	0,890	0,887	0,884	0,881	0,878	0,875	$+1$
$+2$	0,908	0,905	0,902	0,899	0,896	0,893	0,890	0,887	0,884	0,881	0,879	$+2$
$+3$	0,911	0,908	0,905	0,902	0,899	0,896	0,893	0,890	0,887	0,885	0,882	$+3$
$+4$	0,914	0,911	0,908	0,905	0,902	0,899	0,896	0,894	0,891	0,888	0,885	$+4$
$+5$	0,917	0,914	0,911	0,908	0,905	0,903	0,900	0,897	0,894	0,891	0,888	$+5$
$+6$	0,921	0,918	0,915	0,912	0,909	0,906	0,903	0,900	0,897	0,894	0,891	$+6$
$+7$	0,924	0,921	0,918	0,915	0,912	0,909	0,906	0,903	0,900	0,897	0,895	$+7$
$+8$	0,927	0,924	0,921	0,918	0,915	0,912	0,909	0,906	0,903	0,901	0,898	$+8$
$+9$	0,931	0,928	0,925	0,920	0,919	0,916	0,913	0,910	0,907	0,904	0,901	$+9$
$+10$	0,934	0,931	0,928	0,925	0,922	0,919	0,916	0,913	0,910	0,907	0,904	$+10$
$+11$	0,937	0,934	0,931	0,928	0,925	0,922	0,919	0,916	0,913	0,910	0,907	$+11$
$+12$	0,941	0,937	0,934	0,931	0,928	0,925	0,922	0,919	0,916	0,913	0,911	$+12$
$+13$	0,944	0,941	0,938	0,935	0,932	0,929	0,926	0,923	0,920	0,917	0,914	$+13$
$+14$	0,947	0,944	0,941	0,938	0,935	0,932	0,929	0,926	0,923	0,920	0,917	$+14$
$+15$	0,950	0,947	0,944	0,941	0,938	0,935	0,932	0,929	0,926	0,923	0,920	$+15$
$+16$	0,954	0,951	0,948	0,944	0,941	0,938	0,935	0,632	0,929	0,926	0,923	$+16$
$+17$	0,957	0,954	0,951	0,948	0,945	0,942	0,938	0,935	0,932	0,929	0,926	$+17$
$+18$	0,960	0,957	0,954	0,951	0,948	0,945	0,942	0,939	0,936	0,933	0,930	$+18$
$+19$	0,964	0,961	0,957	0,954	0,951	0,948	0,945	0,942	0,939	0,936	0,933	$+19$
$+20$	0,967	0,964	0,961	0,957	0,954	0,951	0,948	0,945	0,942	0,939	5,936	$+20$
$+21$	0,970	0,967	0,964	0,961	0,958	0,955	0,951	0,948	0,945	0,942	0,939	$+21$
$+22$	0,974	0,970	0,967	0,964	0,961	0,958	0,955	0,952	0,949	0,945	0,942	$+22$
$+23$	0,977	0,974	0,970	0,967	0,964	0,961	0,958	0,955	0,952	0,949	0,946	$+23$
$+24$	0,980	0,977	0,974	0,971	0,967	0,964	0,961	0,958	0,955	0,952	0,949	$+24$
$+25$	0,983	0,980	0,977	0,974	0,971	0,968	0,964	0,961	0,958	0,955	0,952	$+25$
$+26$	0,987	0,984	0,980	0,977	0,974	0,971	0,968	0,965	0,961	0,958	0,955	$+26$
$+27$	0,990	0,987	0,984	0,980	0,977	0,974	0,971	0,968	0,965	0,962	0,958	$+27$
$+28$	0,993	0,990	0,987	0,984	0,980	0,977	0,974	0,971	0,968	0,965	0,962	$+28$
$+29$	0,997	0,993	0,990	0,987	0,984	0,981	0,977	0,974	0,971	0,968	0,965	$+29$
$+30$	1,000	0,997	0,993	0,990	0,987	0,984	0,981	0,977	0,974	0,971	0,968	$+30$
$+31$	1,003	1,000	0,997	0,993	0,990	0,987	0,984	0,981	0,977	0,974	0,971	$+31$
$+32$	1,007	1,003	1,000	0,997	0,993	0,990	0,987	0,984	0,981	0,978	0,974	$+32$
$+33$	1,010	1,007	1,003	1,000	0,997	0,994	0,990	0,987	0,984	0,981	0,978	$+33$
$+34$	1,013	1,010	1,007	1,003	1,000	0,997	0,994	0,990	0,987	0,984	0,981	$+34$
$+35$	1,017	1,013	1,010	1,007	1,003	1,000	0,997	0,994	0,990	0,987	0,984	$+35$
$+36$	1,020	1,017	1,013	1,010	1,007	1,003	1,000	0,997	0,994	0,990	0,987	$+36$
$+37$	1,023	1,020	1,016	1,013	1,010	1,007	1,003	1,000	0,997	0,994	0,990	$+37$
$+38$	1,026	1,023	1,020	1,016	1,013	1,010	1,007	1,003	1,000	0,997	0,994	$+38$
$+39$	1,030	1,026	1,023	1,020	1,016	1,013	1,010	1,006	1,003	1,000	0,997	$+39$
$+40$	1,033	1,030	1,026	1,023	1,020	1,016	1,013	1,010	1,006	1,003	1,000	$+40$

Wärmemenge, die einer bei t^0 Temperatur 1000 cbm betragenden $t_0{}^0$ auf $t_1{}^0$ zu erwärmen bezw

Unterschied zwischen der Temperatur vor und nach der Erwärmung bezw. Kühlung der Luft $(t_1 - t_0)$	$t = 10^0$	11^0	12^0	13^0	14^0	15^0	16^0	17^0
				Wenn 1000 cbm Luft gefordert beträgt die behufs Erwärmung zuzuführende bezw.				
1^0	295,2	294,2	293,1	292,1	291,0	290,1	289,1	288,0
2^0	590,3	588,3	586,2	584,2	582,1	580,1	578,1	576,1
3^0	885,5	882,5	879,4	876,2	873,1	870,2	867,1	864,1
4^0	1180,7	1176,6	1172,5	1168,3	1164,2	1160,2	1156,2	1152,2
5^0	1475,8	1470,8	1465,6	1460,4	1455,2	1450,3	1445,2	1440,2
6^0	1771,0	1765,0	1758,7	1752,5	1746,2	1740,3	1734,3	1728,2
7^0	2066,2	2059,1	2051,8	2044,5	2037,3	2030,4	2023,3	2016,3
8^0	2361,3	2353,3	2344,9	2336,6	2328,3	2320,5	2312,4	2304,3
9^0	2656,5	2647,4	2638,1	2628,7	2619,3	2610,5	2601,4	2592,3
10^0	2951,7	2941,6	2931,2	2920,8	2910,4	2900,6	2890,5	2880,4
11^0	3246,9	3235,7	3224,3	3212,9	3201,4	3190,6	3179,5	3168,4
12^0	3542,0	3529,9	3517,4	3504,9	3492,4	3480,7	3468,6	3456,5
13^0	3837,2	3824,1	3810,5	3797,0	3783,5	3770,7	3757,6	3744,5
14^0	4132,4	4118,2	4103,6	4089,1	4074,5	4060,8	4056,7	4032,5
15^0	4427,5	4412,4	4396,8	4381,2	4365,6	4350,9	4335,7	4320,6
16^0	4722,7	4706,5	4689,9	4673,2	4656,6	4640,9	4624,8	4608,6
17^0	5017,9	5000,7	4983,0	4965,3	4947,6	4931,0	4913,8	4896,7
18^0	5313,0	5294,8	5276,1	5257,4	5238,7	5221,0	5202,9	5184,7
19^0	5608,2	5589,0	5569,2	5549,5	5529,7	5511,1	5491,9	5472,7
20^0	5903,4	5883,2	5862,3	5841,5	5820,7	5801,1	5781,0	5760,8
21^0	6198,5	6177,3	6155,5	6133,6	6111,8	6091,2	6070,0	6048,8
22^0	6493,7	6471,5	6448,6	6425,7	6402,8	6381,3	6359,1	6336,8
23^0	6788,9	6765,6	6741,7	6717,8	6693,9	6671,3	6648,1	6624,9
24^0	7084,0	7059,8	7034,8	7009,9	6984,9	6961,4	6937,2	6912,9
25^0	7379,2	7354,0	7327,9	7301,9	7275,9	7251,4	7226,2	7201,0
26^0	7674,4	7648,1	7621,0	7594,0	7567,0	7541,5	7515,3	7489,0
27^0	7969,5	7942,3	7914,2	7886,2	7858,0	7831,5	7804,3	7777,0
28^0	8264,7	8236,4	8207,3	8178,2	8149,0	8121,6	8093,3	8065,1
29^0	8559,9	8530,6	8500,4	8470,2	8440,1	8411,7	8382,4	8353,1
30^0	8855,0	8824,7	8793,5	8762,3	8731,1	8701,7	8671,4	8641,1

*) Für die sehr häufig in Betracht kommende Anwendung dieser die Werthe des Ausdrucks 5^c (s. Seite 5 des I. Bandes) darstellenden Tabelle diene folgendes Beispiel. Der Luftwechsel eines Raumes betrage stündlich 10 000 cbm von $+20^0$. Die Luft soll bei einer Temperatur von $t_0 = -10^0$ von aussen entnommen und auf $t_1 = +40^c$

Tabelle 3.

Luftmenge zugeführt bezw. abgenommen werden muss, um sie von von t_1^0 auf t_0^0 zu kühlen*).

| sind in einer Temperatur von: | | | | | | | | Unterschied zwischen der Temperatur vor und nach der Erwärmung bezw. Kühlung der Luft $(t_1 - t_0)$ |
| 18° | 19° | 20° | 21° | 22° | 23° | 24° | 25° | |
behufs Kühlung abzunehmende Wärmemenge in WE								
287,1	286,1	285,1	284,1	283,2	282,2	281,3	280,3	1°
574,1	572,2	570,2	568,2	566,3	564,4	562,5	560,7	2°
861,2	858,2	855,3	852,4	849,5	846,7	843,7	841,0	3°
1148,2	1144,3	1140,4	1136,5	1132,7	1128,9	1125,0	1121,3	4°
1435,3	1430,4	1425,5	1420,6	1415,9	1411,1	1406,2	1401,6	5°
1722,4	1716,5	1710,6	1704,7	1699,0	1693,3	1687,5	1682,0	6°
2009,4	2002,6	2005,7	1998,9	1982,2	1975,6	1968,7	1962,3	7°
2296,5	2288,6	2280,8	2273,0	2265,4	2257,8	2250,0	2242,6	8°
2583,5	2574,7	2565,9	2577,1	2548,6	2540,0	2531,2	2522,9	9°
2870,6	2860,8	2851,0	2847,2	2831,7	2822,2	2812,5	2803,3	10°
3157,7	3146,9	3136,1	3125,3	3114,9	3104,5	3093,7	3083,6	11°
3444,7	3433,0	3421,2	3409,5	3398,1	3386,7	3374,9	3363,9	12°
3731,8	3719,0	3706,3	3693,6	3681,2	3668,9	3656,2	3644,3	13°
4028,8	4015,1	3991,4	3977,7	3964,4	3951,1	3937,4	3924,6	14°
4305,9	4291,2	4276,5	4261,8	4247,6	4233,4	4218,7	4204,9	15°
4592,9	4577,3	4561,6	4545,9	4530,8	4515,6	4499,9	4485,2	16°
4880,0	4863,3	4846,7	4830,1	4813,9	4797,8	4781,2	4765,6	17°
5167,1	5149,4	5131,8	5114,2	5097,1	5080,0	5062,4	5045,9	18°
5454,1	5435,5	5416,9	5398,3	5380,3	5362,3	5343,7	5326,2	19°
5741,2	5721,6	5702,0	5682,4	5663,4	5644,5	5624,9	5606,5	20°
6028,2	6007,7	5987,1	5966,5	5946,6	5926,7	5906,2	5886,9	21°
6315,3	6293,7	6272,2	6250,7	6229,8	6208,9	6187,4	6167,2	22°
6602,4	6579,8	6557,3	6354,8	6513,0	6491,2	6468,6	6447,5	23°
6889,4	6865,9	6842,4	6818,9	6796,1	6773,4	6749,9	6727,9	24°
7176,5	7152,0	7127,5	7103,0	7079,3	7055,6	7031,1	7008,2	25°
7463,5	7438,1	7412,6	7387,2	7362,5	7337,8	7312,4	7288,5	26°
7750,6	7724,1	7697,7	7671,3	7645,6	7620,1	7593,6	7568,8	27°
8037,7	8010,2	7982,8	7955,4	7928,8	7902,3	7874,9	7849,2	28°
8324,7	8296,3	8267,9	8239,5	8212,0	8184,5	8156,1	8129,5	29°
8611,8	8582,4	8553,0	8523,6	8495,2	8466,7	8437,4	8409,8	30°

erwärmt werden. Es ist somit $t = +20^0$, $t_1 - t_0 = 40 + 10 = 50^0$ und somit nach der Tabelle für 1000 cbm Luft eine Wärmemenge von 14255 WE, also für 10000 cbm eine solche von $14255 . 10 = 142550$ WE in Ansatz zu bringen.

Tabelle 3 (Forts.)

Unterschied zwischen der Temperatur vor und nach der Erwärmung bezw. Kühlung der Luft $(t_1 - t_0)$	Wenn 1000 cbm Luft gefordert							
	$t = 10^0$	11^0	12^0	13^0	14^0	15^0	16^0	17^0
	beträgt die behufs Erwärmung zuzuführende bezw.							
31^0	9150,2	9128,9	9086,6	9054,4	9022,2	8991,8	8960,5	8929,2
32^0	9445,4	9413,1	9379,7	9346,5	9313,2	9281,8	9249,5	9217,2
33^0	9740,5	9707,2	9672,9	9638,5	9604,2	9571,9	9538,6	9505,3
34^0	10035,7	10001,4	9966,0	9930,6	9895,3	9861,9	9827,6	9793,3
35^0	10330,9	10295,5	10259,1	10222,7	10186,3	10152,0	10116,7	10081,3
36^0	10626,1	10589,7	10552,2	10514,8	10477,3	10442,1	10405,7	10369,4
37^0	10921,2	10883,9	10845,3	10806,9	10768,4	10732,1	10694,8	10657,4
38^0	11216,4	11178,0	11138,5	11098,9	11059,4	11022,2	10983,8	10945,4
39^0	11511,6	11472,2	11431,6	11391,0	11350,4	11312,2	11272,9	11233,5
40^0	11806,7	11766,3	11724,7	11683,1	11641,5	11602,3	11561,9	11521,5
41^0	12101,9	12060,5	12017,8	11975,2	11932,5	11892,3	11851,0	11809,6
42^0	12397,1	12354,6	12310,9	12267,2	12223,6	12182,4	12140,0	12097,6
43^0	12692,2	12648,8	12604,0	12559,3	12514,6	12472,5	12429,1	12385,6
44^0	12987,4	12943,0	12897,2	12851,4	12805,6	12762,5	12718,1	12673,7
45^0	13282,6	13237,1	13190,3	13143,5	13096,7	13052,6	13007,2	12961,7
46^0	13577,7	13531,3	13483,4	13435,5	13387,7	13342,6	13296,2	13249,8
47^0	13872,9	13825,4	13776,5	13727,6	13678,7	13632,7	13585,3	13537,8
48^0	14168,1	14119,6	14069,6	14019,7	13969,8	13922,7	13874,3	13825,8
49^0	14463,2	14413,7	14362,7	14311,8	14260,8	14212,8	14163,4	14113,9
50^0	14758,4	14707,9	14655,9	14603,9	14551,9	14502,9	14452,4	14401,9
51^0	15053,6	15002,1	14949,0	14895,9	14842,9	14792,9	14741,4	14689,9
52^0	15348,7	15296,2	15242,1	15188,0	15133,9	15083,0	15030,5	14978,0
53^0	15643,9	15590,4	15535,2	15480,1	15425,0	15373,0	15319,5	15266,0
54^0	15939,1	15884,5	15828,3	15772,2	15716,0	15663,1	15608,6	15554,1
55^0	16234,2	16178,7	16121,4	16064,2	16007,0	15953,1	15897,6	15842,1
56^0	16529,4	16472,8	16414,6	16356,3	16298,1	16243,2	16186,7	16130,1
57^0	16824,6	16767,0	16707,7	16648,4	16589,1	16533,2	16475,7	16418,2
58^0	17119,7	17061,2	17000,8	16940,5	16880,1	16823,3	16764,8	16706,2
59^0	17414,9	17355,3	17293,9	17232,5	17171,2	17113,4	17053,8	16994,2
60^0	17710,1	17649,5	17587,0	17524,6	17462,2	17403,4	17342,9	17282,3
65^0	19185,9	19120,3	19052,0	18985,0	18917,4	18853,7	18788,1	18722,5
70^0	20661,8	20591,1	20518,2	20445,4	20372,6	20304,4	20233,4	20162,7
75^0	22137,6	22061,9	21983,8	21905,8	21827,8	21754,3	21678,6	21602,9
80^0	23613,4	23532,6	23449,4	23366,2	23283,0	23204,6	23123,8	23043,0
85^0	25089,3	25003,4	24915,0	24826,6	24738,2	24654,9	24569,1	24483,2
90^0	26565,1	26474,2	26380,5	26286,9	26193,3	26105,1	26014,3	25923,4
95^0	28041,0	27945,0	27846,1	27747,3	27648,5	27555,4	27459,6	27363,6
100^0	29516,8	29415,8	29311,7	29207,7	29103,7	29005,7	28904,8	28803,8

abgenommen werden muss, um sie von t^0 auf t_1^0 zu erwärmen bezw. von t_1 auf t_0^0 zu kühlen. 15

Tabelle 3 (Forts.)

sind in einer Temperatur von:								Unterschied zwischen der Temperatur vor und nach der Erwärmung bezw. Kühlung der Luft $(t_1 - t_0)$
18^0	19^0	20^0	21^0	22^0	23^0	24^0	25^0	
behufs Kühlung abzunehmende Wärmemenge in WE								
8898,8	8868,5	8838,1	8807,8	8778,3	8748,9	8718,6	8690,1	31^0
9185,9	9154,5	9123,2	9091,9	9061,5	9031,2	8999,8	8970,5	32^0
9473,0	9440,6	9408,3	9376,0	9344,7	9313,4	9281,1	9250,8	33^0
9760,0	9726,7	9693,4	9660,1	9627,9	9595,6	9562,3	9531,1	34^0
10047,1	10012,8	9978,5	9944,2	9911,0	9877,8	9843,6	9811,5.	35^0
10334,1	10298,8	10263,6	10228,4	10194,2	10160,1	10124,8	10091,8	36^0
10621,2	10584,9	10548,7	10512,5	10477,4	10442,3	10406,1	10372,1	37^0
10908,2	10871,0	10833,8	10796,6	10760,5	10724,5	10687,3	10652,4	38^0
11195,3	11157,1	11118,9	11080,7	11043,7	11006,7	10968,6	10932,8	39^0
11482,4	11443,2	11404,8	11364,8	11326,9	11289,0	11249,8	11213,1	40^0
11769,4	11729,2	11689,1	11648,9	11610,1	11571,2	11531,1	11493,4	41^0
12056,5	12015,3	11974,2	11933,1	11893,2	11853,4	11812,3	11773,7	42^0
12343,5	12301,4	12259,3	12217,2	12176,4	12135,6	12093,5	12054,1	43^0
12630,6	12587,5	12544,4	12501,3	12459,6	12417,9	12374,8	12334,4	44^0
12917,7	12873,6	12829,5	12785,5	12742,7	12700,1	12656,0	12614,7	45^0
13204,7	13159,6	13114,6	13069,6	13025,9	12982,3	12937,3	12895,0	46^0
13491,7	13445,7	13399,7	13353,7	13309,1	13264,5	13218,5	13175,4	47^0
13778,8	13731,8	13684,8	13637,8	13593,2	13546,8	13499,8	13455,7	48^0
14065,9	14017,9	13969,9	13921,9	13875,4	13829,0	13781,0	13736,0	49^0
14352,9	14304,0	14255,0	14206,1	14158,6	14111,4	14062,3	14016,4	50^0
14640,0	14590,0	14540,1	14490,2	14441,8	14393,6	14343,5	14296,7	51^0
14927,1	14876,1	14825,2	14774,3	14724,9	14675,8	14624,7	14577,0	52^0
15214,1	15162,2	15110,3	15058,4	15008,1	14958,0	14906,0	14857,3	53^0
15501,2	15448,3	15395,4	15342,5	15291,3	15240,3	15187,2	15137,7	54^0
15788,3	15734,4	15680,5	15626,7	15574,5	15522,5	15468,5	15417,0	55^0
16075,3	16020,4	15965,6	15910,8	15857,6	15804,7	15749,7	15698,3	56^0
16362,4	16306,5	16250,7	16194,9	16140,8	16086,2	16031,0	15978,6	57^0
16649,4	16592,6	16535,8	16479,0	16424,0	16369,2	16312,2	16259,0	58^0
16936,5	16878,7	16820,9	16763,0	16707,1	16651,4	16593,5	16539,3	59^0
17223,5	17164,7	17106,0	17047,3	16990,3	16933,4	16874,7	16819,6	60^0
18658,8	18595,1	18531,5	18467,9	18406,2	18344,6	18280,9	18221,3	65^0
20094,1	20025,5	19957,0	19888,5	19822,0	19755,7	19687,2	19622,9	70^0
21539,4	21455,9	21382,5	21309,1	21237,9	21166,8	21093,4	21024,5	75^0
22964,7	22886,3	22808,0	22729,7	22653,8	22577,9	22499,6	22426,2	80^0
24400,0	24316,7	24233,5	24150,3	24069,6	23989,0	23905,8	23827,8	85^0
25845,3	25747,1	25659,0	25570,9	25485,5	25400,2	25312,1	25229,4	90^0
27270,6	27177,5	27084,5	26991,5	26901,3	26811,3	26718,3	26631,1	95^0
28705,9	28607,9	28510,0	28412,1	28317,2	28222,7	28124,5	28032,7	100^0

Stündlicher Luftwechsel im Beharrungszustande nach Massgabe eines nicht zu überschreitenden Kohlensäuregehaltes.

	Stündl. Kohlensäure-Entwicklung in cbm	Erforderlicher Luftwechsel in cbm bei einem nicht zu überschreitenden Kohlensäuregehalt von								
		$0,7\ ^0/_{00}$	$0,8\ ^0/_{00}$	$0,9\ ^0/_{00}$	$1,0\ ^0/_{00}$	$1,1\ ^0/_{00}$	$1,2\ ^0/_{00}$	$1,3\ ^0/_{00}$	$1,4\ ^0/_{00}$	$1,5\ ^0/_{00}$
Kräftiger Arbeiter bei der Arbeit	0,036	120,0	90,0	72,0	60,0	51,4	45,0	40,0	36,0	32,7
„ „ „ „ Ruhe	0,023	76,7	57,5	46,0	38,3	32,9	28,8	25,6	23,0	20,9
Erwachsener im Mittel . . .	0,020	66,7	50,0	40,0	33,3	28,6	25,0	22,2	20,0	18,2
Halberwachsener	0,016	53,3	40,0	32,0	26,7	22,9	20,0	17,8	16,0	14,5
Kind	0,010	33,3	25,0	20,0	16,7	14,3	12,5	11,1	10,0	9,1
Leuchtgas 1 cbm ·	0,61 bei $+20^0$	2033	1525	1220	1017	871	763	678	610	555

Stündlicher Luftwechsel für 1000 zu- bezw. abzuführende Wärmeeinheiten.

Temperatur-Unterschied zwischen der zu- und abzuführenden bezw. ab- und zuzuführenden Luft	Temperatur t der abzuführenden Raumluft										
	15^0	16^0	17^0	18^0	19^0	20^0	21^0	22^0	23^0	24^0	25^0
	Luftwechsel in cbm und in der Temperatur t										
1^0	3447,7	3459,8	3471,6	3483,7	3495,4	3507,5	3519,6	3531,4	3543,5	3555,6	3567,3
2^0	1723,9	1729,9	1735,8	1741,8	1747,7	1753,7	1759.8	1765,7	1771,7	1777,8	1783,7
3^0	1149,2	1153,3	1157,3	1161,2	1165,1	1169,2	1173,2	1177,1	1181,2	1185,2	1189,1
4^0	861,9	865,0	867,9	870,9	873,9	876,9	879,9	882,9	885,9	888,9	891,8
5^0	689,5	692,0	694,3	696,7	699,1	701,5	703,9	706,3	708,7	711,1	713,5
6^0	574,6	576,6	578,6	580,6	582,6	584,6	586,6	588,6	590,6	592,6	594,6
7^0	492,5	494,3	496,0	497,7	499,3	501,1	502,8	504,6	506,2	507,9	509,6
8^0	431,2	432,5	434,0	435,5	436,9	438,4	440,0	441,4	442,9	444,4	445,9
9^0	383,1	384,4	385,7	387,1	388,4	389,7	391,1	392,4	393,7	395,1	396,4
10^0	344,8	346,0	347,2	348,4	349,5	350,8	352,0	353,1	354,4	355,6	356,7
11^0	313,4	314,5	315,6	316,7	317,8	318,9	320,0	321,0	322,8	323,2	324,3
12^0	287,3	288,3	289,3	290,3	291,3	292,3	293,3	294,3	295,3	296,3	297,3
13^0	265,2	266,1	267,0	268,0	268,9	269,8	270,7	271,6	272,6	273,5	274,4
14^0	246,3	247,1	248,0	248,8	249,7	250,5	251,4	252,2	253,1	254,0	254,8
15^0	229,8	230,7	231,4	232,2	233,0	233,8	234,6	235,4	236,2	237,0	237,8
16^0	215,5	216,2	217,0	217,7	218,5	219,2	220,0	220,7	221,5	222,2	223,0
17^0	202,8	203,5	204,2	204,9	205,6	206,3	207,0	207,7	208,4	209,2	209,8
18^0	191,5	192,2	192,9	193,5	194,2	194,9	195,5	196,2	196,9	185,5	198,2
19^0	181,5	182,1	182,7	183,4	184,0	184,6	185,2	185,9	186,5	187,1	187,8
20^0	172,4	173,0	173,6	174,2	174,8	175,4	175,9	176,6	177,2	177,8	178,4
21^0	164,2	164,8	165,3	165,9	166,4	167,0	167,6	168,2	168,7	169,3	169,8
22^0	156,7	157,3	157,8	158,3	158,9	159,4	160,0	160,5	161,1	161,6	162,2
23^0	149,9	150,4	150,9	151,5	152,0	152,5	153,0	153,5	154,1	154,6	155,1
24^0	143,7	144,2	144,6	145,2	145,6	146,1	146,7	147,1	147,6	148,1	148,6
25^0	137,9	138,4	138,9	139,3	139,8	140,3	140,8	141,3	141,7	142,2	142,7
26^0	132,6	133,1	133,5	134,0	134,4	134,9	135,4	135,8	136,3	136,8	137,2
27^0	127,7	128,1	128,6	129,0	129,5	129,9	130,4	130,8	131,2	131,7	132,1
28^0	123,1	123,6	124,0	124,4	124,8	125,3	125,7	126,1	126,5	127,0	127,4
29^0	118,9	119,3	119,7	120,1	120,5	120,9	121,4	121,8	122,2	122,6	123,0
30^0	114,9	115,3	115,7	116,1	116,5	116,9	117,3	117,7	118,1	118,5	118,9
31^0	111,2	111,6	112,0	112,4	112,8	113,1	113,5	113.9	114,3	114,7	115,1
32^0	107,7	108,1	108,5	108,9	109,2	109,6	110,0	110,4	110,7	111,1	111,5
33^0	104,5	104,8	105,2	105,6	105,9	106,3	106,7	107,0	107,4	107,7	108,1
34^0	101,4	101,8	102,1	102,5	102,8	103,1	103,5	103,9	104,2	104,6	104,9
35^0	98,5	98,9	99,2	99,5	99,9	100,2	100,6	100,9	101,2	101,6	101,9
36^0	95,8	96,1	96,4	96,8	97,1	97,3	97,8	98,1	98,4	98,8	99,1
37^0	93,2	93,4	93,8	94,2	94,5	94,8	95,1	95,4	95,8	96,1	96,4
38^0	90,7	91,0	91,4	91,7	92,0	92,3	92,6	92,9	93,2	93,6	93,9
39^0	88,4	88,7	89,0	89,3	89,6	89,9	90,2	90,5	90,9	91,2	91,5
40^0	86,2	86,5	86,8	87,1	87,4	87,7	88,0	88,3	88,6	88,9	89,2

Tabelle 6.

Wassermenge in kg, die 1000 cbm von aussen entnommener Raumluft zuzuführen ist, um nach Erwärmung eine Sättigung derselben von 50% zu erzielen.

| Von aussen entnommene Luft | | Temperatur der Raumluft | | | | | | | |
Temperatur	Procentsatz der Sättigung	10^0	11^0	12^0	13^0	14^0	15^0	16^0	17^0
—20	70	4,017	4,264	4,616	4,969	5,322	5,724	6,126	6,529
	80	3,913	4,166	4,519	4,871	5,225	5,627	6,030	6,433
	90	3,815	4,068	4,421	4,774	5,128	5,531	5,934	6,337
—15	70	3,679	3,933	4,286	4,640	4,993	5,397	5,800	6,203
	80	3,533	3,788	4,142	4,495	4,849	5,253	5,657	6,061
	90	3,387	3,643	3,997	4,351	4,706	5,110	5,514	5,918
—10	70	3,204	3,459	3,814	4,169	4,525	4,930	5,335	5,740
	80	2,991	3,246	3,602	3,957	4,315	4,720	5,126	5,531
	90	2,777	3,033	3,389	3,746	4,104	4,510	4,916	5,323
— 5	70	2,446	2,703	3,063	3,420	3,777	4,184	4,594	5,001
	80	2,124	2,382	2,743	3,101	3,459	3,868	4,279	4,687
	90	1,802	2,061	2,424	2,783	3,142	3,551	3,963	4,373
0	70	1,390	1,654	2,911	2,374	2,718	3,148	3,559	3,973
	80	0,917	1,183	1,541	1,906	2,272	2,684	3,096	3,511
	90	0,444	0,712	1,071	1,438	1,953	2,365	2,778	3,195
+ 5	70	0,026	0,290	0,659	1,023	1,388	1,850	2,221	2,635
	80	—0,642	—0,376	0,004	0,362	0,729	1,199	1,567	1,983
	90	—1,310	—1,041	—0,667	—0,299	0,070	0,549	0,913	1,331

| Von aussen entnommene Luft | | Temperatur der Raumluft | | | | | | | |
Temperatur	Procentsatz der Sättigung	18^0	19^0	20^0	21^0	22^0	23^0	24^0	25^0
—20	70	6,981	7,438	7,935	8,438	8,989	9,542	10,144	10,796
	80	6,885	7,343	7,841	8,343	8,895	9,448	10,050	10,703
	90	6,790	7,249	7,746	8,249	8,801	9,353	9,956	10,609
—15	70	6,657	7,100	7,614	8,118	8,671	9,223	9,827	10,480
	80	6,515	6,968	7,474	7,977	8,531	9,084	9,688	10,342
	90	6,373	6,827	7,333	7,837	8,391	8,944	9,549	10,203
—10	70	6,195	5,987	7,154	7,659	8,215	8,770	9,375	10,030
	80	5,987	5,780	6,948	7,453	8,011	8,566	9,172	9,827
	90	5,779	5,573	6,741	7,247	7,806	8,362	8,968	9,624
— 5	70	5,458	5,253	6,422	6,929	7,489	8,046	8,653	9,310
	80	5,145	4,941	6,111	6,619	7,180	7,738	8,347	9,005
	90	4,832	4,629	5,820	6,309	6,872	7,431	8,040	8,699
0	70	4,433	4,231	5,403	5,914	6,477	7,038	7,648	8,308
	80	3,973	3,773	4,947	5,458	6,024	6,586	7,198	7,859
	90	3,345	3,459	4,633	5,146	5,713	6,276	6,889	7,552
+ 5	70	3,104	2,906	4,083	4,597	5,166	5,730	6,345	7,009
	80	2,455	2,259	3,437	3,954	4,526	5,092	5,708	6,374
	90	1,815	1,612	2,792	3,310	3,885	4,453	5,072	5,740

Angenäherte Werthe der Luft-
(Korrigirte und erweiterte

Höhe d. Kanals in m	Sekundliche Geschwindigkeit in m bei einem Temperatur-Unterschiede zwischen der Kanalluft und der Aussenluft von:																Höhe d. Kanals in m
	2^0	4^0	6^0	8^0	10^0	12^0	14^0	16^0	18^0	20^0	22^0	24^0	26^0	28^0	30^0	32^0	
1	0,08	0,13	0,17	0,19	0,25	0,29	0,32	0,37	0,41	0,43	0,46	0,50	0,52	0,58	0,60	0,64	1
2	0,16	0,25	0,30	0,33	0,40	0,45	0,49	0,57	0,58	0,65	0,70	0,72	0,76	0,80	0,82	0,85	2
3	0,23	0,34	0,42	0,47	0,55	0,60	0,65	0,71	0,75	0,82	0,87	0,90	0,93	0,98	1,00	1,03	3
4	0,29	0,42	0,51	0,59	0,66	0,71	0,79	0,85	0,89	0,95	1,01	1,04	1,09	1,12	1,15	1,19	4
5	0,34	0,49	0,59	0,69	0,76	0,84	0,90	0,96	1,02	1,07	1,13	1,17	1,22	1,25	1,28	1,32	5
6	0,39	0,55	0,67	0,77	0,85	0,92	1,00	1,06	1,11	1,18	1,24	1,29	1,33	1,37	1,40	1,45	6
7	0,43	0,60	0,73	0,83	0,91	1,00	1,08	1,14	1,21	1,27	1,33	1,38	1,42	1,47	1,52	1,57	7
8	0,47	0,65	0,77	0,88	0,97	1,06	1,15	1,22	1,30	1,36	1,42	1,48	1,52	1,58	1,62	1,68	8
9	0,50	0,68	0,82	0,93	1,03	1,13	1,22	1,30	1,37	1,44	1,51	1,56	1,62	1,68	1,72	1,77	9
10	0,52	0,72	0,85	0,98	1,09	1,19	1,29	1,37	1,44	1,51	1,59	1,65	1,72	1,77	1,81	1,88	10
11	0,55	0,76	0,89	1,03	1,15	1,25	1,36	1,44	1,51	1,59	1,67	1,73	1,80	1,85	1,90	1,97	11
12	0,56	0,78	0,93	1,07	1,20	1,31	1,42	1,51	1,58	1,66	1,74	1,81	1,87	1,93	1,99	2,05	12
13	0,58	0,82	0,97	1,11	1,25	1,36	1,47	1,56	1,64	1,72	1,81	1,88	1,95	2,01	2,08	2,14	13
14	0,60	0,84	1,01	1,17	1,30	1,41	1,52	1,62	1,70	1,79	1,88	1,95	2,02	2,09	2,15	2,22	14
15	0,63	0,87	1,04	1,20	1,34	1,46	1,57	1,67	1,76	1,85	1,94	2,02	2,09	2,16	2,22	2,29	15
16	0,64	0,89	1,08	1,24	1,39	1,51	1,62	1,73	1,82	1,91	2,00	2,09	2,15	2,23	2,29	2,37	16
17	0,65	0,92	1,11	1,28	1,43	1,55	1,67	1,78	1,88	1,97	2,07	2,15	2,22	2,29	2,36	2,44	17
18	0,66	0,94	1,14	1,31	1,47	1,60	1,72	1,83	1,93	2,03	2,12	2,21	2,29	2,36	2,43	2,50	18
19	0,68	0,96	1,17	1,35	1,51	1,64	1,76	1,88	1,98	2,09	2,18	2,27	2,36	2,43	2,49	2,57	19
20	0,70	0,99	1,20	1,38	1,54	1,68	1,80	1,93	2,03	2,14	2,24	2,34	2,42	2,49	2,56	2,65	20
21	0,72	1,02	1,23	1,42	1,58	1,72	1,85	1,97	2,09	2,20	2,29	2,39	2,48	2,55	2,63	2,71	21
22	0,73	1,04	1,25	1,45	1,61	1,76	1,89	2,02	2,13	2,25	2,34	2,44	2,54	2,61	2,68	2,77	22
23	0,75	1,06	1,28	1,48	1,65	1,80	2,03	2,06	2,18	2,29	2,40	2,50	2,59	2,67	2,74	2,82	23
24	0,76	1,08	1,31	1,52	1,68	1,84	2,08	2,10	2,23	2,34	2,45	2,55	2,65	2,73	2,80	2,89	24
25	0,78	1,10	1,34	1,55	1,72	1,87	2,12	2,15	2,27	2,39	2,50	2,60	2,70	2,78	2,86	2,96	25
26	0,79	1,13	1,37	1,59	1,75	1,92	2,16	2,19	2,32	2,44	2,55	2,66	2,75	2,83	2,92	3,01	26
27	0,81	1,15	1,39	1,61	1,79	1,95	2,21	2,24	2,36	2,48	2,60	2,71	2,80	2,89	2,98	3,07	27
28	0,83	1,17	1,42	1,64	1,82	1,99	2,25	2,27	2,40	2,52	2,65	2,76	2,85	2,95	3,04	3,13	28
29	0,84	1,19	1,44	1,67	1,86	2,03	2,29	2,32	2,45	2,57	2,70	2,80	2,90	3,00	3,09	3,18	29
30	0,86	1,21	1,47	1,70	1,89	2,06	2,32	2,36	2,49	2,62	2,75	2,86	2,96	3,06	3,15	3,24	30

Anmerkung: Als Höhe ist bei Zuluftkanälen der Abstand von Mitte Heizkammer bis zur Lage der neutralen Zone im betreffenden Raume, bei Abluftkanälen der Abstand von der neutralen Zone bis Mündung über Dach in Ansatz zu bringen.

Tabelle 7.

geschwindigkeit in senkrechten Kanälen.

Degen'sche Tabelle.)

Höhe d. Kanals in m	Sekundliche Geschwindigkeit in m bei einem Temperatur-Unterschiede zwischen der Kanalluft und der Aussenluft von:															Höhe d. Kanals in m
	34°	36°	38°	40°	42°	44°	46°	48°	50°	55°	60°	70°	80°	90°	100°	
1	0,67	0,71	0,74	0,78	0,80	0,83	0,86	0,88	0,90	0,93	0,95	0,97	1,00	1,04	1,08	1
2	0,90	0,93	0,96	1,00	1,02	1,07	1,09	1,11	1,13	1,15	1,17	1,22	1,28	1,30	1,37	2
3	1,07	1,10	1,15	1,17	1,20	1,25	1,27	1,28	1,31	1,35	1,38	1,43	1,50	1,52	1,60	3
4	1,22	1,26	1,29	1,32	1,36	1,40	1,42	1,44	1,46	1,49	1,54	1,62	1,69	1,73	1,80	4
5	1,36	1,39	1,42	1,46	1,49	1,54	1,56	1,67	1,60	1,65	1,69	1,76	1,85	1,91	1,96	5
6	1,49	1,52	1,55	1,59	1,62	1,65	1,67	1,71	1,74	1,80	1,85	1,94	2,02	2,09	2,15	6
7	1,61	1,65	1,68	1,71	1,74	1,78	1,81	1,85	1,87	1,74	1,99	2,09	2,20	2,26	2,32	7
8	1,72	1,76	1,80	1,83	1,87	1,91	1,94	1,97	2,00	2,08	2,12	2,24	2,35	2,41	2,48	8
9	1,82	1,87	1,91	1,94	1,98	2,02	2,06	2,09	2,11	2,20	2,25	2,38	2,49	2,57	2,63	9
10	1,93	1,98	2,02	2,05	2,09	2,14	2,18	2,21	2,24	2,32	2,39	2,52	2,62	2,71	2,77	10
11	2,02	2,06	2,12	2,15	2,20	2,24	2,29	2,32	2,35	2,43	2,50	2,64	2,75	2,84	2,92	11
12	2,11	2,15	2,21	2,24	2,30	2,35	2,39	2,42	2,46	2,54	2,61	2,76	2,87	2,97	3,05	12
13	2,19	2,24	2,30	2,34	2,38	2,44	2,48	2,53	2,56	2,65	2,72	2,87	2,99	3,09	3,17	13
14	2,28	2,32	2,38	2,43	2,48	2,53	2,57	2,62	2,65	2,75	2,82	2,99	3,10	3,20	3,29	14
15	2,36	2,40	2,46	2,51	2,57	2,62	2,66	2,70	2,74	2,84	2,93	3,09	3,22	3,32	3,40	15
16	2,43	2,48	2,54	2,59	2,65	2,71	2,75	2,80	2,82	2,93	3,02	3,19	3,33	3,44	3,50	16
17	2,50	2,55	2,61	2,67	2,72	2,79	2,83	2,88	2,91	3,02	3,12	3,29	3,42	3,54	3,61	17
18	2,57	2,62	2,69	2,74	2,80	2,87	2,91	2,96	3,00	3,11	3,21	3,38	3,51	3,64	3,72	18
19	2,64	2,70	2,76	2,82	2,88	2,95	3,00	3,04	3,08	3,20	3,30	3,48	3,61	3,74	3,82	19
20	2,71	2,77	2,83	2,89	2,96	3,02	3,07	3,12	3,16	3,28	3,38	3,57	3,71	3,83	3,92	20
21	2,77	2,83	2,90	2,97	3,04	3,09	3,15	3,19	3,24	3,36	3,47	3,66	3,80	3,93	4,01	21
22	2,83	2,90	2,96	3,03	3,11	3,16	3,22	3,27	3,31	3,44	3,55	3,74	3,89	4,02	4,10	22
23	2,90	2,97	3,03	3,10	3,17	3,23	3,29	3,34	3,39	3,51	3,64	3,82	3,98	4,10	4,19	23
24	2,96	3,04	3,10	3,16	3,25	3,30	3,37	3,42	3,46	3,59	3,70	3,90	4,07	4,20	4,29	24
25	3,03	3,10	3,17	3,23	3,31	3,38	3,43	3,48	3,53	3,66	3,78	3,98	4,15	4,28	4,38	25
26	3,09	3,16	3,24	3,30	3,38	3,44	3,50	3,55	3,60	3,73	3,85	4,06	4,24	4,37	4,47	26
27	3,15	3,22	3,30	3,36	3,44	3,51	3,57	3,62	3,68	3,80	3,93	4,14	4,31	4,45	4,56	27
28	3,21	3,28	3,37	3,43	3,51	3,56	3,63	3,68	3,74	3,87	4,00	4,22	4,39	4,53	4,65	28
29	3,27	3,34	3,43	3,49	3,58	3,64	3,69	3,75	3,80	3,95	4,08	4,30	4,47	4,61	4,73	29
30	3,33	3,40	3,49	3,55	3,04	3,70	3,76	3,82	3,88	4,03	4,15	4,36	4,55	4,69	4,81	30

Tabelle 8.

Reibungskoefficient (ϱ) der Luft in gemauerten Kanälen.

Kanalumfang in m	Reibungskoefficient	Kanalumfang in m	Reibungskoefficient
0,50 bis einschl. 0,51	0,035	0,80 bis einschl. 0,84	0,0084
0,51 „ „ 0,52	0,025	0,84 „ „ 0,88	0,0082
0,52 „ „ 0,53	0,020	0,88 „ „ 0,95	0,0080
0,53 „ „ 0,54	0,019	0,95 „ „ 1,03	0,0078
0,54 „ „ 0,55	0,017	1,03 „ „ 1,15	0,0076
0,55 „ „ 0,56	0,015	1,15 „ „ 1,34	0,0074
0,56 „ „ 0,57	0,014	1,34 „ „ 1,69	0,0072
0,57 „ „ 0,59	0,013	1,69 „ „ 1,99	0,0070
0,59 „ „ 0,61	0,012	1,99 „ „ 2,50	0,0069
0,61 „ „ 0,65	0,011	2,50 „ „ 3,50	0,0068
0,65 „ „ 0,72	0,010	3,50 „ „ 6,52	0,0067
0,72 „ „ 0,74	0,009	6,52 „ „ 12,50	0,0066
0,74 „ „ 0,77	0,0088	über 12,50	0,0065
0,77 „ „ 0,80	0,0086		

Tabelle 9.

Werthe für die Reibung in gemauerten Kanälen.

Werthe von $\dfrac{\varrho u}{f}$ für kreisförmigen und quadratischen Querschnitt

Kreisförmiger Querschnitt				Quadratischer Querschnitt			
Durchmesser m	Umfang u m	Querschnitt f qm	$\dfrac{\varrho u}{f}$	Seite m	Umfang u m	Querschnitt f qm	$\dfrac{\varrho u}{f}$
				0,125	0,50	0,016	1,122
				0,150	0,60	0,023	0,320
0,175	0,550	0,024	0,389	0,175	0,70	0,031	0,229
0,200	0,628	0,031	0,220	0,200	0,80	0,040	0,168
0,250	0,785	0,049	0,137	0,250	1,00	0,063	0,125
0,300	0,942	0,071	0,107	0,300	1,20	0,090	0,099
0,350	1,100	0,096	0,087	0,350	1,40	0,123	0,082
0,400	1,257	0,126	0,074	0,400	1,60	0,160	0,072
0,450	1,414	0,160	0,064	0,450	1,80	0,203	0,062
0,500	1,570	0,196	0,058	0,500	2,00	0,250	0,055
0,550	1,73	0,237	0,051	0,550	2,20	0,303	0,050
0,600	1,89	0,283	0,047	0,600	2,40	0,360	0,046
0,650	2,04	0,332	0,042	0,650	2,60	0,423	0,042
0,700	2,20	0,385	0,039	0,700	2,80	0,490	0,039
0,750	2,36	0,442	0,037	0,750	3,00	0,563	0,036
0,800	2,51	0,503	0,034	0,800	3,20	0,640	0,034
0,850	2,67	0,567	0,032	0,850	3,40	0,723	0,032
0,900	2,83	0,636	0,030	0,900	3,60	0,810	0,030
0,950	2,98	0,709	0,029	0,950	3,80	0,903	0,028
1,000	3,14	0,785	0,027	1,000	4,00	1,000	0,027
1,050	3,30	0,866	0,026	1,050	4,20	1,103	0,026
1,100	3,46	0,950	0,025	1,100	4,40	1,210	0,024
1,150	3,61	1,039	0,023	1,150	4,60	1,323	0,023
1,200	3,77	1,131	0,022	1,200	4,80	1,440	0,022
1,250	3,93	1,227	0,021	1,250	5,00	1,563	0,021

Tabelle 9 (Forts.)

Werthe von $\frac{\varrho u}{f}$ für kreisförmigen und quadratischen Querschnitt.							
Kreisförmiger Querschnitt				Quadratischer Querschnitt			
Durchmesser m	Umfang u m	Querschnitt f qm	$\frac{\varrho u}{f}$	Seite m	Umfang u m	Querschnitt f qm	$\frac{\varrho u}{f}$
1,300	4,08	1,327	0,021	1,300	5,20	1,690	0,021
1,350	4,24	1,431	0,020	1,350	5,40	1,823	0,020
1,400	4,40	1,539	0,019	1,400	5,60	1,960	0,019
1,450	4,56	1,651	0,019	1,450	5,80	2,103	0,018
1,500	4,71	1,767	0,018	1,500	6,00	2,250	0,018
1,550	4,87	1,887	0,017	1,550	6,20	2,403	0,017
1,600	5,03	2,011	0,017	1,600	6,40	2,560	0,017
1,650	5,18	2,138	0,016	1,650	6,60	2,723	0,016
1,700	5,34	2,270	0,016	1,700	6,80	2,890	0,016
1,750	5,50	2,405	0,015	1,750	7,00	3,063	0,015
1,800	5,66	2,545	7,015	1,800	7,20	3,240	0,015
1,850	5,81	2,688	0,014	1,850	7,40	3,423	0,014
1,900	5,97	2,835	0,014	1,900	7,60	3,610	0,014
1,950	6,13	2,986	0,014	1,950	7,80	3,803	0,014
2,000	6,28	3,142	0,013	2,000	8,00	4,000	0,013
2,500	7,85	4,909	0,011	2,500	10,00	6,250	0,011

Werthe von $\frac{\varrho u}{f}$ für rechteckige Querschnitte							
Querschnitt m×m	Umfang u m	Querschnitt f qm	$\frac{\varrho u}{f}$	Querschnitt m×m	Umfang u m	Querschnitt f qm	$\frac{\varrho u}{f}$
0,14×0,14	0,56	0,020	0,429	0,27×0,66	1,86	0,178	0,073
×0,20	0,68	0,028	0,221	×0,79	2,12	0,213	0,069
×0,27	0,82	0,038	0,182	×0,92	2,38	0,248	0,066
×0,33	0,94	0,046	0,163	×1,05	2,64	0,284	0,063
×0,40	1,08	0,056	0,147	×1,18	2,90	0,319	0,062
×0,46	1,20	0,064	0,138	×1,31	3,16	0,354	0,061
×0,53	1,34	0,074	0,130	×1,44	3,42	0,389	0,060
×0,66	1,60	0,092	0,125	×1,57	3,68	0,424	0,058
×0,79	1,86	0,111	0,118	×1,70	3,94	0,459	0,058
×0,92	2,12	0,129	0,114	×1,83	4,20	0,494	0,057
×1,05	2,38	0,147	0,112	×1,96	4,46	0,529	0,057
				×2,09	4,72	0,564	0,056
0,20×0,20	0,80	0,040	0,172	0,33×0,33	1,32	0,109	0,090
×0,27	0,94	0,054	0,139	×0,40	1,44	0,132	0,079
×0,33	1,06	0,066	0,122	×0,46	1,58	0,152	0,075
×0,40	1,20	0,080	0,111	×0,53	1,72	0,175	0,069
×0,46	1,32	0,092	0,106	×0,66	1,98	0,218	0,064
×0,53	1,46	0,106	0,099	×0,79	2,24	0,261	0,059
×0,66	1,72	0,132	0,091	×0,92	2,50	0,304	0,056
×0,79	1,98	0,158	0,088	×1,05	2,77	0,347	0,055
×0,92	2,24	0,184	0,084	×1,18	3,02	0,389	0,053
×1,05	2,50	0,210	0,081	×1,31	3,28	0,432	0,052
				×1,44	3,54	0,475	0,050
0,27×0,27	1,08	0,073	0,113	×1,57	3,80	0,518	0,049
×0,33	1,20	0,089	0,100	×1,70	4,06	0,561	0,048
×0,40	1,34	0,108	0,089	×1,83	4,32	0,604	0,048
×0,46	1,46	0,124	0,085	×1,96	4,58	0,647	0,047
×0,53	1,60	0,143	0,081	×2,09	4,84	0,690	0,047

Werthe von $\frac{\varrho u}{f}$ für rechteckige Querschnitte

Querschnitt m×m	Umfang u m	Querschnitt f qm	$\frac{\varrho u}{f}$
0,40×0,40	1,60	0,160	0,072
×0,46	1,72	0,184	0,065
×0,53	1,86	0,212	0,061
×0,66	2,12	0,264	0,055
×0,79	2,38	0,316	0,052
×0,92	2,64	0,368	0,049
×1,05	2,90	0,420	0,047
×1,18	3,16	0,472	0,046
×1,31	3,42	0,524	0,044
×1,44	3,68	0,576	0,043
×1,57	3,94	0,628	0,042
×1,70	4,20	0,680	0,041
×1,83	4,46	0,732	0,041
×1,96	4,72	0,784	0,040
×2,09	4,98	0,836	0,040
0,46×0,46	1,84	0,212	0,061
×0,53	1,98	0,244	0,057
×0,66	2,24	0,304	0,051
×0,79	2,50	0,363	0,047
×0,92	2,76	0,423	0,044
×1,05	3,02	0,483	0,042
×1,18	3,28	0,543	0,041
×1,31	3,54	0,603	0,039
×1,44	3,80	0,662	0,039
×1,57	4,06	0,722	0,038
×1,70	4,32	0,782	0,037
×1,83	4,58	0,842	0,036
×1,96	4,84	0,902	0,036
×2,09	5,10	0,961	0,036
0,53×0,53	2,12	0,281	0,051
×0,66	2,38	0,350	0,047
×0,79	2,64	0,419	0,043
×0,92	2,90	0,488	0,040
×1,05	3,16	0,557	0,039
×1,18	3,42	0,625	0,037
×1,31	3,68	0,694	0,035
×1,44	3,94	0,763	0,035
×1,57	4,20	0,832	0,034
×1,70	4,46	0,901	0,033
×1,83	4,72	0,970	0,033
×1,96	4,98	1,039	0,032
×2,09	5,24	1,108	0,032
0,66×0,66	2,64	0,436	0,041
×0,79	2,90	8,521	0,037
×0,92	3,16	0,607	0,035
×1,05	3,42	0,693	0,033
×1,18	3,68	0,779	0,032
×1,31	3,94	0,865	0,031
×1,44	4,20	0,950	0,030
×1,57	4,46	1,036	0,029
×1,70	4,72	1,122	0,028
×1,83	4,98	1,208	0,028
×1,96	5,24	1,294	0,027
×2,09	5,50	1,379	0,027
0,79×0,79	2,16	0,624	0,023
×0,92	3,42	0,727	0,032

Querschnitt m×m	Umfang u m	Querschnitt f qm	$\frac{\varrho u}{f}$
0,79×1,05	3,68	0,830	0,030
×1,18	3,94	0,932	0,028
×1,31	4,20	1,035	0,027
×1,44	4,46	1,138	0,026
×1,57	4,72	1,240	0,025
×1,70	4,98	1,343	0,025
×1,83	5,24	1,446	0,024
×1,96	5,50	1,548	0,024
×2,09	5,76	1,651	0,023
0,92×0,92	3,68	0,846	0,029
×1,05	3,94	0,966	0,027
×1,18	4,20	1,086	0,026
×1,31	4,46	1,205	0,025
×1,44	4,72	1,325	0,024
×1,57	4,98	1,444	0,023
×1,70	5,24	1,564	0,022
×1,83	5,50	1,684	0,022
×1,96	5,36	1,803	0,021
×2,09	6,02	1,923	0,021
1,05×1,05	4,20	1,103	0,026
×1,18	4,46	1,239	0,024
×1,31	4,72	1,376	0,023
×1,44	4,98	1,512	0,022
×1,57	5,24	1,649	0,021
×1,70	5,50	1,785	0,021
×1,83	5,76	1,922	0,020
×1,96	6,02	2,058	0,020
×2,09	6,28	2,195	0,019
1,18×1,18	4,72	1,392	0,023
×1,31	4,98	1,546	0,022
×1,44	5,24	1,699	0,021
×1,57	5,50	1,853	0,020
×1,70	5,76	2,006	0,019
×1,83	6,02	2,159	0,019
×1,96	6,28	2,313	0,018
×2,09	6,54	2,466	0,018
1,31×1,31	5,24	1,716	0,020
×1,44	5,50	1,886	0,020
×1,57	5,76	2,057	0,019
×1,70	6,02	2,227	0,018
×1,83	6,28	2,397	0,018
×1,96	6,54	2,568	0,017
×2,09	6,80	2,738	0,016
1,44×1,44	5,76	2,074	0,019
×1,57	6,02	2,261	0,018
×1,70	6,28	2,448	0,017
×1,83	6,54	2,635	0,016
×1,96	6,80	2,822	0,016
×2,09	7,06	3,010	0,015
1,57×1,57	6,28	2,465	0,017
×1,70	6,54	2,669	0,016
×1,83	6,80	2,873	0,016
×1,96	7,06	3,077	0,015
×2,09	7,32	3,281	0,015

Tabelle 10.

Wärmestrahlungskoefficienten (s) einiger Körper.

Baumwollenzeug	3,65	Metalle:	
Bausteine	3,60	Messing (polirtes)	0,26
Glas	2,91	Silber	0,13
Gips	3,60	Zink	0,24
Holz	3,60	Zinn	0,22
Kohlenpulver	3,42	Oelanstrich	3,7
Kohlenstaub	3,42	Papier	3,8
Kreide (zerpulvert)	3,32	do. (versilbert)	0,42
Metalle:		do. (vergoldet)	0,23
Eisen (oxydirtes)	3,36	Russ	4,0
Eisenblech (gewöhnliches)	2,77	Sand (feiner)	3,62
do. (polirtes)	0,45	Sägespähne	3,53
do. (verbleit)	0,65	Seidenstoff	3,7
Gusseisen (neues)	3,17	Wasser	5,3
Kupfer	0,16	Wollenstoff	3,7

Tabelle 11.

Wärmeüberleitungskoefficienten (λ) einiger Körper*).

Backsteinmauer	0,69	Kalkstein (feinkörnig)	2,0
Baumwolle	0,04	Kork	0,26
Coaks		Kreidepulver	0,09
dicht	5,00	Luft (ruhend)	0,04
zerstossen	0,16	Marmor	2,8
Dachpappe	0,12	Metalle:	
Filz	0,032	Blei	30
Flaum	0,04	Eisen	60
Gebrannte Erde		Kupfer	300
dicht	0,8	Messing	90
zerstossen	0,15	Zink	110
Glas		Zinn	53
Gips angem. und lufttrocken	0,5	Papier	0,034
Holz:		Sägespähne (Kiefernholz)	0,045
Eichenholz (winkelrecht zur Faser)	0,21	Sand	0,27
Tannenholz (gleichl. mit der Faser)	0,17	Sandstein	1,3
do. (winkelrecht zur Faser)	0,093	Schiefer	0,29
Holzasche	0,06	Wolle	0,04
Holzkohlenpulver	0,08		

*) S. a. Landoldt und Börnstein, Phys. Chem. Tabellen. 2. Aufl. Berlin 1894.

Wärmemenge (k), die stündlich durch 1 qm Umschliessungsfläche eines Raumes bei 1° Temperaturunterschied von Luft an Luft übertragen wird. (Transmissionskoefficienten.)

I. Aussenwände.

1. Wand aus Backstein.

Mauerstärke (ohne Putz etc.) in m	0,12	0,25	0,38	0,51	0,64	0,77	0,90	1,03	1,16
k =	2,4	1,7	1,3	1,1	0,9	0,8	0,7	0,6	0,55

2. Wand aus Backstein mit einer Luftschicht.

Mauerstärke ohne Luftschicht und Putz in m	0,24	0,37	0,50	0,63	0,76	0,89	1,02
k =	1,4	1,1	0,9	0,8	0,7	0,6	0,55

3. Wand aus Backstein, mit innerer Gipsdiele von 3 cm Stärke.

Mauerstärke ohne Gipsdiele in m	0,12	0,25	0,38	0,51
k =	2,2	1,5	1,2	1,0

4. Wand aus Backstein, innen mit Holzverkleidung.

Stärke der Backsteinwand in m	0,12	0,25	0,38	0,12	0,25	0,38
Stärke der Holzverkleidung in m	0,010	0,010	0,010	0,015	0,015	0,015
k =	2,0	1,5	1,1	1,8	1,4	1,0

5. Wand aus Backstein, aussen und innen Holzverkleidung.

Stärke der Backsteinwand in m	0,12	0,25	0,38	0,12	0,25	0,38	0,12	0,25	0,38
Stärke der Holzwände zus. in m	0,020	0,020	0,020	0,025	0,025	0,025	0,030	0,030	0,030
k =	1,2	1,0	0,85	1,1	0,9	0,8	1,0	0,8	0,7

6. Wand aus Sandstein.

Mauerstärke ohne Putz in m	0,30	0,40	0,50	0,60	0,70	0,80	0,90	1,00	1,10	1,20
k =	2,1	1,8	1,6	1,4	1,3	1,2	1,1	1,0	0,9	0,85

7. Wand aus Sandstein mit Backsteinhintermauerung.

Sandsteinstärke in m . .	0,10	0,10	0,10	0,10	0,10	0,10	0,10	0,10	0,25	0,25
Backsteinstärke in m . .	0,12	0,25	0,38	0,51	0,64	0,77	0,90	1,03	0,12	0,25
k =	2,1	1,5	1,2	1,0	0,8	0,7	0,6	0,55	1,7	1,3

Sandsteinstärke in m . .	0,25	0,25	0,25	0,25	0,25	0,50	0,50	0,50	0,50	0,50	0,50
Backsteinstärke in m . .	0,38	0,51	0,64	0,77	0,90	0,12	0,25	0,38	0,50	0,64	0,77
k =	1,0	0,9	0,75	0,65	0,6	1,3	1,0	0,85	0,75	0,65	0,6

8. Wand aus Kalkstein.

Mauerstärke ohne Putz in m	0,30	0,40	0,50	0,60	0,70	0,80	0,90	1,00	1,10	1,20
k =	2,5	2,2	2,0	1,8	1,7	1,55	1,4	1,3	1,25	1,2

9. Wand aus Gipsdielen.

Stärke der Gipsdiele in m	0,03	0,04	0,05	0,06
k =	3,7	3,4	3,2	3,0

Tabelle 12 (Forts.)

10. Wand aus Stampfbeton.

Stärke der Wand in m	0,05	0,10	0,15	0,20	0,25	0,30
$k =$	3,4	2,7	2,3	2,0	1,7	1,5

11. Wand aus Fachwerk.

$k = m\,k_1 + n\,k_2$ (m bedeutet den im Durchschnitte auf 1 qm Fläche entfallenden Theil aus Holz, n den Theil aus Mauerwerk.)

Stärke der Wand: 0,12 m, $k_1 = 0{,}66$, $k_2 = 2{,}4$.

12. Wand aus viereckigen, übereinandergelegten Holzbalken, aussen und innen Bretterverkleidung, zwischen der äusseren Verkleidung und Balkenwand eine getheerte Pappschicht.

Stärke der Balkenwand in m	0,10	0,10	0,10	0,15	0,15	0,15
Stärke der Holzverkleidungen zusammen in m	0,020	0,025	0,030	0,020	0,025	0,030
$k =$	0,57	0,54	0,51	0,44	0,42	0,40

II. Innenwände.

1. Wand aus Backstein.

Mauerstärke (ohne Putz) in m	0,12	0,25	0,38	0,51	0,64	0,77
$k =$	2,2	1,5	1,2	1,0	0,8	0,7

2. Rabitzwand.

Wandstärke in m	0,04	0,06	0,08	0,10
$k =$	3,1	2,8	2,5	2,3

3. Holzwand ohne Putz.

Wandstärke in m	0,010	0,015	0,020	0,025
$k =$	2,7	2,4	2,1	1,9

4. Holzwand mit Putz auf beiden Seiten.

Holzstärke in m	0,020	0,025	0,030	0,040
$k =$	1,3	1,2	1,15	1,0

5. Wand aus Korkstein.

Wandstärke in m	0,12	0,25	0,38
$k =$	1,52	0,92	0,66

6. Wand aus Gipsdielen.

Wandstärke in m	0,03	0,04	0,05	0,06	0,07	0,08	0,09	0,10
$k =$	3,20	3,01	2,90	2,80	2,64	2,53	2,42	2,33

III. Fussböden und Decken.

A. Holz. $k = \dfrac{m k_1 + n k_2}{m + n}$ m bedeutet die Balkenbreite, n die lichte Entfernung der Balken von einander.

1. Balkenlage mit einfacher Holzdielung aus Fichtenholz mit Oelanstrich.

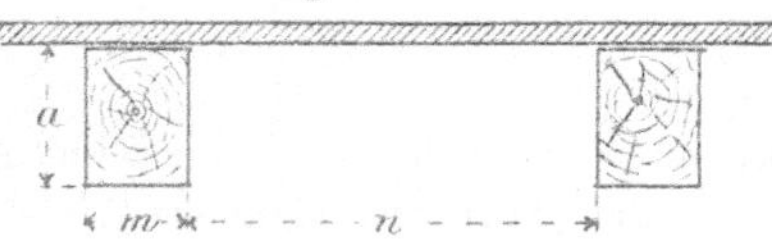

Höhe der Balken in m . . .	0,20	0,24	m = 0,15 n = 0,6 . . k =	1,63	1,62
Stärke der Dielung in m . . .	0,025	0,052	m = 0,15 n = 0,7 . . k =	1,67	1,66
$k_1 =$	0,415	0,352	m = 0,20 n = 0,6 . . k =	1,56	1,54
$k_2 =$	1,934	1,934	m = 0,20 n = 0,7 . . k =	1.60	1,59

2. Balkenlage mit Einschub und Koksfüllung, oben einfache Fichtenholzdielung mit Oelanstrich, unten geschalt, gerohrt und geputzt.

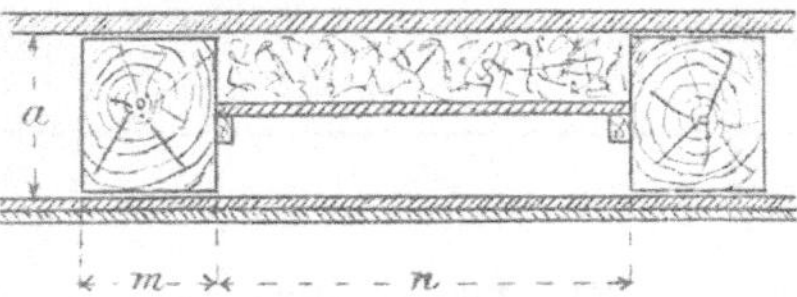

	Kältere Luft darüber	Kältere Luft darunter
Höhe der Balken in m	0,24	0,24
Stärke der Dielung in m	0,025	0,025
Stärke der Füllung in m	0,105	0,105
$k_1 =$	0,2974	0,2974
$k_2 =$	0,5375	0,2174
m = 0,2 n = 0,6 . . . . k =	0,48	0,24
m = 0,2 n = 0,7 . . . . k =	0,49	0,24
m = 0,2 n = 0,8 . . . . k =	0,49	0,24
m = 0,2 n = 0,0 . . . . k =	0,50	0,24

3. Balkenlage mit Einschub und Koksfüllung, oben Blendboden und eichener Stabfussboden oder Parquet, unten geschalt, gerohrt und geputzt.

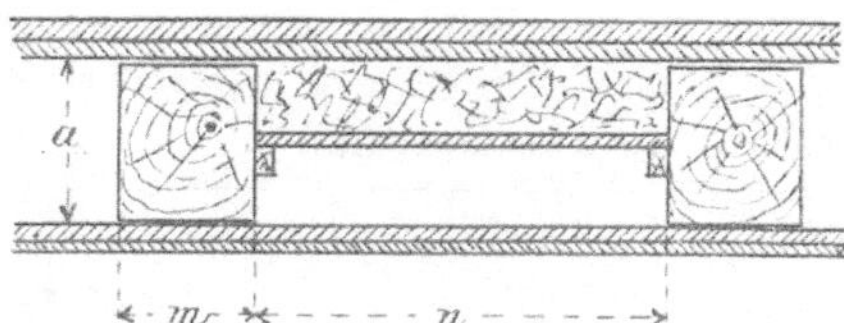

	Kältere Luft darüber	Kältere Luft darunter
Höhe der Balken in m	0,24	0,24
Stärke der Füllung in m	0,105	0,105
$k_1 =$	0,2754	0,2754
$k_2 =$	0,4697	0,2054
m = 0,2 n = 0,6 . . . . k =	0,42	0,22
m = 0,2 n = 0,7 . . . . k =	0,43	0,22
m = 0,2 n = 0,8 . . . . k =	0,43	0,22
m = 0,2 n = 0,9 . . . . k =	0,43	0,22

Tabelle 12 (Forts.)

B. **Stein** (Backsteingewölbe, 0,12 m stark, Vertiefungen ausgemauert).

   1. Mit Fliesenbelag. . . . . k = 1,66

   2. Mit Asphaltguss . . . . k = 1,58

   3. Mit Terrazzo . . . . k = 1,60

   4. Mit Linoleum . . . . k = 1,66

   5. Mit eichenem Stabfussboden in Asphalt gelegt . . . . k = 1,40

   6. Mit Lagerhölzern und einfacher geölter Fichtenholzdielung darüber.
      Die kältere Luft befindet sich unterhalb . . . . k = 0,33

   7. Mit Lagerhölzern, darüber Blendböden und Parquet. Die kältere
      Luft befindet sich unterhalb . . . . k = 0,3

IV. Thüren.

Stärke des Holzes		0,02	0,03	0,04	0,05	0,06
Fichtenholz { Innenthür	k =	2,1	1,7	1,5	1,3	1,1
Fichtenholz { Aussenthür		2,2	1,8	1,5	1,3	1,1
Eichenholz { Innenthür	k =	2,8	2,5	2,2	2,0	1,8
Eichenholz { Aussenthür		3,0	2,5	2,2	2,0	1,8

V. Fenster und Oberlichte.

1. **Fenster.**

   Einfache Fenster gewöhnlicher Grösse oder grosse Fenster aus star-
      kem Spiegelglase (Schaufenster) . . . . k = 5

   Einfache grosse Fenster aus gewöhnlichem Glase (Kirchenfenster) . k = 5,3

   Doppelfenster . . . . k = 2,2

   Doppelglasfenster (einfacher Rahmen mit doppeltem Glase . . . . k = 5—2,8 m
      (m bedeutet den Theil der gesammten Fensterfläche einschl. Holzrahmen, der
      auf die Glasfläche entfällt. S. Bd. I, Seite 146.)

2. **Oberlichte.**

   Einfach, darüber Aussenluft . . . . k = 5,1

   Einfach, darüber Bodenraum . . . . k = 3,6

   Doppelt, darüber Aussenluft . . . . k = 2,35

   Doppelt, darüber Bodenraum . . . . k = 2 1

VI. Dächer.

   1. Theerpappdach auf Schalung 0,025 m stark . . . . k = 2,13

   2. Zinkdach auf Schalung 0,025 m stark . . . . k = 2,17

   3. Kupferdach auf Schalung 0,025 m stark . . . . k = 2,17

   4. Schieferdach auf Schalung 0,025 m stark . . . . k = 2,10

   5. Ziegeldach ohne Schalung aber sonst dicht . . . . . . k = 4,85

   6. Holzcementdach . . . . k = 1,32

   7. Wellblechdach ohne Schalung . . . . k = 10,40.

Wärmemenge, die stündlich durch 1 qm Heizfläche von Wasser, Dampf oder Luft an Luft übertragen wird.*)

I. Wärmeübertragung von Wasser an Luft.

Die Wärme aufnehmende Luft besitzt nur die durch den natürlichen Auftrieb hervorgerufene Geschwindigkeit.

Art der Heizfläche	Wärmemenge (k), die stündlich von 1 qm bei 1^0 Temp.-Unterschied zwischen der mittleren Temperatur des Wassers und der Temperatur der zuströmenden Luft abgegeben wird, wenn der Unterschied beträgt:					
	unter 40^0	über 40^0 bis 50^0	über 50^0 bis 60^0	über 60^0 bis 70^0	über 70^0 bis 80^0	über 80^0
A. Schmiedeeiserne Heizflächen.						
1. Einfaches horizontales od. vertikales Rohr.						
Rohr bis etwa 33 mm äusseren Durchmesser	10,5	11,0	11,5	12,0	12,5	12,5
Rohr über 33 mm bis etwa 60 mm äuss. Durchm.	9,0	9,5	10,0	11,5	11,0	11,5
„ „ 60 „ „ „ 100 „ „ „	8,5	9,5	10,0	10,5	10,5	10,5
„ „ 100 „ „ „ 150 „ „ „	8,0	9,0	9,5	9,5	9,5	9,5
„ „ 150 „ äusseren Durchmesser . . .	8,0	8,5	8,5	8,5	8,5	8,5
2. Mehrfach übereinander liegendes Rohr in Gestalt eines Rohrzuges oder einer Rohrschlange bis zu etwa 1 m Höhe. Die Windungen berühren sich nicht, ihr Zwischenraum beträgt mindestens Rohrstärke.						
Rohr bis etwa 33 mm äusseren Durchmesser	9,0	10,0	10,5	11,0	11,0	11,5
Rohr über 33 „ „ „ „	7,0	8,0	8,5	9,0	9,0	9,0
3. Desgl. wie unter 2. nur über 1 m Höhe.						
Rohr bis etwa 33 mm äusseren Durchmesser	8,0	8,5	9,0	9,5	9,5	9,5
Rohr über 33 „ „ „ „	6,5	7,0	7,5	8,0	8,0	8,0
4. Cylinderofen bis etwa 2 m Höhe, bestehend aus zwei koncentrisch in einandergelegten Röhren. Aussen und durch das innere Rohr strömt Luft; lichter Zwischenraum der Röhren für den Wasserlauf etwa 20 mm.						
Aussenrohr von etwa 100—150 mm Durchm.	8,0	8,5	9,0	9,0	9,0	9,0
„ „ 150—200 „ „	7,5	8,0	8,5	9,0	9,0	9,0
„ „ 200—300 „ „	7,5	8,0	8,0	8,5	8,5	8,5
„ „ über 300 „ „	7,0	7,5	8,0	8,0	8,5	8,5
Innenrohr von etwa 120—400 „ „	3,0	3,5	3,5	3,5	3,5	3,5
5. Rohrregister, bestehend aus einer Anzahl horizontaler oder vertikaler Röhren.						
Einreihig	7,5	8,0	8,5	9,0	9,5	9,5
Zweireihig	5,5	6,0	6,5	7,0	7,0	7,0
Vierreihig	5,0	5,5	6,0	6,0	6,0	6,0
6. Plattenheizkörper						
bis etwa 1 m Höhe	7,5	8,0	8,5	9,0	9,5	9,5
über 1 m Höhe	6,5	7,0	7,5	8,0	8,5	8,5

*) Bei Benutzung dieser Tabelle sind auch die Bemerkungen in Bd. I, S. 171 u. f. zu beachten

Tabelle 13 (Forts.)

Art der Heizfläche	Wärmemenge (k), die stündlich von 1 qm bei 1° Temp.-Unterschied zwischen der mittleren Temperatur des Wassers und der Temperatur der zuströmenden Luft abgegeben wird, wenn der Unterschied beträgt:					
	unter 40°	über 40° bis 50°	über 50° bis 60°	über 60° bis 70°	über 70° bis 80°	über 80°
B. Gusseiserne Heizflächen.						
7. Radiatoren, geringster Zwischenraum der Elemente nicht unter 20 mm.						
1 Element	7,5	8,0	8,5	8,5	8,5	9,0
2 Elemente	6,5	7,0	7,5	7,5	7,5	7,5
3 Elemente	6,0	6,5	7,0	7,0	7,0	7,5
4—6 Elemente	6,0	6,5	6,5	7,0	7,0	7,0
über 6 Elemente	5,5	6,0	6,5	6,5	6,5	7,0
8. Rippenkasten, bis etwa 0,6 m Höhe mit senkrechten Rippen nicht unter 45 mm Zwischenraum.						
Rippenhöhe 0 mm	7,5	8,5	8,5	9,0	9,0	9,0
„ 20 „	5,5	6,0	6,5	6,5	6,5	6,5
„ 40 „	5,0	5,5	5,5	6,0	6,0	6,0
„ 50 „	4,5	5,0	5,5	5,5	5,5	5,5
„ 60 „	4,5	4,5	5,0	5,0	5,0	5,0
9. Rippenheizkörper mit schrägen Rippen. Die Elemente reihen sich horizontal aneinander. Zwischenraum der Rippen nicht unter 14 mm .	4,0	4,5	5,0	5,0	5,0	5,5
10. Rippenrohr mit runden Rippen. Zwischenraum der Rippen mindestens 35 mm	4,0	4,5	5,0	5,0	5,5	5,5
11. Rippenheizkörper, bestehend aus einem Rohrzuge horizontaler übereinander liegender Rippenrohre von kreisförmigem Rohrquerschnitte u. desgleichen Rippen. Zwischenraum der Rippen mindestens 17 mm.						
1 Rohr	3,5	4,5	4,5	5,0	5,0	5,0
3 Rohre (die Rippen greifen zum	3,0	3,5	4,0	4,0	4,0	4,0
6 Rohre Theil ineinander)	2,5	3,0	3,0	3,5	3,5	3,5
12. Rippenheizkörper wie unter 10., jedoch von ovalem Rohrquerschnitte und desgleichen Rippen. Zwischenraum der Rippen mindestens 14 mm.						
1 Rohr	5,0	5,5	6,0	6,5	6,5	6,5
3 Rohre (die Rippen greifen nicht ineinander)	4,0	4,5	4,5	5,0	5,0	5,0
6 Rohre	3,0	3,5	4,0	4,0	4,0	4,0
13. Rippenheizkörper bestehend aus horizontalen übereinander liegenden Rippenrohren von kreisförmigem oder ovalem Rohrquerschnitte mit runden oder rechteckigen Rippen. Wasserzulauf von der Mitte eines jeden Rohres, Vertheilung des Wassers nach rechts und links durch eingegossene Leitflächen. Zwischenraum der Rippen mindestens 14 mm.						
1 Rohr	3,5	4,5	4,5	5,0	5,0	5,0
3 Rohre (die Rippen greifen nicht ineinander)	3,0	3,5	4,0	4,0	4,0	4,0
6 Rohre	2,5	3,0	3,0	3,5	3,5	3,5

Tabelle 13 (Forts.)

II. Wärmeübertragung von Wasser an Luft durch ein Heisswasserheizungs-(Perkins)-Rohr.

Uebereinander liegende Rohre können von der
Luft umspült werden, berühren sich also nicht.

Unterschied zwischen der mittleren Temperatur des Wassers und der Temperatur der zuströmenden Luft	Wärmemenge (k), die stündlich von 1 qm bei 1⁰ Temp.-Untersch. zwischen der mittleren Temperatur des Wassers und der Temperatur der zuströmenden Luft abgegeben wird
30^0	8,8
40^0	9,9
50^0	10,6
60^0	11,0
70^0	11,2
80^0	11,3
90^0	11,4
100^0	11,5
110^0	11,5
120^0	11,6
130^0	11,6
140^0	11,7
150^0	11,7

III. Wärmeübertragung von Dampf an Luft.

a) Die Wärme aufnehmende Luft besitzt nur die durch den natürlichen Auftrieb hervorgerufene Geschwindigkeit.

Art der Heizfläche	Wärmemenge (k), die stündl. von 1 qm bei 1⁰ Temp.-Untersch. zwischen der mittleren Temperatur des Dampfes und der Temperatur der zuströmenden Luft abgegeben wird
A. Schmiedeeiserne Heizflächen.	
1. Einfaches horizontales Rohr.	
Rohr bis etwa 33 mm äusseren Durchmesser	13,0
Rohr über 33 mm bis etwa 100 mm äusseren Durchmesser	12,0
Rohr über 100 mm äusseren Durchmesser	11,5
2. Einfaches vertikales Rohr.	
a) Für Niederdruck-Dampfheizung:	
Rohr bis etwa 33 mm äusseren Durchmesser	13,5
Rohr über 33 mm bis etwa 100 mm äusseren Durchmesser	12,5
Rohr über 100 mm äusseren Durchmesser	12,0
b) Für Hochdruck-Dampfheizung:	
Rohr bis etwa 33 mm äusseren Durchmesser	14,0
Rohr über 33 mm bis etwa 100 mm äusseren Durchmesser	13,0
Rohr über 100 mm äusseren Durchmesser	12,5

Tabelle 13 (Forts.)

Art der Heizfläche	Wärmemenge (k), die stündl. von 1 qm bei 1° Temp.-Untersch. zwischen der mittleren Temperatur des Dampfes und der Temperatur der zuströmenden Luft abgegeben wird
3. Mehrfach übereinander liegendes Rohr in Gestalt eines Rohrzugs oder einer Rohrschlange bis zu etwa 1 m Höhe. Die Windungen berühren sich nicht, ihr Zwischenraum beträgt mindestens Rohrstärke	
Rohr bis etwa 33 mm äusseren Durchmesser	12,5
Rohr über 33 mm äusseren Durchmesser	11,0
4. Desgleichen wie unter 3. nur über 1 m Höhe.	
Rohr bis etwa 33 mm äusseren Durchmesser	11,0
Rohr über 33 mm äusseren Durchmesser	9,5
5. Rohrregister, bestehend aus einer Anzahl horizontaler oder vertikaler Röhren.	
Einreihig	11,5
Zweireihig	9,0
Vierreihig	8,0
6. Plattenheizkörper.	
Bis etwa 1 m Höhe	12,0
Ueber 1 m Höhe	11,0
B. Gusseiserne Heizflächen.	
7. Radiatoren. Geringster Zwischenraum der Elemente nicht unter 20 mm.	
a) Für Niederdruck-Dampfheizung:	
1 Element	11,5
2 Elemente	9,5
3 Elemente	9,0
4—6 Elemente	8,5
über 6 Elemente	8,0
b) Für Hochdruck-Dampfheizung:	
1 Element	12,0
2 Elemente	10,0
3 Elemente	9,5
4—6 Elemente	9,0
über 6 Elemente	8,5
8. Rippenkasten bis etwa 0,6 m Höhe mit senkrechten Rippen. Zwischenraum der Rippen mindestens 45 mm.	
Rippenhöhe 0 mm	11,0
„ 20 „	8,0
„ 40 „	7,5
„ 50 „	7,0
„ 60 „	6,5

Tabelle 13 (Forts.)

Art der Heizfläche	Wärmemenge (k), die stündl. von 1 qm bei 1° Temp.-Untersch. zwischen der mittleren Temperatur des Dampfes und der Temperatur der zuströmenden Luft abgegeben wird
9. Rippenheizkörper mit schrägen Rippen. Die Elemente reihen sich horizontal aneinander. Zwischenraum der Rippen mindestens 14 mm	6,0
10. Rippenrohr mit runden Rippen. Zwischenraum der Rippen mindestens 35 mm	6,5
11. Rippenheizkörper, bestehend aus einem Rohrzuge horizontal übereinander liegender Rippenrohre von kreisförmigem Rohrquerschnitte und desgleichen Rippen. Zwischenraum der Rippen mindestens 17 mm.	
1 Rohr	6,0
3 Rohre (die Rippen greifen zum Theil ineinander) . .	4,5
6 Rohre	4,0

b) Die Wärme aufnehmende Luft erhält eine bestimmte Geschwindigkeit und eine fläche in Be-

Art der Heizflächen	Wärmemenge (k), die stündl. von 1 qm bei 1° Temperatur-Untersch zwischen der mittleren Dampftemperatur und der mittleren (vor und nach der Erwärmung) Lufttemperatur abgegeben wird, wenn die grösste Geschwindigkeit (v) der Wärme aufnehmenden Luft beträgt in m:					
	1	2	3	4	5	6
1. Eine oder mehrere Reihen paralleler schmiedeiserner Röhren bis etwa 33 mm äuss. Durchm. und 5 mm Zwischenraum. Luftführung senkrecht zu den Röhren.						
Eine Reihe . . . . $k =$	13,5	22,0	28,0	33,0	37,0	41,0
$\frac{v}{k} =$	0,07	0,09	0,11	0,12	0,14	0,15
Zwei Reihen . . . . $k =$	13,0	21,0	27,0	32,0	36,0	40,0
$\frac{v}{k} =$	0,08	0,10	0,11	0,13	0,14	0,15
Drei Reihen . . . . $k =$	12,5	20,0	26,0	31,0	35,0	38,0
$\frac{v}{k} =$	0,08	0,10	0,12	0,13	0,14	0,16
Vier Reihen . . . . $k =$	12,0	19,0	24,0	29,0	33,0	36,0
$\frac{v}{k} =$	0,08	0,11	0,13	0,14	0,15	0,17
2. Rohr von 96 mm lichtem Durchmesser umspült von Dampf, durchströmt von Luft. Am Fusse der Rohres befindet sich eine Scheibe von 76 mm Durchmesser. Geschwindigkeit (v) bezogen auf den Rohrdurchmesser	8,0	15,0	21,0	27,0	32,0	37,0
3. Rohr wie unter 2., nur ohne Scheibe. . . .	3,5	7,5	12,0	15,0	19,0	23,0

Tabelle 13 (Forts.)

Art der Heizfläche	Wärmemenge (k), die stündl. von 1 qm bei 1° Temp.-Untersch. zwischen der mittleren Temperatur des Dampfes und der Temperatur der zuströmenden Luft abgegeben wird
12. Rippenheizkörper wie unter 11., jedoch von ovalem Rohrquerschnitte und desgleichen Rippen. Zwischenraum der Rippen mindestens 14 mm.	
1 Rohr	7,0
3 Rohre (die Rippen greifen nicht ineinander)	5,5
6 Rohre	4,5
13. Rippenheizkörper, bestehend aus horizontalen übereinander liegenden Rippenrohren von kreisförmigem oder ovalem Rohrquerschnitte mit runden oder rechteckigen Rippen. Wasserzulauf von Mitte eines jeden Rohres, Vertheilung des Dampfes nach rechts und links durch eingegossene Leitflächen. Lichter Zwischenraum der Rippen mindestens 14 mm.	
1 Rohr	6,0
3 Rohre (die Rippen greifen nicht ineinander)	4,5
6 Rohre	4,0

derartige zwangsläufige Führung, dass möglichst alle Lufttheilchen mit der Heizrührung kommen.

Wärmemenge (k), die stündlich von 1 qm bei 1° Temperatur-Unterschied zwischen der mittleren Dampftemperatur und der mittleren (vor und nach der Erwärmung) Lufttemperatur abgegeben wird, wenn die grösste Geschwindigkeit (v) der Wärme aufnehmenden Luft beträgt in m:

7	8	9	10	11	12	13	14	15	16	17	18	19	20
44,0	47,0	50,0	53,0	55,0	58,0	60,0	62,0	64,0	65,0	67,0	69,0	70,0	72,0
0,16	0,17	0,18	0,19	0,20	0,21	0,22	0,23	0,24	0,25	0,25	0,26	0,27	0,28
43,0	46,0	49,0	51,0	54,0	56,0	58,0	60,0	62,0	64,0	65,0	67,0	68,0	70,0
0,16	0,17	0,18	0,20	0,20	0,21	0,22	0,23	0,24	0,25	0,26	0,27	0,28	0,29
42,0	45,0	48,0	50,0	52,0	54,0	56,0	58,0	60,0	62,0	63,0	65,0	66,0	67,0
0,17	0,18	0,19	0,20	0,21	0,22	0,23	0,24	0,25	0,26	0,27	0,28	0,29	0,30
39,0	42,0	45,0	47,0	49,0	51,0	53,0	55,0	57,0	58,0	60,0	61,0	62,0	63,0
0,18	0,19	0,20	0,21	0,22	0,24	0,25	0,25	0,26	0,28	0,28	0,29	0,30	0,32
41,0	44,0	47,0	50,0										
27,0	31,0	34,0	37,0										

IV. Wärmeübertragung von Luft an Luft durch eine dünne metallene Fläche.

Die Wärme aufnehmende Luft hat nur die durch den
natürlichen Auftrieb hervorgerufene Geschwindigkeit.

Geschwindig-keit der die Wärme abge-benden Luft in m	Wärmemenge (k), die stündlich von 1 qm bei 1^0 Temp.-Unterschied zwischen der mittleren Temperatur der Wärme abgebenden Luft und der Temperatur der zuströmenden Luft abgegeben wird, wenn der Unterschied beträgt:					
	10^0	20^0	30^0	40^0	50^0	60^0 und mehr
0,5	0,8	1,2	1,4	1,6	1,7	1,8
1,0	1,5	2,0	2,4	2,6	2,7	2,8
2,0	2,4	3,1	3,5	3,7	3,8	3,9
4,0	3,4	4,1	4,5	4,7	4,8	4,9
6,0	4,0	4,7	5,0	5,3	5,4	5,5
8,0	4,3	5,0	5,4	5,7	5,8	5,8
10,0	4,5	5,3	5,7	5,9	6,0	6,0

Tabellen zur Bestimmung der Rohrweiten bei Niederdruck-Warmwasserheizung.

I. Annahme der Rohrweiten bei
A. Hauptleitung (Verthei-
I. Senkrechter Abstand des Kessels vom höchst-
a) Horizontale Entfernung E des Kes-

Temperaturdifferenz des Wassers: 20⁰.

Abstand von Mitte Kessel bis Mitte d. ungünstigst gelegenen Heizkörpers der Anlage in m	Wärmemenge, die stündlich durch die Rohrleitung gefördert werden kann bei einer Rohrweite (in m) von:										
	0,034	0,039	0,043	0,049	0,057	0,064	0,070	0,076	0,082	0,094	0,106
0,5	1500	2400	3500	5000	6500	8000	11000	13000	17000	24000	33000
0,6	1700	2700	3900	5500	7500	10000	12000	15000	20000	27000	37000
0,7	1800	2900	4200	6000	8000	10500	13000	16000	21000	29000	40000
0,8	1900	3000	4500	6500	8500	11500	15000	18000	22000	33000	44000
0,9	2100	3300	5000	7000	9500	12000	16000	19000	23000	35000	47000
1,0	2300	3600	5500	7500	10000	13000	17000	21000	26000	37000	51000
1,25	2500	3900	6000	8500	11500	14500	19000	23000	29000	41000	56000
1,5	2800	4400	6500	9000	13000	16000	21000	26000	32000	46000	63000
1,75	3200	5000	8000	10500	14000	19000	24000	29000	36000	53000	72000
2,0	3400	5500	8500	11000	15500	20000	25000	31000	39000	57000	77000
2,5	4000	7000	9500	13000	17000	23000	29000	36000	46000	65000	89000
3,0	4500	7000	11000	15000	20000	26000	33000	41000	52000	73000	101000
4,0	5500	8500	13000	18000	24000	31000	39000	49000	61000	88000	120000
5,0	6000	10000	15000	21000	27000	35000	45000	56000	71000	100000	138000
6,0	7000	11000	17000	23000	31000	40000	51000	63000	77000	113000	154000
7,0	7500	12000	18000	25000	34000	44000	56000	69000	87000	124000	169000
8,0	8500	13000	20000	27000	37000	47000	60000	75000	94000	134000	182000
9,0	9000	14000	21000	30000	39000	51000	65000	80000	101000	144000	196000
10,0	9500	15000	23000	31000	42000	54000	69000	85000	107000	153000	209000

	0,119	0,131	0,143	0,156	0,169	0,192	0,216	0,241	0,264	0,290
0,5	43000	56000	71000	90000	111000	151000	210000	276000	361000	453000
0,6	49000	63000	80000	100000	123000	173000	229000	324000	404000	521000
0,7	55000	70000	88000	110000	135000	188000	258000	348000	432000	557000
0,8	58000	73000	97000	120000	146000	203000	277000	367000	461000	603000
0,9	63000	80000	101000	126000	158000	218000	296000	397000	505000	644000
1,0	66000	84000	110000	135000	169000	234000	315000	421000	519000	688000
1,25	75000	96000	122000	152000	188000	256000	354000	480000	596000	766000
1,5	84000	108000	137000	171000	210000	292000	397000	529000	673000	858000
1,75	95000	123000	152000	195000	234000	332000	449000	601000	764000	974000
2,0	113000	130000	166000	206000	254000	352000	478000	643000	807000	1032000
2,5	117000	151000	192000	239000	293000	408000	555000	745000	942000	1205000
3,0	132000	170000	217000	269000	330000	458000	621000	832000	1057000	1345000
4,0	158000	203000	258000	321000	395000	549000	744000	993000	1259000	1600000
5,0	181000	234000	297000	369000	453000	628000	853000	1142000	1441000	1831000
6,0	203000	261000	331000	401000	506000	701000	952000	1281000	1613000	2052000
7,0	223000	286000	363000	442000	555000	769000	1042000	1398000	1767000	2249000
8,0	241000	310000	394000	489000	601000	833000	1130000	1513000	1912000	2434000
9,0	258000	332000	422000	524000	643000	893000	1208000	1622000	2046000	2608000
10,0	275000	353000	444000	557000	684000	945000	1285000	1718000	2177000	2770000

Niederdruck-Warmwasserheizung.

lungs- und Sammelleitung).

gelegenen Heizkörper der Anlage: **bis zu 12 m.**

sels vom letzten Fallstrange: **bis 25 m.**

Temperaturdifferenz des Wassers: 30°.

Abstand von Mitte Kessel bis Mitte d. ungünstigst gelegenen Heizkörpers der Anlage in m	Wärmemenge, die stündlich durch die Rohrleitung gefördert werden kann bei einer Rohrweite (in m) von:										
	0,034	0,039	0,043	0,049	0,057	0,064	0,070	0,076	0,082	0,094	0,106
0,5	3000	4800	7000	10000	13000	16000	22000	26000	34000	48000	66000
0,6	3400	5400	7800	11000	15000	20000	24000	30000	40000	54000	74000
0,7	3600	5800	8400	12000	16000	21000	26000	32000	42000	58000	80000
0,8	3800	6000	9000	13000	17000	23000	30000	36000	44000	66000	88000
0,9	4200	6600	10000	14000	19000	24000	32000	38000	46000	70000	94000
1,0	4600	7200	11000	15000	20000	26000	34000	42000	52000	74000	102000
1,25	5000	7800	12000	17000	23000	29000	38000	46000	58000	82000	112000
1,5	5600	8800	13000	18000	26000	32000	42000	52000	64000	92000	126000
1,75	6400	10000	16000	21000	28000	38000	48000	58000	72000	106000	144000
2,0	6800	11000	17000	22000	31000	40000	50000	62000	78000	114000	154000
2,5	8000	12000	19000	26000	34000	46000	58000	72000	92000	130000	178000
3,0	9000	14000	22000	30000	40000	52000	66000	82000	104000	146000	202000
4,0	11000	17000	26000	36000	48000	62000	78000	98000	122000	176000	240000
5,0	12000	20000	30000	42000	54000	70000	90000	112000	142000	200000	276000
6,0	14000	22000	34000	46000	62000	80000	102000	126000	154000	226000	308000
7,0	15000	24000	36000	50000	68000	88000	112000	138000	174000	248000	338000
8,0	17000	26000	40000	54000	74000	94000	120000	150000	188000	268000	364000
9,0	18000	28000	42000	60000	78000	102000	130000	160000	202000	288000	392000
10,0	19000	30000	46000	62000	84000	108000	138000	170000	214000	306000	418000

	0,119	0,131	0,143	0,156	0,169	0,192	0,216	0,241	0,264	0,290
0,5	86000	112000	142000	180000	222000	302000	420000	552000	722000	906000
0,6	98000	126000	160000	200000	246000	346000	458000	648000	808000	1042000
0,7	110000	140000	176000	220000	270000	376000	516000	696000	864000	1114000
0,8	116000	146000	194000	240000	292000	406000	554000	734000	922000	1206000
0,9	126000	160000	202000	252000	316000	436000	592000	794000	1010000	1288000
1,0	132000	168000	220000	270000	338000	468000	630000	842000	1038000	1376000
1,25	150000	192000	244000	304000	376000	512000	708000	960000	1192000	1532000
1,5	168000	216000	274000	342000	420000	584000	794000	1058000	1346000	1716000
1,75	190000	246000	304000	390000	468000	664000	898000	1202000	1528000	1948000
2,0	226000	260000	332000	412000	508000	704000	956000	1286000	1614000	2064000
2,5	234000	302000	384000	478000	586000	816000	1110000	1490000	1884000	2410000
3,0	264000	340000	434000	538000	660000	916000	1242000	1664000	2114000	2690000
4,0	316000	406000	516000	642000	790000	1098000	1488000	1986000	2518000	3200000
5,0	362000	468000	594000	738000	906000	1256000	1716000	2284000	2882000	3662000
6,0	406000	522000	662000	802000	1012000	1402000	1914000	2562000	3226000	4104000
7,0	446000	572000	726000	884000	1110000	1538000	2084000	2796000	3534000	4498000
8,0	482000	620000	788000	978000	1202000	1666000	2260000	3026000	3814000	4868000
9,0	516000	664000	844000	1048000	1286000	1786000	2416000	3244000	4090000	5216000
10,0	550000	706000	888000	1114000	1368000	1890000	2570000	3436000	4354000	5540000

I. Annahme der Rohrweiten bei

A. Hauptleitung (Verthei-

1. Senkrechter Abstand des Kessels vom höchst-

b) Horizontale Entfernung E des Kessels

Temperaturdifferenz des Wassers: 20⁰.

Abstand von Mitte Kessel bis Mitte d. ungünstigst gelegenen Heizkörpers der Anlage in m	Wärmemenge, die stündlich durch die Rohrleitung gefördert werden kann bei einer Rohrweite (in m) von:										
	0,034	0,039	0,043	0,049	0,057	0,064	0,070	0,076	0,082	0,094	0,106
0,5	1100	1600	2500	3400	5000	6500	8000	10000	13000	18000	24000
0,6	1300	1800	2900	3700	5500	7000	9000	11000	14000	20000	28000
0,7	1400	2100	3300	4300	6000	7500	10000	12000	15000	22000	30000
0,8	1500	2200	3500	4800	6500	8000	11000	13000	17000	24000	33000
0,9	1600	2400	3700	4900	7000	9000	11000	14000	18000	26000	35000
1,0	1700	2600	3800	5500	7500	9500	12000	15000	19000	27000	37000
1,25	1800	2800	4300	6000	8000	11000	13000	16000	21000	30000	42000
1,5	2000	3200	4900	7000	9000	12000	15000	19000	24000	34000	46000
1,75	2300	3600	5500	8000	10000	14000	17000	21000	27000	38000	53000
2,0	2500	3900	6000	9000	11000	15000	19000	23000	29000	41000	56000
2,5	2900	4500	7000	10000	13000	17000	21000	26000	33000	47000	65000
3,0	3200	5100	8000	11000	14000	19000	24000	30000	37000	53000	73000
4,0	3800	6000	9500	13000	17000	23000	29000	36000	45000	64000	88000
5,0	4500	7000	11000	15000	20000	26000	33000	41000	52000	74000	101000
6,0	5000	8000	12000	17000	23000	29000	37000	46000	58000	83000	113000
7,0	5500	9000	13500	18000	25000	32000	41000	50000	64000	91000	124000
8,0	6000	10000	14500	20000	27000	35000	44000	55000	69000	96000	134000
9,0	6500	11000	16000	22000	29000	37000	48000	59000	74000	106000	144000
10,0	7000	12000	17000	23000	31000	40000	51000	63000	79000	113000	154000

	0,119	0,131	0,143	0,156	0,169	0,192	0,216	0,241	0,264	0,290
0,5	32000	42000	51000	65000	82000	113000	153000	205000	260000	331000
0,6	35000	45000	59000	75000	88000	128000	172000	240000	303000	383000
0,7	40000	49000	63000	80000	99000	135000	182000	256000	317000	400000
0,8	43000	56000	67000	85000	105000	151000	201000	272000	346000	441000
0,9	46000	59000	76000	95000	112000	158000	220000	288000	375000	487000
1,0	46000	63000	80000	100000	123000	166000	229000	301000	388000	487000
1,25	55000	70000	89000	111000	136000	189000	258000	352000	442000	579000
1,5	61000	78000	100000	124000	153000	212000	290000	384000	500000	626000
1,75	69000	87000	114000	140000	176000	241000	325000	448000	562000	719000
2,0	75000	95000	122000	150000	186000	258000	354000	480000	596000	765000
2,5	86000	110000	140000	175000	215000	299000	407000	544000	691000	881000
3,0	97000	124000	158000	197000	241000	336000	456000	608000	778000	997000
4,0	116000	149000	190000	235000	291000	402000	548000	737000	932000	1182000
5,0	133000	171000	218000	271000	333000	462000	626000	849000	1067000	1356000
6,0	149000	191000	244000	303000	372000	516000	698000	937000	1191000	1507000
7,0	164000	210000	268000	333000	409000	567000	771000	1033000	1306000	1658000
8,0	178000	228000	290000	361000	443000	614000	834000	1113000	1412000	1797000
9,0	191000	245000	311000	387000	474000	659000	895000	1201000	1518000	1936000
10,0	202000	260000	331000	411000	505000	701000	951000	1281000	1613000	2052000

Niederdruck-Warmwasserheizung.

lungs- und Sammelleitung).

gelegenen Heizkörper der Anlage: **bis zu 12 m.**

vom letzten Fallstrange: **über 25 bis 50 m.**

Temperaturdifferenz des Wassers: 30⁰.

Abstand von Mitte Kessel bis Mitte d. ungünstigst gelegenen Heizkörpers der Anlage in m	Wärmemenge, die stündlich durch die Rohrleitung gefördert werden kann bei einer Rohrweite (in m) von:										
	0,034	0,039	0,043	0,049	0,057	0,064	0,070	0,076	0,082	0,094	0,106
0,5	2200	3200	5000	6800	10000	13000	16000	20000	26000	36000	48000
0,6	2600	3600	5800	7400	11000	14000	18000	22000	28000	40000	56000
0,7	2800	4200	6600	8600	12000	15000	20000	24000	30000	44000	60000
0,8	3000	4400	7000	9600	13000	16000	22000	26000	34000	48000	66000
0,9	3200	4800	7400	9800	14000	18000	22000	28000	36000	52000	70000
1,0	3400	5200	7600	11000	15000	19000	24000	30000	38000	54000	74000
1,25	3600	5600	8600	12000	16000	22000	26000	32000	42000	60000	84000
1,5	4000	6400	9800	14000	18000	24000	30000	38000	48000	68000	92000
1,75	4600	7200	11000	16000	20000	28000	34000	42000	54000	76000	106000
2,0	5000	7800	12000	18000	22000	30000	38000	46000	58000	82000	112000
2,5	5800	9000	14000	20000	26000	34000	42000	52000	66000	94000	130000
3,0	6400	10200	16000	22000	28000	38000	48000	60000	74000	106000	146000
4,0	7600	12000	19000	26000	34000	46000	58000	72000	90000	128000	176000
5,0	9000	14000	22000	30000	40000	52000	66000	82000	104000	148000	202000
6,0	10000	16000	24000	34000	46000	58000	74000	92000	116000	166000	226000
7,0	11000	18000	27000	36000	50000	64000	82000	100000	128000	182000	248000
8,0	12000	20000	29000	40000	54000	70000	88000	110000	138000	192000	268000
9,0	13000	22000	32000	44000	58000	74000	96000	118000	148000	212000	288000
10,0	14000	24000	34000	46000	62000	80000	102000	126000	158000	226000	308000

	0,119	0,131	0,143	0,156	0,169	0,192	0,216	0,241	0,264	0,290
0,5	64000	84000	102000	130000	164000	226000	306000	410000	520000	662000
0,6	70000	90000	118000	150000	176000	256000	344000	480000	606000	766000
0,7	80000	98000	126000	160000	198000	270000	364000	512000	634000	800000
0,8	86000	112000	134000	170000	210000	302000	402000	544000	692000	882000
0,9	92000	118000	152000	190000	224000	316000	440000	576000	750000	974000
1,0	98000	126000	160000	200000	246000	332000	458000	602000	778000	974000
1,25	110000	140000	178000	222000	272000	378000	516000	704000	884000	1158000
1,5	122000	156000	200000	248000	306000	424000	580000	768000	1000000	1252000
1,75	138000	174000	228000	280000	352000	482000	650000	896000	1124000	1438000
2,0	150000	190000	244000	300000	372000	516000	708000	960000	1192000	1530000
2,5	172000	220000	280000	350000	430000	598000	814000	1088000	1382000	1762000
3,0	194000	248000	316000	394000	482000	672000	912000	1396000	1556000	1994000
4,0	232000	298000	380000	470000	582000	804000	1096000	1474000	1864000	2364000
5,0	266000	342000	436000	542000	666000	924000	1252000	1698000	2134000	2712000
6,0	298000	382000	488000	606000	744000	1032000	1396000	1874000	2382000	3014000
7,0	328000	420000	536000	666000	818000	1134000	1542000	2066000	2612000	3316000
8,0	356000	456000	580000	722000	886000	1228000	1668000	2226000	2824000	3594000
9,0	382000	490000	622000	774000	948000	1318000	1790000	2402000	3036000	3872000
10,0	404000	520000	662000	822000	1010000	1402000	1902000	2562000	3226000	4104000

I. Annahme der Rohrweiten bei

A. Hauptleitung (Verthei-

1. Senkrechter Abstand des Kessels vom höchst-

c) Horizontale Entfernung E des Kessels

Temperaturdifferenz des Wassers: 20⁰.

Abstand von Mitte Kessel bis Mitte d. ungünstigst gelegenen Heizkörpers der Anlage in m	Wärmemenge, die stündlich durch die Rohrleitung gefördert werden kann bei einer Rohrweite (in m) von:									
	0,034	0,039	0,043	0,049	0,057	0,064	0,070	0,076	0,082	0,094	0,106
0,5	800	1300	2100	2700	4000	5000	6000	8000	10000	15000	19000
0,6	900	1500	2500	3200	4700	6000	7000	9000	11000	17000	21000
0,7	1000	1600	2900	3300	4900	6500	8000	9500	12000	18000	23000
0,8	1100	1800	3000	3700	5000	7000	8500	10000	13000	19000	26000
0,9	1200	1900	3100	4300	5500	7500	9000	11000	14000	20000	28000
1,0	1300	2100	3200	4500	6000	8000	10000	12000	15000	22000	30000
1,25	1500	2400	3300	4800	6500	8500	11000	14000	17000	24000	33000
1,5	1600	2700	4000	5500	7500	9000	12000	15000	19000	28000	38000
1,75	1800	3000	4600	6500	8500	11000	14000	17000	21000	31000	42000
2,0	2000	3300	5000	7000	9000	12000	15000	19000	23000	33000	46000
2,5	2300	3600	6000	8000	10000	13000	17000	21000	27000	38000	53000
3,0	2600	4200	7000	9000	12000	15000	19000	24000	30000	43000	60000
4,0	3200	4900	8000	11000	14000	18000	23000	29000	37000	52000	72000
5,0	3700	5700	9000	12000	16000	21000	27000	34000	42000	60000	82000
6,0	4100	6400	10000	14000	18000	24000	30000	37000	47000	67000	92000
7,0	4500	7000	11000	15000	20000	26000	33000	41000	52000	74000	101000
8,0	4900	7600	12000	16000	22000	28000	36000	45000	56000	81000	110000
9,0	5300	8200	13000	18000	24000	30000	39000	48000	61000	86000	118000
10,0	5600	8800	14000	19000	25000	32000	41000	51000	64000	92000	126000

Abstand von Mitte Kessel bis Mitte d. ungünstigst gelegenen Heizkörpers der Anlage in m	0,119	0,131	0,143	0,156	0,169	0,192	0,216	0,241	0,264	0,290
0,5	26000	32000	42000	55000	64000	90000	124000	168000	216000	279000
0,6	29000	39000	47000	60000	71000	101000	136000	193000	231000	301000
0,7	32000	42000	51000	65000	82000	113000	153000	205000	260000	331000
0,8	35000	45000	55000	70000	88000	120000	162000	216000	274000	366000
0,9	37000	49000	59000	75000	94000	128000	172000	240000	307000	394000
1,0	40000	50000	63000	80000	99000	136000	182000	256000	317000	400000
1,25	42000	57000	72000	91000	111000	153000	210000	288000	365000	463000
1,5	49000	64000	81000	101000	124000	173000	234000	320000	369000	510000
1,75	58000	73000	92000	115000	140000	196000	268000	367000	461000	591000
2,0	60000	77000	99000	125000	152000	211000	287000	384000	500000	626000
2,5	70000	90000	114000	142000	175000	243000	330000	448000	557000	719000
3,0	78000	101000	129000	160000	197000	274000	372000	497000	634000	812000
4,0	95000	122000	154000	193000	237000	330000	446000	600000	769000	974000
5,0	109000	140000	178000	221000	272000	378000	514000	688000	864000	1113000
6,0	122000	156000	199000	247000	304000	421000	572000	768000	970000	1241000
7,0	134000	172000	218000	271000	335000	472000	628000	848000	1067000	1356000
8,0	145000	187000	238000	295000	363000	502000	681000	920000	1163000	1484000
9,0	156000	200000	253000	316000	390000	539000	731000	984000	1249000	1588000
10,0	166000	213000	271000	337000	415000	575000	779000	1049000	1326000	1692000

Niederdruck-Warmwasserheizung.

lungs- und Sammelleitung).

gelegenen Heizkörper der Anlage: **bis zu 12 m.**

vom letzten Fallstrange: **über 50 bis 75 m.**

Temperaturdifferenz des Wassers: 30⁰.

Abstand von Mitte Kessel bis Mitte d. ungünstigst gelegenen Heizkörpers der Anlage in m	Wärmemenge, die stündlich durch die Rohrleitung gefördert werden kann bei einer Rohrweite (in m) von:										
	0,034	0,039	0,043	0,049	0,057	0,064	0,070	0,076	0,082	0,094	0,106
0,5	1600	2600	4200	5400	8000	10000	12000	16000	20000	30000	38000
0,6	1800	3000	5000	6400	9400	12400	14000	18000	22000	34000	42000
0,7	2000	3200	5800	6600	9800	13000	16000	19000	24000	36000	46000
0,8	2200	3600	6000	7400	10000	14000	17000	20000	26000	38000	52000
0,9	2400	3800	6200	8600	11000	15000	18000	22000	28000	40000	56000
1,0	2600	4200	6400	9000	12000	16000	20000	24000	30000	44000	60000
1,25	3000	4800	6600	9600	13000	17000	22000	28000	34000	48000	66000
1,5	3200	5400	8000	11000	15000	18000	24000	30000	38000	56000	76000
1,75	3600	6000	9200	13000	17000	22000	28000	34000	42000	62000	84000
2,0	4000	6600	10000	14000	18000	24000	30000	38000	46000	66000	92000
2,5	4600	7200	12000	16000	20000	26000	34000	42000	54000	76000	106000
3,0	5200	8400	14000	18000	24000	30000	38000	48000	60000	86000	120000
4,0	6400	9800	16000	22000	28000	36000	46000	58000	74000	104000	144000
5,0	7400	11400	18000	24000	32000	42000	54000	68000	84000	120000	164000
6,0	8200	12800	20000	28000	36000	48000	60000	74000	94000	134000	184000
7,0	9000	14000	22000	30000	40000	52000	66000	82000	104000	148000	202000
8,0	9800	15200	24000	32000	44000	56000	72000	90000	112000	162000	220000
9,0	10600	16400	26000	36000	48000	60000	78000	96000	122000	172000	236000
10,0	11200	17600	28000	38000	50000	64000	82000	102000	128000	184000	252000

	0,119	0,131	0,143	0,156	0,169	0,192	0,216	0,241	0,264	0,290
0,5	52000	64000	84000	110000	128000	180000	248000	336000	432000	558000
0,6	58000	78000	94000	120000	142000	202000	272000	386000	462000	602000
0,7	64000	84000	102000	130000	164000	226000	306000	410000	520000	662000
0,8	70000	90000	110000	140000	176000	240000	324000	432000	548000	732000
0,9	74000	98000	118000	150000	188000	256000	344000	480000	614000	788000
1,0	80000	100000	126000	160000	198000	272000	364000	512000	634000	800000
1,25	84000	114000	144000	182000	222000	306000	420000	576000	730000	926000
1,5	98000	128000	162000	202000	248000	346000	468000	640000	778000	1020000
1,75	116000	146000	184000	230000	280000	392000	536000	734000	922000	1182000
2,0	120000	154000	198000	250000	304000	422000	574000	768000	1000000	1252000
2,5	140000	180000	228000	284000	350000	486000	660000	896000	1114000	1438000
3,0	156000	202000	258000	320000	394000	548000	744000	994000	1268000	1624000
4,0	190000	244000	308000	386000	474000	660000	892000	1200000	1538000	1948000
5,0	218000	280000	356000	442000	544000	756000	1028000	1376000	1728000	2226000
6,0	244000	312000	398000	494000	608000	842000	1144000	1536000	1940000	2482000
7,0	268000	344000	436000	542000	670000	944000	1256000	1696000	2134000	2712000
8,0	290000	374000	476000	590000	726000	1004000	1362000	1840000	2326000	2968000
9,0	312000	400000	506000	632000	780000	1078000	1462000	1968000	2498000	3176000
10,0	332000	426000	542000	674000	830000	1150000	1558000	2098000	2652000	3384000

I. Annahme der Rohrweiten bei

A. Hauptleitung (Verthei-

1. Senkrechter Abstand des Kessels vom höchst-

d) Horizontale Entfernung E des Kessels

Temperaturdifferenz des Wassers: 20⁰.

Abstand von Mitte Kessel bis Mitte d. ungünstigst gelegenen Heizkörpers der Anlage in m	Wärmemenge, die stündlich durch die Rohrleitung gefördert werden kann bei einer Rohrweite (in m) von:										
	0,034	0,039	0,043	0,049	0,057	0,064	0,070	0,076	0,082	0,094	0,106
0,5	700	1200	1800	2400	3300	4100	5000	6500	8500	13000	17000
0,6	800	1300	2100	2700	3600	4900	6000	7000	9500	14000	19000
0,7	900	1400	2200	3200	4000	5000	7000	8000	10000	15000	21000
0,8	1000	1500	2500	3400	4700	5500	7500	9000	11000	16000	23000
0,9	1100	1600	2700	3600	4900	6000	8000	9500	12000	17000	24000
1,0	1200	1800	2900	3800	5000	6500	8500	10000	13000	18000	26000
1,25	1300	2100	3100	4300	6000	7500	9000	12000	15000	21000	28000
1,5	1400	2200	3400	4800	6500	8000	10000	13000	16000	23000	32000
1,75	1700	2500	3800	5500	7500	9000	12000	14000	18000	27000	37000
2,0	1800	2700	4200	6000	8000	10000	13000	16000	20000	30000	40000
2,5	2000	3100	4800	7000	9000	11000	15000	18000	23000	33000	45000
3,0	2300	3600	5500	8000	10000	13000	17000	21000	26000	37000	51000
4,0	2700	4200	6500	9000	12000	16000	20000	25000	31000	45000	61000
5,0	3100	4900	8000	11000	14000	18000	23000	29000	36000	52000	71000
6,0	3500	5500	8500	12000	16000	20000	26000	32000	41000	58000	79000
7,0	3700	6000	9000	13000	17000	22000	29000	36000	45000	64000	87000
8,0	4200	6500	10000	14000	19000	24000	31000	38000	48000	69000	95000
9,0	4500	7000	11000	15000	20000	26000	33000	41000	52000	75000	101000
10,0	4800	7500	12000	16000	22000	28000	36000	44000	55000	79000	108000

Abstand	0,119	0,131	0,143	0,156	0,169	0,192	0,216	0,241	0,264	0,290
0,5	23000	28000	38000	45000	55000	76000	105000	145000	187000	244000
0,6	26000	32000	42000	50000	64000	85000	115000	156000	202000	261000
0,7	27000	35000	46000	55000	70000	98000	134000	168000	216000	279000
0,8	29000	38000	47000	60000	76000	105000	143000	193000	231000	301000
0,9	32000	42000	51000	65000	78000	113000	153000	205000	260000	331000
1,0	34000	42000	55000	70000	82000	120000	162000	224000	274000	366000
1,25	38000	49000	63000	77000	95000	131000	182000	240000	307000	394000
1,5	42000	55000	69000	86000	106000	147000	201000	272000	331000	435000
1,75	49000	63000	80000	100000	123000	165000	230000	304000	389000	510000
2,0	52000	67000	84000	105000	129000	181000	249000	337000	422000	540000
2,5	60000	77000	90000	122000	150000	209000	285000	384000	500000	626000
3,0	68000	87000	110000	138000	170000	236000	321000	432000	538000	672000
4,0	81000	104000	133000	165000	204000	283000	384000	512000	653000	834000
5,0	94000	120000	153000	190000	234000	326000	441000	592000	749000	950000
6,0	105000	135000	171000	213000	262000	364000	494000	664000	845000	1066000
7,0	115000	148000	188000	234000	288000	399000	544000	737000	932000	1182000
8,0	125000	161000	204000	254000	312000	434000	588000	785000	999000	1275000
9,0	134000	172000	219000	272000	336000	465000	629000	857000	1076000	1367000
10,0	143000	182000	234000	290000	357000	494000	673000	897000	1143000	1449000

Niederdruck-Warmwasserheizung.

lungs- und Sammelleitung).

gelegenen Heizkörper der Anlage: **bis zu 12 m.**

vom letzten Fallstrange: **über 75 m.**

Temperaturdifferenz des Wassers: 30^{0}.

Abstand von Mitte Kessel bis Mitte d. ungünstigst gelegenen Heizkörpers der Anlage in m	Wärmemenge, die stündlich durch die Rohrleitung gefördert werden kann bei einer Rohrweite (in m) von:										
	0,034	0,039	0,043	0,049	0,057	0,064	0,070	0,076	0,082	0,094	0,106
0,5	1400	2400	3600	4800	6600	8200	10000	13000	17000	26000	34000
0,6	1600	2600	4200	5400	7200	9800	12000	14000	19000	28000	38000
0,7	1800	2800	4400	6400	8000	10000	14000	16000	20000	30000	42000
0,8	2000	3000	5000	6800	9400	11000	15000	18000	22000	32000	46000
0,9	2200	3200	5400	7200	9800	12000	16000	19000	24000	34000	48000
1,0	2400	3600	5800	7600	10000	13000	17000	20000	26000	36000	52000
1,25	2600	4200	6200	8600	12000	15000	18000	24000	30000	42000	56000
1,5	2800	4400	6800	9600	13000	16000	20000	26000	32000	46000	64000
1,75	3400	5000	7600	11000	15000	18000	24000	28000	36000	54000	74000
2,0	3600	5400	8400	12000	16000	20000	26000	32000	40000	60000	80000
2,5	4000	6200	9600	14000	18000	22000	30000	36000	46000	66000	90000
3,0	4600	7200	10000	16000	20000	26000	34000	42000	56000	74000	102000
4,0	5400	8400	13000	18000	24000	32000	40000	50000	62000	90000	122000
5,0	6200	9800	16000	22000	28000	36000	46000	58000	72000	104000	142000
6,0	7000	10000	17000	24000	32000	40000	52000	64000	82000	116000	158000
7,0	7400	12000	18000	26000	34000	44000	58000	72000	90000	128000	174000
8,0	8400	13000	20000	28000	38000	48000	62000	76000	96000	138000	190000
9,0	9000	14000	22000	30000	40000	52000	66000	82000	104000	150000	202000
10,0	9600	15000	24000	32000	44000	56000	72000	88000	110000	158000	216000

	0,119	0,131	0,143	0,156	0,169	0,192	0,216	0,241	0,264	0,290
0,5	46000	56000	76000	90000	110000	152000	210000	290000	374000	488000
0,6	52000	64000	84000	100000	128000	170000	230000	312000	404000	522000
0,7	54000	70000	92000	110000	140000	196000	268000	336000	432000	558000
0,8	58000	76000	94000	120000	152000	210000	286000	386000	462000	602000
0,9	64000	84000	102000	130000	156000	226000	306000	410000	520000	662000
1,0	68000	84000	110000	140000	164000	240000	324000	448000	548000	732000
1,25	76000	98000	126000	154000	190000	262000	364000	480000	614000	788000
1,5	84000	110000	138000	172000	212000	294000	402000	544000	662000	870000
1,75	98000	126000	160000	200000	246000	330000	460000	608000	778000	1020000
2,0	104000	134000	168000	210000	258000	362000	498000	674000	844000	1080000
2,5	120000	154000	196000	244000	300000	418000	570000	768000	1000000	1252000
3,0	136000	174000	220000	276000	340000	472000	642000	864000	1076000	1344000
4,0	162000	208000	266000	330000	408000	566000	768000	1024000	1306000	1668000
5,0	188000	240000	306000	380000	468000	652000	882000	1184000	1498000	1900000
6,0	210000	270000	342000	426000	524000	728000	988000	1328000	1690000	2132000
7,0	230000	296000	376000	468000	576000	798000	1088000	1474000	1864000	2364000
8,0	250000	322000	408000	508000	624000	868000	1176000	1570000	1998000	2550000
9,0	268000	344000	438000	544000	672000	930000	1258000	1714000	2152000	2734000
10,0	286000	364000	468000	580000	714000	988000	1346000	1794000	2286000	2898000

I. Annahme der Rohrweiten bei

A. Hauptleitung (Verthei-

2. Senkrechter Abstand des Kessels vom höchst-

a) Horizontale Entfernung E des Kessels

Temperaturdifferenz des Wassers: 20⁰.

Abstand von Mitte Kessel bis Mitte d. ungünstigst gelegenen Heizkörpers der Anlage in m	Wärmemenge, die stündlich durch die Rohrleitung gefördert werden kann bei einer Rohrweite (in m) von:										
	0,034	0,039	0,043	0,049	0,057	0,064	0,070	0,076	0,082	0,094	0,106
0,5	1300	1800	2900	3700	5500	6500	9000	10000	14000	20000	28000
0,6	1400	2100	3300	4300	6000	7500	10000	13000	15000	22000	30000
0,7	1500	2400	3700	4800	6500	9000	11000	14000	17000	25000	33000
0,8	1700	2500	3900	5500	7500	9500	12000	15000	19000	27000	37000
0,9	1800	2700	4100	6000	8000	10000	13000	16000	21000	29000	40000
1,0	1900	3000	4600	6500	8500	11000	14000	17000	22000	31000	42000
1,25	2100	3300	5000	7000	9000	12000	16000	18000	24000	35000	47000
1,5	2300	3600	5500	7500	10000	13000	17000	21000	26000	38000	51000
1,75	2700	4200	6500	9000	12000	15000	19000	24000	30000	44000	60000
2,0	3000	4500	7000	9500	13000	17000	21000	26000	33000	48000	65000
2,5	3200	5000	8000	11000	15000	19000	24000	30000	38000	53000	72000
3,0	3800	6000	9000	12000	17000	21000	28000	35000	43000	62000	84000
4,0	4500	7000	11000	15000	20000	26000	34000	41000	52000	74000	100000
5,0	5000	8000	13000	17000	23000	30000	38000	48000	60000	85000	116000
6,0	6000	9000	14000	20000	26000	34000	43000	54000	67000	96000	131000
7,0	6500	10000	16000	22000	29000	37000	48000	59000	74000	106000	145000
8,0	7000	11000	17000	24000	32000	41000	52000	64000	81000	115000	157000
9,0	7500	12000	18000	25000	34000	44000	56000	69000	87000	124000	169000
10,0	8000	13000	20000	27000	36000	47000	60000	74000	93000	132000	180000

	0,119	0,131	0,143	0,156	0,169	0,192	0,216	0,241	0,264	0,290
0,5	34000	45000	59000	75000	88000	128000	172000	240000	303000	383000
0,6	40000	53000	62000	85000	99000	143000	191000	264000	332000	435000
0,7	43000	56000	72000	90000	111000	158000	210000	288000	375000	470000
0,8	49000	63000	80000	100000	113000	166000	230000	301000	389000	487000
0,9	52000	67000	84000	105000	129000	181000	249000	336000	418000	540000
1,0	55000	70000	92000	115000	140000	196000	268000	360000	447000	574000
1,25	63000	81000	101000	125000	158000	219000	297000	397000	505000	644000
1,5	69000	88000	114000	140000	170000	241000	325000	445000	562000	713000
1,75	80000	102000	130000	165000	199000	279000	383000	505000	641000	818000
2,0	87000	112000	143000	175000	217000	302000	411000	540000	692000	870000
2,5	98000	123000	156000	195000	240000	332000	459000	608000	772000	983000
3,0	110000	143000	181000	225000	275000	385000	517000	703000	893000	1131000
4,0	133000	172000	217000	270000	332000	460000	622000	849000	1066000	1356000
5,0	154000	198000	251000	313000	383000	528000	721000	968000	1229000	1553000
6,0	173000	222000	283000	351000	432000	598000	813000	1088000	1377000	1750000
7,0	191000	245000	311000	388000	475000	660000	897000	1201000	1518000	1924000
8,0	207000	267000	338000	421000	517000	715000	973000	1297000	1643000	2098000
9,0	223000	286000	364000	452000	556000	770000	1043000	1398000	1767000	2249000
10,0	238000	306000	389000	482000	593000	821000	1113000	1494000	1889000	2400000

Niederdruck-Warmwasserheizung.

lungs- und Sammelleitung).

gelegenen Heizkörper der Anlage: **über 12 m.**

vom letzten Fallstrange: **bis zu 25 m.**

Temperaturdifferenz des Wassers: 30⁰.

Abstand von Mitte Kessel bis Mitte d. ungünstigst gelegenen Heizkörpers der Anlage in m	Wärmemenge, die stündlich durch die Rohrleitung gefördert werden kann bei einer Rohrweite (in m) von:										
	0,034	0,039	0,043	0,049	0,057	0,064	0,070	0,076	0,082	0,094	0,106
0,5	2600	3600	5800	7400	11000	13000	18000	20000	28000	40000	56000
0,6	2800	4200	6600	8600	12000	15000	20000	26000	30000	44000	60000
0,7	3000	4800	7400	9600	13000	18000	22000	28000	34000	50000	66000
0,8	3400	5000	7800	11000	15000	19000	24000	30000	38000	54000	74000
0,9	3600	5400	8200	12000	16000	20000	26000	32000	42000	58000	80000
1,0	3800	6000	9200	13000	17000	22000	28000	34000	44000	62000	84000
1,25	4200	6600	10000	14000	18000	24000	32000	36000	48000	70000	94000
1,5	4600	7200	11000	15000	20000	26000	34000	42000	52000	76000	102000
1,75	5400	8400	13000	18000	24000	30000	38000	48000	60000	88000	120000
2,0	6000	9000	14000	19000	26000	34000	42000	52000	66000	96000	130000
2,5	6400	10000	16000	22000	30000	38000	48000	60000	76000	106000	144000
3,0	7600	12000	18000	24000	34000	42000	56000	70000	86000	124000	168000
4,0	9000	14000	22000	30000	40000	52000	68000	82000	104000	148000	200000
5,0	10000	16000	26000	34000	46000	60000	76000	96000	120000	170000	232000
6,0	12000	18000	28000	40000	52000	68000	86000	108000	134000	192000	262000
7,0	13000	20000	32000	44000	58000	74000	96000	118000	148000	212000	290000
8,0	14000	22000	34000	48000	64000	82000	104000	128000	162000	230000	314000
9,0	15000	24000	36000	50000	68000	88000	112000	138000	174000	248000	338000
10,0	16000	26000	40000	54000	72000	94000	120000	148000	186000	264000	360000

	0,119	0,131	0,143	0,156	0,169	0,192	0,216	0,241	0,264	0,290
0,5	68000	90000	118000	150000	176000	256000	344000	480000	606000	766000
0,6	80000	106000	124000	170000	198000	286000	382000	528000	664000	870000
0,7	86000	112000	144000	180000	222000	316000	420000	576000	750000	940000
0,8	98000	126000	160000	200000	226000	332000	460000	602000	778000	974000
0,9	104000	134000	168000	210000	258000	362000	498000	672000	836000	1080000
1,0	110000	140000	184000	230000	280000	392000	536000	720000	894000	1148000
1,25	126000	162000	202000	250000	316000	438000	594000	794000	1010000	1288000
1,5	138000	176000	228000	280000	340000	482000	650000	890000	1124000	1426000
1,75	160000	204000	260000	330000	398000	558000	766000	1010000	1282000	1636000
2,0	174000	224000	286000	350000	434000	604000	822000	1080000	1384000	1740000
2,5	196000	246000	312000	390000	480000	664000	918000	1216000	1544000	1966000
3,0	220000	286000	362000	450000	550000	770000	1034000	1406000	1786000	2262000
4,0	266000	344000	434000	540000	664000	920000	1244000	1698000	2132000	2712000
5,0	308000	396000	502000	626000	766000	1056000	1442000	1936000	2458000	3106000
6,0	346000	444000	566000	702000	864000	1196000	1626000	2176000	2754000	3500000
7,0	382000	490000	622000	776000	950000	1320000	1794000	2402000	3036000	3848000
8,0	414000	534000	676000	842000	1034000	1430000	1946000	2594000	3286000	4196000
9,0	446000	572000	728000	904000	1112000	1540000	2086000	2796000	3534000	4498000
10,0	476000	612000	778000	964000	1186000	1642000	2226000	2988000	3778000	4800000

I. Annahme der Rohrweiten bei

A. Hauptleitung (Verthei-

2. Senkrechter Abstand des Kessels vom höchst-

b) Horizontale Entfernung E des Kessels

Temperaturdifferenz des Wassers: 20⁰.

Abstand von Mitte Kessel bis Mitte d. ungünstigst gelegenen Heizkörpers der Anlage in m	Wärmemenge, die stündlich durch die Rohrleitung gefördert werden kann bei einer Rohrweite (in m) von:										
	0,034	0,039	0,043	0,049	0,057	0,064	0,070	0,076	0,082	0,094	0,106
0,5	800	1500	2100	3200	4000	5500	7000	8000	11000	14000	21000
0,6	1000	1600	2500	3400	4700	6000	8000	9500	12000	16000	23000
0,7	1100	1800	2800	3800	5500	6500	8500	10000	13000	18000	26000
0,8	1200	1900	3100	4300	6000	7000	9000	11000	14000	20000	28000
0,9	1300	2100	3300	4500	6500	7500	10000	12000	15000	22000	30000
1,0	1500	2200	3500	4800	7000	8000	11000	13000	17000	24000	33000
1,25	1700	2400	3800	5500	7500	9000	12000	15000	18000	26000	35000
1,5	1900	2700	4200	6000	8000	10000	13000	16000	21000	29000	40000
1,75	2100	3300	5000	7000	9500	12000	16000	18000	23000	35000	47000
2,0	2300	3600	5500	7500	10000	13000	17000	21000	25000	37000	49000
2,5	2500	3900	6000	8500	11000	15000	19000	23000	28000	40000	56000
3,0	3000	4500	7000	9500	13000	17000	22000	27000	33000	48000	65000
4,0	3400	5500	8000	12000	15000	20000	26000	31000	40000	57000	77000
5,0	4000	6500	9500	13000	18000	23000	30000	37000	46000	66000	89000
6,0	4500	7000	11000	15000	20000	26000	33000	41000	52000	74000	101000
7,0	5000	8000	12000	17000	22000	29000	37000	46000	57000	82000	112000
8,0	5500	8500	13000	18000	24000	30000	40000	50000	62000	89000	121000
9,0	6000	9000	14000	19000	26000	34000	43000	53000	67000	96000	131000
10,0	6500	10000	15000	21000	28000	36000	46000	57000	72000	102000	140000

Abstand in m	0,119	0,131	0,143	0,156	0,169	0,192	0,216	0,241	0,264	0,290
0,5	29000	35000	46000	55000	70000	98000	134000	198000	231000	296000
0,6	32000	42000	51000	65000	76000	106000	153000	205000	260000	331000
0,7	35000	46000	55000	70000	88000	121000	163000	216000	274000	366000
0,8	38000	49000	59000	75000	94000	128000	172000	240000	303000	383000
0,9	40000	53000	68000	80000	100000	136000	191000	253000	317000	400000
1,0	43000	56000	72000	85000	105000	151000	201000	276000	346000	453000
1,25	49000	60000	76000	95000	117000	166000	230000	301000	389000	487000
1,5	52000	67000	84000	110000	135000	181000	249000	337000	418000	540000
1,75	61000	81000	101000	125000	152000	219000	297000	384000	490000	626000
2,0	66000	84000	110000	135000	164000	234000	316000	421000	533000	679000
2,5	75000	95000	122000	150000	188000	256000	354000	480009	596000	766000
3,0	97000	109000	139000	175000	217000	294000	402000	540000	673000	870000
4,0	102000	133000	169000	210000	257000	361000	482000	656000	826000	1044000
5,0	118000	152000	194000	241000	296000	411000	559000	745000	942000	1205000
6,0	133000	171000	217000	271000	334000	463000	626000	849000	1066000	1356000
7,0	147000	189000	241000	299000	368000	510000	690000	929000	1172000	1499000
8,0	160000	206000	262000	326000	400000	555000	754000	1009000	1278000	1635000
9,0	172000	222000	282000	350000	430000	596000	810000	1088000	1377000	1750000
10,0	184000	237000	301000	374000	460000	636000	876000	1153000	1460000	1854000

Niederdruck-Warmwasserheizung.

lungs- und Sammelleitung).

gelegenen Heizkörper der Anlage: **über 12 m.**

vom letzten Fallstrange: **über 25 bis 50 m.**

Temperaturdifferenz des Wassers: 30°.

Abstand von Mitte Kessel bis Mitte d. ungünstigst gelegenen Heizkörpers der Anlage in m	Wärmemenge, die stündlich durch die Rohrleitung gefördert werden kann bei einer Rohrweite (in m) von:										
	0,034	0,039	0,043	0,049	0,057	0,064	0,070	0,076	0,082	0,094	0,106
0,5	1600	3000	4200	6400	8000	11000	14000	16000	22000	28000	42000
0,6	2000	3200	5000	6800	9400	12000	16000	19000	24000	32000	46000
0,7	2200	3600	5800	7600	11000	13000	17000	20000	26000	36000	52000
0,8	2400	3800	6200	8600	12000	14000	18000	22000	28000	40000	56000
0,9	2600	4200	6600	9000	13000	15000	20000	24000	30000	44000	60000
1,0	3000	4400	7000	9600	14000	16000	22000	26000	34000	48000	66000
1,25	3400	4800	7600	11000	15000	18000	24000	30000	36000	52000	70000
1,5	3800	5400	8400	12000	16000	20000	26000	32000	42000	58000	80000
1,75	4200	6600	10000	14000	19000	24000	32000	36000	46000	70000	94000
2,0	4600	7200	11000	15000	20000	26000	34000	42000	50000	74000	98000
2,5	5000	7800	12000	17000	22000	30000	38000	46000	56000	80000	112000
3,0	6000	9000	14000	19000	26000	34000	44000	54000	66000	96000	130000
4,0	6800	11000	16000	24000	30000	40000	52000	62000	80000	114000	154000
5,0	8000	13000	19000	26000	36000	46000	60000	74000	92000	132000	178000
6,0	9000	14000	22000	30000	40000	52000	66000	82000	104000	148000	202000
7,0	10000	16000	24000	34000	44000	58000	74000	92000	114000	164000	224000
8,0	11000	17000	26000	36000	48000	60000	80000	100000	124000	178000	242000
9,0	12000	18000	28000	38000	52000	68000	86000	106000	134000	192000	262000
10,0	13000	20000	30000	42000	56000	72000	92000	114000	144000	204000	290000

	0,119	0,131	0,143	0,156	0,169	0,192	0,216	0,241	0,264	0,290
0,5	58000	70000	92000	110000	140000	196000	268000	368000	462000	592000
0,6	64000	84000	102000	130000	152000	212000	306000	410000	520000	662000
0,7	70000	92000	110000	140000	176000	242000	326000	432000	548000	732000
0,8	76000	98000	118000	150000	188000	256000	344000	480000	606000	766000
0,9	80000	106000	136000	160000	200000	272000	382000	506000	634000	800000
1,0	86000	112000	144000	170000	210000	302000	402000	552000	692000	906000
1,25	98000	120000	152000	190000	234000	332000	460000	602000	778000	974000
1,5	104000	134000	168000	220000	270000	362000	498000	674000	836000	1080000
1,75	122000	162000	202000	250000	304000	438000	594000	768000	980000	1252000
2,0	132000	168000	220000	270000	328000	468000	632000	842000	1066000	1358000
2,5	150000	190000	244000	300000	376000	512000	708000	960000	1192000	1532000
3,0	194000	218000	278000	350000	434000	588000	804000	1080000	1346000	1740000
4,0	204000	266000	338000	420000	514000	722000	964000	1312000	1652000	2088000
5,0	236000	304000	388000	482000	592000	822000	1118000	1490000	1884000	2410000
6,0	266000	342000	434000	542000	688000	926000	1252000	1698000	2132000	2712000
7,0	294000	378000	482000	598000	736000	1020000	1380000	1858000	2344000	2998000
8,0	320000	412000	524000	652000	800000	1110000	1508000	2018000	2556000	3270000
9,0	344000	444000	564000	700000	860000	1192000	1620000	2176000	2754000	3500000
10,0	368000	474000	602000	748000	920000	1272000	1752000	2306000	2920000	3708000

I. Annahme der Rohrweiten bei

A. Hauptleitung (Verthei-

2. Senkrechter Abstand des Kessels vom höchst-

c) Horizontale Entfernung E des Kessels

Temperaturdifferenz des Wassers: 20°.

Abstand von Mitte Kessel bis Mitte d. ungünstigst gelegenen Heizkörpers der Anlage in m	Wärmemenge, die stündlich durch die Rohrleitung gefördert werden kann bei einer Rohrweite (in m) von:									
	0,034	0,039	0,043	0,049	0,057	0,064	0,070	0,076	0,082	0,094	0,106
0,5	700	1200	1700	2500	3500	4000	6000	7000	8000	13000	16000
0,6	800	1300	2100	2600	4000	5000	6500	8000	9500	15000	19000
0,7	900	1500	2200	3200	4500	5500	7000	8500	11000	16000	21000
0,8	1000	1600	2500	3300	4700	6000	8000	9500	12000	17000	23000
0,9	1100	1800	2600	3800	4800	6500	8500	10000	13000	18000	26000
1,0	1200	1900	2900	3900	5500	7000	9000	11000	14000	20000	27000
1,25	1300	2100	3300	4300	6000	7500	10000	12000	15000	22000	30000
1,5	1500	2400	3400	4800	6500	8000	11000	13000	17000	24000	33000
1,75	1700	2700	4200	6000	7500	10000	13000	16000	19000	29000	40000
2,0	1900	3000	4600	6500	8000	11000	14000	17000	21000	31000	42000
2,5	2100	3300	5000	7000	9500	12000	16000	19000	24000	34000	47000
3,0	2300	3600	6000	8000	11000	14000	18000	22000	28000	40000	54000
4,0	3000	4500	7000	9500	13000	16000	22000	27000	33000	48000	65000
5,0	3400	5000	8000	11000	15000	19000	25000	30000	38000	55000	75000
6,0	3600	6000	9000	13000	17000	22000	28000	34000	43000	62000	84000
7,0	4100	6500	10000	14000	19000	24000	31000	38000	48000	68000	93000
8,0	4500	7000	11000	15000	20000	26000	33000	41000	52000	75000	102000
9,0	4900	8000	12000	16000	22000	28000	36000	45000	56000	80000	109000
10,0	5000	8500	13000	17000	23000	30000	38000	48000	60000	85000	117000

	0,119	0,131	0,143	0,156	0,169	0,192	0,216	0,241	0,264	0,290
0,5	23000	28000	38000	45000	59000	83000	115000	132000	173000	226000
0,6	26000	35000	42000	55000	64000	91000	124000	156000	202000	261000
0,7	28000	36000	46000	60000	70000	98000	134000	180000	231000	296000
0,8	32000	39000	51000	65000	76000	106000	144000	205000	246000	313000
0,9	33000	42000	55000	66000	82000	113000	153000	216000	274000	348000
1,0	35000	46000	59000	70000	88000	121000	173000	229000	288000	383000
1,25	40000	53000	63000	80000	100000	136000	191000	264000	332000	417000
1,5	43000	56000	72000	90000	111000	151000	210000	276000	346000	453000
1,75	52000	67000	84000	105000	129000	181000	249000	336000	418000	540000
2,0	55000	70000	89000	110000	141000	189000	258000	360000	447000	574000
2,5	61000	81000	101000	125000	158000	219000	297000	384000	500000	626000
3,0	72000	91000	118000	145000	182000	249000	344000	451000	577000	731000
4,0	87000	109000	139000	175000	213000	296000	404000	544000	692000	881000
5,0	99000	126000	161000	201000	247000	343000	467000	624000	788000	1020000
6,0	111000	140000	182000	227000	279000	387000	526000	712000	903000	1148000
7,0	123000	154000	201000	250000	308000	427000	579000	777000	980000	1252000
8,0	134000	168000	219000	272000	335000	464000	629000	857000	1076000	1367000
9,0	144000	179000	236000	293000	360000	498000	677000	913000	1153000	1461000
10,0	154000	189000	252000	317000	384000	532000	722000	969000	1229000	1553000

Niederdruck-Warmwasserheizung.

lungs- und Sammelleitung).

gelegenen Heizkörper der Anlage: **über 12 m.**

vom letzten Fallstrange: **über 50 bis 75 m.**

Temperaturdifferenz des Wassers: 30°.

Abstand von Mitte Kessel bis Mitte d. ungünstigst gelegenen Heizkörpers der Anlage in m	Wärmemenge, die stündlich durch die Rohrleitung gefördert werden kann bei einer Rohrweite (in m) von:										
	0,034	0,039	0,043	0,049	0,057	0,064	0,070	0,076	0,082	0,094	0,106
0,5	1400	2400	3400	5000	7000	8000	12000	14000	16000	26000	32000
0,6	1600	2600	4200	5200	8000	10000	13000	16000	19000	30000	38000
0,7	1800	3000	4400	6400	9000	11000	14000	17000	22000	32000	42000
0,8	2000	3200	5000	6660	9400	12000	16000	19000	24000	34000	46000
0,9	2200	3600	5200	7600	9600	13000	17000	20000	26000	36000	52000
1,0	2400	3800	5800	7800	11000	14000	18000	22000	28000	40000	54000
1,25	2600	4200	6600	8600	12000	15000	20000	24000	30000	44000	60000
1,5	3000	4800	6800	9600	13000	16000	22000	26000	34000	48000	66000
1,75	3400	5400	8400	12000	15000	20000	26000	32000	38000	58000	80000
2,0	3800	6000	9200	13000	16000	22000	28000	34000	42000	62000	84000
2,5	4200	6600	10000	14000	19000	24000	32000	38000	48000	68000	94000
3,0	4600	7200	12000	16000	22000	28000	36000	44000	56000	80000	108000
4,0	6000	9000	14000	19000	26000	32000	44000	54000	66000	96000	130000
5,0	6800	10000	16000	22000	30000	38000	50000	60000	76000	110000	150000
6,0	7200	12000	18000	26000	34000	44000	56000	68000	86000	124000	168000
7,0	8200	13000	20000	28000	38000	48000	62000	76000	96000	136000	186000
8,0	9000	14000	22000	30000	40000	52000	66000	82000	104000	150000	204000
9,0	9800	16000	24000	32000	44000	56000	72000	90000	112000	160000	218000
10,0	10000	17000	26000	34000	46000	60000	76000	96000	120000	170000	234000

	0,119	0,131	0,143	0,156	0,169	0,192	0,216	0,241	0,264	0,290
0,5	46000	56000	76000	90000	118000	166000	230000	264000	346000	452000
0,6	52000	70000	84000	110000	128000	182000	248000	312000	404000	522000
0,7	58000	72000	92000	120000	140000	196000	268000	360000	462000	592000
0,8	64000	78000	102000	130000	152000	212000	288000	410000	492000	626000
0,9	66000	84000	110000	132000	164000	226000	306000	432000	548000	696000
1,0	70000	92000	118000	140000	176000	242000	346000	458000	576000	766000
1,25	80000	106000	126000	160000	200000	272000	382000	528000	664000	834000
1,5	86000	112000	144000	180000	222000	302000	420000	552000	692000	906000
1,75	104000	134000	168000	210000	258000	362000	498000	672000	836000	1080000
2,0	110000	140000	178000	220000	282000	378000	516000	720000	894000	1148000
2,5	122000	162000	202000	250000	316000	438000	594000	768000	1000000	1252000
3,0	144000	182000	236000	290000	364000	498000	688000	902000	1154000	1462000
4,0	174000	218000	278000	350000	426000	592000	808000	1088000	1384000	1762000
5,0	198000	252000	322000	402000	494000	686000	934000	1248000	1576000	2040000
6,0	222000	280000	364000	454000	558000	774000	1052000	1424000	1806000	2296000
7,0	246000	308000	402000	500000	616000	854000	1158000	1554000	1960000	2504000
8,0	268000	336000	438000	544000	670000	928000	1258000	1714000	2152000	2734000
9,0	288000	358000	472000	586000	720000	996000	1354000	1826000	2306000	2922000
10,0	308000	378000	504000	634000	768000	1064000	1444000	1938000	2458000	3106000

I. Annahme der Rohrweiten bei

A. Hauptleitung (Verthei-

2. Senkrechter Abstand des Kessels vom höchst-

d) Horizontale Entfernung E des Kessels

Temperaturdifferenz des Wassers: 20⁰.

Abstand von Mitte Kessel bis Mitte d. ungünstigst gelegenen Heizkörpers der Anlage in m	Wärmemenge, die stündlich durch die Rohrleitung gefördert werden kann bei einer Rohrweite (in m) von:										
	0,034	0,039	0,043	0,049	0,057	0,064	0,070	0,076	0,082	0,094	0,106
0,5	600	900	1700	2100	2700	4100	4900	6000	8000	11000	14000
0,6	700	1200	1800	2700	3300	4200	6000	7000	9000	13000	17000
0,7	800	1300	2100	2800	3400	4900	6500	7500	9500	14000	19000
0,8	900	1500	2200	2900	4000	5000	7000	8000	10000	15000	21000
0,9	1000	1600	2500	3200	4100	5500	7500	8500	11000	16000	22000
1,0	1100	1800	2600	3700	4700	6000	8000	9000	12000	17000	23000
1,25	1200	1900	2900	3800	5400	6500	9000	10000	14000	18000	26000
1,5	1300	2100	3000	4300	5500	7500	10000	12000	15000	20000	28000
1,75	1500	2400	3700	4800	6500	9000	11000	14000	17000	26000	35000
2,0	1700	2500	3800	5500	7500	11000	12000	15000	18000	27000	36000
2,5	1800	2700	4200	6000	8000	11000	13000	16000	21000	29000	42000
3,0	2100	3300	5000	7000	9500	12000	16000	19000	24000	35000	47000
4,0	2500	3900	6500	8500	11000	15000	19000	23000	29000	41000	56000
5,0	2900	4500	7000	10000	13000	17000	21000	27000	34000	48000	65000
6,0	3200	5000	8000	11000	15000	19000	24000	30000	38000	53000	73000
7,0	3600	5500	9000	12000	16000	21000	27000	33000	41000	59000	81000
8,0	3900	6000	9500	13000	18000	23000	29000	36000	45000	65000	88000
9,0	4200	6500	10000	14000	19000	25000	31000	39000	48000	70000	95000
10,0	4500	7000	11000	15000	20000	26000	33000	41000	52000	75000	101000

Abstand von Mitte Kessel bis Mitte d. ungünstigst gelegenen Heizkörpers der Anlage in m	0,119	0,131	0,143	0,156	0,169	0,192	0,216	0,241	0,264	0,290
0,5	20000	15000	34000	40000	53000	68000	96000	112000	145000	174000
0,6	23000	28000	38000	45000	59000	75000	105000	132000	173000	226000
0,7	26000	32000	42000	50000	64000	83000	115000	156000	202000	261000
0,8	27000	35000	43000	55000	70000	91000	124000	168000	216000	279000
0,9	29000	39000	46000	60000	71000	98000	134000	180000	231000	296000
1,0	32000	40000	51000	65000	76000	106000	143000	205000	246000	313000
1,25	35000	46000	55000	70000	88000	121000	163000	216000	274000	348000
1,5	38000	49000	63000	75000	94000	136000	182000	253000	317000	400000
1,75	43000	56000	72000	90000	111000	158000	210000	288000	375000	470000
2,0	46000	60000	80000	95000	117000	166000	230000	301000	389000	487000
2,5	55000	70000	88000	110000	135000	189000	258000	348000	432000	507000
3,0	63000	81000	101000	125000	158000	219000	297000	397000	505000	644000
4,0	75000	95000	122000	151000	188000	258000	354000	480000	596000	766000
5,0	87000	111000	141000	176000	216000	300000	408000	561000	711000	904000
6,0	97000	126000	158000	198000	242000	337000	458000	608000	779000	997000
7,0	107000	138000	175000	218000	268000	372000	506000	673000	855000	1090000
8,0	117000	150000	191000	238000	292000	405000	552000	737000	932000	1182000
9,0	125000	161000	205000	256000	314000	436000	592000	800000	1018000	1299000
10,0	134000	172000	219000	272000	335000	465000	629000	857000	1076000	1367000

Niederdruck-Warmwasserheizung.

lungs- und Sammelleitung).

gelegenen Heizkörper der Anlage: **über 12 m.**

vom letzten Fallstrange: **über 75 m.**

Temperaturdifferenz des Wassers: 30⁰.

Abstand von Mitte Kessel bis Mitte d. ungünstigst gelegenen Heizkörpers der Anlage in m	Wärmemenge, die stündlich durch die Rohrleitung gefördert werden kann bei einer Rohrweite (in m) von:										
	0,034	0,039	0,043	0,049	0,057	0,064	0,070	0,076	0,082	0,094	0,106
0,5	1200	1800	3400	4200	5400	8200	9800	12000	16000	22000	28000
0,6	1400	2400	3600	5400	6600	8400	12000	14000	18000	26000	34000
0,7	1600	2600	4200	5600	6800	9800	13000	15000	19000	28000	38000
0,8	1800	3000	4400	5800	8000	10000	14000	16000	20000	30000	42000
0,9	2000	3200	5000	6400	8200	11000	15000	17000	22000	32000	44000
1,0	2200	3600	5200	7400	9400	12000	16000	18000	24000	34000	46000
1,25	2400	3800	5800	7600	10800	13000	18000	20000	28000	36000	52000
1,5	2600	4200	6000	8600	11000	15000	20000	24000	30000	40000	56000
1,75	3000	4800	7400	9600	13000	18000	22000	28000	34000	52000	70000
2,0	3400	5000	7600	11000	15000	20000	24000	30000	36000	54000	72000
2,5	3600	5400	8400	12000	16000	22000	26000	32000	42000	58000	84000
3,0	4200	6600	10000	14000	19000	24000	32000	38000	48000	70000	94000
4,0	5000	7800	13000	17000	22000	30000	38000	46000	58000	82000	112000
5,0	5800	9000	14000	20000	26000	34000	42000	54000	68000	96000	130000
6,0	6400	10000	16000	22000	30000	38000	48000	60000	76000	106000	146000
7,0	7200	11000	18000	24000	32000	42000	54000	66000	82000	118000	162000
8,0	7800	12000	19000	26000	36000	46000	58000	72000	90000	130000	176000
9,0	8400	13000	20000	28000	38000	50000	62000	78000	96000	140000	190000
10,0	9000	14000	22000	30000	40000	52000	66000	82000	104000	150000	202000

Abstand in m	0,119	0,131	0,143	0,156	0,169	0,192	0,216	0,241	0,264	0,290
0,5	40000	30000	68000	80000	106000	136000	192000	224000	290000	348000
0,6	46000	56000	76000	90000	118000	150000	210000	264000	346000	452000
0,7	52000	64000	84000	100000	128000	166000	230000	312000	404000	522000
0,8	54000	70000	86000	110000	140000	182000	248000	336000	432000	558000
0,9	58000	78000	92000	112000	142000	196000	268000	360000	462000	592000
1,0	64000	80000	102000	130000	152000	212000	286000	410000	492000	626000
1,25	70000	92000	110000	140000	176000	242000	326000	432000	548000	696000
1,5	76000	98000	126000	150000	188000	272000	364000	506000	634000	800000
1,75	86000	112000	144000	180000	222000	316000	420000	576000	750000	940000
2,0	92000	120000	160000	190000	234000	332000	460000	602000	778000	974000
2,5	110000	140000	176000	220000	270000	378000	516000	696000	864000	1114000
3,0	126000	162000	202000	250000	316000	438000	594000	794000	1010000	1288000
4,0	150000	190000	244000	302000	376000	516000	708000	960000	1192000	1532000
5,0	174000	222000	282000	352000	432000	600000	816000	1122000	1422000	1808000
6,0	194000	252000	316000	396000	484000	674000	916000	1216000	1558000	1994000
7,0	214000	276000	350000	436000	536000	744000	1012000	1346000	1710000	2180000
8,0	234000	300000	382000	476000	584000	810000	1104000	1474000	1864000	2364000
9,0	250000	322000	410000	512000	628000	872000	1184000	1600000	2036000	2598000
10,0	268000	344000	438000	544000	670000	930000	1258000	1714000	2152000	2734000

I. Annahme der Rohrweiten

B. Heizkörper-

1. Senkrechter Abstand des Kessels vom höchst-

a) Die Mitte des untersten Heiz-

Temperaturdifferenz des Wassers: 20^0.

Horizontale Entfernung des letzten Fallstrangs vom Kessel = E. Die Fallstränge liegen vom Kessel in der Entfernung				Wärmemenge, die stündlich vom Heizkörper abgegeben werden kann bei einem Anschlusse von:							
E bis E-25 m	E-25 m bis E-50 m	E-50 m bis E-75 m	E-75 m bis E-100 m	0,011	0,014	0,020	0,025	0,034	0,039	0,043	0,049
							m Durchmesser				
Senkrechter Abstand von Mitte Heizkörper bis Mitte Kessel				95	154	314	491	908	1195	1452	1886
h	h	h	h			qmm Querschnitt					
0,5	—	—	—	100	200	600	1100	2300	3300	4300	6000
0,6	0,5	—	—	200	300	900	1600	4200	5900	7500	
0,7	0,6	0,5	—	200	400	1400	2500	5300	7600		
0,8	0,7	0,6	0,5	300	500	1600	2800	6800	9600		
0,9	0,8	0,7	0,6	300	700	1800	3200	7900			
1,0	0,9	0,8	0,7	400	800	2000	4100	8600			
1,2	1,0	0,9	0,8	500	1000	2600	4700	10000			
1,4	1,2	1,0	0,9	500	1100	3000	5300				
1,6	1,4	1,1	1,0	600	1300	3200	5800				
1,8	1,6	1,2	1,1	700	1400	3500	6300				
2,0	1,7	1,4	1,2	800	1500	3800	7500				
2,2	1,8	1,6	1,4	800	1600	4000	7900				
2,4	2,0	1,8	1,6	900	1700	4600	8300				
2,6	2,2	1,9	1,7	900	1800	4800	8700				
2,8	2,4	2,0	1,8	1000	1900	5000	9100				
3,0	2,6	2,2	1,9	1000	1900	5200	9500				
3,2	2,8	2,4	2,0	1100	2100	5500	10000				
3,4	3,0	2,6	2,2	1100	2300	5600					
3,6	3,2	2,8	2,4	1200	2400	5800					
3,8	3,4	3,0	2,6	1200	2400	6000					
4,0	3,6	3,2	2,8	1300	2500	6200					
4,5	3,8	3,4	3,0	1400	2700	7100					
5,0	4,0	3,6	3,2	1500	2900	7500					
5,5	4,5	3,8	3,4	1600	3000	7900					
6,0	5,0	4,0	3,6	1700	3100	8300					
6,5	5,5	4,5	3,8	1800	3500	8700					
7,0	6,0	5,6	4,0	1800	3600	9000					
7,5	6,5	5,5	4,5	1900	3700	9400					
8,0	7,0	6,0	5,0	1900	4000	9700					
8,5	7,5	6,5	5,5	2000	4100	10000					
9,0	8,0	7,0	6,0	2100	4200						
9,5	8,5	7,5	6,5	2200	4300						
10,0	9,0	8,0	7,0	2300	4400						
11,0	9,5	8,5	7,5	2400	4700						
12,0	10,0	9,0	8,0	2500	4800						
	11,0	9,5	8,5	2700	5000						
	12,0	10,0	9,0	2800	5300						
		11,0	9,5	2900	5400						
		12,0	10,0	3000	5600						
			11,0	3100	5800						
			12,0	3200	6000						

bei Niederdruck-Warmwasserheizung.

Anschlüsse.

gelegenen Heizkörper der Anlage: **bis zu 12 m.**

körpers liegt **0,5 m** über Mitte Kessel.

Temperaturdifferenz des Wassers: 30⁰.

Horizontale Entfernung des letzten Fallstrangs vom Kessel = E. Die Fallstränge liegen vom Kessel in der Entfernung				Wärmemenge, die stündlich vom Heizkörper abgegeben werden kann bei einem Anschlusse von:							
E bis E-25 m	E-25 m bis E-50 m	E-50 m bis E-75 m	E-75 m bis E-100 m	0,011	0,014	0,020	0,025	0,034	0,039	0,043	0,049
Senkrechter Abstand von Mitte Heizkörper bis Mitte Kessel				95	154	314	491	908	1195	1452	1886
h	h	h	h	qmm Querschnitt							
0,5	—	—	—	140	260	650	1130	2430	3440	4340	6020
0,6	—	—	—	350	640	1580	2770	6950	9850		
0,7	0,5	—	—	435	805	2330	4040	8680			
0,8	0,6	—	—	525	1140	2800	4860	11720			
0,9	0,7	0,5	—	705	1300	3200	6360				
1,0	0,8	0,6	0,5	780	1450	3980	7070				
1,2	1,0	0,8	0,6	920	1900	4660	8290				
1,4	1,2	1,0	0,8	1160	2150	5270	9360				
1,6	1,4	1,2	1,0	1320	2450	6010	11690				
1,8	1,6	1,4	1,2	1390	2570	6300					
2,0	1,8	1,6	1,4	1490	2760	7300					
2,2	2,0	1,8	1,6	1580	2940	7760					
2,4	2,2	2,0	1,8	1670	3100	8200					
2,6	2,4	2,2	2,0	1710	3170	8400					
2,8	2,6	2,4	2,2	1840	3620	9000					
3,0	2,8	2,6	2,4	1920	3840	9390					
3,2	3,0	2,8	2,6	2160	3980	9750					
3,4	3,2	3,0	2,8	2230	4120	10750					
3,6	3,4	3,2	3,0	2310	4260						
3,8	3,6	3,4	3,2	2380	4400						
4,0	4,0	3,6	3,6	2450	4530						
4,5	4,5	4,0	4,0	2620	4830						
5,0	5,0	4,5	4,5	2780	5440						
5,5	5,5	5,0	5,0	2920	5750						
6,0	6,0	5,5	5,5	3250	6010						
6,5	6,5	6,0	6,0	3400	6280						
7,0	7,0	6,5	6,5	3540	6540						
7,5	7,5	7,0	7,0	3670	6790						
8,0	8,0	7,5	7,5	3800	7010						
8,5	8,5	8,0	8,0	3920	7250						
9,0	9,0	8,5	8,5	4050	7480						
9,5	9,5	9,0	9,0	4150	7690						
10,0	10,0	9,5	9,5	4270	7900						
11,0	11,0	10,0	10,0	4480	8300						
12,0	12,0	11,0	11,0	4700	8690						
		12,0	12,0	4900	9000						

I. Annahme der Rohrweiten

B. Heizkörper-

1. Senkrechter Abstand des Kessels vom höchst-

b) Die Mitte des untersten Heiz-

Temperaturdifferenz des Wassers: 20⁰.

Temperaturdifferenz des Wassers: 20^0.

Horizontale Entfernung des letzten Fallstrangs vom Kessel = E. Die Fallstränge liegen vom Kessel in der Entfernung				Wärmemenge, die stündlich vom Heizkörper abgegeben werden kann bei einem Anschlusse von:							
E bis E-25 m	E-25 m bis E-50 m	E-50 m bis E-75 m	E-75 m bis E-100 m	0,011	0,014	0,020	0,025	0,034	0,039	0,043	0,049
							m Durchmesser				
Senkrechter Abstand von Mitte Heizkörper bis Mitte Kessel				95	154	314	491	908	1195	1452	1886
h	h	h	h				qmm Querschnitt				
0,6	—	—	—	100	200	700	1200	2700	3700	4800	6700
0,7	0,6	—	—	200	400	1000	2100	4500	6500	8200	
0,8	0,7	0,6	—	200	500	1500	2200	5700	8000		
0,9	0,8	0,7	0,6	300	600	1700	3000	7400			
1,0	0,9	0,8	0,7	400	700	1900	3900	8200			
1,2	1,0	0,9	0,8	500	900	2600	4700				
1,4	1,2	1,0	0,9	500	1100	3000	5300				
1,6	1,4	1,2	1,0	600	1300	3300	5900				
1,8	1,6	1,4	1,2	700	1400	3500	6400				
2,0	1,8	1,6	1,4	800	1600	3900	7500				
2,2	2,0	1,8	1,6	800	1700	4100	8000				
2,4	2,2	2,0	1,8	900	1700	4700	8500				
2,6	2,4	2,4	1,9	900	1800	4900	8900				
2,8	2,6	2,5	2,0	1000	1900	5100	9300				
3,0	2,7	2,6	2,2	1000	2000	5400	9700				
3,2	2,8	2,7	2,4	1100	2100	5600					
3,4	3,0	2,8	2,6	1100	2300	5800					
3,6	3,2	2,9	2,8	1200	2400	5900					
3,8	3,4	3,0	2,9	1300	2500	6100					
4,0	3,6	3,4	3,0	1300	2600	6400					
4,5	3,8	3,6	3,1	1400	2800	7300					
5,0	4,0	3,8	3,2	1500	2900	7600					
5,5	4,5	4,0	3,4	1600	3100	8100					
6,0	5,0	4,5	3,6	1700	3500	8500					
6,5	5,5	5,0	3,8	1800	3600	8900					
7,0	6,0	5,5	4,0	1900	3700	9200					
7,5	6,5	6,0	4,5	2000	3900	9700					
8,0	7,0	6,5	5,0	2100	4000	9900					
8,5	7,5	7,0	5,5	2200	4200						
9,0	8,0	7,5	6,0	2300	4300						
9,5	8,5	8,0	6,5	2400	4500						
10,0	9,0	8,5	7,0	2400	4600						
11,0	10,0	9,0	7,5	2500	4800						
12,0	11,0	9,5	8,0	2700	5000						
	12,0	10,0	8,5	2800	5200						
		11,0	9,0	2900	5400						
		12,0	10,0	3000	5700						
			11,0	3100	5800						
			12,0	3200	6000						

bei Niederdruck-Warmwasserheizung.

Anschlüsse.

gelegenen Heizkörper der Anlage: **bis zu 12 m.**

körpers liegt **0,6 m** über Mitte Kessel.

Temperaturdifferenz des Wassers: 30⁰.

Horizontale Entfernung des letzten Fallstrangs vom Kessel = E. Die Fallstränge liegen vom Kessel in der Entfernung				Wärmemenge, die stündlich vom Heizkörper abgegeben werden kann bei einem Anschlusse von:							
E bis E-25m	E-25m bis E-50m	E-50m bis E-75m	E-75m bis E-100m	0,011	0,014	0,020	0,025	0,034	0,039	0,043	0,049
Senkrechter Abstand von Mitte Heizkörper bis Mitte Kessel				95	154	314	491	908	1195	1452	1886
h	h	h	h				qmm Querschnitt				
0,6	—	—	—	160	290	730	1270	2730	3860	4880	6750
0,7	—	—	—	330	620	1520	2660	6700	9500	11970	
0,8	0,6	—	—	440	820	2380	4140	8900			
0,9	0,7	—	—	530	1160	2840	5660				
1,0	0,8	0,6	—	710	1320	3640	6470				
1,2	0,9	0,7	0,6	870	1800	4410	7840				
1,4	1,0	0,8	0,7	1120	2070	5060	9000				
1,6	1,2	0,9	0,8	1250	2300	5650	10030				
1,8	1,4	1,0	0,9	1360	2510	6160					
2,0	1,6	1,2	1,0	1460	2710	7150					
2,2	2,0	1,6	1,2	1560	2890	7650					
2,4	2,2	2,0	1,6	1660	3060	8100					
2,6	2,4	2,2	2,0	1750	3490	8540					
2,8	2,6	2,4	2,2	1830	3650	8940					
3,0	2,8	2,6	2,4	1930	3820	9340					
3,2	3,0	2,8	2,6	2150	3960	10380					
3,4	3,2	3,0	2,8	2230	4120						
3,6	3,4	3,2	3,0	2310	4250						
3,8	3,6	3,4	3,2	2380	4400						
4,0	4,0	3,6	3,6	2450	4530						
4,5	4,5	4,0	4,0	2630	4850						
5,0	5,0	4,5	4,5	2790	5460						
5,5	5,5	5,0	5,0	2940	5760						
6,0	6,0	5,5	5,5	3280	6050						
6,5	6,5	6,0	6,0	3420	6330						
7,0	7,0	6,5	6,5	3560	6600						
7,5	7,5	7,0	7,0	3680	6830						
8,0	8,0	7,5	7,5	3830	7090						
8,5	8,5	8,0	8,0	3950	7300						
9,0	9,0	8,5	8,5	4070	7540						
9,5	9,5	9,0	9,0	4200	7750						
10,0	10,0	9,5	9,5	4310	7980						
11,0	11,0	10,0	10,0	4530	8390						
12,0	12,0	11,0	11,0	4740	8770						
		12,0	12,0	4900	9200						

I. Annahme der Rohrweiten

B. Heizkörper-

1. Senkrechter Abstand des Kessels vom höchst-

c) Die Mitte des untersten Heiz-

Temperaturdifferenz des Wassers: 20⁰.

Horizontale Entfernung des letzten Fallstrangs vom Kessel = E. Die Fallstränge liegen vom Kessel in der Entfernung				Wärmemenge, die stündlich vom Heizkörper abgegeben werden kann bei einem Anschlusse von:							
E bis E 25 m	E-25 m bis E-50 m	E-50 m bis E-75 m	E-75 m bis E-100 m	0,011	0,014	0,020	0,025	0,034	0,039	0,043	0,049
							m Durchmesser				
Senkrechter Abstand von Mitte Heizkörper bis Mitte Kessel				95	154	314	491	908	1195	1452	1886
h	h	h	h				qmm Querschnitt				
0,7	—	—	—	100	200	800	1400	2900	4200	6300	8800
0,8	0,7	—	—	200	400	1000	2200	4900	6900	8700	
0,9	0,8	0,7	—	200	500	1500	2700	5800	8400		
1,0	0,9	0,8	0,7	300	700	1700	3100	7500			
1,2	1,0	0,9	0,8	400	800	2200	4400	9300			
1,4	1,2	1,0	0,9	500	1000	2800	5100				
1,6	1,4	1,2	1,0	600	1200	3200	5600				
1,8	1,6	1,4	1,2	700	1300	3400	6200				
2,0	1,8	1,6	1,4	800	1400	3800	6700				
2,2	2,0	1,8	1,6	800	1600	4000	7800				
2,4	2,1	2,0	1,8	900	1700	4200	8300				
2,6	2,2	2,1	2,0	900	1800	4800	8700				
2,8	2,4	2,2	2,1	1000	1900	5000	9200				
3,0	2,6	2,4	2,2	1000	2000	5200	9600				
3,2	2,8	2,6	2,4	1100	2100	5500	10000				
3,4	3,0	2,8	2,6	1100	2300	5700					
3,6	3,2	3,0	2,8	1200	2400	5900					
3,8	3,4	3,2	2,9	1200	2400	6000					
4,0	3,6	3,4	3,0	1300	2500	6300					
4,5	3,8	3,6	3,2	1400	2800	7200					
5,0	4,0	3,8	3,4	1500	2900	7600					
5,5	4,5	4,0	3,6	1600	3000	8000					
6,0	5,0	4,5	3,8	1700	3300	8400					
6,5	5,5	5,0	4,0	1800	3600	8800					
7,0	6,0	5,5	4,5	1900	3700	9100					
7,5	6,5	6,0	5,0	2000	3900	9600					
8,0	7,0	6,5	5,5	2100	4000	9900					
8,5	7,5	7,0	6,0	2200	4100						
9,0	8,0	7,5	6,5	2300	4200						
9,5	8,5	8,0	7,0	2300	4300						
10,0	9,0	8,5	7,5	2400	4600						
11,0	9,5	9,0	8,0	2500	4800						
12,0	10,0	9,5	8,5	2700	4900						
	11,0	10,0	9,0	2800	5200						
	12,0	11,0	9,5	2900	5400						
		12,0	10,0	3000	5700						
			11,0	3100	5800						
			12,0	3200	6000						

bei Niederdruck-Warmwasserheizung.

Anschlüsse.

gelegenen Heizkörper der Anlage: **bis zu 12 m.**

körpers liegt **0,7 m** über Mitte Kessel.

Temperaturdifferenz des Wassers: 30⁰.

Horizontale Entfernung des letzten Fallstrangs vom Kessel = E. Die Fallstränge liegen vom Kessel in der Entfernung				Wärmemenge, die stündlich vom Heizkörper abgegeben werden kann bei einem Anschlusse von:							
E bis E-25 m	E-25 m bis E-50 m	E-50 m bis E-75 m	E-75 m bis E-100 m	0,011	0,014	0,020	0,025	0,034	0,039	0,043	0,049
Senkrechter Abstand von Mitte Heizkörper bis Mitte Kessel				95	154	314	491	908	1195	1452	1886
h	h	h	h	qmm Querschnitt							
0,7	—	—	—	173	320	780	1370	2930	4150	5250	7280
0,8	—	—	—	340	630	1550	2700	6780	9600		
0,9	—	—	—	450	820	2380	4140	8880			
1,0	0,7	—	—	530	1160	2850	5680				
1,2	0,8	0,7	—	790	1470	4040	7160				
1,4	0,9	0,8	—	930	1930	5150	8400				
1,6	1,0	0,9	0,7	1180	2180	5330	9490				
1,8	1,2	1,0	0,8	1300	2400	5870					
2,0	1,6	1,2	0,9	1410	2600	6360					
2,2	2,0	1,4	1,0	1510	2780	7360					
2,4	2,2	1,6	1,2	1600	2960	7820					
2,6	2,4	2,0	1,6	1690	3130	8270					
2,8	2,6	2,2	2,0	1780	3550	8680					
3,0	2,8	2,4	2,2	1860	3710	9080					
3,2	3,0	2,6	2,4	1940	3860	9450					
3,4	3,2	2,8	2,6	2170	4030	9820					
3,6	3,4	3,0	2,8	2260	4160						
3,8	3,6	3,2	3,0	2330	4300						
4,0	3,8	3,6	3,2	2400	4430						
4.5	4,0	4,0	3,6	2580	4760						
5,0	4,5	4,5	4,0	2740	5360						
5,5	5,0	5,0	4,5	2890	5670						
6,0	5,5	5,5	5,0	3220	5960						
6,5	6,0	6,0	5,5	3370	6220						
7,0	6,5	6,5	6,0	3520	6500						
7,5	7,0	7,0	6,5	3640	6750						
8,0	7,5	7,5	7,0	3780	6980						
8,5	8,0	8,0	7,5	3900	7200						
9,0	8,5	8,5	8,0	4030	7450						
9,5	9,0	9,0	8,5	4150	7660						
10,0	9,5	9,5	9,0	4260	7880						
11,0	10,0	10,0	9,5	4480	8300						
12,0	11,0	11,0	10,0	4700	8680						
	12,0	12,0	11,0	4900	9001						
			12,0	5100	9300						

I. Annahme der Rohrweiten

B. Heizkörper-

1. Senkrechter Abstand des Kessels vom höchst-

d) Die Mitte des untersten Heiz-

Temperaturdifferenz des Wassers: 20⁰.

Horizontale Entfernung des letzten Fallstrangs vom Kessel = E. Die Fallstränge liegen vom Kessel in der Entfernung				Wärmemenge, die stündlich vom Heizkörper abgegeben werden kann bei einem Anschlusse von:							
E bis E-25 m	E-25 m bis E-50 m	E-50 m bis E-75 m	E-75 m bis E-100 m	0,011	0,014	0,020	0,025	0,034	0,039	0,043	0,049
							m Durchmesser				
Senkrechter Abstand von Mitte Heizkörper bis Mitte Kessel				95	154	314	491	908	1195	1452	1886
h	h	h	h				qmm Querschnitt				
0,8	—	—	—	100	400	800	1500	3300	4600	5900	8200
0,9	0,8	—	—	200	500	1100	2400	5100	7300	9300	
1,0	0,9	0,8	—	300	600	1600	2800	6200	9800		
1,2	1,0	0,9	0,8	400	800	2100	4100	8800			
1,4	1,2	1,0	0,9	500	1000	2700	4900				
1,6	1,4	1,2	1,0	500	1200	3100	5500				
1,8	1,6	1,4	1,2	600	1300	3400	6100				
2,0	1,8	1,6	1,4	700	1400	3700	6600				
2,2	2,0	1,8	1,6	800	1600	4000	7800				
2,4	2,2	1,9	1,8	900	1700	4200	8200				
2,6	2,4	2,0	1,9	900	1800	4800	8700				
2,8	2,6	2,2	2,0	1000	1900	5000	9200				
3,0	2,8	2,4	2,2	1000	2000	5200	9600				
3,2	3,0	2,6	2,4	1100	2100	5500	10000				
3,4	3,2	2,8	2,6	1100	2300	5700					
3,6	3,4	3,0	2,7	1200	2400	5900					
3,8	3,6	3,2	2,8	1200	2500	6200					
4,0	3,8	3,4	3,0	1300	2600	6300					
4,5	4,0	3,6	3,2	1400	2800	7200					
5,0	4,5	4,0	3,4	1500	2900	7700					
5,5	5,0	4,5	3,6	1600	3100	8100					
6,0	5,5	5,0	3,8	1700	3500	8600					
6,5	6,0	5,5	4,0	1800	3600	8900					
7,0	6,5	6,0	4,5	1900	3700	9400					
7,5	7,0	6,5	5,0	2000	3800	9700					
8,0	7,5	7,0	5,5	2100	4100	10000					
8,5	8,0	7,5	6,0	2200	4200						
9,0	8,5	8,0	6,5	2300	4300						
9,5	8,8	8,3	7,0	2400	4400						
10,0	9,0	8,5	7,5	2400	4600						
11,0	9,5	9,0	8,0	2500	4800						
12,0	10,0	9,5	8,5	2700	5000						
	11,0	10,0	9,0	2800	5300						
	12,0	11,0	9,5	2900	5500						
		12,0	10,0	3000	5600						
			11,0	3200	5900						
			12,0	3300	6000						

bei Niederdruck-Warmwasserheizung.

Anschlüsse.

gelegenen Heizkörper der Anlage: **bis zu 12 m.**

körpers liegt **0,8 m** über Mitte Kessel.

Temperaturdifferenz des Wassers: 30⁰·

Horizontale Entfernung des letzten Fallstrangs vom Kessel = E. Die Fallstränge liegen vom Kessel in der Entfernung				Wärmemenge, die stündlich vom Heizkörper abgegeben werden kann bei einem Anschlusse von:							
E bis E-25m	E-25m bis E-50m	E-50m bis E-75m	E-75m bis E-100m	0,011	0,014	0,020	0,025	0,034	0,039	0,043	0,049
Senkrechter Abstand von Mitte Heizkörper bis Mitte Kessel				95	154	314	491	908	1195	1452	1886
h	h	h	h				m Durchmesser / qmm Querschnitt				
0,8	—	—	—	180	350	860	1496	3200	4540	5730	7950
0,9	—	—	—	350	650	1630	3270	7040	9950		
1,0	—	—	—	460	860	2470	4280	9210			
1,2	0,8	—	—	730	1360	3750	6660				
1,4	1,0	0,8	—	890	1840	4520	8030				
1,6	1,2	1,0	—	1160	2150	5270	9360				
1,8	1,4	1,2	0,8	1270	2340	5750					
2,0	1,6	1,4	1,0	1380	2560	6280					
2,2	1,8	1,6	1,2	1490	2770	7310					
2,4	2,0	1,8	1,4	1590	2950	7790					
2,6	2,2	2,0	1,6	1680	3120	8240					
2,8	2,4	2,2	1,8	1780	3550	8690					
3,0	2,6	2,4	2,0	1860	3720	9100					
3,2	2,8	2,6	2,2	1940	3880	9500					
3,4	3,0	2,8	2,4	2180	4050	9880					
3,6	3,2	3,0	2,6	2260	4190						
3,8	3.4	3,2	2,8	2340	4330						
4,0	3,6	3,6	3,2	2420	4470						
4,5	4,0	4,0	3,6	2600	4800						
5,0	4,5	4,5	4,0	2770	5440						
5,5	5,0	5,0	4,5	2930	5750						
6,0	5,5	5,5	5,0	3260	6030						
6,5	6,0	6,0	5,5	3420	6320						
7,0	6,5	6,5	6,0	3570	6600						
7,5	7,0	7,0	6,5	3700	6850						
8,0	7,5	7,5	7,0	3830	7100						
8,5	8,0	8,0	7,5	3960	7350						
9,0	8,5	8,5	8,0	4100	7570						
9,5	9,0	9,0	8,5	4210	7800						
10,0	9,5	9,5	9,0	4330	8020						
11,0	10,0	10,0	9,5	4560	8440						
12,0	11,0	11,0	10,0	4780	8830						
	12,0	12,0	11,0	5000	9200						
			12,0	5180	9570						

I. Annahme der Rohrweiter

B. Heizkörper

1. Senkrechter Abstand des Kessels vom höchst

e) Die Mitte des untersten Heiz

Temperaturdifferenz des Wassers: 20⁰.

Horizontale Entfernung des letzten Fallstrangs vom Kessel = E. Die Fallstränge liegen vom Kessel in der Entfernung				Wärmemenge, die stündlich vom Heizkörper abgegeben werden kann bei einem Anschlusse von:							
E bis E-25 m	E-25 m bis E-50 m	E-50 m bis E-75 m	E-75 m bis E-100 m	0,011	0,014	0,020	0,025	0,034	0,039	0,043	0,049
							m Durchmesser				
Senkrechter Abstand von Mitte Heizkörper bis Mitte Kessel				95	154	314	491	908	1195	1452	1886
h	h	h	h				qmm Querschnitt				
0,9	—	—	—	100	400	800	1500	3200	5500	7000	9600
1,0	0,9	—	—	200	500	1100	2400	5100	7300	9300	
1,2	1,0	0,9	—	300	700	1800	3200	7900			
1,4	1,2	1,0	0,9	400	800	2500	4500	9500			
1,6	1,4	1,2	1,0	500	1000	2800	5200				
1,8	1,6	1,4	1,2	600	1300	3200	5800				
2,0	1,8	1,6	1,4	700	1400	3500	6300				
2,2	2,0	1,8	1,6	800	1500	3900	7500				
2,4	2,2	2,0	1,8	800	1600	4100	8000				
2,6	2,4	2,2	1,9	900	1700	4300	8500				
2,8	2,6	2,4	2,0	900	1800	4900	8900				
3,0	2,8	2,6	2,2	1000	1900	5100	9400				
3,2	3,0	2,8	2,4	1000	2000	5400	9800				
3,4	3,2	3,0	2,6	1100	2100	5600					
3,6	3,4	3,2	2,8	1100	2400	5800					
3,8	3,6	3,4	3,0	1200	2400	6000					
4,0	3,7	3,5	3,2	1300	2500	6300					
4,5	3,8	3,6	3,4	1400	2600	7200					
5,0	4,0	3,8	3,6	1500	2900	7600					
5,5	4,5	4,0	3,8	1600	3000	8000					
6,0	5,0	4,5	4,0	1700	3200	8400					
6,5	5,5	5,0	4,5	1800	3600	8800					
7,0	6,0	5,5	4,8	1900	3700	9200					
7,5	6,5	6,0	5,0	2000	3800	9600					
8,0	7,0	6,5	5,5	2100	4000	9900					
8,5	7,5	7,0	6,0	2200	4200						
9,0	8,0	7,5	6,5	2300	4300						
9,5	8,5	8,0	7,0	2400	4400						
10,0	9,0	8,5	7,5	2400	4600						
11,0	9,5	9,0	8,0	2500	4800						
12,0	10,0	9,5	8,5	2700	5000						
	11,0	10,0	9,0	2800	5300						
	12,0	11,0	9,5	2900	5400						
		12,0	10,0	3000	5600						
			11,0	3100	5900						
			12,0	3200	6000						

bei Niederdruck-Warmwasserheizung.

Anschlüsse.

gelegenen Heizkörper der Anlage: **bis zu 12 m.**

körpers liegt **0,9 m** über Mitte Kessel.

Temperaturdifferenz des Wassers: 30⁰.

Horizontale Entfernung des letzten Fallstrangs vom Kessel = E. Die Fallstränge liegen vom Kessel in der Entfernung				Wärmemenge, die stündlich vom Heizkörper abgegeben werden kann bei einem Anschlusse von:							
E bis E−25 m	E−25 m bis E−50 m	E−50 m bis E−75 m	E−75 m bis E−100 m	0,011	0,014	0,020	0,025	0,034	0,039	0,043	0,049
							m Durchmesser				
Senkrechter Abstand von Mitte Heizkörper bis Mitte Kessel				95	154	314	491	908	1195	1452	1886
h	h	h	h				qmm Querschnitt				
0,9	—	—	—	200	370	900	1580	3380	4780	6050	8400
1,0	—	—	—	340	660	1620	3300	7100	10050		
1,2	0,9	—	—	640	1190	2930	5850				
1,4	1,0	—	—	810	1500	4140	7350				
1,6	1,2	0,9	—	950	1970	4840	8590				
1,8	1,4	1,0	—	1200	2210	5410	9620				
2,0	1,6	1,2	0,9	1320	2450	6000					
2,2	1,8	1,4	1,0	1430	2650	6510					
2,4	2,0	1,6	1,2	1540	2840	7510					
2,6	2,2	1,8	1,4	1630	3010	7970					
2,8	2,4	2,0	1,6	1740	3180	8420					
3,0	2,6	2,2	1,8	1800	3610	8850					
3,2	3,0	2,4	2,0	1890	3770	9240					
3,4	3,2	2,6	2,2	1970	3940	9630					
3,6	3,4	3,0	2,4	2210	4080	10000					
3,8	3,6	3,2	2,6	2280	4230						
4,0	3,8	3,6	3,0	2360	4370						
4,5	4,0	4,0	3,5	2540	4700						
5,0	4,5	4,5	4,0	2720	5340						
5,5	5,0	5,0	4,5	2880	5640						
6,0	5,5	5,5	5,0	3030	5940						
6,5	6,0	6,0	5,5	3360	6220						
7,0	6,5	6,5	6,0	3500	6500						
7,5	7,0	7,0	6,5	3650	6750						
8,0	7,5	7,5	7,0	3780	7000						
8,5	8,0	8,0	7,5	3910	7240						
9,0	8,5	8,5	8,0	4040	7480						
9,5	9,0	9,0	8,5	4160	7710						
10,0	9,5	9,5	9,0	4280	7920						
11,0	10,0	10,0	9,5	4500	8350						
12,0	11,0	11,0	10,0	4720	8740						
	12,0	12,0	11,0	4900	9000						
			12,0	5100	9200						

I. Annahme der Rohrweite

B. Heizkörpe:

I. Senkrechter Abstand des Kessels vom höchs

f) Die Mitte des untersten Heiz

Temperaturdifferenz des Wassers: 20⁰.

Horizontale Entfernung des letzten Fallstrangs vom Kessel = E. Die Fallstränge liegen vom Kessel in der Entfernung				Wärmemenge, die stündlich vom Heizkörper abgegeben werden kann bei einem Anschlusse von:							
E bis E-25 m	E-25 m bis E-50 m	E-50 m bis E-75 m	E-75 m bis E-100 m	0,011	0,014	0,020	0,025	0,034	0,039	0,043	0,049
Senkrechter Abstand von Mitte Heizkörper bis Mitte Kessel							m Durchmesser				
				95	154	314	491	908	1195	1452	1886
h	h	h	h				qmm Querschnitt				
1,0	—	—	—	100	300	800	1500	3300	5400	6800	9500
1,2	1,0	—	—	200	500	1500	2600	5600	7900		
1,4	1,2	1,0	—	300	700	1800	3200	7800			
1,6	1,4	1,2	1,0	400	800	2000	4200	8900			
1,8	1,6	1,4	1,2	500	900	2400	4800				
2,0	1,8	1,6	1,4	500	1000	3000	5200				
2,2	2,0	1,8	1,6	600	1200	3200	5700				
2,4	2,2	2,0	1,8	600	1300	3400	6100				
2,6	2,4	2,2	2,0	700	1400	3700	6400				
2,8	2,6	2,4	2,2	800	1500	3800	7500				
3,0	2,8	2,6	2,4	800	1600	4000	7800				
3,2	3,0	2,7	2,6	900	1700	4200	8200				
3,4	3,2	2,8	2,8	900	1700	4700	8500				
3,6	3,4	3,0	2,9	900	1800	4900	8800				
3,8	3,6	3,2	3,0	1000	1900	5000	9200				
4,0	3,8	3,4	3,2	1000	2000	5350	9500				
4,5	4,0	3,6	3,4	1100	2300	5600					
5,0	4,5	3,8	3,6	1200	2400	5900					
5,5	4,7	4,0	3,8	1300	2500	6400					
6,0	5,0	4,5	4,0	1400	2600	7100					
6,5	5,5	5,0	4,5	1500	2800	7400					
7,0	6,0	5,5	5,0	1500	2900	7800					
7,5	6,5	6,0	5,5	1600	3000	8000					
8,0	7,0	6,5	6,0	1700	3100	8300					
8,5	7,5	7,0	6,5	1800	3400	8700					
9,0	8,0	7,5	7,0	1800	3500	8900					
9,5	8,5	7,8	7,3	1900	3700	9100					
10,0	9,0	8,0	7,5	2000	3800	9500					
11,0	9,5	8,5	8,0	2200	4000	9900					
12,0	10,0	9,0	8,5	2300	4200						
	11,0	9,5	9,0	2400	4400						
	12,0	10,0	9,5	2400	4600						
		11,0	10,0	2500	4800						
		12,0	11,0	2600	4900						
			12,0	2700	5200						

bei Niederdruck-Warmwasserheizung.

Anschlüsse.

gelegenen Heizkörper der Anlage: **bis zu 12 m.**

körpers liegt **1,0 m** über Mitte Kessel.

Temperaturdifferenz des Wassers: 30°.

Horizontale Entfernung des letzten Fallstrangs vom Kessel = E. Die Fallstränge liegen vom Kessel in der Entfernung				Wärmemenge, die stündlich vom Heizkörper abgegeben werden kann bei einem Anschlusse von:							
E bis E–25 m	E–25 m bis E–50 m	E–50 m bis E–75 m	E–75 m bis E–100 m	0,011	0,014	0,020	0,025	0,034	0,039	0,043	0,049
Senkrechter Abstand von Mitte Heizkörper bis Mitte Kessel							m Durchmesser				
h	h	h	h	95	154	314	491	908	1195	1452	1886
							qmm Querschnitt				
1,0	—	—	—	210	390	970	1690	3620	5120	6480	8980
1,2	—	—	—	480	890	2560	4450				
1,4	1,0	—	—	760	1400	3850	6840				
1,6	1,2	—	—	910	1880	4620	8210				
1,8	1,4	1,0	—	1160	2160	5290	9390				
2,0	1,6	1,2	—	1290	2400	5870					
2,2	1,8	1,4	1,0	1410	2610	6410					
2,4	2,0	1,6	1,2	1520	2820	7430					
2,6	2,2	1,8	1,4	1620	3000	7940					
2,8	2,4	2,0	1,6	1720	3180	8400					
3,0	2,6	2,2	1,8	1810	3430	8770					
3,2	2,8	2,4	2,0	1890	3610	9260					
3,4	3,0	2,6	2,2	1970	3780	9660					
3,6	3,2	2,8	2,4	2220	3950						
3,8	3,4	3,0	2,6	2310	4260						
4,0	3,6	3,2	3,0	2380	4400						
4,5	4,0	3,6	3,5	2580	4750						
5,0	4,5	4,0	4,0	2750	5390						
5,5	5,0	4,5	4,5	2920	5720						
6,0	5,5	5,0	5,0	3260	6020						
6,5	6,0	5,5	5,5	3420	6320						
7,0	6,5	6,0	6,0	3560	6590						
7,5	7,0	6,5	6,5	3700	6860						
8,0	7,5	7,0	7,0	3840	7110						
8,5	8,0	7,5	7,5	3980	7350						
9,0	8,5	8,0	8,0	4100	7590						
9,5	9,0	8,5	8,5	4280	7840						
10,0	9,5	9,0	9,0	4360	8070						
11,0	10,0	9,5	9,5	4580	8490						
12,0	11,0	10,0	10,0	4810	8910						
	12,0	11,0	11,0	5000	9300						
		12,0	12,0	5200	9600						

I. Annahme der Rohrweiter

B. Heizkörper-

1. Senkrechter Abstand des Kessels vom höchst-

g) Die Mitte des untersten Heiz-

Temperaturdifferenz des Wassers: 20⁰.

Horizontale Entfernung des letzten Fallstrangs vom Kessel = E. Die Fallstränge liegen vom Kessel in der Entfernung				Wärmemenge, die stündlich vom Heizkörper abgegeben werden kann bei einem Anschlusse von:							
E bis E-25m	E-25m bis E-50m	E-50m bis E-75m	E-75m bis E-100m	0,011	0,014	0,020	0,025	0,034	0,039	0,043	0,049
							m Durchmesser				
Senkrechter Abstand von Mitte Heizkörper bis Mitte Kessel				95	154	314	491	908	1195	1452	1886
h	h	h	h				qmm Querschnitt				
1,2	—	—	—	100	300	700	1300	2900	4200	6200	8600
1,4	1,2	—	—	200	500	1400	2500	5300	7600	9600	
1,6	1,4	1,2	—	300	700	1700	3100	7500			
1,8	1,6	1,4	1,2	400	800	2100	4200	8800			
2,0	1,8	1,6	1,4	500	900	2600	4700	10000			
2,2	2,0	1,8	1,6	500	1000	2800	5200				
2,4	2,2	2,0	1,8	600	1200	3200	5600				
2,6	2,4	2,2	2,0	600	1300	3400	6000				
2,8	2,6	2,4	2,2	700	1400	3500	6400				
3,0	2,8	2,6	2,4	800	1500	3800	7400				
3,2	3,0	2,8	2,6	800	1600	4000	7800				
3,4	3,2	3,0	2,8	900	1700	4200	8200				
3,6	3,4	3,2	3,0	900	1700	4700	8500				
3,8	3,6	3,4	3,1	1000	1800	4900	8800				
4,0	3,8	3,6	3,2	1000	1900	5000	9200				
4,5	4,0	3,8	3,4	1100	2000	5500	9900				
5,0	4,5	4,0	3,6	1200	2400	5800					
5,5	4,7	4,5	3,8	1300	2500	6300					
6,0	5,0	4,8	4,0	1400	2600	6500					
6,5	5,5	5,0	4,5	1500	2800	7300					
7,0	6,0	5,5	5,0	1500	2900	7600					
7,5	6,5	6,0	5,5	1600	3000	8000					
8,0	7,0	6,5	6,0	1700	3100	8300					
8,5	7,5	7,0	6,5	1800	3500	8600					
9,0	8,0	7,5	7,0	1800	3600	8900					
9,5	8,5	8,0	7,3	1900	3700	9100					
10,0	9,0	8,5	7,5	2000	3800	9400					
11,0	9,5	9,0	8,0	2200	4000	9900					
12,0	10,0	9,5	8,5	2300	4200						
	11,0	10,0	9,0	2300	4300						
	12,0	11,0	9,5	2400	4500						
		12,0	10,0	2500	4800						
			11,0	2600	4900						
			12,0	2700	5000						

bei Niederdruck-Warmwasserheizung.

Anschlüsse.

gelegenen Heizkörper der Anlage: **bis zu 12 m.**

körpers liegt **1,25 m** über Mitte Kessel.

Temperaturdifferenz des Wassers: 30⁰.

Horizontale Entfernung des letzten Fallstrangs vom Kessel = E. Die Fallstränge liegen vom Kessel in der Entfernung				Wärmemenge, die stündlich vom Heizkörper abgegeben werden kann bei einem Anschlusse von:							
E bis E−25m	E−25m bis E−50m	E−50m bis E−75m	E−75m bis E−100m	0,011	0,014	0,020	0,025	0,034	0,039	0,043	0,049
Senkrechter Abstand von Mitte Heizkörper bis Mitte Kessel				95	154	314	491	908	1195	1452	1886
h	h	h	h	\ qmm Querschnitt (m Durchmesser)							
1,25	—	—	—	230	420	1020	1790	3840	5420	6850	9500
1,4	—	—	—	480	890	2580	4480				
1,6	1,25	—	—	760	1400	3850	6840				
1,8	1,4	—	—	910	1880	4600	8190				
2,0	1,6	—	—	1160	2160	5270	9360				
2,2	1,8	1,25	—	1290	2390	5850					
2,4	2,0	1,4	—	1400	2600	6370					
2,6	2,2	1,6	1,25	1510	2800	7400					
2,8	2,4	1,8	1,4	1610	2990	7900					
3,0	2,6	2,0	1,6	1710	3160	8350					
3,2	2,8	2,2	1,8	1800	3590	8800					
3,4	3,0	2,4	2,0	1880	3760	9210					
3,6	3,2	2,6	2,2	1960	3930	9610					
3,8	3,4	2,8	2,4	2210	3960						
4,0	3,6	3,0	2,6	2290	4230						
4,5	4,0	3,5	3,0	2480	4580						
5,0	4,5	4,0	3,5	2660	5230						
5,5	5,0	4,5	4,0	2820	5550						
6,0	5,5	5,0	4,5	2980	5870						
6,5	6,0	5,5	5,0	3320	6150						
7,0	6,5	6,0	5,5	3480	6440						
7,5	7,0	6,5	6,0	3640	6730						
8,0	7,5	7,0	6,5	3770	6970						
8,5	8,0	7,5	7,0	3900	7200						
9,0	8,5	8,0	7,5	4030	7450						
9,5	9,0	8,5	8,0	4150	7700						
10,0	9,5	9,0	8,5	4280	7910						
11,0	10,0	9,5	9,0	4510	8350						
12,0	11,0	10,0	9,5	4730	8670						
	12,0	11,0	10,0	4900	9000						
		12,0	11,0	5100	9350						
			12,0	5300	9600						

I. Annahme der Rohrweiten

B. Heizkörper-

I. Senkrechter Abstand des Kessels vom höchst-

h) Die Mitte des untersten Heiz-

Temperaturdifferenz des Wassers: 20^0.

Horizontale Entfernung des letzten Fallstrangs vom Kessel = E. Die Fallstränge liegen vom Kessel in der Entfernung				Wärmemenge, die stündlich vom Heizkörper abgegeben werden kann bei einem Anschlusse von:							
E bis E—25 m	E—25 m bis E—50 m	E—50 m bis E—75 m	E—75 m bis E—100 m	0,011	0,014	0,020	0,025	0,034	0,039	0,043	0,049
							m Durchmesser				
Senkrechter Abstand von Mitte Heizkörper bis Mitte Kessel				95	154	314	491	908	1195	1452	1886
h	h	h	h				qmm Querschnitt				
1,4	—	—	—	100	200	700	1200	2600	3600	4600	6400
1,6	1,4	—	—	200	400	1100	2300	5100	7000	9100	
1,8	1,6	1,4	—	300	600	1700	3000	7300			
2,0	1,8	1,6	1,4	400	800	2000	4100	8600			
2,2	2,0	1,8	1,6	500	900	2600	4600	9800			
2,4	2,2	2,0	1,8	500	1000	2900	5100				
2,6	2,4	2,2	2,0	600	1200	3100	5600				
2,8	2,6	2,4	2,2	600	1300	3300	6000				
3,0	2,8	2,6	2,4	700	1400	3500	6400				
3,2	3,0	2,8	2,6	700	1500	3800	7400				
3,4	3,2	3,0	2,8	800	1600	4000	7800				
3,6	3,4	3,2	2,9	800	1700	4100	8100				
3,8	3,6	3,4	3,0	900	1700	4700	8500				
4,0	3,8	3,6	3,2	900	1800	4800	8800				
4,5	4,0	3,8	3,4	1000	1900	5300	9600				
5,0	4,5	4,0	3,6	1100	2300	5700					
5,5	5,0	4,5	3,8	1200	2400	6100					
6,0	5,2	5,0	4,0	1300	2500	6400					
6,5	5,5	5,3	4,5	1400	2800	7200					
7,0	6,0	5,5	5,0	1500	2900	7600					
7,5	6,5	6,0	5,5	1500	3000	7900					
8,0	7,0	6,5	6,0	1600	3100	8100					
8,5	7,5	7,0	6,5	1700	3200	8400					
9,0	8,0	7,5	6,8	1800	3500	8800					
9,5	8,5	8,0	7,0	1800	3600	9000					
10,0	9,0	8,5	7,5	1900	3700	9400					
11,0	9,5	9,0	8,0	2100	4000	9800					
12,0	10,0	9,5	8,5	2200	4200						
	11,0	10,0	9,0	2300	4300						
	12,0	11,0	9,5	2400	4600						
		12,0	10,0	2500	4700						
			11,0	2600	4900						
			12,0	2700	5000						

bei Niederdruck-Warmwasserheizung.

Anschlüsse.

gelegenen Heizkörper der Anlage: **bis zu 12 m,**

körpers liegt **1,5 m** über Mitte Kessel.

Temperaturdifferenz des Wassers: 30°.

Horizontale Entfernung des letzten Fallstrangs vom Kessel = E. Die Fallstränge liegen vom Kessel in der Entfernung				Wärmemenge, die stündlich vom Heizkörper abgegeben werden kann bei einem Anschlusse von:							
E bis E—25m	E—25 m bis E—50 m	E—50 m bis E—75 m	E—75 m bis E—100 m	0,011	0,014	0,020	0,025	0,034	0,039	0,043	0,049
Senkrechter Abstand von Mitte Heizkörper bis Mitte Kessel							m Durchmesser				
h	h	h	h	95	154	314	491	908	1195	1452	1886
							qmm Querschnitt				
1,5	—	—	—	240	440	1090	1900	4060	5760	7280	10100
1,6	—	—	—	500	1080	2640	4590				
1,8	—	—	—	770	1430	3940	6990				
2,0	1,5	—	—	930	1920	4710	8360				
2,2	1,6	—	—	1180	2190	5370	9540				
2,4	1,8	1,5	—	1320	2430	5970					
2,6	2,0	1,6	—	1430	2640	6380					
2,8	2,2	1,8	—	1540	2850	7550					
3,0	2,4	2,0	1,5	1640	3040	8030					
3,2	2,6	2,2	1,6	1740	3480	8500					
3,4	2,8	2,4	1,8	1830	3650	8950					
3,6	3,0	2,6	2,0	1920	3830	9370					
3,8	3,2	2,8	2,2	2170	3990	9780					
4,0	3,6	3,0	2,6	2250	4150						
4,5	4,0	3,5	3,0	2450	4520						
5,0	4,5	4,0	3,5	2640	4860						
5,5	5,0	4,5	4,0	2810	5500						
6,0	5,5	5,0	4,5	2970	5830						
6,5	6,0	5,5	5,0	3320	6130						
7,0	6,5	6,0	5,5	3480	6420						
7,5	7,0	6,5	6,0	3620	6700						
8,0	7,5	7,0	6,5	3770	6960						
8,5	8,0	7,5	7,0	3900	7220						
9,0	8,5	8,0	7,5	4050	7480						
9,5	9,0	8,5	8,0	4180	7710						
10,0	9,5	9,0	8,5	4300	7950						
11,0	10,0	9,5	9,0	4540	8390						
12,0	11,0	10,0	9,5	4770	8810						
	12,0	11,0	10,0	4990	9200						
		12,0	11,0	5200	9600						
			12,0	5400	9900						

I. Annahme der Rohrweiten bei

B. Heizkörper-

1. Senkrechter Abstand des Kessels vom höchst-

i) Die Mitte des untersten Heiz-

Temperaturdifferenz des Wassers 20⁰.

Horizontale Entfernung des letzten Fallstrangs vom Kessel = E. Die Fallstränge liegen vom Kessel in der Entfernung				Wärmemenge, die stündlich vom Heizkörper abgegeben werden kann bei einem Anschlusse von:							
E bis E-25 m	E-25 m bis E-50 m	E-50 m bis E-75 m	E-75 m bis E-100 m	0,011	0,014	0,020	0,025	0,034	0,039	0,043	0,049
Senkrechter Abstand von Mitte Heizkörper bis Mitte Kessel				95	154	314	491	908	1195	1452	1886
h	h	h	h								
1,8	—	—	—	100	400	1000	2200	4800	6700	8600	
2,0	1,8	—	—	200	500	1600	2900	6300			
2,2	2,0	1,8	—	300	700	1900	4000	8500			
2,4	2,2	2,0	1,8	400	800	2500	4600	9600			
2,6	2,4	2,2	2,0	500	1000	2800	5100				
2,8	2,6	2,4	2,2	500	1200	3100	5500				
3,0	2,8	2,6	2,4	600	1300	3300	6000				
3,2	3,0	2,8	2,6	700	1400	3500	6400				
3,4	3,2	3,0	2,8	700	1500	3800	7400				
3,6	3,4	3,2	3,0	800	1600	4000	7800				
3,8	3,6	3,4	3,1	900	1700	4100	8100				
4,0	3,8	3,6	3,2	900	1800	4700	8500				
4,5	4,0	3,8	3,4	1000	1900	5100	9300				
5,0	4,3	4,0	3,6	1100	2000	5600					
5,5	4,5	4,5	3,8	1200	2400	5900					
6,0	5,0	4,7	4,0	1300	2500	6300					
6,5	5,5	5,0	4,5	1400	2600	7100					
7,0	6,0	5,5	5,0	1500	2800	7400					
7,5	6,5	6,0	5,5	1500	3000	7800					
8,0	7,0	6,5	6,0	1600	3100	8100					
8,5	7,5	7,0	6,5	1700	3200	8400					
9,0	8,0	7,5	6,8	1800	3500	8800					
9,5	8,5	8,0	7,0	1800	3600	9000					
10,0	9,0	8,5	7,5	1900	3700	9400					
11,0	9,5	9,0	8,0	2100	4000	9800					
12,0	10,0	9,5	8,5	2200	4200						
	11,0	10,0	9,0	2300	4300						
	12,0	11,0	9,5	2400	4600						
		12,0	10,0	2500	4800						
			11,0	2600	4900						
			12,0	2700	5000						

Niederdruck-Warmwasserheizung.

Anschlüsse.

gelegenen Heizkörper der Anlage: **bis zu 12 m.**

körpers liegt **1,75 m** über Mitte Kessel.

Temperaturdifferenz des Wassers 30°.

Horizontale Entfernung des letzten Fallstrangs vom Kessel = E. Die Fallstränge liegen vom Kessel in der Entfernung				Wärmemenge, die stündlich vom Heizkörper abgegeben werden kann bei einem Anschlusse von:							
E bis E-25m	E-25m bis E-50m	E-50m bis E-75m	E-75m bis E-100m	0,011	0,014	0,020	0,025	0,034	0,039	0,043	0,049
							m Durchmesser				
Senkrechter Abstand von Mitte Heizkörper bis Mitte Kessel				95	154	314	491	908	1195	1452	1886
h	h	h	h				qmm Querschnitt				
1,75	—	—	—	250	470	1150	2010	4300	6100	7700	·
2,0	—	—	—	500	1090	2680	4660				
2,2	—	—	—	780	1440	3960	7030				
2,4	—	—	—	930	1930	4720	8400				
2,6	1,75	—	—	1190	2200	5400	9580				
2,8	2,0	—	—	1320	2440	5970					
3,0	2,2	—	—	1430	2650	6510					
3,2	2,4	1,75	—	1540	2860	7550					
3,4	2,6	2,0	—	1650	3050	8060					
3,6	2,8	2,2	—	1740	3480	8530					
3,8	3,0	2,4	1,75	1920	3660	8960					
4,0	3,5	2,6	2,0	2080	3830	9380					
4,5	4,0	3,0	2,5	2290	4230						
5,0	4,5	3,5	3,0	2490	4600						
5,5	5,0	4,0	3,5	2680	5250						
6,0	5,5	4,5	4,0	2850	5600						
6,5	6,0	5,0	4,5	3010	5910						
7,0	6,5	5,5	5,0	3360	6200						
7,5	7,0	6,0	5,5	3510	6500						
8,0	7,5	6,5	6,0	3670	6790						
8,5	8,0	7,0	6,5	3830	7100						
9,0	8,5	7,5	7,0	3950	7300						
9,5	9,0	8,0	7,5	4070	7530						
10,0	9,5	8,5	8,0	4200	7770						
11,0	10,0	9,0	8,5	4450	8230						
12,0	11,0	9,5	9,0	4680	8670						
	12,0	10,0	9,5	4900	9090						
		11,0	10,0	5110	9490						
		12,0	11,0	5310	9870						
			12,0	5500							

I. Annahme der Rohrweiten

B. Heizkörper-

1. Senkrechter Abstand des Kessels vom höchst-

k) Die Mitte des untersten Heiz-

Temperaturdifferenz des Wassers: 20⁰.

Horizontale Entfernung des letzten Fallstrangs vom Kessel = E. Die Fallstränge liegen vom Kessel in der Entfernung				Wärmemenge, die stündlich vom Heizkörper abgegeben werden kann bei einem Anschlusse von:							
E bis E−25m	E−25 m bis E−50 m	E−50 m bis E−75 m	E−75 m bis E−100 m	0,011	0,014	0,020	0,025	0,034	0,039	0,043	0,049
							m Durchmesser				
Senkrechter Abstand von Mitte Heizkörper bis Mitte Kessel				95	154	314	491	908	1195	1452	1886
h	h	h	h				qmm Querschnitt				
2,0	—	—	—	100	400	900	1700	4400	6200	7900	
2,2	2,0	—	—	200	500	1600	2800	6100	9700		
2,4	2,2	2,0	—	300	700	1900	3900	8300			
2,6	2,4	2,2	2,0	400	800	2500	4500	9600			
2,8	2,6	2,4	2,2	500	1000	2800	5100				
3,0	2,8	2,6	2,4	500	1200	3100	5500				
3,2	3,0	2,8	2,6	600	1300	3300	6000				
3,4	3,2	3,0	2,8	700	1400	3500	6400				
3,6	3,4	3,2	3,0	700	1500	3800	6800				
3,8	3,6	3,4	3,2	800	1600	4000	7800				
4,0	3,8	3,6	3,3	900	1700	4200	8200				
4.5	4,0	3,8	3,4	1000	1800	5000	9000				
5,0	4,5	4,0	3,6	1100	2000	5500	9900				
5,5	4,7	4,5	3,8	1200	2400	5800					
6,0	5,0	5,0	4,0	1300	2500	6300					
6,5	5,5	5,3	4,5	1400	2600	7100					
7,0	6,0	5,5	5,0	1500	2800	7400					
7,5	6,5	6,0	5,5	1500	2900	7800					
8,0	7,0	6,5	6,0	1600	3000	8000					
8,5	7,5	7,0	6,5	1700	3100	8500					
9,0	8,0	7,5	7,0	1800	3500	8700					
9,5	8,5	8,0	7,3	1800	3600	9000					
10,0	9,0	8,5	7,5	1900	3700	9200					
11,0	9,5	9,0	8,0	2100	4000	9800					
12,0	10,0	9,5	8,5	2200	4200						
	11,0	10,0	9,0	2300	4300						
	12,0	11,0	9,5	2400	4600						
		12,0	10,0	2500	4800						
			11,0	2600	4900						
			12,0	2700	5200						

bei Niederdruck-Warmwasserheizung.

Anschlüsse.

gelegenen Heizkörper der Anlage: **bis zu 12 m.**

körpers liegt **2 m** über Mitte Kessel.

Temperaturdifferenz des Wassers: 30⁰.

Horizontale Entfernung des letzten Fallstrangs vom Kessel = E. Die Fallstränge liegen vom Kessel in der Entfernung				Wärmemenge, die stündlich vom Heizkörper abgegeben werden kann bei einem Anschlusse von:							
E bis E–25m	E–25m bis E–50m	E–50m bis E–75m	E–75m bis E–100m	0,011	0,014	0,020	0,025	0,034	0,039	0,043	0,049
								m Durchmesser			
Senkrechter Abstand von Mitte Heizkörper bis Mitte Kessel				95	154	314	491	908	1195	1452	1886
h	h	h	h				qmm Querschnitt				
2,0	—	—	—	270	490	1220	2120	4550	6440	9580	
2,2	—	—	—	520	1110	2750	4770				
2,4	—	—	—	800	1470	4050	7180				
2,6	—	—	—	950	1970	4830	8570				
2,8	2,0	—	—	1210	2240	5500	9770				
3,0	2,2	—	—	1340	2490	6090					
3,2	2,4	—	—	1460	2700	7140					
3,4	2,6	—	—	1570	2910	7690					
3,6	2,8	2,0	—	1670	3100	8180					
3,8	3,0	2,2	—	1770	3540	8660					
4,0	3,2	2,6	—	1860	3720	9120					
4,5	3,6	3,0	2,0	2240	4150						
5,0	4,0	3,5	2,5	2460	4530						
5,5	4,5	4,0	3,0	2650	4890						
6,0	5,0	4,5	3,5	2830	5550						
6,5	5,5	5,0	4,0	3240	5860						
7,0	6,0	5,5	4,5	3340	6170						
7,5	6,5	6,0	5,0	3510	6500						
8,0	7,0	6,5	5,5	3660	6760						
8,5	7,5	7,0	6,0	3800	7050						
9,0	8,0	7,5	6,5	3950	7300						
9,5	9,0	8,0	7,0	4080	7560						
10,0	10,0	9,0	8,0	4220	7810						
11,0	11,0	10,0	9,0	4470	8260						
12,0	12,0	11,0	10,0	4710	8710						
		12,0	11,0	4940	9160						
			12,0	5160	9600						

I. Annahme der Rohrweiten

B. Heizkörper-

1. Senkrechter Abstand des Kessels vom höchst-

l) Die Mitte des untersten Heiz-

Temperaturdifferenz des Wassers: 20⁰.

Horizontale Entfernung des letzten Fallstrangs vom Kessel = E. Die Fallstränge liegen vom Kessel in der Entfernung				Wärmemenge, die stündlich vom Heizkörper abgegeben werden kann bei einem Anschlusse von:							
E bis E—25 m	E—25 m bis E—50 m	E—50 m bis E—75 m	E—75 m bis E—100 m	0,011	0,014	0,020	0,025	0,034	0,039	0,043	0,049
Senkrechter Abstand von Mitte Heizkörper bis Mitte Kessel				95	154	314	491	908	1195	1452	1886
h	h	h	h	m Durchmesser — qmm Querschnitt							
2,4	—	—	—	100	200	700	1300	2800	4100	5100	8400
2,6	2,4	—	—	200	500	1400	2500	5300	7600	9600	
2,8	2,6	—	—	300	700	1800	3100	7700			
3,0	2,8	2,4	—	400	800	2100	4200	8900			
3,2	3,0	2,6	2,4	500	1000	2600	4800				
3,4	3,2	2,8	2,6	500	1100	3000	5300				
3,6	3,4	3,0	2,8	600	1200	3200	5800				
3,8	3,6	3,2	3,0	700	1300	3400	6200				
4,0	3,8	3,4	3,2	800	1400	3600	6600				
4,5	4,0	3,6	3,4	900	1700	4200	8200				
5,0	4,5	3,8	3,6	1000	1800	5000	9000				
5,5	5,0	4,0	3,8	1100	2000	5500	9900				
6,0	5,5	4,5	4,0	1200	2400	5800					
6,5	5,7	5,0	4,5	1300	2500	6300					
7,0	6,0	5,5	4,8	1400	2600	7100					
7,5	6,5	5,8	5,0	1500	2800	7400					
8,0	7,0	6,0	5,5	1500	2900	7800					
8,5	7,5	6,5	5,7	1600	3000	8000					
9,0	8,0	7,0	6,0	1700	3100	8300					
9,5	8,5	7,5	6,5	1800	3500	8700					
10,0	9,0	8,0	7,0	1800	3600	9000					
11,0	9,5	8,5	7,5	1900	3800	9600					
12,0	10,0	9,0	8,0	2200	4100	10000					
	11,0	10,0	8,5	2300	4200						
	12,0	11,0	9,0	2400	4400						
		12,0	10,0	2500	4700						
			11,0	2600	4800						
			12,0	2700	5000						

bei Niederdruck-Warmwasserheizung.

Anschlüsse.

gelegenen Heizkörper der Anlage: **bis zu 12 m.**

körpers liegt **2,5 m** über Mitte Kessel.

Temperaturdifferenz des Wassers: 30°.

Horizontale Entfernung des letzten Fallstrangs vom Kessel = E. Die Fallstränge liegen vom Kessel in der Entfernung				Wärmemenge, die stündlich vom Heizkörper abgegeben werden kann bei einem Anschlusse von:							
E bis E—25m	E—25 m bis E—50 m	E—50 m bis E—75 m	E—75 m bis E—100 m	0,011	0,014	0,020	0,025	0,034	0,039	0,043	0,049
							m Durchmesser				
Senkrechter Abstand von Mitte Heizkörper bis Mitte Kessel				95	154	314	491	908	1195	1452	1886
h	h	h	h				qmm Querschnitt				
2,5	—	—	—	270	490	1220	2130	4550	6620	8150	
2,6	—	—	—	520	1110	2750	4770				
2,8	—	—	—	800	1470	4050	7180				
3,0	—	—	—	950	1970	4830	8570				
3,2	2,5	—	—	1210	2240	5500	9770				
3,4	2,6	—	—	1340	2490	6090					
3,6	2,8	—	—	1460	2700	7140					
3,8	3,0	—	—	1570	2910	7690					
4,0	3,2	—	—	1660	3100	8180					
4,5	3,6	2,5	—	1910	3820	9340					
5,0	4,0	3,0	2,5	2290	4230						
5,5	4,5	3,5	2,8	2490	4600						
6,0	5,0	4,0	3,0	2680	5260						
6,5	5,5	4,5	3,5	2860	5620						
7,0	6,0	5,0	4,0	3030	5950						
7,5	6,5	5,5	4,5	3380	6250						
8,0	7,0	6,0	5,0	3540	6550						
8,5	7,5	6,5	5,5	3670	6800						
9,0	8,0	7,0	6,0	3840	7100						
9,5	8,5	7,5	6,5	3970	7350						
10,0	9,0	8,0	7,0	4110	7600						
11,0	10,0	9,0	8,0	4370	8090						
12,0	11,0	10,0	9,0	4620	8550						
	12,0	11,0	10,0	4860	8980						
		12,0	11,0	5090	9380						
			12,0	5300	9760						

I. Annahme der Rohrweiten

B. Heizkörper-

1. Senkrechter Abstand des Kessels vom höchst-

m) Die Mitte des untersten Heiz-

Temperaturdifferenz des Wassers: 20⁰.

Horizontale Entfernung des letzten Fallstrangs vom Kessel = E. Die Fallstränge liegen vom Kessel in der Entfernung				Wärmemenge, die stündlich vom Heizkörper abgegeben werden kann bei einem Anschlusse von:							
E bis E-25 m	E-25 m bis E-50 m	E-50 m bis E-75 m	E-75 m bis E-100 m	0,011	0,014	0,020	0,025	0,034	0,039	0,043	0,049
							m Durchmesser				
Senkrechter Abstand von Mitte Heizkörper bis Mitte Kessel				95	154	314	491	908	1195	1452	1886
h	h	h	h				qmm Querschnitt				
3,0	—	—	—	100	400	1000	1700	4400	6300	8000	
3,2	—	—	—	200	500	1400	2400	6100	8700		
3,4	—	--	—	300	600	1900	3400	7400			
3,6	3,0	—	—	400	800	2500	4500	9600			
3,8	3,2	—	—	500	1000	2800	5100				
4,0	3,4	—	—	600	1200	3100	5500				
4,5	3,6	3,0	—	800	1400	3600	6600				
5,0	3,8	3,5	3,0	900	1700	4200	8200				
5,5	4,0	3,7	3,2	1000	1800	4700	9100				
6,0	4,5	4,0	3,5	1100	2000	5500	9900				
6,5	5,0	4,5	4,0	1200	2400	5800					
7,0	5,5	5,0	4,5	1300	2500	6300					
7,5	6,0	5,5	5,0	1400	2600	7100					
8,0	6,3	5,8	5,3	1500	2800	7400					
8,5	6,5	6,0	5,5	1500	2900	7800					
9,0	7,0	6,5	6,0	1600	3100	8100					
9,5	7,5	7,0	6,5	1700	3200	8400					
10,0	8,0	7,5	7,0	1800	3500	8700					
11,0	9,0	7,7	7,5	1900	3700	9200					
12,0	10,0	8,0	7,7	2000	4000	9800					
	11,0	9,0	8,0	2200	4200						
	12,0	10,0	9,0	2300	4400						
		11,0	10,0	2400	4600						
		12,0	11,0	2500	4800						
			12,0	2700	4900						

bei Niederdruck-Warmwasserheizung,

Anschlüsse.

gelegenen Heizkörper der Anlage: **bis zu 12 m.**

körpers liegt **3,0 m** über Mitte Kessel.

Temperaturdifferenz des Wassers: 30°.

Horizontale Entfernung des letzten Fallstrangs vom Kessel = E. Die Fallstränge liegen vom Kessel in der Entfernung				Wärmemenge, die stündlich vom Heizkörper abgegeben werden kann bei einem Anschlusse von:							
E bis E-25 m	E-25 m bis E-50 m	E-50 m bis E-75 m	E-75 m bis E-100 m	0,011	0,014	0,020	0,025	0,034	0,039	0,043	0,049
Senkrechter Abstand von Mitte Heizkörper bis Mitte Kessel							m Durchmesser				
h	h	h	h	95	154	314	491	908	1195	1452	1886
							qmm Querschnitt				
3,0	—	—	—	270	490	1220	2120	4550	6440	9580	
3,2	—	—	—	520	1110	2750	4770				
3,4	—	—	—	800	1470	4050	7180				
3,6	—	—	—	950	1970	4830	8570				
3,8	—	—	—	1210	2240	5500	9770				
4,0	3,0	—	—	1340	2490	6090					
4,5	3,2	—	—	1620	3010	7960					
5,0	3,6	—	—	1860	3730	9120					
5,5	4,0	3,0	—	2250	4150						
6,0	4,5	3,5	—	2460	4540						
6.5	5,0	4,0	3,0	2650	4890						
7,0	5,5	4,5	3,5	2830	5550						
7,5	6,0	5,0	4,0	3240	5860						
8,0	6,5	5,5	4,5	3340	6180						
8,5	7,0	6,0	5,0	3510	6500						
9,0	7,5	6,5	5,5	3660	6760						
9,5	8,0	7,0	6,0	3800	7040						
10,0	9,0	7,5	6,5	3950	7300						
11,0	10,0	8,0	7,0	4230	7810						
12,0	11,0	9,0	7,5	4470	8270						
	12,0	10,0	8,0	4680	8690						
		11,0	9,0	4870	9080						
		12,0	10,0	5050	9450						
			11,0	5220	9800						
			12,0	5370							

I. Annahme der Rohrweiten

B. Heizkörper-

1. Senkrechter Abstand des Kessels vom höchst-

n) Die Mitte des untersten Heiz-

Temperaturdifferenz des Wassers: 20^0.

Horizontale Entfernung des letzten Fallstrangs vom Kessel = E. Die Fallstränge liegen vom Kessel in der Entfernung				Wärmemenge, die stündlich vom Heizkörper abgegeben werden kann bei einem Anschlusse von:							
E bis E-25 m	E-25 m bis E-50 m	E-50 m bis E-75 m	E-75 m bis E-100 m	0,011	0,014	0,020	0,025	0,034	0,039	0,043	0,049
Senkrechter Abstand von Mitte Heizkörper bis Mitte Kessel							m Durchmesser				
h	h	h	h	95	154	314	491	908	1195	1452	1886
						qmm Querschnitt					
4,0	—	—	—	200	400	900	1700	4400	6300	8000	
4,5	—	—	—	400	800	2000	4200	8900			
5,0	4,0	—	—	500	1200	3100	5500				
5,5	4,5	—	—	800	1400	3700	6600				
6,0	5,0	4,0	—	900	1700	4200	8200				
6,5	5,5	4,5	—	1000	1800	5000	9000				
7,0	6,0	5,0	—	1100	2000	5500	9900				
7,5	6,5	5,5	4,0	1200	2400	5800					
8,0	7,0	6,0	4,5	1300	2500	6300					
8,5	7,5	6,5	5,0	1400	2600	7100					
9,0	8,0	7,0	5,5	1500	2800	7400					
9,5	8,5	7,5	6,0	1600	2900	7800					
10,0	9,0	8,0	6,5	1700	3000	8000					
11,0	10,0	8,5	7,0	1800	3500	8700					
12,0	11,0	9,0	7,5	1900	3700	9200					
						9800					
	12,0	10,0	8,0	2000	4000						
		11,0	9,0	2200	4200						
		12,0	10,0	2300	4300						
			11,0	2400	4600						
			12,0	2500	4800						

bei Niederdruck-Warmwasserheizung.

Anschlüsse.

gelegenen Heizkörper der Anlage: **bis zu 12 m.**

körpers liegt **4,0 m** über Mitte Kessel.

Temperaturdifferenz des Wassers: 30°.

Horizontale Entfernung des letzten Fallstrangs vom Kessel = E. Die Fallstränge liegen vom Kessel in der Entfernung				Wärmemenge, die stündlich vom Heizkörper abgegeben werden kann bei einem Anschlusse von:							
E bis E—25 m	E—25 m bis E—50 m	E—50 m bis E—75 m	E—75 m bis E—100 m	0,011	0,014	0,020	0,025	0,034	0,039	0,043	0,049
							m Durchmesser				
Senkrechter Abstand von Mitte Heizkörper bis Mitte Kessel				95	154	314	491	908	1195	1452	1886
h	h	h	h				qmm Querschnitt				
4,0	—	—	—	270	490	1220	2120	4550	6440	9580	
4,5	—	—	—	880	1820	4460	7910				
5,0	—	—	—	1340	2490	6090					
5,5	4,0	—	—	1620	3010	7960					
6,0	4,5	—	—	1860	3730	9120					
6,5	5,0	—	—	2250	4150						
7,0	5,5	4,0	—	2460	4540						
7,5	6,0	4,5	—	2650	4880						
8,0	6,5	5,0	—	2830	5550						
8,5	7,0	5,5	—	3250	5860						
9,0	7,5	6,0	4,0	3340	6170						
9,5	8,0	6,5	5,0	3510	6500						
10,0	8,5	7,0	6,0	3670	6760						
11,0	9,0	8,0	7,0	3950	7300						
12,0	10,0	9,0	8,0	4230	7810						
	11,0	10,0	9,0	4510	8290						
	12,0	11,0	10,0	4780	8750						
		12,0	11,0	5050	9190						
			12,0	5300	9610						

I. Annahme der Rohrweiten

B. Heizkörper-

1. Senkrechter Abstand des Kessels vom höchst-

o) Die Mitte des untersten Heiz-

Temperaturdifferenz des Wassers: 20⁰.

Horizontale Entfernung des letzten Fallstrangs vom Kessel = E. Die Fallstränge liegen vom Kessel in der Entfernung				Wärmemenge, die stündlich vom Heizkörper abgegeben werden kann bei einem Anschlusse von:							
E bis E−25m	E−25 m bis E−50 m	E−50 m bis E−75 m	E−75 m bis E−100 m	0,011	0,014	0,020	0,025	0,034	0,039	0,043	0,049
							m Durchmesser				
Senkrechter Abstand von Mitte Heizkörper bis Mitte Kessel				95	154	314	491	908	1195	1452	1886
h	h	h	h				qmm Querschnitt				
5,0	—	—	—	200	400	900	1700	4400	6300	8000	
5,5	—	—	—	400	800	2000	4200	8900			
6,0	5,0	—	—	500	1200	3100	5500				
6,5	5,5	—	—	800	1400	3700	6600				
7,0	6,0	—	—	900	1700	4200	8200				
7,5	6,5	5,0	—	1000	1800	5000	9000				
8,0	7,0	5,5	—	1100	2000	5500	9900				
8,5	7,5	6,0	5,0	1200	2400	5800					
9,0	8,0	6,5	5,5	1300	2500	6300					
9,5	8,5	7,0	6,0	1400	2600	7100					
10,0	9,0	7,5	6,5	1500	2800	7400					
11,0	9,5	8,0	7,0	1700	3000	8000					
12,0	10,0	9,0	7,5	1800	3500	8700					
	11,0	10,0	8,0	1900	3700	9200					
	12,0	11,0	9,0	2000	4000	9800					
		12,0	10,0	2200	4200						
			11,0	2300	4300						
			12,0	2400	4600						

p) Die Mitte des untersten Heiz-

E bis E−25m	E−25 m bis E−50 m	E−50 m bis E−75 m	E−75 m bis E−100 m	0,011	0,014	0,020	0,025	0,034	0,039	0,043	0,049
6,0	—	—	—	200	400	900	1700	4400	6300	8000	
6,5	—	—	—	400	800	2000	4200	8900			
7,0	6,0	—	—	500	1200	3100	5500				
7,5	6,5	—	—	800	1400	3700	6600				
8,0	7,0	6,0	—	900	1700	4200	8200				
8,5	7,5	6,5	—	1000	1800	5000	9000				
9,0	8,0	7,0	—	1100	2000	5500	9900				
9,5	8,5	7,5	6,0	1200	2400	5800					
10,0	9,0	8,0	6,5	1300	2500	6300					
11,0	9,5	8,5	7,0	1500	2800	7400					
12,0	10,0	9,0	7,5	1700	3000	8000					
	11,0	10,0	8,0	1800	3500	8700					
	12,0	11,0	9,0	1900	3700	9200					
		12,0	10,0	2000	4000	9800					
			11,0	2200	4200						
			12,0	2300	4300						

bei Niederdruck-Warmwasserheizung.

Anschlüsse.

gelegenen Heizkörper der Anlage: **bis zu 12 m.**

körpers liegt **5,0 m** über Mitte Kessel.

Temperaturdifferenz des Wassers: 30⁰.

Horizontale Entfernung des letzten Fallstrangs vom Kessel = E. Die Fallstränge liegen vom Kessel in der Entfernung				Wärmemenge, die stündlich vom Heizkörper abgegeben werden kann bei einem Anschlusse von:							
E bis E−25m	E−25m bis E−50m	E−50m bis E−75m	E−75m bis E−100m	0,011	0,014	0,020	0,025	0,034	0,039	0,043	0,049
Senkrechter Abstand von Mitte Heizkörper bis Mitte Kessel				95	154	314	491	908	1195	1452	1886
h	h	h	h				m Durchmesser / qmm Querschnitt				
5,0	—	—	—	270	490	1220	2120	4550	6440	9580	
5,5	—	—	—	880	1820	4460	7910				
6,0	—	—	—	1340	2490	6090					
6,5	—	—	—	1620	3010	7960					
7,0	5,0	—	—	1860	3730	9120					
7,5	5,5	—	—	2250	4150						
8,0	6,0	—	—	2460	4540						
8,5	6,5	—	—	2650	4880						
9,0	7,0	5,0	—	2830	5550						
9,5	7,5	5,5	—	3250	5860						
10,0	8,0	6,0	—	3340	6170						
11,0	9,0	7,0	5,0	3670	6760						
12,0	10,0	8,0	6,0	3950	7300						
	11,0	9,0	7,0	4190	7800						
	12,0	10,0	8,0	4430	8200						
		11,0	9,0	4640	8690						
		12,0	10,0	4850	9090						
			11,0	5020	9470						
			12,0	5200	9830						

körpers liegt **6,0 m** über Mitte Kessel.

6,0	—	—	—	270	490	1220	2120	4550	6440	9580	
6,5	—	—	—	880	1820	4460	7910				
7,0	—	—	—	1340	2490	6090					
7,5	—	—	—	1620	3010	7960					
8,0	—	—	—	1860	3730	9120					
8,5	6,0	—	—	2250	4150						
9,0	6,5	—	—	2460	4540						
9,5	7,0	—	—	2650	4880						
10,0	8,0	—	—	2830	5550						
11,0	9,0	6,0	—	3340	6170						
12,0	10,0	7,0	—	3670	6760						
	11,0	8,0	6,0	3970	7320						
	12,0	10,0	8,0	4230	7850						
		12,0	10,2	4450	8350						
			12,0	4650	8820						

I. Annahme der Rohrweiten

B. Heizkörper-

1. Senkrechter Abstand des Kessels vom höchst-

q) Die Mitte des untersten Heiz-

Temperaturdifferenz des Wassers: 20⁰.

Horizontale Entfernung des letzten Fallstrangs vom Kessel = E. Die Fallstränge liegen vom Kessel in der Entfernung				Wärmemenge, die stündlich vom Heizkörper abgegeben werden kann bei einem Anschlusse von:							
E bis E—25 m	E—25 m bis E—50 m	E—50 m bis E—75 m	E—75 m bis E—100 m	0,011	0,014	0,020	0,025	0,034	0,039	0,043	0,049
							m Durchmesser				
Senkrechter Abstand von Mitte Heizkörper bis Mitte Kessel				95	154	314	491	908	1195	1452	1886
h	h	h	h				qmm Querschnitt				
7,0	—	—	—	300	500	1100	2400	5100	7200	9100	
7,5	—	—	—	400	700	1800	3400	7200			
8,0	7,0	—	—	500	1000	2300	4200	9500			
8,5	7,5	—	—	500	1100	2600	5300				
9,0	8,0	7,0	—	600	1200	3200	5900				
9,5	8,5	7,5	—	700	1300	3500	6500				
10,0	9,5	8,0	—	800	1600	3900	7100				
11,0	10,0	8,5	7,0	900	1800	4700	8100				
12,0	11,0	9,0	7,5	1000	1900	5100	9000				
	12,0	10,0	8,0	1100	2300	5600	9700				
		11,0	9,0	1200	2400	6000					
		12,0	10,0	1300	2500	6400					
			11,0	1400	2800	6700					
			12,0	1500	2900	7200					

r) Die Mitte des untersten Heiz-

8,0	—	—	—	300	500	1100	2400	5100	7200	9100	
8,5	—	—	—	400	700	1800	3400	7200			
9,0	—	—	—	500	1000	2300	4200	9500			
9,5	—	—	—	500	1100	2600	5300				
10,0	8,0	—	—	600	1200	3200	5900				
11,0	10,0	8,0	—	800	1600	3900	7100				
12,0	11,0	9,0	—	900	1800	4700	8100				
	12,0	10,0	8,0	1000	1900	5100	9000				
		11,0	9,0	1100	2300	5600	9700				
		12,0	10,0	1200	2400	6000					
			11,0	1300	2500	6400					
			12,0	1400	2800	6700					

bei Niederdruck-Warmwasserheizung.

Anschlüsse.

gelegenen Heizkörper der Anlage: **bis zu 12 m.**

körpers liegt **7,0 m** über Mitte Kessel.

Temperaturdifferenz des Wassers: 30°.

Horizontale Entfernung des letzten Fallstrangs vom Kessel = E. Die Fallstränge liegen vom Kessel in der Entfernung				Wärmemenge, die stündlich vom Heizkörper abgegeben werden kann bei einem Anschlusse von:							
E bis E-25m	E-25m bis E-50m	E-50m bis E-75m	E-75m bis E-100m	0,011	0,014	0,020	0,025	0,034	0,039	0,043	0,049
							m Durchmesser				
Senkrechter Abstand von Mitte Heizkörper bis Mitte Kessel				95	154	314	491	908	1195	1452	1886
h	h	h	h				qmm Querschnitt				
7,0	—	—	—	270	490	1220	2120	4550	6440	9580	
7,5	—	—	—	880	1820	4460	7910				
8,0	—	—	—	1340	2490	6090					
8,5	—	—	—	1620	3010	7960					
9,0	—	—	—	1860	3730	9120					
9,5	—	—	—	2250	4150						
10,0	7,0	—	—	2460	4540						
11,0	8,0	—	—	2830	5550						
12,0	9,0	—	—	3340	6170						
	10,0	7,0	—	3740	6570						
	11,0	8,0	—	4140	6970						
	12,0	9,0	7,0	4490	7320						
		10,0	8,0	4840	7670						
		11,0	9,0	5140	7980						
		12,0	10,0	5440	8280						
			11,0	5700	8560						
			12,0	5950	8820						

körpers liegt **8,0 m** über Mitte Kessel.

E bis E-25m	E-25m bis E-50m	E-50m bis E-75m	E-75m bis E-100m	0,011 / 95	0,014 / 154	0,020 / 314	0,025 / 491	0,034 / 908	0,039 / 1195	0,043 / 1452	0,049 / 1886
8,0	—	—	—	270	490	1220	2120	4550	6440	9580	
8,5	—	—	—	880	1820	4460	7910				
9,0	—	—	—	1340	2490	6090					
9,5	—	—	—	1620	3010	7960					
10,0	—	—	—	1860	3730	9120					
11,0	8,0	—	—	2460	4540						
12,0	9,0	—	—	2830	5550						
	10,0	—	—	3230	6450						
	11,0	8,0	—	3610	7200						
	12,0	9,0	—	3970	7900						
		10,0	8,0	4310	8500						
		11,0	9,0	4630	9100						
		12,0	10,0	4930	9600						
			12,0	5200							

I. Annahme der Rohrweiten

B. Heizkörper-

1. Senkrechter Abstand des Kessels vom höchst-

s) Die Mitte des untersten Heiz-

Temperaturdifferenz des Wassers: 20⁰.

Horizontale Entfernung des letzten Fallstrangs vom Kessel = E. Die Fallstränge liegen vom Kessel in der Entfernung				Wärmemenge, die stündlich vom Heizkörper abgegeben werden kann bei einem Anschlusse von:							
E bis E-25m	E-25m bis E-50m	E-50m bis E-75m	E-75m bis E-100m	0,011	0,014	0,020	0,025	0,034	0,039	0,043	0,049
Senkrechter Abstand von Mitte Heizkörper bis Mitte Kessel				95	154	314	491	908	1195	1452	1886 m Durchmesser / qmm Querschnitt
h	h	h	h								
9,0	—	—	—	300	500	1100	2400	5100	7200	9100	
9,5	—	—	—	400	700	1800	3400	7200			
10,0	9,0	—	—	500	1000	2300	4200	9500			
11,0	9,5	—	—	600	1200	3200	5900				
12,0	10,0	9,0	—	800	1600	3900	7100				
	11,0	9,5	—	900	1800	4700	8100				
	12,0	10,0	—	1000	1900	5100	9000				
		11,0	9,0	1100	2300	5600	9700				
		12,0	10,0	1200	2400	6000					
			11,0	1300	2500	6400					
			12,0	1400	2800	6700					

t) Die Mitte des untersten Heiz-

h	h	h	h	95	154	314	491	908	1195	1452	1886
10,0	—	—	—	300	500	1100	2400	5100	7200	9100	
11,0	—	—	—	500	1000	2300	4200	9500			
12,0	10,0	—	—	600	1200	3200	5900				
	11,0	—	—	800	1600	3900	7100				
	12,0	10,0	—	900	1800	4700	8100				
		11,0	—	1000	1900	5100	9000				
		12,0	10,0	1100	2300	5600	9700				
			11,0	1200	2400	6000					
			12,0	1300	2500	6400					

bei Niederdruck-Warmwasserheizung.

Anschlüsse.

gelegenen Heizkörper der Anlage: **bis zu 12 m.**

körpers liegt **9,0 m** über Mitte Kessel.

Temperaturdifferenz des Wassers: 30°.

Horizontale Entfernung des letzten Fallstrangs vom Kessel = E. Die Fallstränge liegen vom Kessel in der Entfernung				Wärmemenge, die stündlich vom Heizkörper abgegeben werden kann bei einem Anschlusse von:							
E bis E-25 m	E-25 m bis E-50 m	E-50 m bis E-75 m	E-75 m bis E-100 m	0,011	0,014	0,020	0,025	0,034	0,039	0,043	0,049
Senkrechter Abstand von Mitte Heizkörper bis Mitte Kessel				95	154	314	491	908	1195	1452	1886
h	h	h	h	qmm Querschnitt							
9,0	—	—	—	270	490	1220	2120	4550	6440	9580	
9,5	—	—	—	880	1820	4460	7910				
10,0	—	—	—	1340	2490	6090					
11,0	—	—	—	1860	3730	9120					
12,0	9,0	—	—	2460	4540						
	10,0	—	—	2960	5140						
	11,0	—	—	3410	5550						
	12,0	9,0	—	3800	6000						
		10,0	—	4150	6420						
		12,0	9,0	4450	6800						
			10,0	4700	7150						
			12,0	4900	7500						

körpers liegt **10,0 m** über Mitte Kessel.

10,0	—	—	—	270	490	1220	2120	4550	6440	9580	
11,0	—	—	—	1340	2490	6090	7910				
12,0	—	—	—	1860	3730	9120					
	10,0	—	—	2300	4500						
	11,0	—	—	2750	5100						
	12,0	10,0	—	3150	5600						
		11,0	—	3400	6050						
		12,0	10,0	3700	6450						
			11,0	4000	6800						
			12,0	4250	7100						

I. Annahme der Rohrweiten

B. Heizkörper-

2. Senkrechter Abstand des Kessels vom höchst-

a) Die Mitte des untersten Heiz-

Temperaturdifferenz des Wassers: 20⁰.

Horizontale Entfernung des letzten Fallstrangs vom Kessel = E. Die Fallstränge liegen vom Kessel in der Entfernung				Wärmemenge, die stündlich vom Heizkörper abgegeben werden kann bei einem Anschlusse von:							
E bis E-25 m	E-25 m bis E-50 m	E-50 m bis E-75 m	E-75 m bis E-100 m	0,011	0,014	0,020	0,025	0,034	0,039	0,043	0,049
							m Durchmesser				
Senkrechter Abstand von Mitte Heizkörper bis Mitte Kessel				95	154	314	491	908	1195	1452	1886
h	h	h	h				qmm Querschnitt				
0,5	—	—	—	100	200	600	1100	2300	3300	4300	5900
0,6	0,5	—	—	100	300	800	1400	2900	4200	5300	8700
0,7	0,6	0,5	—	100	300	900	1600	3500	5800	7400	
0,8	0,7	0,6	0,5	200	400	1000	1800	4500	6500	8300	
0,9	0,8	0,7	0,6	200	400	1100	2300	5100	7200	9100	
1,0	0,9	0,8	0,7	200	500	1400	2500	5500	7800		
1,2	1,1	1,0	0,9	300	600	1600	2900	6300	10000		
1,4	1,3	1,2	1,1	300	700	1800	3200	7800			
1,6	1,5	1,4	1,2	300	700	1900	4000	8500			
1,8	1,7	1,6	1,6	400	800	2400	4300	9100			
2,0	1,9	1,8	1,8	400	900	2500	4600	9800			
2,2	2,1	2,0	1,9	500	1000	2700	4900				
2,4	2,3	2,2	2,0	500	1000	2800	5100				
2,6	2,5	2,4	2,2	500	1100	3000	5400				
2,8	2,7	2,6	2,6	500	1200	3100	5600				
3,0	2,9	2,8	2,7	600	1200	3200	5800				
3,2	3,1	3,0	3,0	600	1300	3300	6000				
3,4	3,3	3,2	3,2	700	1300	3400	6200				
3,6	3,5	3,4	3,4	700	1400	3500	6400				
3,8	3,7	3,6	3,6	800	1400	3600	6600				
4,0	3,9	3,8	3,8	800	1500	3800	7500				
4,5	4,4	4,3	4,1	900	1600	4100	8000				
5,0	4,9	4,8	4,6	900	1700	4300	8400				
5,5	5,4	5,3	5,0	900	1800	4900	8900				
6,0	5,9	5,8	5,5	1000	1900	5100	9300				
6,5	6,4	6,3	6,0	1000	2000	5400	9700				
7,0	6,9	6,8	6,5	1100	2100	5600					
7,5	7,4	7,3	7,0	1100	2300	5800					
8,0	7,9	7,8	7,5	1200	2400	5900					
8,5	8,4	8,3	8,0	1200	2500	6100					
9,0	8,9	8,8	8,5	1300	2500	6400					
9,5	9,4	9,3	9,0	1400	2600	6500					
10,0	9,9	9,8	9,7	1400	2700	7200					
11,0	11,0	11,0	10,0	1500	2900	7500					
12,0	12,0	12,0	11,0	1500	3000	7900					
13,0	13,0	13,0	12,0	1600	3100	8200					
14,0	14,0	14,0	13,0	1700	3200	8500					
15,0	15,0	15,0	14,0	1800	3600	8800					
16,0	16,0	16,0	15,0	1800	3700	9100					
17,0	17,0	17,0	16,0	1900	3800	9400					
18,0	18,0	18,0	17,0	2000	3900	9700					
19,0	19,0	19,0	18,0	2100	4000	9900					
20,0	20,0	20,0	19,0	2200	4100						

bei Niederdruck-Warmwasserheizung.

Anschlüsse.

gelegenen Heizkörper der Anlage: **über 12 m.**

körpers liegt **0,5 m** über Mitte Kessel.

Temperaturdifferenz des Wassers: 30⁰.

Horizontale Entfernung des letzten Fallstrangs vom Kessel = E. Die Fallstränge liegen vom Kessel in der Entfernung				Wärmemenge, die stündlich vom Heizkörper abgegeben werden kann bei einem Anschlusse von:							
E bis E-25 m	E-25 m bis E-50 m	E-50 m bis E-75 m	E-75 m bis E-100 m	0,011	0,014	0,020	0,025	0,034	0,039	0,043	0,049
Senkrechter Abstand von Mitte Heizkörper bis Mitte Kessel				m Durchmesser							
				95	154	314	491	908	1195	1452	1886
h	h	h	h	qmm Querschnitt							
0,5	—	—	—	140	270	670	1160	2480	3520	4440	6170
0,6	—	—	—	230	430	1060	1850	3950	5580	7060	9800
0,7	0,5	—	—	300	550	1340	2350	5030	8370		
0,8	0,6	0,5	—	350	640	1570	3220	6920	9810		
0,9	0,7	0,6	—	400	730	1790	3660	7870			
1,0	0,8	0,8	0,5	430	800	2320	4020	8650			
1,2	1,0	1,0	0,8	510	1100	2690	4680				
1,4	1,2	1,2	1,0	670	1230	3020	6020				
1,6	1,4	1,4	1,2	740	1360	3730	6640				
1,8	1,6	1,6	1,4	790	1470	4030	7160				
2,0	1,8	1,8	1,6	850	1570	4330	7690				
2,2	2,0	2,0	1,8	900	1870	4580	8160				
2,4	2,2	2,2	2,0	950	1970	4840	8590				
2,6	2,4	2,4	2,2	1120	2080	5080	9040				
2,8	2,6	2,6	2,4	1170	2170	5310	9430				
3,0	2,8	2,8	2,6	1220	2260	5520	9830				
3,2	3,0	3,0	2,8	1270	2340	5740					
3,4	3,2	3,2	3,0	1310	2420	5950					
3,6	3,4	3,4	3,2	1350	2510	6140					
3,8	3,6	3,6	3,4	1400	2580	6330					
4,0	3,8	3,8	3,6	1440	2670	6530					
4,5	4,0	4,0	3,8	1530	2840	7510					
5,0	4,5	4,5	4,0	1640	3010	7950					
5,5	5,0	5,0	4,5	1710	3160	8360					
6,0	5,5	5,5	5,0	1790	3590	8770					
6,5	6,0	6,0	5,5	1870	3730	9160					
7,0	6,5	6,5	6,0	1940	3900	9520					
7,5	7,0	7,0	6,5	2180	4040	9880					
8,0	7,5	7,5	7,0	2260	4180						
8,5	8,0	8,0	7,5	2340	4310						
9,0	8,5	8,5	8,0	2410	4460						
9,5	9,0	9,0	9,0	2480	4570						
10,0	10,0	10,0	10,0	2540	4700						
11,0	11,0	11,0	11,0	2670	5250						
12,0	12,0	12,0	12,0	2800	5490						
13,0	13,0	13,0	13,0	2920	5730						
14,0	14,0	14,0	14,0	3030	5950						
15,0	15,0	15,0	15,0	3330	6160						
16,0	16,0	16,0	16,0	3440	6360						
17,0	17,0	17,0	17,0	3560	6570						
18,0	18,0	18,0	18,0	3660	6760						
19,0	19,0	19,0	19,0	3760	6960						
20,0	20,0	20,0	20,0	3860	7140						

I. Annahme der Rohrweiten
B. Heizkörper-
2. Senkrechter Abstand des Kessels vom höchst-

b) Die Mitte des untersten Heiz-

Temperaturdifferenz des Wassers: 20⁰.

Horizontale Entfernung des letzten Fallstrangs vom Kessel = E. Die Fallstränge liegen vom Kessel in der Entfernung				Wärmemenge, die stündlich vom Heizkörper abgegeben werden kann bei einem Anschlusse von:							
E bis E-25 m	E-25 m bis E-50 m	E-50 m bis E-75 m	E-75 m bis E-100 m	0,011	0,014	0,020	0,025	0,034	0,039	0,043	0,049
							m Durchmesser				
Senkrechter Abstand von Mitte Heizkörper bis Mitte Kessel				95	154	314	491	908	1195	1452	1886
h	h	h	h				qmm Querschnitt				
0,6	—	—	—	100	200	700	1200	2600	3600	4600	6400
0,7	0,6	—	—	100	300	800	1400	3100	5200	6700	9300
0,8	0,7	0,6	—	100	300	900	1600	4200	5900	7500	
0,9	0,8	0,7	0,6	200	400	1000	2200	4900	7000	8400	
1,0	0,9	0,8	0,7	200	400	1400	2300	5100	7300	9200	
1,2	1,0	0,9	0,8	200	500	1600	2800	6000	8500		
1,4	1,2	1,0	0,9	300	600	1700	3100	6700	9500		
1,6	1,4	1,2	1,0	300	700	1900	4000	8500			
1,8	1,6	1,4	1,2	400	800	2100	4200	8900			
2,0	1,8	1,5	1,4	400	800	2500	4600	9700			
2,2	2,0	1,6	1,6	500	900	2700	4900				
2,4	2,2	1,8	1,7	500	1000	2900	5200				
2,6	2,4	2,0	1,8	500	1100	3060	5400				
2,8	2,6	2,2	2,0	600	1200	3200	5600				
3,0	2,8	2,4	2,2	700	1300	3300	5900				
3,2	3,0	2,6	2,4	700	1300	3400	6100				
3,4	3,2	2,8	2,6	800	1400	3500	6300				
3,6	3,4	3,0	2,8	800	1400	3600	6500				
3,8	3,6	3,2	3,0	800	1500	3800	6700				
4,0	3,7	3,4	3,2	900	1600	3900	7600				
4,5	3,8	3,6	3,4	900	1700	4100	8100				
5,0	4,0	3,8	3,5	900	1800	4700	8600				
5,5	4,5	4,0	3,6	1000	1800	5000	9000				
6,0	5,0	4,5	3,8	1000	1900	5300	9500				
6,5	5,5	5,0	4,0	1100	2000	5500	9900				
7,0	6,0	5,5	4,5	1100	2200	5700					
7,5	6,5	6,0	5,0	1200	2300	5900					
8,0	7,0	6,5	5,5	1200	2400	6000					
8,5	7,5	6,8	6,0	1300	2500	6300					
9,0	8,0	7,0	6,5	1300	2600	6500					
9,5	8,5	7,5	7,0	1400	2700	7100					
10,0	9,0	8,0	7,2	1400	2800	7300					
11,0	9,5	8,5	7,5	1500	2900	7600					
12,0	10,0	9,0	8,0	1600	3000	8000					
13,0	11,0	9,5	8,5	1700	3100	8300					
14,0	12,0	10,0	9,0	1800	3500	8700					
15,0	13,0	11,0	9,5	1800	3600	9000					
16,0	14,0	12,0	10,0	1900	3700	9400					
17,0	15,0	13,0	11,0	2000	3800	9600					
18,0	16,0	14,0	12,0	2100	4000	9900					
19,0	17,0	15,0	13,0	2200	4100						
20,0	18,0	16,0	14,0	2300	4200						

bei Niederdruck-Warmwasserheizung.

Anschlüsse.

gelegenen Heizkörper der Anlage: **über 12 m.**

körpers liegt **0,6 m** über Mitte Kessel.

Temperaturdifferenz des Wassers: 30⁰.

Horizontale Entfernung des letzten Fallstrangs vom Kessel = E. Die Fallstränge liegen vom Kessel in der Entfernung				Wärmemenge, die stündlich vom Heizkörper abgegeben werden kann bei einem Anschlusse von:							
E bis E-25 m	E-25 m bis E-50 m	E-50 m bis E-75 m	E-75 m bis E-100 m	0,011	0,014	0,020	0,025	0,034	0,039	0,043	0,049
							m Durchmesser				
Senkrechter Abstand von Mitte Heizkörper bis Mitte Kessel				95	154	314	491	908	1195	1452	1886
h	h	h	h				qmm Querschnitt				
0,6	—	—	—	160	300	730	1270	2730	3860	4870	6760
0,7	0,6	—	—	250	450	1110	1940	4160	5900	7450	
0,8	0,7	—	—	310	580	1410	2470	6220	8810		
0,9	0,8	0,6	—	370	670	1650	3380	7280			
1,0	0,9	0,7	0,6	410	760	2190	3810	8200			
1,2	1,0	0,8	0,7	490	1060	2610	4550				
1,4	1,2	1,0	0,8	660	1220	2980	5940				
1,6	1,4	1,2	1,0	730	1340	3710	6580				
1,8	1,6	1,4	1,2	790	1470	4030	7160				
2,0	1,8	1,6	1,4	850	1580	4340	7710				
2,2	2,0	1,8	1,6	910	1880	4620	8210				
2,4	2,2	2,0	1,8	960	1990	4900	8700				
2,6	2,4	2,2	2,0	1140	2100	5160	9150				
2,8	2,6	2,4	2,2	1190	2200	5380	9580				
3,0	2,8	2,6	2,4	1240	2290	5630	9990				
3,2	3,0	2,8	2,6	1290	2390	5840					
3,4	3,2	3,0	2,8	1330	2480	6070					
3,6	3,4	3,2	3,0	1380	2550	6260					
3,8	3,6	3,4	3,2	1430	2640	6480					
4,0	3,8	3,6	3,4	1470	2730	7200					
4,5	4,0	3,8	3,6	1570	2910	7680					
5,0	4,5	4,0	3,8	1670	3090	8160					
5,5	5,0	4,5	4,0	1750	3510	8590					
6,0	5 5	5,0	4,5	1840	3690	9020					
6,5	6,0	5,5	5,0	1930	3850	9410					
7,0	6,5	6,0	5,5	2160	4010	9810					
7,5	7,0	6,5	6,0	2250	4160						
8,0	7,5	7,0	6,5	2530	4310						
8,5	8,0	7,5	7,0	2410	4450						
9,0	8,5	8,0	7,5	2480	4580						
9,5	9,0	9,0	8,0	2550	4720						
10,0	10,0	10,0	9,0	2630	4860						
11,0	11,0	11,0	10,0	2760	5410						
12,0	12,0	12,0	11,0	2890	5670						
13,0	13,0	13,0	12,0	3020	5920						
14,0	14,0	14,0	13,0	3320	6150						
15,0	15,0	15,0	14,0	3440	6360						
16,0	16,0	16,0	15,0	3570	6580						
17,0	17,0	17,0	16,0	3670	6800						
18,0	18,0	18,0	17,0	3780	7000						
19,0	19,0	19,0	18,0	3890	7200						
20,0	20,0	20,0	19,0	3990	7380						

I. Annahme der Rohrweiten

B. Heizkörper-

2. Senkrechter Abstand des Kessels vom höchst-

c) Die Mitte des untersten Heiz-

Temperaturdifferenz des Wassers: 20⁰.

Horizontale Entfernung des letzten Fallstrangs vom Kessel = E. Die Fallstränge liegen vom Kessel in der Entfernung				Wärmemenge, die stündlich vom Heizkörper abgegeben werden kann bei einem Anschlusse von:							
E bis E-25 m	E-25 m bis E-50 m	E-50 m bis E-75 m	E-75 m bis E-100 m	0,011	0,014	0,020	0,025	0,034	0,039	0,043	0,049
Senkrechter Abstand von Mitte Heizkörper bis Mitte Kessel				m Durchmesser							
h	h	h	h	95	154	314	491	908	1195	1452	1886
				qmm Querschnitt							
0,7	—	—	—	100	200	800	1300	2900	4200	5400	8700
0,8	0,7	—	—	100	300	900	1600	3500	5900	7500	
0,9	0,8	0,7	—	200	400	1000	1800	4600	6600	8400	
1,0	0,9	0,8	0,7	200	400	1100	2300	5100	7300	9200	
1,2	1,0	0,9	0,8	300	500	1600	2800	6000	9600		
1,4	1,2	1,0	0,9	300	600	1700	3100	7500			
1,6	1,4	1,2	1,0	300	700	1900	4000	8400			
1,8	1,6	1,4	1,2	400	800	2200	4500	9400			
2,0	1,8	1,6	1,4	400	800	2500	4600	9600			
2,2	2,0	1,8	1,6	500	900	2700	4800				
2,4	2,2	2,0	1,8	500	1000	2800	5200				
2,6	2,4	2,2	2,0	500	1100	3000	5300				
2,8	2,6	2,4	2,2	600	1200	3100	5600				
3,0	2,8	2,6	2,3	600	1200	3300	5800				
3,2	3,0	2,8	2,4	700	1300	3400	6100				
3,4	3,2	3,0	2,6	700	1300	3500	6200				
3,6	3,4	3,2	2,8	800	1400	3700	6500				
3,8	3,6	3,4	3,0	800	1500	3800	6700				
4,0	3,8	3,6	3,2	800	1600	3900	7600				
4,5	4,0	3,7	3,4	900	1700	4100	8000				
5,0	4,5	3,8	3,6	900	1800	4800	8700				
5,5	5,0	4,0	3,8	1000	1900	5000	9100				
6,0	5,5	4,5	4,0	1000	1900	5100	9400				
6,5	6,0	5,0	4,5	1000	2000	5500	10000				
7,0	6,5	5,0	5,0	1100	2300	5700					
7,5	7,0	5,5	5,5	1200	2400	5900					
8,0	7,5	6,0	5,8	1300	2500	6200					
8,5	8,0	6,5	6,0	1300	2500	6300					
9,0	8,5	7,0	6,5	1400	2600	6500					
9,5	9,0	7,5	7,0	1400	2700	7200					
10,0	9,5	7,8	7,5	1500	2800	7300					
11,0	10,0	5,0	8,0	1500	2900	7700					
12,0	11,0	8,5	8,5	1600	3000	8000					
13,0	12,0	9,0	9,0	1700	3200	8400					
14,0	13,0	10,0	9,5	1800	3500	8800					
15,0	14,0	11,0	10,0	1800	3600	9100					
16,0	15,0	12,0	11,0	1900	3700	9400					
17,0	16,0	13,0	11,5	2000	3800	9700					
18,0	17,0	14,0	12,0	2100	4000	9900					
19,0	18,0	15,0	13,0	2200	4100						
20,0	19,0	16,0	14,0	2300	4200						

bei Niederdruck-Warmwasserheizung.

Anschlüsse.

gelegenen Heizkörper der Anlage: **über 12 m.**

körpers liegt **0,7 m** über Mitte Kessel.

Temperaturdifferenz des Wassers: 30⁰.

Horizontale Entfernung des letzten Fallstrangs vom Kessel = E. Die Fallstränge liegen vom Kessel in der Entfernung				Wärmemenge, die stündlich vom Heizkörper abgegeben werden kann bei einem Anschlusse von:							
E bis E-25m	E-25m bis E-50m	E-50m bis E-75m	E-75m bis E-100m	0,011	0,014	0,020	0,025	0,034	0,039	0,043	0,049
Senkrechter Abstand von Mitte Heizkörper bis Mitte Kessel				95	154	314	491	908	1195	1452	1886
h	h	h	h	qmm Querschnitt							
0,7	—	—	—	170	320	780	1370	2930	4150	5250	7270
0,8	—	—	—	260	480	1170	2040	4370	6190	7820	
0,9	0,7	—	—	320	590	1450	2530	6360	9010		
1,0	0,8	—	—	370	680	1680	3430	7380			
1,2	0,9	0,7	—	460	840	2440	4240	9100			
1,4	1,0	0,8	0,7	530	1150	2820	4910				
1,6	1,2	1,0	0,8	700	1280	3150	6280				
1,8	1,4	1,2	1,0	760	1410	3890	6900				
2,0	1,6	1,4	1,2	830	1530	4200	7460				
2,2	1,8	1,6	1,4	880	1830	4480	7970				
2,4	2,0	1,8	1,6	940	1940	4770	8480				
2,6	2,2	2,0	1,8	1110	2050	5020	8930				
2,8	2,6	2,4	2,0	1160	2150	5280	9380				
3,0	2,8	2,6	2,4	1210	2240	5510	9790				
3,2	3,0	2,8	2,6	1270	2340	5740					
3,4	3,2	3,0	2,8	1320	2430	5960					
3,6	3,4	3,2	3,0	1360	2510	6160					
3,8	3,6	3,4	3,2	1400	2600	6370					
4,0	3,8	3,6	3,4	1450	2680·	7070					
4,5	4,0	3,8	3,6	1550	2870	7560					
5,0	4,5	4,0	3,8	1650	3050	8080					
5,5	5,0	4,5	4,0	1740	3480	8510					
6,0	5,5	5,0	4,5	1830	3640	8930					
6,5	6,0	5,5	5,0	1910	3810	9330					
7,0	6,5	6,0	5,5	2150	3970	9720					
7,5	7,0	6,5	6,0	2230	4130						
8,0	7,5	7,0	6,5	2310	4270						
8,5	8,0	7,5	7,0	2390	4410						
9,0	8,5	8,0	7,5	2460	4540						
9,5	9,0	9,0	8,0	2520	4640						
10,0	10,0	10,0	9,0	2600	4800						
11,0	11,0	11,0	10,0	2730	5380						
12,0	12,0	12,0	11,0	2860	5620						
13,0	13,0	13,0	12,0	2990	5870						
14,0	14,0	14,0	13,0	3300	6100						
15,0	15,0	15,0	14,0	3410	6320						
16,0	16,0	16,0	15,0	3540	6550						
17,0	17,0	17,0	16,0	3640	6760						
18,0	18,0	18,0	17,0	3760	6950						
19,0	19,0	19,0	18,0	3870	7150						
20,0	20,0	20,0	19,0	3970	7350						

I. Annahme der Rohrweiter

B. Heizkörper-

2. Senkrechter Abstand des Kessels vom höchst-

d) Die Mitte des untersten Heiz-

Temperaturdifferenz des Wassers: 20⁰.

Horizontale Entfernung des letzten Fallstrangs vom Kessel = E. Die Fallstränge liegen vom Kessel in der Entfernung				Wärmemenge, die stündlich vom Heizkörper abgegeben werden kann bei einem Anschlusse von:							
E bis E–25 m	E–25 m bis E–50 m	E–50 m bis E–75 m	E–75 m bis E–100 m	0,011	0,014	0,020	0,025	0,034	0,039	0,043	0,049
Senkrechter Abstand von Mitte Heizkörper bis Mitte Kessel				95	154	314	491	908	1195	1452	1886
h	h	h	h				m Durchmesser — qmm Querschnitt				
0,8	—	—	—	100	200	800	1400	3100	5200	6700	9400
0,9	0,8	—	—	200	300	900	1700	4400	6200	7900	
1,0	0,9	0,8	—	200	400	1100	2300	5100	7300	9200	
1,2	1,0	0,9	0,8	300	500	1500	2700	5800	9300		
1,4	1,2	1,0	0,9	300	600	1700	3100	7500			
1,6	1,4	1,2	1,0	400	700	1900	4000	8300			
1,8	1,6	1,4	1,2	400	800	2200	4500	9400			
2,0	1,8	1,6	1,4	500	900	2500	4600	9600			
2,2	2,0	1,8	1,6	500	1000	2700	4800				
2,4	2,2	2,0	1,8	500	1100	2900	5200				
2,6	2,4	2,2	2,0	600	1200	3100	5500				
2,8	2,6	2,3	2,2	600	1200	3200	5700				
3,0	2,8	2,4	2,3	600	1300	3300	5800				
3,2	3,0	2,6	2,4	700	1300	3400	6100				
3,4	3,2	2,8	2,6	700	1400	3500	6300				
3,6	3,4	3,0	2,8	700	1400	3600	6600				
3,8	3,6	3,2	3,0	800	1500	3800	7500				
4,0	3,8	3,4	3,2	800	1600	4000	7800				
4,5	4,0	3,6	3,4	900	1700	4200	8300				
5,0	4,5	3,8	3,6	900	1800	4800	8700				
5,5	5,0	4,0	3,8	1000	1900	5000	9100				
6,0	5,5	4,5	4,0	1000	1900	5400	9700				
6,5	5,8	5,0	4,5	1100	2000	5600					
7,0	6,0	5,5	5,0	1100	2200	5800					
7,5	6,5	6,0	5,5	1200	2400	6000					
8,0	7,0	6,5	5,8	1300	2500	6300					
8,5	7,5	7,0	6,0	1400	2600	6500					
9,0	8,0	7,5	6,5	1400	2600	7200					
9,5	8,5	8,0	7,0	1500	2700	7300					
10,0	9,0	8,5	7,5	1500	2800	7400					
11,0	9,5	9,0	8,0	1500	3000	7900					
12,0	10,0	9,5	8,5	1600	3100	8200					
13,0	11,0	10,0	9,0	1700	3500	8500					
14,0	12,0	11,0	9,5	1800	3600	8900					
15,0	13,0	11,5	10,0	1900	3700	9200					
16,0	14,0	12,0	11,0	2000	3800	9600					
17,0	15,0	13,0	11,5	2100	4000	9900					
18,0	16,0	14,0	12,0	2200	4100						
19,0	17,0	15,0	13,0	2300	4200						
20,0	18,0	16,0	14,0	2300	4300						

bei Niederdruck-Warmwasserheizung.

Anschlüsse.

gelegenen Heizkörper der Anlage: **über 12 m.**

körpers liegt **0,8 m** über Mitte Kessel.

Temperaturdifferenz des Wassers: 30⁰.

Horizontale Entfernung des letzten Fallstrangs vom Kessel = E. Die Fallstränge liegen vom Kessel in der Entfernung				Wärmemenge, die stündlich vom Heizkörper abgegeben werden kann bei einem Anschlusse von:							
E bis E-25m	E-25m bis E-50m	E-50m bis E-75m	E-75m bis E-100m	0,011	0,014	0,020	0,025	0,034	0,039	0,043	0,049
							m Durchmesser				
Senkrechter Abstand von Mitte Heizkörper bis Mitte Kessel				95	154	314	491	908	1195	1452	1886
h	h	h	h				qmm Querschnitt				
0,8	—	—	—	190	350	850	1480	3170	4490	5680	7860
0,9	—	—	—	270	500	1220	2140	4580	6480	9540	
1,0	0,8	—	—	330	610	1500	2630	6600	9350		
1,2	1,0	0,8	—	430	790	2290	3970	8550			
1,4	1,2	1,0	—	510	1110	2710	4710				
1,6	1,4	1,2	0,8	680	1250	3080	6130				
1,8	1,6	1,4	1,0	750	1390	3820	6790				
2,0	1,8	1,6	1,2	820	1510	4160	7390				
2,2	2,0	1,8	1,4	880	1820	4460	7930				
2,4	2,2	2,0	1,8	940	1940	4760	8460				
2,6	2,4	2,2	2,0	1110	2050	5020	8930				
2,8	2,6	2,4	2,2	1160	2160	5280	9380				
3,0	2,8	2,6	2,4	1220	2250	5520	9810				
3,2	3,0	2,8	2,6	1270	2350	5760					
3,4	3,2	3,0	2,8	1320	2440	5980					
3,6	3,4	3,2	3,0	1370	2530	6200					
3,8	3,6	3,4	3,2	1410	2600	6420					
4,0	4,0	3,6	3,6	1460	2700	7150					
4,5	4,5	4,0	4,0	1560	2900	7670					
5,0	5,0	4,5	4,5	1670	3080	8160					
5,5	5,5	5,0	5,0	1760	3510	8600					
6,0	6,0	5,5	5,5	1850	3700	9040					
6,5	6,5	6,0	6,0	1940	3860	9460					
7,0	7,0	6,8	6,5	2160	4030	9870					
7,5	7,5	7,0	7,0	2270	4190						
8,0	8,0	7,5	7,5	2340	4330						
8,5	8,5	8,0	8,0	2420	4480						
9,0	9,0	8,5	8,5	2500	4630						
9,5	9,5	9,0	9,0	2600	4890						
10,0	10,0	9,5	9,5	2700	4900						
11,0	11,0	10,0	10,0	2790	5470						
12,0	12,0	11,0	11,0	2920	5730						
13,0	13,0	12,0	12,0	3240	5990						
14,0	14,0	13,0	13,0	3360	6210						
15,0	15,0	14,0	14,0	3490	6450						
16,0	16,0	15,0	15,0	3600	6660						
17,0	17,0	16,0	16,0	3720	6890						
18,0	18,0	17,0	17,0	3840	7080						
19,0	19,0	18,0	18,0	3940	7300						
20,0	20,0	19,0	19,0	4050	7500						

I. Annahme der Rohrweiten

B. Heizkörper-

2. Senkrechter Abstand des Kessels vom höchst-

e) Die Mitte des untersten Heiz-

Temperaturdifferenz des Wassers: 20⁰.

Horizontale Entfernung des letzten Fallstrangs vom Kessel = E. Die Fallstränge liegen vom Kessel in der Entfernung				Wärmemenge, die stündlich vom Heizkörper abgegeben werden kann bei einem Anschlusse von:							
E bis E-25 m	E-25 m bis E-50 m	E-50 m bis E-75 m	E-75 m bis E-100 m	0,011	0,014	0,020	0,025	0,034	0,039	0,043	0,049
Senkrechter Abstand von Mitte Heizkörper bis Mitte Kessel						m Durchmesser					
h	h	h	h	95	154	314	491	908	1195	1452	1886
						qmm Querschnitt					
0,9	—	—	—	100	400	900	1900	4200	5900	7500	
1,0	0,9	—	—	200	500	1200	2200	4900	7000	9900	
1,2	1,0	0,9	—	200	600	1500	2600	6300	8900		
1,4	1,2	1,0	0,9	300	600	1700	3000	7300			
1,6	1,4	1,2	1,0	400	700	1900	3800	8100			
1,8	1,6	1,4	1,2	400	800	2300	4200	8900			
2,0	1,8	1,6	1,4	500	900	2500	4600	9600			
2,2	2,0	1,8	1,6	500	1000	2700	4800				
2,4	2,2	2,0	1,8	500	1100	2900	5200				
2,6	2,4	2,2	2,0	600	1200	3000	5300				
2,8	2,6	2,4	2,2	600	1200	3100	5600				
3,0	2,8	2,6	2,4	600	1300	3200	5800				
3,2	3,0	2,8	2,6	700	1300	3400	6100				
3,4	3,2	3,0	2,7	700	1400	3500	6300				
3,6	3,4	3,2	2,8	800	1400	3700	7200				
3,8	3,6	3,4	3,0	800	1500	3800	7300				
4,0	3,8	3,6	3,2	800	1600	3900	7600				
4,5	4,0	3,8	3,4	900	1700	4600	8300				
5,0	4,5	4,0	3,6	900	1800	4800	8700				
5,5	5,0	4,5	3,8	1000	1900	5000	9100				
6,0	5,5	5,0	4,0	1000	2000	5400	9700				
6,5	6,0	5,5	4,5	1100	2200	5600					
7,0	6,5	6,0	5,0	1100	2300	5800					
7,5	7,0	6,2	5,5	1200	2400	5900					
8,0	7,5	6,5	6,0	1300	2500	6300					
8,5	8,0	7,0	6,3	1400	2600	6800					
9,0	8,5	7,5	6,5	1400	2700	7100					
9,5	9,0	8,0	7,0	1500	2800	7300					
10,0	9,5	8,5	7,5	1500	2900	7400					
11,0	10,0	9,0	8,0	1600	3000	7700					
12,0	11,0	9,5	8,5	1600	3400	8300					
13,0	11,5	10,0	9,0	1700	3500	8500					
14,0	12,0	11,0	9,5	1800	3600	8900					
15,0	13,0	11,5	10,0	1900	3700	9200					
16,0	14,0	12,0	11,0	2000	3800	9600					
17,0	15,0	13,0	11,5	2100	4000	9900					
18,0	16,0	14,0	12,0	2200	4100						
19,0	17,0	15,0	13,0	2300	4200						
20,0	18,0	16,0	14,0	2300	4300						

bei Niederdruck-Warmwasserheizung.

Anschlüsse.

gelegenen Heizkörper der Anlage: **über 12 m.**

körpers liegt **0,9 m** über Mitte Kessel.

Temperaturdifferenz des Wassers: 30°.

Horizontale Entfernung des letzten Fallstrangs vom Kessel = E. Die Fallstränge liegen vom Kessel in der Entfernung				Wärmemenge, die stündlich vom Heizkörper abgegeben werden kann bei einem Anschlusse von:							
E bis E-25m	E-25m bis E-50m	E-50m bis E-75m	E-75m bis E-100m	0,011	0,014	0,020	0,025	0,034	0,039	0,043	0,049
							m Durchmesser				
Senkrechter Abstand von Mitte Heizkörper bis Mitte Kessel				95	154	314	491	908	1195	1452	1886
h	h	h	h				qmm Querschnitt				
0,9	—	—	—	200	370	910	1590	3410	4830	6100	8460
1,0	—	—	—	280	520	1260	2210	4730	6700	9950	
1,2	0,9	—	—	390	720	1770	3610	7760			
1,4	1,2	0,9	—	480	880	2550	4420				
1,6	1,4	1,0	—	550	1200	2930	5830				
1,8	1,6	1,2	0,9	700	1300	3190	6340				
2,0	1,8	1,4	1,2	790	1460	4030	7130				
2,2	2,0	1,6	1,4	850	1570	4330	7690				
2,4	2,2	1,8	1,6	910	1880	4630	8210				
2,6	2,4	2,0	1,8	970	2000	4910	8720				
2,8	2,6	2,2	2,0	1140	2110	5180	9190				
3,0	2,8	2,4	2,2	1200	2220	5430	9640				
3,2	3,0	2,6	2,4	1250	2310	5670					
3,4	3,2	2,8	2,6	1300	2400	5900					
3,6	3,4	3,0	2,8	1350	2500	6120					
3,8	3,6	3,2	3,0	1380	2560	6270					
4,0	3,8	3,6	3,2	1450	2670	7050					
4,5	4,0	4,0	3,6	1550	2870	7560					
5,0	4,5	4,5	4,0	1650	3060	8080					
5,5	5,0	5,0	4,5	1740	3490	8540					
6,0	5,5	5,5	5,0	1830	3660	8970					
6,5	6,0	6,0	5,5	1920	3840	9380					
7,0	6,5	6,5	6,0	2170	4000	9800					
7,5	7,0	7,0	6,5	2210	4160						
8,0	7,5	7,5	7,0	2340	4310						
8,5	8,0	8,0	7,5	2420	4450						
9,0	8,5	8,5	8,0	2490	4600						
9,5	9,0	9,0	8,5	2570	4740						
10,0	9,5	9,5	9,0	2640	4890						
11,0	10,0	10,0	9,5	2790	5450						
12,0	11,0	11,0	10,0	2920	5710						
13,0	12,0	12,0	11,0	3220	5960						
14,0	13,0	13,0	12,0	3360	6200						
15,0	14,0	14,0	13,0	3470	6430						
16,0	15,0	15,0	14,0	3600	6650						
17,0	16,0	16,0	15,0	3720	6880						
18,0	17,0	17,0	16,0	3830	7060						
19,0	18,0	18,0	17,0	3940	7280						
20,0	19,0	19,0	18,0	4050	7490						

I. Annahme der Rohrweiten

B. Heizkörper-

2. Senkrechter Abstand des Kessels vom höchst-

f) Die Mitte des untersten Heiz-

Temperaturdifferenz des Wassers: 20⁰.

Horizontale Entfernung des letzten Fallstrangs vom Kessel = E. Die Fallstränge liegen vom Kessel in der Entfernung				Wärmemenge, die stündlich vom Heizkörper abgegeben werden kann bei einem Anschlusse von:							
E bis E–25 m	E–25 m bis E–50 m	E–50 m bis E–75 m	E–75 m bis E–100 m	0,011	0,014	0,020	0,025	0,034	0,039	0,043	0,049
							m Durchmesser				
Senkrechter Abstand von Mitte Heizkörper bis Mitte Kessel				95	154	314	491	908	1195	1452	1886
h	h	h	h				qmm Querschnitt				
1,0	—	—	—	100	300	800	1500	3400	5600	7100	9800
1,2	1,0	—	—	200	400	1000	1900	4900	7000	8800	
1,4	1,2	1,0	—	200	500	1200	2500	5300	7600	9600	
1,6	1,4	1,2	1,0	300	500	1600	2800	6000	9600		
1,8	1,6	1,4	1,2	300	600	1700	3100	7500			
2,0	1,8	1,6	1,4	300	700	1900	3800	8100			
2,2	2,0	1,8	1,6	400	800	2100	4100	8600			
2,4	2,2	2,0	1,8	400	800	2400	4300	9200			
2,6	2,4	2,2	2,0	400	900	2500	4600	9600			
2,8	2,6	2,4	2,2	500	900	2700	4800				
3,0	2,8	2,6	2,4	500	1000	2800	5100				
3,2	3,0	2,8	2,6	500	1000	2900	5200				
3,4	3,2	3,0	2,8	500	1100	3000	5500				
3,6	3,4	3,2	3,0	600	1200	3100	5600				
3,8	3,6	3,4	3,2	600	1200	3200	5700				
4,0	3,8	3,6	3,4	700	1300	3300	6000				
4,5	4,0	3,8	3,6	800	1400	3500	6300				
5,0	4,5	3,9	3,8	800	1500	3800	7500				
5,5	5,0	4,0	3,9	900	1600	4000	7900				
6,0	5,5	4,5	4,0	900	1700	4200	8300				
6,5	6,0	5,0	4,5	900	1800	4800	8700				
7,0	6,5	5,5	5,0	1000	1800	4900	9000				
7,5	7,0	6,0	5,5	1000	1900	5100	9400				
8,0	7,5	6,5	6,0	1000	2000	5400	9700				
8,5	8,0	7,0	6,5	1100	2100	5500	10000				
9,0	8,5	7,5	7,0	1100	2300	5700					
9,5	9,0	8,0	7,5	1200	2400	5800					
10,0	9,5	8,5	8,0	1200	2400	6000					
11,0	10,0	9,0	8,2	1300	2500	6400					
12,0	11,0	9,5	8,5	1400	2600	6600					
13,0	11,5	10,0	9,0	1500	2800	7400					
14,0	12,0	11,0	9,5	1500	2900	7800					
15,0	13,0	11,5	10,0	1600	3000	8000					
16,0	14,0	12,0	11,0	1600	3100	8300					
17,0	15,0	13,0	11,5	1700	3200	8600					
18,0	16,0	14,0	12,0	1800	3500	8800					
19,0	17,0	15,0	13,0	1800	3600	9000					
20,0	18,0	16,0	14,0	1900	3700	9200					

bei Niederdruck-Warmwasserheizung.

Anschlüsse.

gelegenen Heizkörper der Anlage: **über 12 m.**

körpers liegt **1,0 m** über Mitte Kessel.

Temperaturdifferenz des Wassers: 30⁰.

Horizontale Entfernung des letzten Fallstrangs vom Kessel = E. Die Fallstränge liegen vom Kessel in der Entfernung				Wärmemenge, die stündlich vom Heizkörper abgegeben werden kann bei einem Anschlusse von:							
E bis E–25m	E–25m bis E–50m	E–50m bis E–75m	E 75m bis E 100m	0,011	0,014	0,020	0,025	0,034	0,039	0,043	0,049
Senkrechter Abstand von Mitte Heizkörper bis Mitte Kessel				95	154	314	491	908	1195	1452	1886
h	h	h	h								
1,0	—	—	—	210	400	970	1690	3620	5130	6480	8990
1,2	—	—	—	350	650	1600	3270	7040	9950		
1,4	1,0	—	—	450	830	2400	4170	8960			
1,6	1,2	1,0	—	530	1150	2820	4910				
1,8	1,4	1,2	—	700	1300	3190	6360				
2,0	1,6	1,4	1,0	780	1430	3940	7010				
2,2	1,8	1,6	1,2	840	1560	4280	7610				
2,4	2,0	1,8	1,4	910	1880	4600	8190				
2,6	2,2	2,0	1,6	960	1990	4900	8700				
2,8	2,4	2,2	1,8	1140	2110	5160	9190				
3,0	2,6	2,4	2,0	1200	2220	5430	9660				
3,2	2,8	2,6	2,2	1250	2320	5690					
3,4	3,0	2,8	2,4	1310	2420	5930					
3,6	3,2	3,0	2,6	1360	2510	6160					
3,8	3,4	3,2	2,8	1410	2610	6370					
4,0	3,6	3,6	3,2	1450	2690	7100					
4,5	4,0	4,0	3,6	1560	2890	7620					
5,0	4,5	4,5	4,0	1670	3080	8160					
5,5	5,0	5,0	4,5	1770	3540	8640					
6,0	5,5	5,5	5,0	1860	3720	9100					
6,5	6,0	6,0	5,5	1950	3900	9520					
7,0	6,5	6,5	6,0	2200	4060						
7,5	7,0	7,0	6,5	2280	4220						
8,0	7,5	7,5	7,0	2380	4380						
8,5	8,0	8,0	7,5	2460	4540						
9,0	8,5	8,5	8,0	2540	4680						
9,5	9,0	9,0	8,5	2620	4830						
10,0	10,0	10,0	9,0	2690	5270						
11,0	11,0	11,0	10,0	2830	5550						
12,0	12,0	12,0	11,0	2970	5830						
13,0	13,0	13,0	12,0	3290	6070						
14,0	14,0	14,0	13,0	3420	6320						
15,0	15,0	15,0	14,0	3560	6580						
16,0	16,0	16,0	15,0	3670	6800						
17,0	17,0	17,0	16,0	3780	7000						
18,0	18,0	18,0	17,0	3900	7220						
19,0	19,0	19,0	18,0	4020	7430						
20,0	20,0	20,0	19,0	4130	7650						

I. Annahme der Rohrweiten

B. Heizkörper-

2. Senkrechter Abstand des Kessels vom höchst-

g) Die Mitte des untersten Heiz-

Temperaturdifferenz des Wassers: 20⁰.

Horizontale Entfernung des letzten Fallstrangs vom Kessel = E. Die Fallstränge liegen vom Kessel in der Entfernung				Wärmemenge, die stündlich vom Heizkörper abgegeben werden kann bei einem Anschlusse von:							
E bis E-25 m	E-25 m bis E-50 m	E-50 m bis E-75 m	E-75 m bis E-100 m	0,011	0,014	0,020	0,025	0,034	0,039	0,043	0,049
							m Durchmesser				
Senkrechter Abstand von Mitte Heizkörper bis Mitte Kessel				95	154	314	491	908	1195	1452	1886
h	h	h	h				qmm Querschnitt				
1,2	—	—	—	100	200	800	1400	3100	4500	6700	9300
1,4	1,2	—	—	200	300	1000	1900	4900	7000	8800	
1,6	1,4	1,2	—	200	400	1200	2500	5300	7600		
1,8	1,6	1,4	1,2	300	500	1600	2900	6000	8600		
2,0	1,8	1,6	1,4	300	600	1700	3100	7500			
2,2	2,0	1,8	1,6	300	700	1900	3800	8100			
2,4	2,2	2,0	1,8	400	800	2000	4200	8900			
2,6	2,4	2,2	2,0	400	900	2400	4300	9200			
2,8	2,6	2,4	2,2	400	900	2500	4600	9600			
3,0	2,8	2,6	2,4	500	1000	2700	4800				
3,2	3,0	2,8	2,6	500	1000	2900	5100				
3,4	3,2	3,0	2,8	500	1100	3000	5300				
3,6	3,4	3,2	3,0	500	1200	3100	5500				
3,8	3,6	3,4	3,2	600	1200	3200	5600				
4,0	3,8	3,6	3,4	600	1300	3300	5800				
4,5	3,9	3,8	3,6	700	1400	3500	6300				
5,0	4,0	3,9	3,8	800	1500	3800	6700				
5,5	4,5	4,0	4,0	800	1600	4000	7800				
6,0	5,0	4,5	4,2	900	1700	4200	8300				
6,5	5,5	5,0	4,5	900	1800	4700	8800				
7,0	6,0	5,5	5,0	1000	1800	4900	9000				
7,5	6,5	6,0	5,5	1000	1900	5100	9300				
8,0	7,0	6,5	6,0	1000	2000	5400	9700				
8,5	7,5	7,0	6,5	1100	2100	5500	10000				
9,0	8,0	7,5	7,0	1100	2300	5700					
9,5	8,5	8,0	7,2	1200	2400	5800					
10,0	9,0	8,5	7,5	1200	2400	6000					
11,0	9,5	9,0	8,0	1300	2500	6400					
12,0	10,0	9,5	8,5	1400	2600	7100					
13,0	11,0	10,0	9,0	1500	2800	7400					
14,0	12,0	11,0	9,5	1500	2900	7800					
15,0	13,0	11,5	10,0	1600	3000	8000					
16,0	14,0	12,0	11,0	1600	3100	8300					
17,0	15,0	13,0	11,5	1700	3400	8600					
18,0	16,0	14,0	12,0	1800	3500	8800					
19,0	17,0	15,0	13,0	1800	3600	9100					
20,0	18,0	16,0	14,0	1900	3700	9400					

bei Niederdruck-Warmwasserheizung.

Anschlüsse.

gelegenen Heizkörper der Anlage: **über 12 m.**

körper s liegt **1,25 m** über Mitte Kessel.

Temperaturdifferenz des Wassers: 30°.

Horizontale Entfernung des letzten Fallstrangs vom Kessel = E. Die Fallstränge liegen vom Kessel in der Entfernung				Wärmemenge, die stündlich vom Heizkörper abgegeben werden kann bei einem Anschlusse von:							
E bis E-25 m	E-25 m bis E-50 m	E-50 m bis E-75 m	E-75 m bis E-100 m	0,011	0,014	0,020	0,025	0,034	0,039	0,043	0,049
							m Durchmesser				
Senkrechter Abstand von Mitte Heizkörper bis Mitte Kessel				95	154	314	491	908	1195	1452	1886
h	h	h	h				qmm Querschnitt				
1,25	—	—	—	230	420	1140	1790	3830	5420	6850	9500
1,4	—	—	—	360	660	1620	3320	7140			
1,6	1,25	—	—	450	840	2420	4200	9040			
1,8	1,4	—	—	530	1160	2840	5660				
2,0	1,6	1,25	—	710	1300	3200	6380				
2,2	1,8	1,4	—	780	1430	3950	7010				
2,4	2,0	1,6	1,25	840	1560	4280	7610				
2,6	2,2	1,8	1,4	910	1880	4600	8180				
2,8	2,4	2,0	1,6	960	1990	4890	8680				
3,0	2,6	2,2	1,8	1140	2100	5160	9170				
3,2	2,8	2,4	2,0	1200	2220	5420	9640				
3,4	3,0	2,6	2,2	1250	2310	5660					
3,6	3,2	2,8	2,4	1300	2400	5880					
3,8	3,4	3,0	2,8	1350	2500	6130					
4,0	3,6	3,2	3,2	1400	2590	6360					
4,5	4,0	3,6	3,6	1510	2800	7410					
5,0	4,5	4,0	4,0	1610	3000	7930					
5,5	5,0	4,5	4,5	1720	3180	8410					
6,0	5,5	5,0	5,0	1820	3630	8880					
6,5	6,0	5,5	5,5	1910	3810	9320					
7,0	6,5	6,0	6,0	2160	3980	9750					
7,5	7,0	6,5	6,5	2240	4140						
8,0	7,5	7,0	7,0	2330	4300						
8,5	8,0	7,5	7,5	2410	4450						
9,0	8,5	8,0	8,0	2490	4600						
9,5	9,0	8,5	8,5	2570	4740						
10,0	10,0	9,0	9,0	2640	4880						
11,0	11,0	10,0	10,0	2780	5460						
12,0	12,0	11,0	11,0	2920	5720						
13,0	13,0	12,0	12,0	3240	6000						
14,0	14,0	13,0	13,0	3380	6240						
15,0	15,0	14,0	14,0	3500	6580						
16,0	16,0	15,0	15,0	3620	6700						
17,0	17,0	16,0	16,0	3740	6920						
18,0	18,0	17,0	17,0	3860	7140						
19,0	19,0	18,0	18,0	3970	7350						
20,0	20,0	19,0	19,0	4100	7530						

I. Annahme der Rohrweiten

B. Heizkörper-

2. Senkrechter Abstand des Kessels vom höchst-

h) Die Mitte des untersten Heiz-

Temperaturdifferenz des Wassers: 20°.

Horizontale Entfernung des letzten Fallstrangs vom Kessel = E. Die Fallstränge liegen vom Kessel in der Entfernung				Wärmemenge, die stündlich vom Heizkörper abgegeben werden kann bei einem Anschlusse von:							
E bis E−25 m	E−25 m bis E−50 m	E−50 m bis E−75 m	E−75 m bis E−100 m	0,011	0,014	0,020	0,025	0,034	0,039	0,043	0,049
Senkrechter Abstand von Mitte Heizkörper bis Mitte Kessel				95	154	314	491	908	1195	1452	1886
h	h	h	h	qmm Querschnitt							
1,4	—	—	—	100	200	800	1400	3100	4500	6700	9300
1,6	1,4	—	—	200	300	900	2000	4400	6200	7300	
1,8	1,6	1,4	—	200	400	1400	2500	5300	7600	9600	
2,0	1,8	1,6	—	300	500	1600	2800	6000	9600		
2,2	2,0	1,8	1,4	300	600	1700	3100	7500			
2,4	2,2	2,0	1,6	300	700	1900	3300	8100			
2,6	2,4	2,2	1,8	400	700	2000	4100	8600			
2,8	2,6	2,4	2,0	400	800	2200	4300	9200			
3,0	2,8	2,6	2,2	500	800	2500	4600	9600			
3,2	3,0	2,8	2,4	500	900	2700	4800				
3,4	3,1	3,0	2,6	500	1000	2800	5100				
3,6	3,2	3,1	2,8	600	1100	2900	5200				
3,8	3,4	3,2	3,0	600	1200	3000	5500				
4,0	3,6	3,4	3,1	600	1200	3100	5600				
4,5	3,8	3,6	3,2	700	1300	3400	6100				
5,0	4,0	3,8	3,4	700	1400	3600	6500				
5,5	4,5	4,0	3,6	800	1600	3900	7600				
6,0	5,0	4,5	3,8	800	1700	4100	8000				
6,5	5,5	5,0	4,0	900	1800	4700	8600				
7,0	6,0	5,5	4,5	900	1800	4900	8900				
7,5	6,5	6,0	5,0	1000	1900	5000	9100				
8,0	7,0	6,5	5,5	1000	2000	5100	9400				
8,5	7,5	7,0	6,0	1000	2100	5400	9800				
9,0	8,0	7,5	6,5	1100	2200	5600					
9,5	8,5	8,0	7,0	1200	2300	5800					
10,0	9,0	8,5	7,5	1200	2400	5900					
11,0	9,5	9,0	8,0	1300	2500	6300					
12,0	10,0	9,5	8,5	1400	2600	7100					
13,0	11,0	10,0	9,0	1500	2800	7400					
14,0	12,0	11,0	9,5	1500	2900	7600					
15,0	13,0	11,5	10,0	1600	3000	8000					
16,0	14,0	12,0	11,0	1600	3100	8300					
17,0	15,0	13,0	11,5	1700	3400	8600					
18,0	16,0	14,0	12,0	1800	3500	8800					
19,0	17,0	15,0	13,0	1800	3600	9000					
20,0	18,0	16,0	14,0	1900	3700	9200					

bei Niederdruck-Warmwasserheizung.

Anschlüsse.

gelegenen Heizkörper der Anlage: **über 12 m.**

körpers liegt **1,5 m** über Mitte Kessel.

Temperaturdifferenz des Wassers: 30⁰.

Horizontale Entfernung des letzten Fallstrangs vom Kessel = E. Die Fallstränge liegen vom Kessel in der Entfernung				Wärmemenge, die stündlich vom Heizkörper abgegeben werden kann bei einem Anschlusse von:							
E bis E-25m	E-25m bis E-50m	E-50m bis E-75m	E-75m bis E-100m	0,011	0,014	0,020	0,025	0,034	0,039	0,043	0,049
Senkrechter Abstand von Mitte Heizkörper bis Mitte Kessel				95	154	314	491	908	1195	1452	1886
h	h	h	h	95	154	314	491	908	1195	1452	1886
1,5	—	—	—	240	450	1090	1900	4060	5760	7280	
1,6	—	—	—	370	690	1670	3430	7380			
1,8	1,5	—	—	470	860	2490	4330	9340			
2,0	1,6	—	—	540	1180	2900	5780				
2,2	1,8	1,5	—	720	1210	3680	6530				
2,4	2,0	1,8	—	790	1470	4040	7780				
2,6	2,2	2,0	—	860	1580	4380	8340				
2,8	2,4	2,2	1,5	920	1920	4700	8850				
3,0	2,6	2,4	1,8	980	2040	4980	9360				
3,2	2,8	2,6	2,0	1160	2150	5270	9830				
3,4	3,0	2,8	2,2	1220	2260	5530					
3,6	3,2	3,0	2,4	1270	2360	5780					
3,8	3,4	3,2	2,6	1330	2460	6020					
4,0	3,6	3,4	2,8	1370	2550	6250					
4,5	4,0	3,6	3,2	1500	2780	7330					
5,0	4,5	4,0	3,6	1610	2980	7860					
5,5	5,0	4,5	4,0	1710	3170	8380					
6,0	5,5	5,0	4,5	1810	3620	8870					
6,5	6,0	5,5	5,0	1900	3800	9320					
7,0	6,5	6,0	5,5	2150	3980	9750					
7,5	7,0	6,5	6,0	2240	4150						
8,0	7,5	7,0	6,5	2340	4320						
8,5	8,0	7,5	7,0	2420	4470						
9,0	8,5	8,0	7,5	2500	4630						
9,5	9,0	8,5	8,0	2580	4760						
10,0	10,0	9,0	9,0	2670	5230						
11,0	11,0	10,0	10,0	2810	5510						
12,0	12,0	11,0	11,0	2960	5790						
13,0	13,0	12,0	12,0	3270	6050						
14,0	14,0	13,0	13,0	3410	6310						
15,0	15,0	14,0	14,0	3540	6550						
16,0	16,0	15,0	15,0	3670	6770						
17,0	17,0	16,0	16,0	3780	7000						
18,0	18,0	17,0	17,0	3900	7230						
19,0	19,0	18,0	18,0	4020	7440						
20,0	20,0	19,0	19,0	4130	7650						

I. Annahme der Rohrweiten

B. Heizkörper-

2. Senkrechter Abstand des Kessels vom höchst-

i) Die Mitte des untersten Heiz-

Temperaturdifferenz des Wassers: 20⁰.

Horizontale Entfernung des letzten Fallstrangs vom Kessel = E. Die Fallstränge liegen vom Kessel in der Entfernung				Wärmemenge, die stündlich vom Heizkörper abgegeben werden kann bei einem Anschlusse von:							
E bis E-25m	E-25m bis E-50m	E-50m bis E-75m	E-75m bis E-100m	0,011	0,014	0,020	0,025	0,034	0,039	0,043	0,049
							m Durchmesser				
Senkrechter Abstand von Mitte Heizkörper bis Mitte Kessel				95	154	314	491	908	1195	1452	1886
h	h	h	h				qmm Querschnitt				
1,8	—	—	—	200	500	1100	2500	5300	7600	9600	
2,0	1,8	—	—	300	600	1600	2800	6000	9600		
2,2	2,0	—	—	300	700	1700	3100	7500			
2,4	2,2	1,8	—	400	800	1900	3800	8100			
2,6	2,4	2,0	1,8	400	800	2100	4100	8600			
2,8	2,6	2,2	2,0	400	900	2400	4300	9200			
3,0	2,8	2,4	2,2	500	900	2500	4600	9600			
3,2	3,0	2,6	2,4	500	1000	2700	4800				
3,4	3,2	2,8	2,6	500	1000	2800	5100				
3,6	3,4	3,0	2,8	600	1100	2900	5200				
3,8	3,6	3,2	3,0	600	1200	3000	5500				
4,0	3,8	3,4	3,2	700	1300	3200	5600				
4,5	4,0	3,6	3,4	700	1400	3400	6100				
5,0	4,5	3,8	3,6	800	1500	3600	6500				
5,5	5,0	4,0	3,8	800	1600	3900	7600				
6,0	5,5	4,5	4,0	900	1700	4100	8000				
6,5	5,8	5,0	4,5	900	1800	4300	8600				
7,0	6,0	5,5	5,0	900	1800	4900	8900				
7,5	6,5	6,0	5,5	1000	1900	5000	9100				
8,0	7,0	6,5	5,7	1000	1900	5100	9400				
8,5	7,5	7,0	6,0	1100	2000	5400	9800				
9,0	8,0	7,5	6,5	1100	2100	5600					
9,5	8,5	8,0	7,0	1200	2300	5800					
10,0	9,0	8,5	7,5	1200	2400	6000					
11,0	9,5	9,0	8,0	1300	2500	6300					
12,0	10,0	9,5	8,5	1400	2600	6600					
13,0	11,0	10,0	9,0	1500	2800	7400					
14,0	12,0	11,0	9,5	1500	2900	7600					
15,0	13,0	11,5	10,0	1600	3000	8000					
16,0	14,0	12,0	11,0	1700	3100	8300					
17,0	15,0	13,0	11,5	1700	3300	8600					
18,0	16,0	14,0	12,0	1800	3500	8800					
19,0	17,0	15,0	13,0	1800	3600	9000					
20,0	18,0	16,0	14,0	1900	3700	9200					

bei Niederdruck-Warmwasserheizung.

Anschlüsse.

gelegenen Heizkörper der Anlage: **über 12 m.**

körpers liegt **1,75 m** über Mitte Kessel.

Temperaturdifferenz des Wassers: 30°.

Horizontale Entfernung des letzten Fallstrangs vom Kessel = E. Die Fallstränge liegen vom Kessel in der Entfernung				Wärmemenge, die stündlich vom Heizkörper abgegeben werden kann bei einem Anschlusse von:							
E bis E—25m	E—25 m bis E—50 m	E—50 m bis E—75 m	E—75 m bis E—100 m	0,011	0,014	0,020	0,025	0,034	0,039	0,043	0,049
								m Durchmesser			
Senkrechter Abstand von Mitte Heizkörper bis Mitte Kessel				95	154	314	491	908	1195	1452	1886
h	h	h	h				qmm Querschnitt				
1,75	—	—	—	250	470	1140	2000	4280	6070	7660	
2,0	—	—	—	380	700	1710	3500	7520			
2,2	—	—	—	470	870	2520	4380				
2,4	1,75	—	—	650	1200	2940	5850				
2,6	2,0	—	—	730	1340	3700	6580				
2,8	2,2	—	—	800	1480	4070	7240				
3,0	2,4	1,75	—	870	1800	4400	7820				
3,2	2,6	2,0	—	930	1920	4720	8380				
3,4	2,8	2,2	1,75	990	2040	4990	8890				
3,6	3,0	2,4	2,0	1170	2150	5290	9390				
3,8	3,2	2,8	2,4	1220	2270	5560	9860				
4,0	3,6	3,2	2,8	1280	2360	5800					
4,5	4,0	3,6	3,2	1410	2600	6380					
5,0	4,5	4,0	3,6	1540	2820	7450					
5,5	5,0	4,5	4,0	1640	3020	8000					
6,0	5,5	5,0	4,5	1740	3470	8500					
6,5	6,0	5,5	5,0	1840	3660	8970					
7,0	6,5	6,0	5,5	1920	3850	9410					
7,5	7,0	6,5	6,0	2180	4020	9840					
8,0	7,5	7,0	6,5	2270	4190						
8,5	8,0	7,5	7,0	2350	4350						
9,0	8,5	8,0	7,5	2450	4500						
9,5	9,0	8,5	8,0	2520	4660						
10,0	9,5	9,0	8,5	2610	4810						
11,0	10,0	10,0	9,0	2750	5400						
12,0	11,0	11,0	10,0	2900	5680						
13,0	12,0	12,0	11,0	3210	5950						
14,0	13,0	13,0	12,0	3350	6200						
15,0	14,0	14,0	13,0	3490	6450						
16,0	15,0	15,0	14,0	3610	6680						
17,0	16,0	16,0	15,0	3750	6920						
18,0	17,0	17,0	16,0	3860	7130						
19,0	18,0	18,0	17,0	3980	7350						
20,0	19,0	19,0	18,0	4080	7550						

I. Annahme der Rohrweiten

B. Heizkörper-

2. Senkrechter Abstand des Kessels vom höchst-

k) Die Mitte des untersten Heiz-

Temperaturdifferenz des Wassers: 20°.

Horizontale Entfernung des letzten Fallstrangs vom Kessel = E. Die Fallstränge liegen vom Kessel in der Entfernung				Wärmemenge, die stündlich vom Heizkörper abgegeben werden kann bei einem Anschlusse von:							
E bis E-25 m	E-25 m bis E-50 m	E-50 m bis E-75 m	E-75 m bis E-100 m	0,011	0,014	0,020	0,025	0,034	0,039	0,043	0,049
							m Durchmesser				
Senkrechter Abstand von Mitte Heizkörper bis Mitte Kessel				95	154	314	491	908	1195	1452	1886
h	h	h	h				qmm Querschnitt				
2,0	—	—	—	100	400	900	1700	4400	6200	7900	
2,2	2,0	—	—	200	500	1100	2500	5300	7600	9600	
2,4	2,2	—	—	300	600	1600	2800	6000	9600		
2,6	2,4	2,0	—	300	700	1700	3100	7500			
2,8	2,6	2,2	2,0	400	700	1900	3800	8100			
3,0	2,8	2,4	2,2	400	800	2000	4000	8300			
3,2	3,0	2,6	2,4	500	800	2400	4300	9200			
3,4	3,2	2,8	2,6	500	900	2500	4600	9600			
3,6	3,4	3,0	2,8	500	1000	2700	4800				
3,8	3,6	3,2	3,0	600	1100	2800	5100				
4,0	3,8	3,4	3,2	600	1200	3000	5300				
4,5	4,0	3,6	3,4	700	1300	3200	5700				
5,0	4,5	3,8	3,6	700	1400	3500	6300				
5,5	5,0	4,0	3,8	800	1500	3800	6700				
6,0	5,5	4,5	4,0	800	1600	4000	7800				
6,5	5,8	5,0	4,5	900	1700	4200	8300				
7,0	6,0	5,5	5,0	900	1800	4700	8600				
7,5	6,5	5,8	5,5	1000	1800	4900	9000				
8,0	7,0	6,0	6,0	1000	1900	5100	9400				
8,5	7,5	6,5	6,5	1100	2000	5400	9700				
9,0	8,0	7,0	6,7	1100	2100	5600					
9,5	8,5	7,5	7,0	1200	2300	5700					
10,0	9,0	8,0	7,5	1200	2400	5800					
11,0	9,5	8,5	8,0	1300	2500	6300					
12,0	10,0	9,0	8,5	1400	2600	6600					
13,0	11,0	9,5	9,0	1400	2800	7400					
14,0	12,0	10,0	9,5	1500	2900	7600					
15,0	13,0	11,0	10,0	1500	3000	7900					
16,0	14,0	12,0	11,0	1600	3200	8300					
17,0	15,0	13,0	11,5	1700	3400	8600					
18,0	16,0	14,0	12,0	1700	3500	8800					
19,0	17,0	15,0	13,0	1800	3600	9000					
20,0	18,0	16,0	14,0	1900	3700	9200					

bei Niederdruck-Warmwasserheizung.

Anschlüsse.

gelegenen Heizkörper der Anlage: **über 12 m.**

körpers liegt **2,0 m** über Mitte Kessel.

Temperaturdifferenz des Wassers: 30⁰.

Horizontale Entfernung des letzten Fallstrangs vom Kessel = E. Die Fallstränge liegen vom Kessel in der Entfernung				Wärmemenge, die stündlich vom Heizkörper abgegeben werden kann bei einem Anschlusse von:							
E bis E-25m	E-25m bis E-50m	E-50m bis E-75m	E-75m bis E-100m	0,011	0,014	0,020	0,025	0,034	0,039	0,043	0,049
								m Durchmesser			
Senkrechter Abstand von Mitte Heizkörper bis Mitte Kessel				95	154	314	491	908	1195	1452	1886
h	h	h	h				qmm Querschnitt				
2,0	—	—	—	270	500	1220	2130	4550	6440	8140	
2,2	—	—	—	390	730	1780	3650	7850			
2,4	—	—	—	490	1060	2610	4530				
2,6	2,0	—	—	670	1230	3020	6020				
2,8	2,2	—	—	750	1390	3810	6770				
3,0	2,4	—	—	820	1520	4180	7430				
3,2	2,6	2,0	—	890	1840	4510	8030				
3,4	2,8	2,2	—	950	1970	4840	8590				
3,6	3,0	2,4	—	1130	2100	5140	9130				
3,8	3,2	2,8	2,0	1190	2210	5400	9620				
4,0	3,6	3,2	2,4	1250	2320	5690					
4,5	4,0	3,6	2,8	1390	2570	6300					
5,0	4,5	4,0	3,2	1510	2800	7400					
5,5	5,0	4,5	3,6	1630	3020	7970					
6,0	5,5	5,0	4,0	1740	3470	8500					
6,5	6,0	5,5	4,5	1840	3680	8990					
7,0	6,5	6,0	5,0	1930	3860	9440					
7,5	7,0	6,5	5,5	2190	4050	9900					
8,0	7,5	7,0	6,0	2280	4210						
8,5	8,0	7,5	6,5	2390	4380						
9,0	8,5	8,0	7,0	2460	4540						
9,5	9,0	8,5	7,5	2540	4690						
10,0	9,5	9,0	8,0	2630	4850						
11,0	10,0	10,0	9,0	2780	5450						
12,0	11,0	11,0	10,0	2930	5750						
13,0	12,0	12,0	11,0	3260	6030						
14,0	13,0	13,0	12,0	3400	6290						
15,0	14,0	14,0	13,0	3540	6660						
16,0	15,0	15,0	14,0	3670	6780						
17,0	16,0	16,0	15,5	3800	7040						
18,0	17,0	17,0	16,0	3920	7240						
19,0	18,0	18,0	17,0	4040	7480						
20,0	19,0	19,0	18,0	4150	7690						

I. Annahme der Rohrweiten

B. Heizkörper-

2. Senkrechter Abstand des Kessels vom höchst-

1) Die Mitte des untersten Heiz-

Temperaturdifferenz des Wassers: 20⁰.

Horizontale Entfernung des letzten Fallstrangs vom Kessel = E. Die Fallstränge liegen vom Kessel in der Entfernung				Wärmemenge, die stündlich vom Heizkörper abgegeben werden kann bei einem Anschlusse von:							
E bis E-25 m	E-25 m bis E-50 m	E-50 m bis E-75 m	E-75 m bis E-100 m	0,011	0,014	0,020	0,025	0,034	0,039	0,043	0,049
							m Durchmesser				
Senkrechter Abstand von Mitte Heizkörper bis Mitte Kessel				95	154	314	491	908	1195	1452	1886
h	h	h	h				qmm Querschnitt				
2,4	—	—	—	100	400	900	1600	3400	5700	7200	10000
2,6	2,4	—	—	200	400	1200	2200	4900	7000	8800	
2,8	2,6	—	—	200	500	1500	2600	5700	8000		
3,0	2,8	2,4	—	300	600	1600	2900	6300			
3,2	3,0	2,6	—	300	700	1800	3200	7800			
3,4	3,2	2,8	2,4	400	700	1900	3400	8400			
3,6	3,4	3,0	2,6	400	800	2100	4200	8900			
3,8	3,6	3,2	2,8	400	900	2500	4500	9500			
4,0	3,8	3,4	3,0	500	1000	2600	4700	10000			
4,5	4,0	3,6	3,2	500	1100	3000	5300				
5,0	4,5	3,8	3,4	600	1200	3200	5800				
5,5	5,0	4,0	3,6	700	1300	3500	6300				
6,0	5,5	4,5	3,8	700	1400	3700	6700				
6,5	6,0	5,0	4,0	800	1500	4000	7800				
7,0	6,5	5,5	4,5	900	1600	4200	8200				
7,5	7,0	6,0	5,0	900	1700	4800	8600				
8,0	7,5	6,5	5,5	1000	1800	4900	9000				
8,5	8,0	7,0	6,0	1000	1900	5100	9300				
9,0	8,5	7,5	6,5	1100	2000	5400	9800				
9,5	9,0	8,0	7,0	1100	2100	5600	10000				
10,0	9,5	8,5	7,5	1200	2300	5700					
11,0	10,0	9,0	8,0	1200	2400	6000					
12,0	11,0	9,5	8,5	1300	2600	6400					
13,0	12,0	10,0	9,0	1400	2800	7200					
14,0	13,0	11,0	9,5	1500	2900	7500					
15,0	14,0	12,0	10,0	1500	3000	7800					
16,0	15,0	13,0	11,0	1600	3100	8100					
17,0	16,0	14,0	12,0	1700	3200	8300					
18,0	17,0	15,0	13,0	1700	3500	8500					
19,0	18,0	16,0	14,0	1800	3600	8900					
20,0	19,0	17,0	15,0	1900	3700	9100					

bei Niederdruck-Warmwasserheizung.

Anschlüsse.

gelegenen Heizkörper der Anlage: **über 12 m.**

körpers liegt **2,5 m** über Mitte Kessel.

Temperaturdifferenz des Wassers: 30⁰.

Horizontale Entfernung des letzten Fallstrangs vom Kessel = E. Die Fallstränge liegen vom Kessel in der Entfernung				Wärmemenge, die stündlich vom Heizkörper abgegeben werden kann bei einem Anschlusse von:							
E bis E—25 m	E—25 m bis E—50 m	E—50 m bis E—75 m	E—75 m bis E—100 m	0,011	0,014	0,020	0,025	0,034	0,039	0,043	0,049
							m Durchmesser				
Senkrechter Abstand von Mitte Heizkörper bis Mitte Kessel				95	154	314	491	908	1195	1452	1886
h	h	h	h	qmm Querschnitt							
2,5	—	—	—	270	500	1220	2130	4550	6440	8140	
2,6	—	—	—	390	730	1780	3650	7850			
2,8	—	—	—	490	1060	2610	4530				
3,0	—	—	—	670	1230	3020	6020				
3,2	2,5	—	—	750	1390	3810	6770				
3,4	2,8	—	—	820	1520	4180	7430				
3,6	3,0	—	—	890	1840	4510	8020				
3,8	3,2	—	—	950	1970	4840	8590				
4,0	3,6	2,5	—	1130	2100	5140	9130				
4,5	4,0	3,0	2,5	1190	2210	5400	9620				
5,0	4,5	3,5	2,8	1250	2320	5690					
5,5	5,0	4,0	3,0	1540	2850	7500					
6,0	5,5	4,5	3,5	1650	3060	8070					
6,5	6,0	5,0	4,0	1760	3520	8590					
7,0	6,5	5,5	4,5	1850	3710	9080					
7,5	7,0	6,0	5,0	1950	3900	9530					
8,0	7,5	6,5	5,5	2210	4080						
8,5	8,0	7,0	6,0	2300	4250						
9,0	8,5	7,5	6,5	2390	4420						
9,5	9,0	8,0	7,0	2480	4570						
10,0	9,5	8,5	8,0	2560	4740						
11,0	10,0	9,0	9,0	2730	5360						
12,0	11,0	10,0	10,0	2870	5640						
13,0	12,0	11,0	11,0	3020	5930						
14,0	13,0	12,0	12,0	3340	6200						
15,0	14,0	13,0	13,0	3480	6450						
16,0	15,0	14,0	14,0	3620	6700						
17,0	16,0	15,0	15,0	3750	6940						
18,0	17,0	16,0	16,0	3870	7170						
19,0	18,0	17,0	17,0	3990	7400						
20,0	19,0	18,0	18,0	4110	7600						

I. Annahme der Rohrweiten

B. Heizkörper-

2. Senkrechter Abstand des Kessels vom höchst-

m) Die Mitte des untersten Heiz-

Temperaturdifferenz des Wassers: 20⁰.

Horizontale Entfernung des letzten Fallstrangs vom Kessel = E. Die Fallstränge liegen vom Kessel in der Entfernung				Wärmemenge, die stündlich vom Heizkörper abgegeben werden kann bei einem Anschlusse von:							
E bis E-25 m	E-25 m bis E-50 m	E-50 m bis E-75 m	E-75 m bis E-100 m	0,011	0,014	0,020	0,025	0,034	0,039	0,043	0,049
							m Durchmesser				
Senkrechter Abstand von Mitte Heizkörper bis Mitte Kessel				95	154	314	491	908	1195	1452	1886
h	h	h	h				qmm Querschnitt				
3,0	—	—	—	100	400	1000	1700	4400	6300	8900	
3,2	—	—	—	200	500	1400	2400	5200	7500		
3,4	—	—	—	300	600	1600	2800	6000	9600		
3,6	3,0	—	—	300	700	1700	3000	7400			
3,8	3,2	—	—	400	800	1800	3800	8000			
4,0	3,4	3,0	—	400	900	2100	4100	8700			
4,5	3,6	3,4	3,0	500	1000	2700	4700	10000			
5,0	3,8	3,6	3,2	500	1200	2900	5300				
5,5	4,0	3,8	3,4	600	1300	3200	5800				
6,0	4,5	4,0	3,6	700	1400	3500	6300				
6,5	5,0	4,5	3,8	800	1500	3800	6700				
7,0	5,5	5,0	4,0	800	1600	4000	7800				
7,5	6,0	5,5	4,5	900	1700	4200	8200				
8,0	7,0	6,0	5,0	900	1800	4800	8600				
8,5	8,0	6,5	5,5	1000	1800	4900	9000				
9,0	8,5	7,0	6,0	1000	1900	5100	9300				
9,5	9,0	8,0	7,0	1100	2000	5400	9700				
10,0	9,5	9,0	8,0	1100	2100	5600	10000				
11,0	10,0	9,5	9,0	1200	2400	5900					
12,0	11,0	10,0	10,0	1300	2500	6300					
13,0	12,0	11,0	11,0	1400	2600	6500					
14,0	13,0	12,0	12,0	1500	2800	7300					
15,0	14,0	13,0	13,0	1500	2900	7600					
16,0	15,0	14,0	14,0	1600	3000	8000					
17,0	16,0	14,5	14,5	1600	3100	8300					
18,0	17,0	15,0	15,0	1700	3200	8600					
19,0	18,0	16,0	15,5	1700	3400	8800					
20,0	19,0	17,0	16,0	1800	3600	9100					

bei Niederdruck-Warmwasserheizung.

Anschlüsse.

gelegenen Heizkörper der Anlage: **über 12 m.**

körpers liegt **3,0 m** über Mitte Kessel.

Temperaturdifferenz des Wassers: 30⁰.

Horizontale Entfernung des letzten Fallstrangs vom Kessel = E. Die Fallstränge liegen vom Kessel in der Entfernung				Wärmemenge, die stündlich vom Heizkörper abgegeben werden kann bei einem Anschlusse von:							
E bis E−25 m	E−25 m bis E−50 m	E−50 m bis E−75 m	E−75 m bis E−100 m	0,011	0,014	0,020	0,025	0,034	0,039	0,043	0,049
							m Durchmesser				
Senkrechter Abstand von Mitte Heizkörper bis Mitte Kessel				95	154	314	491	908	1195	1452	1886
h	h	h	h				qmm Querschnitt				
3,0	—	—	—	270	500	1220	2130	4550	6440	8140	
3,2	—	—	—	390	730	1780	3650	7850			
3,4	—	—	—	490	1060	2610	4530				
3,6	—	—	—	670	1230	3020	6020				
3,8	—	—	—	750	1390	3810	6770				
4,0	3,0	—	—	820	1520	4180	7430				
4,5	3,5	—	—	960	2040	5000	8970				
5,0	4,0	3,0	—	1250	2320	5690					
5,5	4,5	3,5	—	1390	2570	6300					
6,0	5,0	4,0	3,0	1510	2800	7400					
6,5	5,5	4,5	3,5	1630	3020	7970					
7,0	6,0	5,0	4,0	1740	3470	8500					
7,5	6,5	5,5	4,5	1840	3670	8990					
8,0	7,0	6,0	5,0	1930	3860	9450					
8,5	7,5	6,5	5,5	2190	4040	9900					
9,0	8,0	7,0	6,0	2280	4220						
9,5	8,5	7,5	6,5	2380	4380						
10,0	9,0	8,0	7,0	2460	4550						
11,0	10,0	9,0	8,0	2630	4850						
12,0	11,0	10,0	9,0	2780	5450						
13,0	12,0	11,0	10,0	2930	5750						
14,0	13,0	12,0	11,0	3260	6030						
15,0	14,0	13,0	12,0	3400	6250						
16,0	15,0	14,0	13,0	3540	6550						
17,0	16,0	15,0	14,0	3670	6780						
18,0	17,0	16,0	15,0	3800	7030						
19,0	18,0	17,0	16,0	3920	7240						
20,0	19,0	18,0	17,0	4030	7440						

I. Annahme der Rohrweiten

B. Heizkörper-

2. Senkrechter Abstand des Kessels vom höchst-

n) Die Mitte des untersten Heiz-

Temperaturdifferenz des Wassers: 20⁰.

Horizontale Entfernung des letzten Fallstrangs vom Kessel = E. Die Fallstränge liegen vom Kessel in der Entfernung				Wärmemenge, die stündlich vom Heizkörper abgegeben werden kann bei einem Anschlusse von:							
E bis E-25 m	E-25 m bis E-50 m	E-50 m bis E-75 m	E-75 m bis E-100 m	0,011	0,014	0,020	0,025	0,034	0,039	0,043	0,049
Senkrechter Abstand von Mitte Heizkörper bis Mitte Kessel				m Durchmesser							
h	h	h	h	95	154	314	491	908	1195	1452	1886
						qmm Querschnitt					
4,0	—	—	—	100	400	900	1700	4400	6200	7900	
4,5	4,0	—	—	200	500	1600	2900	6300	9900		
5,0	4,5	—	—	300	800	2000	4100	8600			
5,5	5,0	4,0	—	400	900	2700	4700	10000			
6,0	5,5	4,5	—	500	1000	2900	5200				
6,5	6,0	5,0	4,0	600	1200	3200	5700				
7,0	6,5	5,5	4,5	700	1300	3400	6200				
7,5	7,0	6,0	5,0	700	1400	3700	6600				
8,0	7,5	6,5	5,5	800	1500	4000	7800				
8,5	8,0	7,0	6,0	900	1600	4200	8200				
9,0	8,5	7,5	6,5	900	1700	4600	8300				
9,5	9,0	8,0	7,0	1000	1800	4900	9000				
10,0	9,5	8,5	7,5	1000	1900	5100	9300				
11,0	10,0	9,0	8,0	1100	2100	5500	10000				
12,0	11,0	9,5	8,5	1200	2400	5800					
13,0	12,0	10,0	9,0	1300	2500	6300					
14,0	13,0	11,0	9,5	1400	2600	6500					
15,0	14,0	12,0	10,0	1500	2800	7300					
16,0	15,0	13,0	11,0	1500	2900	7600					
17,0	16,0	14,0	12,0	1600	3000	7900					
18,0	17,0	15,0	13,0	1600	3200	8200					
19,0	18,0	16,0	14,0	1700	3400	8600					
20,0	19,0	17,0	15,0	1800	3500	8800					

bei Niederdruck-Warmwasserheizung.

Anschlüsse.

gelegenen Heizkörper der Anlage: **über 12 m.**

körpers liegt **4,0 m** über Mitte Kessel.

Temperaturdifferenz des Wassers: 30⁰.

Horizontale Entfernung des letzten Fallstrangs vom Kessel = E. Die Fallstränge liegen vom Kessel in der Entfernung				Wärmemenge, die stündlich vom Heizkörper abgegeben werden kann bei einem Anschlusse von:							
E bis E-25 m	E-25 m bis E-50 m	E-50 m bis E-75 m	E-75 m bis E-100 m	0,011	0,014	0,020	0,025	0,034	0,039	0,043	0,049
							m Durchmesser				
Senkrechter Abstand von Mitte Heizkörper bis Mitte Kessel				95	154	314	491	908	1195	1452	1886
h	h	h	h				qmm Querschnitt				
4,0	—	—	—	270	500	1220	2130	4550	6440	8140	
4,5	—	—	—	530	1150	2820	4910				
5,0	—	—	—	830	1540	4230	7500				
5,5	4,0	—	—	960	2040	5000	8970				
6,0	4,5	—	—	1250	2320	5690					
6,5	5,0	4,0	—	1390	2570	6300					
7,0	5,5	4,5	—	1510	2800	7400					
7,5	6,0	5,0	—	1630	3020	7970					
8,0	6,5	5,5	4,0	1740	3470	8500					
8,5	7,0	6,0	4,5	1840	3610	8980					
9,0	7,5	6,5	5,0	1930	3860	9440					
9,5	8,0	7,0	6,0	2190	4050	9900					
10,0	9,0	8,0	7,0	2290	4220						
11,0	10,0	9,0	8,0	2460	4550						
12,0	11,0	10,0	9,0	2630	4850						
13,0	12,0	11,0	10,0	2790	5450						
14,0	13,0	12,0	11,0	2940	5750						
15,0	14,0	13,0	12,0	3290	6030						
16,0	15,0	14,0	13,0	3400	6300						
17,0	16,0	15,0	14,0	3550	6560						
18,0	17,0	16,0	15,0	3700	6790						
19,0	18,0	17,0	16,0	3810	7040						
20,0	19,0	18,0	17,0	3930	7250						

I. Annahme der Rohrweiten

B. Heizkörper-

2. Senkrechter Abstand des Kessels vom höchst-

o) Die Mitte des untersten Heiz-

Temperaturdifferenz des Wassers: 20⁰.

Temperaturdifferenz des Wassers: 20⁰.

Horizontale Entfernung des letzten Fallstrangs vom Kessel = E. Die Fallstränge liegen vom Kessel in der Entfernung				Wärmemenge, die stündlich vom Heizkörper abgegeben werden kann bei einem Anschlusse von:							
E bis E-25 m	E-25 m bis E-50 m	E-50 m bis E-75 m	E-75 m bis E-100 m	0,011	0,014	0,020	0,025	0,034	0,039	0,043	0,049
Senkrechter Abstand von Mitte Heizkörper bis Mitte Kessel				95	154	314	491	908	1195	1452	1886
h	h	h	h	qmm Querschnitt (m Durchmesser)							
5,0	—	—	—	100	400	900	1700	3700	5400	6800	9400
5,5	—	—	—	200	500	1600	2900	6300	10000		
6,0	5,0	—	—	300	800	2300	4100	8600			
6,5	5,5	5,0	—	400	900	2600	4700	10000			
7,0	6,0	5,5	—	500	1000	2900	5200				
7,5	6,5	6,0	5,0	600	1200	3200	5700				
8,0	7,0	6,5	5,5	700	1300	3400	6200				
8,5	7,5	7,0	6,0	800	1400	3700	6600				
9,0	8,0	7,5	6,5	800	1600	4000	7800				
9,5	8,5	8,0	7,0	900	1700	4200	8200				
10,0	9,0	8,5	7,5	900	1800	4700	8600				
11,0	9,5	9,0	8,0	1000	1900	5100	9300				
12,0	10,0	9,5	8,5	1100	2100	5500	10000				
13,0	11,0	10,0	9,0	1200	2400	5800					
14,0	12,0	11,0	9,5	1300	2500	6300					
15,0	13,0	12,0	10,0	1400	2600	6500					
16,0	14,0	13,0	11,0	1500	2800	7300					
17,0	15,0	14,0	12,0	1500	2900	7700					
18,0	16,0	15,0	13,0	1600	3000	7900					
19,0	17,0	16,0	14,0	1600	3100	8200					
20,0	18,0	17,0	15,0	1700	3500	8600					

p) Die Mitte des untersten Heiz-

h	h	h	h	0,011	0,014	0,020	0,025	0,034	0,039	0,043	0,049
6,0	—	—	—	100	400	900	1700	3700	5400	6800	9400
6,5	—	—	—	200	500	1600	2900	6300	10000		
7,0	6,0	—	—	300	800	2300	4100	8600			
7,5	6,5	—	—	400	900	2600	4700	10000			
8,0	7,0	6,0	—	500	1000	2900	5200				
8,5	7,5	6,5	—	600	1200	3200	5700				
9,0	8,0	7,0	6,0	700	1300	3400	6200				
9,5	8,5	7,5	6,5	800	1400	3700	6600				
10,0	9,0	8,0	7,0	800	1600	4000	7800				
11,0	9,5	8,5	7,5	900	1800	4700	8600				
12,0	10,0	9,0	8,0	1000	1900	5100	9300				
13,0	11,0	9,5	8,5	1100	2100	5500	10000				
14,0	12,0	10,0	9,0	1200	2400	5800					
15,0	13,0	11,0	9,5	1300	2500	6300					
16,0	14,0	12,0	10,0	1400	2600	6500					
17,0	15,0	13,0	11,0	1500	2800	7300					
18,0	16,0	14,0	12,0	1500	2900	7700					
19,0	17,0	15,0	13,0	1600	3000	7900					
20,0	18,0	16,0	14,0	1700	3100	8200					

bei Niederdruck-Warmwasserheizung.

Anschlüsse.

gelegenen Heizkörper der Anlage: **über 12 m.**

körpers liegt **5,0 m** über Mitte Kessel.

Temperaturdifferenz des Wassers: 30⁰.

Horizontale Entfernung des letzten Fallstrangs vom Kessel = E. Die Fallstränge liegen vom Kessel in der Entfernung				Wärmemenge, die stündlich vom Heizkörper abgegeben werden kann bei einem Anschlusse von:							
E bis E-25 m	E-25 m bis E-50 m	E-50 m bis E-75 m	E-75 m bis E-100 m	0,011	0,014	0,020	0,025	0,034	0,039	0,043	0,049
							m Durchmesser				
Senkrechter Abstand von Mitte Heizkörper bis Mitte Kessel				95	154	314	491	908	1195	1452	1886
h	h	h	h				qmm Querschnitt				
5,0	—	—	—	270	500	1220	2130	4550	6440	8140	
5,5	—	—	—	530	1150	2820	4910				
6,0	—	—	—	820	1520	4180	7430				
6,5	5,0	—	—	960	2040	5000	8970				
7,0	5,5	—	—	1250	2320	5690					
7,5	6,0	—	—	1390	2570	6300					
8,0	6,5	—	—	1510	2800	7400					
8,5	7,0	5,0	—	1630	3020	7970					
9,0	7,5	5,5	—	1740	3470	8500					
9,5	8,0	6,0	—	1840	3610	8980					
10,0	9,0	7,0	5,0	1930	3860	9440					
11,0	10,0	8,0	6,0	2290	4220						
12,0	11,0	9,0	7,0	2380	4380						
13,0	12,0	10,0	8,0	2540	4690						
14,0	13,0	11,0	9,0	2790	5450						
15,0	14,0	12,0	10,0	2930	5740						
16,0	15,0	13,0	11,0	3260	6030						
17,0	16,0	14,0	12,0	3400	6300						
18,0	17,0	15,0	13,0	3530	6550						
19,0	18,0	16,0	14,0	3670	6730						
20,0	19,0	17,0	15,0	3810	7030						

körpers liegt **6,0 m** über Mitte Kessel.

h	h	h	h	95	154	314	491	908	1195	1452	1886
6,0	—	—	—	270	500	1220	2130	4550	6440	8140	
6,5	—	—	—	530	1150	2820	4910				
7,0	—	—	—	820	1520	4180	7430				
7,5	—	—	—	960	2040	5000	8970				
8,0	6,0	—	—	1250	2320	5690					
8,5	6,5	—	—	1390	2570	6300					
9,0	7,0		—	1510	2800	7400					
9,5	7,5	—	—	1630	3020	7970					
10,0	8,0	6,0	—	1740	3470	8500					
11,0	9,0	7,0	—	1930	3860	9440					
12,0	10,0	8,0	6,0	2290	4220						
13,0	11,0	9,0	7,0	2460	4550						
14,0	12,0	10,0	8,0	2650	4850						
15,0	13,0	11,0	9,0	2790	5450						
16,0	14,0	12,0	10,0	2930	5740						
17,0	15,0	13,0	11,0	3260	6030						
18,0	16,0	14,0	12,0	3400	6300						
19,0	17,0	15,0	13,0	3530	6550						
20,0	18,0	16,0	14,0	3670	6790						

I. Annahme der Rohrweiten

B. Heizkörper-

2. Senkrechter Abstand des Kessels vom höchst-

q) Die Mitte des untersten Heiz-

Temperaturdifferenz des Wassers: 20⁰.

Horizontale Entfernung des letzten Fallstrangs vom Kessel = E. Die Fallstränge liegen vom Kessel in der Entfernung				Wärmemenge, die stündlich vom Heizkörper abgegeben werden kann bei einem Anschlusse von:							
E bis E-25 m	E-25 m bis E-50 m	E-50 m bis E-75 m	E-75 m bis E-100 m	0,011	0,014	0,020	0,025	0,034	0,039	0,043	0,049
Senkrechter Abstand von Mitte Heizkörper bis Mitte Kessel				95	154	314	491	908	1195	1452	1886
h	h	h	h	\<m Durchmesser / qmm Querschnitt\>							
7,0	—	—	—	100	400	900	1700	3700	5400	6800	9400
7,5	—	—	—	200	500	1600	2900	6300	10000		
8,0	7,0	—	—	300	800	2300	4100	8600			
8,5	7,5	—	—	400	900	2600	4700	10000			
9,0	8,0	7,0	—	500	1000	2900	5200				
9,5	8,5	7,5	—	600	1200	3200	5700				
10,0	9,0	8,0	7,0	700	1300	3400	6200				
11,0	10,0	8,5	7,5	800	1600	4000	7800				
12,0	11,0	9,0	8,0	900	1800	4700	8600				
13,0	12,0	10,0	8,5	1000	1900	5100	9300				
14,0	13,0	11,0	9,0	1100	2100	5500	10000				
15,0	14,0	12,0	10,0	1200	2400	5800					
16,0	15,0	13,0	11,0	1300	2500	6300					
17,0	16,0	14,0	12,0	1400	2600	6500					
18,0	17,0	15,0	13,0	1500	2800	7300					
19,0	18,0	16,0	14,0	1500	2900	7700					
20,0	19,0	17,0	15,0	1600	3000	7900					

r) Die Mitte des untersten Heiz-

h	h	h	h	0,011	0,014	0,020	0,025	0,034	0,039	0,043	0,049
8,0	—	—	—	100	400	900	1700	3700	5400	6800	9400
8,5	—	—	—	200	500	1600	2900	6300	10000		
9,0	—	—	—	300	800	2300	4100	8600			
9,5	8,0	—	—	400	900	2600	4700	10000			
10,0	9,0	—	—	500	1000	2900	5200				
11,0	10,0	8,0	—	700	1300	3400	6200				
12,0	11,0	9,0	—	800	1600	4000	7300				
13,0	12,0	10,0	8,0	900	1800	4700	8600				
14,0	13,0	11,0	9,0	1000	1900	5100	9300				
15,0	14,0	12,0	10,0	1100	2100	5500	10000				
16,0	15,0	13,0	11,0	1200	2400	5800					
17,0	16,0	14,0	12,0	1300	2500	6300					
18,0	17,0	15,0	13,0	1400	2600	6500					
19,0	18,0	16,0	14,0	1500	2800	7300					
20,0	19,0	17,0	15,0	1500	2900	7700					

bei Niederdruck-Warmwasserheizung.

Anschlüsse.

gelegenen Heizkörper der Anlage: **über 12 m.**

körpers liegt **7,0 m** über Mitte Kessel.

Temperaturdifferenz des Wassers 30°.

Horizontale Entfernung des letzten Fallstrangs vom Kessel = E. Die Fallstränge liegen vom Kessel in der Entfernung				Wärmemenge, die stündlich vom Heizkörper abgegeben werden kann bei einem Anschlusse von:							
E bis E-25m	E-25m bis E-50m	E-50m bis E-75m	E-75m bis E-100m	0,011	0,014	0,020	0,025	0,034	0,039	0,043	0,049
							m Durchmesser				
Senkrechter Abstand von Mitte Heizkörper bis Mitte Kessel				95	154	314	491	908	1195	1452	1886
h	h	h	h				qmm Querschnitt				
7,0	—	—	—	270	500	1220	2130	4550	6440	8140	
7,5	—	—	—	530	1150	2820	4910				
8,0	—	—	—	820	1520	4180	7430				
8,5	—	—	—	960	2040	5000	8970				
9,0	—	—	—	1250	2320	5690					
9,5	7,0	—	—	1390	2570	6300					
10,0	8,0	—	—	1510	2800	7400					
11,0	9,0	—	—	1740	3470	8500					
12,0	10,0	7,0	—	1930	3860	9440					
13,0	11,0	8,0	—	2290	4220						
14,0	12,0	9,0	7,0	2460	4550						
15,0	13,0	10,0	8,0	2650	4850						
16,0	14,0	11,0	9,0	2790	5450						
17,0	15,0	12,0	10,0	2930	5740						
18,0	16,0	13,0	11,0	3260	6030						
19,0	17,0	15,0	12,0	3400	6300						
20,0	18,0	17,0	13,0	3530	6550						

körpers liegt **8,0 m** über Mitte Kessel.

E bis E-25m	E-25m bis E-50m	E-50m bis E-75m	E-75m bis E-100m	0,011	0,014	0,020	0,025	0,034	0,039	0,043	0,049
8,0	—	—	—	270	500	1220	2130	4550	6440	8140	
8,5	—	—	—	530	1150	2820	4910				
9,0	—	—	—	820	1520	4180	7430				
9,5	—	—	—	960	2040	5000	8910				
10,0	—	—	—	1250	2320	5690					
11,0	8,0	—	—	1510	2800	7400					
12,0	9,0	—	—	1740	3470	8500					
13,0	10,0	8,0	—	1930	3860	9440					
14,0	11,0	9,0	—	2290	4240						
15,0	12,0	10,0	—	2460	4550						
16,0	13,0	11,0	8,0	2650	4850						
17,0	15,0	12,0	9,0	2790	5450						
18,0	16,0	13,0	10,0	2930	5740						
19,0	17,0	14,0	11,0	3260	6030						
20,0	18,0	15,0	12,0	3400	6300						

I. Annahme der Rohrweiten

B. Heizkörper-

2. Senkrechter Abstand des Kessels vom höchst-

s) Die Mitte des untersten Heiz-

Temperaturdifferenz des Wassers 20⁰.

Horizontale Entfernung des letzten Fallstrangs vom Kessel = E. Die Fallstränge liegen vom Kessel in der Entfernung				Wärmemenge, die stündlich vom Heizkörper abgegeben werden kann bei einem Anschlusse von:							
E bis E-25 m	E-25 m bis E-50 m	E-50 m bis E-75 m	E-75 m bis E-100 m	0,011	0,014	0,020	0,025	0,034	0,039	0,043	0,049
Senkrechter Abstand von Mitte Heizkörper bis Mitte Kessel				m Durchmesser							
				95	154	314	491	908	1195	1452	1886
h	h	h	h	qmm Querschnitt							
9,0	—	—	—	100	400	900	1700	3700	5400	6800	9400
9,5	—	—	—	200	500	1600	2900	6300	10000		
10,0	9,0	—	—	300	800	2300	4100	8600			
11,0	10,0	—	—	500	1000	2900	5200				
12,0	11,0	9,0	—	700	1300	3400	6200				
13,0	12,0	10,0	—	800	1600	4000	7800				
14,0	13,0	11,0	9,0	900	1800	4700	8600				
15,0	14,0	12,0	10,0	1000	1900	5100	9300				
16,0	15,0	13,0	11,0	1100	2100	5500	10000				
17,0	16,0	14,0	12,0	1200	2400	5800					
18,0	17,0	15,0	13,0	1300	2500	6300					
19,0	18,0	16,0	14,0	1400	2600	6500					
20,0	19,0	17,0	15,0	1500	2800	7300					

t) Die Mitte des untersten Heiz-

h	h	h	h	0,011	0,014	0,020	0,025	0,034	0,039	0,043	0,049
10,0	—	—	—	100	400	900	1700	3700	5400	6800	9400
11,0	—	—	—	300	800	2300	4100	8600			
12,0	—	—	—	500	1000	2900	5200				
13,0	10,0	—	—	700	1300	3400	6200				
14,0	11,0	—	—	800	1600	4000	7800				
15,0	12,0	10,0	—	900	1800	4700	8600				
16,0	13,0	11,0	—	1000	1900	5100	9300				
17,0	14,0	12,0	10,0	1100	2100	5500	10000				
18,0	16,0	14,0	11,0	1200	2400	5800					
19,0	18,0	16,0	12,0	1300	2500	6300					
20,0	20,0	18,0	14,0	1400	2600	6500					

bei Niederdruck-Warmwasserheizung.

Anschlüsse.

gelegenen Heizkörper der Anlage: **über 12 m.**

körpers liegt **9,0 m** über Mitte Kessel.

Temperaturdifferenz des Wassers: 30⁰.

Horizontale Entfernung des letzten Fallstrangs vom Kessel = E. Die Fallstränge liegen vom Kessel in der Entfernung				Wärmemenge, die stündlich vom Heizkörper abgegeben werden kann bei einem Anschlusse von:							
E bis E-25 m	E-25 m bis E-50 m	E-50 m bis E-75 m	E-75 m bis E-100 m	0,011	0,014	0,020	0,025	0,034	0,039	0,043	0,049
							m Durchmesser				
Senkrechter Abstand von Mitte Heizkörper bis Mitte Kessel				95	154	314	491	908	1195	1452	1886
h	h	h	h				qmm Querschnitt				
9,0	—	—	—	270	500	1220	2130	4550	6440	8140	
9,5	—	—	—	530	1150	2820	4910				
10,0	—	—	—	820	1520	4180	7430				
11,0	—	—	—	1250	2320	5690					
12,0	9,0	—	—	1510	2800	7400					
13,0	10,0	—	—	1740	3470	8500					
14,0	11,0	—	—	1930	3860	9440					
15,0	12,0	9,0	—	2290	4220						
16,0	13,0	10,0	—	2460	4550						
17,0	14,0	11,0	—	2650	4850						
18,0	15,0	12,0	9,0	2790	5450						
19,0	16,0	13,0	10,0	2930	5740						
20,0	17,0	14,0	11,0	3260	6030						

körpers liegt **10,0 m** über Mitte Kessel.

10,0	—	—	—	270	500	1220	2130	4530	6440	8140	
11,0	—	—	—	820	1520	4180	7430				
12,0	—	—	—	1250	2320	5690					
13,0	10,0	—	—	1510	2800	7400					
14,0	11,0	—	—	1740	3470	8500					
15,0	12,0	—	—	1930	3860	9440					
16,0	13,0	—	—	2290	4220						
17,0	14,0	10,0	—	2460	4550						
18,0	15,0	11,0	—	2650	4840						
19,0	16,0	12,0	—	2790	5450						
20,0	17,0	13,0	10,0	2930	5740						

II.

a) Werthe von $\alpha = \dfrac{\gamma'' - \gamma'}{\dfrac{\gamma' + \gamma''}{2}}$ **für Niederdruck-Warmwasserheizung.**

t'	t''	α	t'	t''	α
95	80	0,0101	85	65	0,0123
95	75	0,0133	85	60	0,0149
95	70	0,0163	85	55	0,0174
95	65	0,0191	80	65	0,0090
95	60	0,0218	80	60	0,0117
90	75	0,0097	80	55	0,0142
90	70	0,0127	80	50	0,0166
90	65	0,0156	75	60	0,0086
90	60	0,0183	75	55	0,0111
85	70	0,0094	75	50	0,0134

b) Werthe für die Dichtigkeit (γ) des Wassers.

t	γ	t	γ	t	γ
50	0,98813	68	0,97902	85	0,96876
51	767	69	846	86	812
52	721	70	790	87	747
53	674	71	733	88	682
54	627	72	674	89	616
55	579	73	615	90	550
56	530	74	555	91	483
57	481	75	495	92	416
58	432	76	435	93	348
59	382	77	375	94	280
60	331	78	314	95	212
61	280	79	253	96	143
62	228	80	191	97	074
63	175	81	129	98	005
64	121	82	066	99	0,95934
65	067	83	004	100	863
66	012	84	0,96941		
67	0,97957				

III. Bestimmung der Geschwindigkeits- und Widerstandshöhen und der möglichen stündlich zu fördernden Wärmemenge.

Geschwindigk. d. Wassers in m	Werthe des Ausdruckes $\frac{v^2}{2g} \cdot \Sigma\zeta$ für $\Sigma\zeta =$									
v	0,5	1	1,5	2	2,5	3	3,5	4	4,5	5
0,010	0,00000	0,00001	0,00001	0,00001	0,00001	0,00002	0,00002	0,00002	0,00002	0,00003
0,015	0,00001	0,00001	0,00002	0,00002	0,00003	0,00003	0,00004	0,00004	0,00005	0,00006
0,020	0,00001	0,00002	0,00003	0,00004	0,00005	0,00006	0,00007	0,00008	0,00009	0,00010
0,025	0,00002	0,00003	0,00005	0,00006	0,00008	0,00010	0,00011	0,00013	0,00014	0,00016
0,030	0,00002	0,00005	0,00007	0,00009	0,00012	0,00014	0,00016	0,00018	0,00021	0,00023
0,035	0,00003	0,00006	0,00009	0,00012	0,00016	0,00019	0,00022	0,00025	0,00028	0,00031
0,040	0,00004	0,00008	0,00012	0,00016	0,00021	0,00025	0,00029	0,00033	0,00037	0,00041
0,045	0,00005	0,00010	0,00015	0,00021	0,00026	0,00031	0,00036	0,00041	0,00046	0,00052
0,050	0,00006	0,00013	0,00019	0,00025	0,00032	0,00038	0,00044	0,00051	0,00057	0,00064
0,055	0,00008	0,00015	0,00023	0,00031	0,00039	0,00046	0,00054	0,00062	0,00069	0,00077
0,060	0,00009	0,00018	0,00027	0,00037	0,00046	0,00055	0,00064	0,00073	0,00082	0,00092
0,065	0,00011	0,00022	0,00032	0,00043	0,00054	0,00065	0,00075	0,00086	0,00097	0,00108
0,070	0,00013	0,00025	0,00038	0,00050	0,00063	0,00075	0,00088	0,00100	0,00113	0,00125
0,075	0,00014	0,00029	0,00043	0,00057	0,00072	0,00086	0,00100	0,00115	0,00129	0,00144
0,080	0,00016	0,00033	0,00049	0,00065	0,00082	0,00098	0,00114	0,00130	0,00147	0,00163
0,085	0,00018	0,00037	0,00055	0,00074	0,00092	0,00110	0,00129	0,00147	0,00166	0,00184
0,090	0,00021	0,00041	0,00062	0,00083	0,00103	0,00124	0,00145	0,00165	0,00186	0,00207
0,095	0,00023	0,00046	0,00069	0,00092	0,00115	0,00138	0,00161	0,00184	0,00207	0,00230
0,100	0,00026	0,00051	0,00077	0,00102	0,00128	0,00153	0,00179	0,00204	0,00230	0,00255

Geschwindigkeit d. Wassers in m v	Mögliche stündl. zu fördernde Wärmemenge bei e. Temperaturdifferenz des Wassers von $\begin{cases}20^0 \\ 30^0\end{cases}$ Werthe des Ausdrucks $\dfrac{v^2\,\varrho}{2g\,d}$ . . . . für eine Rohrweite (in Metern) von:							I II III
	0,011	0,014	0,020	0,025	0,034	0,039	0,043	
0,010	67	108	220	344	636	837	1017	I
	99	161	328	513	948	1247	1516	II
	0,00005	0,00004	0,00003	0,00002	0,00002	0,00002	0,00001	III
0,015	100	163	332	519	959	1262	1535	I
	150	243	496	775	1433	1886	2293	II
	0,00010	0,00008	0,00005	0,00004	0,00003	0,00003	0,00002	III
0,020	133	216	440	688	1272	1673	2034	I
	200	323	660	1031	1907	2510	3051	II
	0,00015	0,00012	0,00008	0,00007	0,00005	0,00004	0,00004	III
0,025	167	270	552	863	1595	2099	2552	I
	250	406	828	1294	2393	3148	3827	II
	0,00022	0,00017	0,00012	0,00010	0,00007	0,00006	0,00006	III
0,030	200	323	660	1031	1907	2510	3051	I
	300	486	992	1550	2867	3772	4586	II
	0,00029	0,00023	0,00016	0,00013	0,00009	0,00008	0,00007	III
0,035	234	378	772	1206	2231	2936	3569	I
	351	568	1160	1813	3352	4411	5362	II
	0,00037	0,00029	0,00020	0,00016	0,00012	0,00010	0,00009	III
0,040	267	433	884	1381	2555	3361	4086	I
	402	651	1328	2075	3838	5050	6139	II
	0,00046	0.00036	0,00025	0,00020	0,00015	0,00013	0,00012	III
0,045	300	486	952	1550	2867	3772	4586	I
	450	729	1488	2325	4300	5658	5029	II
	0,00055	0,00044	0,00030	0,00024	0,00018	0,00016	0,00014	III
0,050	334	541	1104	1725	3191	4198	5103	I
	501	811	1656	2588	4786	6297	7655	II
	0,00066	0,00052	0,00036	0,00029	0,00021	0,00019	0,00017	III
0,055	367	594	1212	1894	3503	4609	5602	I
	551	892	1820	2844	5260	6921	8413	II
	0,00077	0,00060	0,00042	0,00034	0,00025	0,00022	0,00020	III
0,060	401	649	1324	2069	3826	5035	6120	I
	601	974	1988	3106	5745	7559	9190	II
	0,00088	0,00070	0,00049	0,00039	0,00029	0,00025	0,00023	III
0,065	433	702	1432	2238	4138	5445	6619	I
	650	1053	2148	3356	6208	8168	9929	II
	0,00101	0,00079	0,00055	0,00044	0,00033	0,00028	0,00026	III
0,070	467	757	1544	2413	4462	5871	7137	I
	701	1053	2316	3619	6693	8807	10706	II
	0,00114	0,00090	0,00063	0,00050	0,00037	0,00032	0,00029	III
0,075	500	809	1652	2581	4774	6282	7636	I
	750	1215	2480	3875	7167	9430	11464	II
	0,00128	0,00100	0,00070	0,00056.	0,00041	0,00036	0,00033	III
0,080	534	864	1764	2756	5098	6708	8154	I
	801	1298	2648	4138	7653	10069	12240	II
	0,00142	0,00112	0,00078	0,00062	0,00046	0,00040	0,00036	III
0,085	567	919	1876	2931	5422	7133	8672	I
	852	1380	2816	4400	8138	10708	13017	II
	0,00156	0,00123	0,00086	0,00069	0,00051	0,00044	0,00040	III
0,090	600	972	1984	3104	5734	7544	9170	I
	900	1458	2976	4650	8601	11316	13757	II
	0,00173	0,00136	0,00095	0,00076	0,00056	0,00049	0,00044	III
0,095	634	1027	2096	3275	6057	7970	9689	I
	951	1541	3144	4913	9086	11955	14533	II
	0,00189	0,00148	0.00104	0,00083	0,00061	0,00053	0,00048	III
0,100	667	1080	2204	3444	6370	8381	10188	I
	1001	1621	3308	5169	9560	12579	15291	II
	0,00205	0,00161	0,00113	0,00090	0,00066	0,00058	0,00053	III

Ge-schwin-digk. d. Wassers in m	Werthe des Ausdruckes $\frac{v^2}{2g} \cdot \Sigma\zeta$ für $\Sigma\zeta =$									
v	0,5	1	1,5	2	2,5	3	3,5	4	4,5	5
0,105	0,00028	0,00056	0,00084	0,00112	0,00141	0,00169	0,00197	0,00225	0,00253	0,00281
0,110	0,00031	0,00062	0,00093	0,00123	0,00154	0,00185	0,00216	0,00247	0,00278	0,00309
0,115	0,00034	0,00067	0,00101	0,00135	0,00169	0,00202	0,00236	0,00270	0,00303	0,00337
0,120	0,00037	0,00073	0,00110	0,00147	0,00184	0,00220	0,00257	0,00294	0,00330	0,00367
0,125	0,00040	0,00080	0,00119	0,00159	0,00199	0,00239	0,00279	0,00318	0,00358	0,00398
0,130	0,00043	0,00086	0,00129	0,00172	0,00215	0,00258	0,00301	0,00344	0,00387	0,00431
0,135	0,00046	0,00093	0,00139	0,00186	0,00232	0,00279	0,00325	0,00372	0,00418	0,00465
0,140	0,00050	0,00100	0,00150	0,00200	0,00249	0,00300	0,00350	0,00400	0,00450	0,00500
0,145	0,00054	0,00107	0,00161	0,00214	0,00268	0,00321	0,00375	0,00428	0,00482	0,00536
0,150	0,00057	0,00115	0,00172	0,00229	0,00287	0,00344	0,00401	0,00459	0,00516	0,00574
0,155	0,00061	0,00123	0,00184	0,00245	0,00306	0,00368	0,00429	0,00490	0,00551	0,00613
0,160	0,00065	0,00131	0,00196	0,00261	0,00326	0,00392	0,00457	0,00522	0,00587	0,00653
0,165	0,00069	0,00139	0,00208	0,00277	0,00347	0,00416	0,00486	0,00555	0,00625	0,00694
0,170	0,00074	0,00147	0,00221	0,00295	0,00368	0,00442	0,00516	0,00589	0,00663	0,00737
0,175	0,00078	0,00156	0,00234	0,00312	0,00390	0,00468	0,00546	0,00624	0,00702	0,00781
0,180	0,00083	0,00165	0,00248	0,00330	0,00413	0,00495	0,00578	0,00660	0,00743	0,00826
0,185	0,00087	0,00174	0,00262	0,00349	0,00436	0,00523	0,00610	0,00698	0,00785	0,00872
0,190	0,00092	0,00184	0,00276	0,00368	0,00460	0,00552	0,00644	0,00736	0,00828	0,00920
0,195	0,00097	0,00194	0,00291	0,00388	0,00485	0,00581	0,00678	0,00775	0,00872	0,00969
0,200	0,00102	0,00204	0,00306	0,00408	0,00510	0,00612	0,00714	0,00816	0,00918	0,01020

Geschwindigkeit d. Wassers in m	Mögliche stündl. zu fördernde Wärmemenge bei e. Temperaturdifferenz des Wassers von $\begin{cases}20^0\\30^0\end{cases}$ Werthe des Ausdruckes $\dfrac{v^2\,\varrho}{2g\,d}$ . . . . für eine Rohrweite (in Metern) von:							I II III
v	0,011	0,014	0,020	0,025	0,034	0,039	0,043	
0,105	701	1135	2316	3619	6693	8807	10706	I
	1051	1703	3476	5431	10046	13217	16068	II
	0,00223	0,00175	0,00123	0,00098	0,00072	0,00063	0,00057	III
0,110	733	1188	2424	3788	7005	9217	11205	I
	1100	1782	3636	5681	10508	13826	16807	II
	0,00241	0,00189	0,00132	0,00106	0,00078	0,00068	0,00062	III
0,115	767	1243	2536	3963	7329	9643	11723	I
	1151	1864	3804	5944	10994	14465	17584	II
	0,00259	0,00204	0,00143	0,00114	0,00084	0,00073	0,00066	III
0,120	800	1296	2644	4131	7641	10054	12222	I
	1200	1944	3968	6200	11468	15088	18342	II
	0,00278	0,00219	0,00153	0,00123	0,00090	0,00079	0,00071	III
0,125	834	1350	2756	4316	7965	10480	12740	I
	1251	2027	4136	6463	11953	15727	19119	II
	0,00298	0,00234	0,00164	0,00131	0,00096	0,00084	0,00076	III
0,130	868	1405	2868	4481	8289	10906	13257	I
	1302	2109	4304	6725	12439	16366	19895	II
	0,00318	0,00250	0,00175	0,00140	0,00103	0,00090	0,00081	III
0,135	900	1458	2976	4650	8601	11316	13757	I
	1350	2187	4464	6975	12901	16974	20635	II
	0,00339	0,00267	0,00187	0,00149	0,00110	0,00096	0,00087	III
0,140	934	1513	3088	4825	8924	11742	14274	I
	1401	2270	4632	7238	13386	17613	21411	II
	0,00361	0,00283	0,00199	0,00159	0,00117	0,00102	0,00092	III
0,145	968	1566	3196	4994	9236	12153	14774	I
	1451	2350	4796	7494	13860	18237	22170	II
	0,00382	0,00301	0,00210	0,00168	0,00124	0,00108	0,00098	III
0,150	999	1619	3304	5163	9549	12563	15273	I
	1499	2428	4956	7744	14323	18845	22909	II
	0,00405	0,00318	0,00223	0,00178	0,00131	0,00114	0,00103	III
0,155	1035	1676	3420	5344	9884	13005	15809	I
	1552	2515	5132	8019	14831	19514	23723	II
	0,00429	0,00337	0,00236	0,00189	0,00139	0,00121	0,00110	III
0,160	1067	1729	3528	5513	10196	13415	16308	I
	1601	2593	5292	8269	15294	20123	24462	II
	0,00452	0,00355	0,00249	0,00199	0,00146	0,00127	0,00116	III
0,165	1101	1784	3640	5688	10520	13841	16826	I
	1652	2675	5460	8531	15779	20762	25239	II
	0,00476	0,00374	0,00262	0,00209	0,00154	0,00134	0,00122	III
0,170	1134	1837	3748	5856	10832	14252	17325	I
	1701	2756	5524	8788	16253	21385	25997	II
	0,00501	0,00394	0,00275	0,00220	0,00162	0,00141	0,00128	III
0,175	1168	1891	3860	6031	11155	14678	17843	I
	1752	2838	5792	9050	16739	22024	26774	II
	0,00525	0,00413	0,00289	0,00231	0,00170	0,00148	0,00134	III
0,180	1200	1944	3968	6200	11468	15088	18342	I
	1800	2916	5942	9300	17201	22632	27513	II
	0,00551	0,00433	0,00303	0,00242	0,00178	0,00155	0,00141	III
0,185	1234	1999	4080	6375	11791	15514	18860	I
	1851	2999	6120	9563	17687	23271	28290	II
	0,00577	0,00453	0,00317	0,00254	0,00187	0,00163	0,00148	III
0,190	1267	2052	4188	6544	12103	15925	19359	I
	1901	3079	6284	9819	18161	23895	29048	II
	0,00604	0,00475	0,00332	0,00266	0,00195	0,00170	0,00155	III
0,195	1301	2107	4300	6719	12427	16351	19877	I
	1952	3161	6452	10081	18646	24534	29824	II
	0,00631	0,00496	0,00347	0,00278	0,00204	0,00178	0,00161	III
0,200	1335	2162	4412	6894	12751	16777	20394	I
	2003	3244	6620	10344	19132	25173	30601	II
	0,00660	0,00518	0,00363	0,00290	0,00213	0,00186	0,00169	III

Geschwindigk. d. Wassers in m v	Werthe des Ausdruckes $\frac{v^2}{2g} \cdot \Sigma\zeta$ für $\Sigma\zeta =$									
	0,5	1	1,5	2	2,5	3	3,5	4	4,5	5
0,205	0,00107	0,00214	0,00321	0,00428	0,00536	0,00643	0,00750	0,00857	0,00964	0,01071
0,210	0,00112	0,00225	0,00337	0,00450	0,00562	0,00674	0,00787	0,00899	0,01012	0,01124
0,215	0,00118	0,00236	0,00353	0,00471	0,00589	0,00707	0,00825	0,00942	0,01060	0,01178
0,220	0,00123	0,00247	0,00370	0,00493	0,00617	0,00740	0,00863	0,00987	0,01110	0,01234
0,225	0,00129	0,00258	0,00387	0,00516	0,00645	0,00773	0,00903	0,01032	0,01161	0,01290
0,230	0,00135	0,00270	0,00404	0,00539	0,00674	0,00809	0,00943	0,01078	0,01213	0,01348
0,235	0,00141	0,00281	0,00422	0,00563	0,00703	0,00844	0,00985	0,01126	0,01266	0,01407
0,240	0,00147	0,00294	0,00440	0,00587	0,00734	0,00881	0,01028	0,01174	0,01321	0,01468
0,245	0,00153	0,00306	0,00459	0,00612	0,00765	0,00918	0,01071	0,01224	0,01377	0,01530
0,250	0,00159	0,00319	0,00478	0,00637	0,00797	0,00956	0,01115	0,01274	0,01434	0,01593
0,255	0,00166	0,00331	0,00497	0,00663	0,00829	0,00994	0,01160	0,01326	0,01491	0,01657
0,260	0,00172	0,00345	0,00517	0,00689	0,00861	0,01034	0,01206	0,01378	0,01550	0,01723
0,265	0,00179	0,00358	0,00537	0,00716	0,00895	0,01074	0,01253	0,01431	0,01611	0,01790
0,270	0,00186	0,00372	0,00557	0,00743	0,00929	0,01115	0,01301	0,01486	0,01671	0,01858
0,275	0,00193	0,00385	0,00578	0,00771	0,00964	0,01156	0,01349	0,01542	0,01734	0,01927
0,280	0,00200	0,00400	0,00599	0,00799	0,00999	0,01198	0,01399	0,01598	0,01798	0,01998
0,285	0,00207	0,00414	0,00621	0,00828	0,01035	0,01242	0,01449	0,01656	0,01863	0,02070
0,290	0,00214	0,00429	0,00643	0,00857	0,01072	0,01286	0,01500	0,01714	0,01929	0,02143
0,295	0,00222	0,00444	0,00665	0,00887	0,01109	0,01331	0,01553	0,01774	0,01996	0,02218
0,300	0,00229	0,00459	0,00688	0,00917	0,01147	0,01376	0,01605	0,01835	0,02064	0,02294

Geschwindigkeit d. Wassers in m v	Mögliche stündl. zu fördernde Wärmemenge bei e. Temperaturdifferenz des Wassers von $\{20^0 / 30^0\}$. Werthe des Ausdruckes $\dfrac{v^2\,\varrho}{2g\,d}$ . . . für eine Rohrweite (in Metern) von:							
	0,011	0,014	0,020	0,025	0,034	0,039	0.043	
0,205	1367	2215	4520	7063	13063	17187	20894	I
	2051	3322	6780	10594	19594	25781	31341	II
	0,00687	0,00540	0,00378	0,00302	0,00222	0,00194	0,00176	III
0,210	1401	2270	4632	7238	13386	17613	21411	I
	2102	3405	6948	10856	20080	26420	32117	II
	0,00717	0,00564	0,00395	0,00316	0,00232	0,00202	0,00183	III
0,215	1434	2323	4740	7406	13699	18024	21911	I
	2151	3485	7112	11113	20554	27043	32875	II
	0,00746	0,00586	0,00410	0,00328	0,00241	0,00210	0,00191	III
0,220	1468	2377	4852	7581	14022	18450	22428	I
	2202	3567	7280	11375	21039	27682	33652	II
	0,00776	0,00610	0,00427	0,00341	0,00251	0,00219	0,00199	III
0,225	1500	2430	4960	7750	14334	18860	22928	I
	2251	3646	7440	11625	21502	28291	34391	II
	0,00807	0,00634	0,00444	0,00355	0,00261	0,00228	0,00206	III
0,230	1534	2485	5072	7925	14658	19286	23445	I
	2301	3728	7608	11888	21987	28929	35168	II
	0,00836	0,00657	0,00460	0,00368	0,00270	0,00236	0,00214	III
0,235	1568	2540	5184	8100	14982	19712	23963	I
	2352	3810	7776	12150	22473	29568	35945	II
	0,00868	0,00682	0,00477	0,00382	0,00281	0,00245	0,00222	III
0,240	1601	2593	5292	8269	15294	20123	24462	I
	2401	3891	7940	12406	22947	30192	36703	II
	0,00899	0,00707	0,00495	0,00396	0,00261	0,00254	0,00230	III
0,245	1635	2648	5404	8444	15618	20549	24980	I
	2453	3973	8108	12669	23432	30831	37479	II
	0,00932	0,00732	0,00512	0,00410	0,00301	0,00263	0,00238	III
0,250	1667	2701	5512	8613	15930	20959	25479	I
	2503	4055	8276	12931	23918	31469	38256	II
	0,00964	0,00758	0.00530	0,00424	0,00312	0,00272	0,00247	III
0,255	1701	2756	5624	8788	16253	21385	25997	I
	2552	4134	8436	13181	24380	32078	38995	II
	0,00997	0,00784	0,00548	0,00439	0.00323	0,00281	0,00255	III
0,260	1734	2809	5732	8956	16565	21796	26496	I
	2603	4216	8604	13444	24866	32717	39772	II
	0,01034	0,00812	0,00568	0,00455	0,00334	0,00292	0,00264	III
0,265	1768	2864	5844	9131	16889	22222	27014	I
	2654	4298	8772	13706	25351	33356	40549	II
	0,01067	0,00839	0,00587	0,00470	0,00345	0,00301	0,00273	III
0,270	1802	2918	5956	9306	17213	22648	27532	I
	2703	4379	8936	13963	25825	33979	41307	II
	0,01101	0,00865	0,00606	0,00485	0,00356	0,00311	0,00282	III
0,275	1834	2971	6064	9475	17525	23058	28031	I
	2750	4455	9092	14206	26276	34572	42028	II
	0,01139	0,00895	0,00626	0,00501	0,00368	0,00321	0.00291	III
0,280	1868	3026	6176	9650	17849	23484	28549	I
	2802	4539	9264	14475	26773	35226	42823	II
	0,01173	0,00922	0,00645	0.00516	0,00380	0,00331	0.00300	III
0,285	1901	3079	6284	9819	18161	23895	29048	I
	2852	4620	9428	14731	27247	35850	43581	II
	0,01208	0,00949	0,00664	0,00532	0,00391	0,00341	0,00309	III
0,290	1935	3134	6396	9994	18484	24321	29566	I
	2903	4702	9596	14994	27732	36489	44357	II
	0,01246	0,00979	0,00685	0,00548	0,00403	0,00351	0.00319	III
0,295	1967	3187	6504	10163	18797	24731	30065	I
	2951	4780	9756	15244	28195	37097	45097	II
	0.01282	0,01008	0,00705	0,00564	0,00415	0,00362	0,00328	III
0,300	2001	3242	6616	10338	19120	25157	30582	I
	3002	4863	9924	15506	28680	37736	45874	II
	0,01322	0,01039	0,00727	0.00582	0,00428	0.00373	0,00338	III

Geschwindigk. d. Wassers in m	Werthe des Ausdruckes $\frac{v^2}{2g} \cdot \Sigma\zeta$ für $\Sigma\zeta =$									
v	0,5	1	1,5	2	2,5	3	3,5	4	4,5	5
0,305	0,00237	0,00474	0,00711	0,00948	0,01185	0,01422	0,01659	0,01896	0,02133	0,02371
0,310	0,00245	0,00490	0,00735	0,00980	0,01225	0,01469	0,01714	0,01959	0,02204	0,02449
0,315	0,00253	0,00506	0,00759	0,01011	0,01264	0,01517	0,01770	0,02023	0,02276	0,02529
0,320	0,00261	0,00522	0,00783	0,01044	0,01305	0,01566	0,01827	0,02088	0,02349	0,02610
0,325	0,00269	0,00538	0,00808	0,01077	0,01346	0,01615	0,01884	0,02154	0,02423	0,02692
0,330	0,00278	0,00555	0,00833	0,01110	0,01388	0,01665	0,01943	0,02220	0,02498	0,02775
0,335	0,00286	0,00572	0,00858	0,01144	0,01430	0,01716	0,02002	0,02288	0,02574	0,02860
0,340	0,00295	0,00589	0,00884	0,01178	0,01473	0,01768	0,02062	0,02357	0,02651	0,02946
0,345	0,00303	0,00607	0,00910	0,01213	0,01517	0,01820	0,02123	0,02427	0,02730	0,03034
0,350	0,00312	0,00624	0,00937	0,01249	0,01561	0,01873	0,02185	0,02498	0,02810	0,03122
0,355	0,00321	0,00642	0,00963	0,01285	0,01606	0,01927	0,02248	0,02569	0,02890	0,03212
0,360	0,00330	0,00661	0,00991	0,01321	0,01652	0,01982	0,02312	0,02642	0,02973	0,03303
0,365	0,00340	0,00679	0,01019	0,01358	0,01698	0,02037	0,02377	0,02716	0,03056	0,03396
0,370	0,00349	0,00698	0,01047	0,01396	0,01745	0,02093	0,02442	0,02791	0,03140	0,03489
0,375	0,00358	0,00717	0,01075	0,01433	0,01792	0,02150	0,02508	0,02867	0,03225	0,03584
0,380	0,00368	0,00736	0,01104	0,01472	0,01840	0,02208	0,02576	0,02944	0,03312	0,03680
0,385	0,00378	0,00756	0,01133	0,01511	0,01889	0,02267	0,02644	0,03022	0,03400	0,03778
0,390	0,00388	0,00775	0,01163	0,01550	0,01938	0,02326	0,02713	0,03101	0,03488	0,03876
0,395	0,00398	0,00795	0,01193	0,01590	0,01988	0,02386	0,02783	0,03181	0,03578	0,03976
0,400	0,00408	0,00816	0,01223	0,01631	0,02039	0,02447	0,02854	0,03262	0,03670	0,04078

Geschwindigkeit d. Wassers in m v	Mögliche stündl. zu fördernde Wärmemenge bei e. Temperaturdifferenz des Wassers von $\begin{cases}20^0\\30^0\end{cases}$ Werthe des Ausdruckes $\dfrac{v^2\,\varrho}{2g\,d}$ . . . . für eine Rohrweite (in Metern) von:							
	0,011	0,014	0,020	0,025	0,034	0,039	0,043	
0,305	2034	3295	6724	10506	19432	25568	31082	I
	3052	4943	10088	15763	29154	38360	46632	II
	0,01357	0,01067	0,00747	0,00597	0,00439	0,00383	0,00347	III
0,310	2068	3350	6836	10681	19756	25994	31599	I
	3101	5023	10252	16019	29628	38983	47390	II
	0,01309	0,01099	0,00769	0,00615	0,00452	0,00394	0,00358	III
0,315	2102	3405	6948	10856	20080	26420	32117	I
	3154	5110	10428	16294	30137	39652	48193	II
	0,01439	0,01131	0,00791	0,00633	0,00466	0,00406	0,00368	III
0,320	2134	3457	7056	11025	20392	26830	32616	I
	3202	5186	10784	16538	30588	40246	48925	II
	0,01476	0,01159	0,00812	0,00649	0,00477	0,00416	0,00377	III
0,325	2168	3512	7168	11200	20716	27256	33134	I
	3252	5268	10752	16800	31073	40884	49701	II
	0,01517	0,01192	0,00834	0,00668	0,00491	0,00428	0,00388	III
0,330	2201	3565	7276	11369	21028	27667	33633	I
	3302	5349	10916	17056	31547	41508	50459	II
	0,01559	0,01225	0,00858	0,00686	0,00504	0,00440	0,00399	III
0,335	2235	3620	7388	11544	21351	28093	34151	I
	3353	5431	11084	17319	32033	42147	51236	II
	0,01602	0,01259	0,00881	0,00705	0,00518	0,00452	0,00410	III
0,340	2268	3673	7496	11713	21663	28504	34650	I
	3401	5510	11244	17569	32495	42755	51975	II
	0,01639	0,01288	0,00902	0,00721	0,00500	0,00462	0,00419	III
0,345	2301	3728	7608	11888	21987	28929	35168	I
	3452	5592	11412	17831	32981	43394	52752	II
	0,01682	0,01322	0,00925	0,00740	0,00544	0,00474	0,00430	III
0,350	2335	3783	7720	12063	22311	29355	35686	I
	3498	5674	11580	18094	33466	44033	53529	II
	0,01726	0,01356	0,00949	0,00759	0,00558	0,00487	0,00441	III
0,355	2368	3836	7828	12231	22623	29766	36185	I
	3553	5755	11744	18350	33940	44657	54287	II
	0,01763	0,01386	0,00970	0,00776	0,00571	0,00497	0,00451	III
0,360	2402	3891	7940	12406	22947	30192	36703	I
	3603	5837	11912	18613	34426	45295	55063	II
	0,01814	0,01425	0,00998	0,00798	0,00587	0,00512	0,00464	III
0,365	2435	3944	8048	12575	23259	30603	37202	I
	3652	5915	12072	18863	34888	45904	55803	II
	0,01858	0,01460	0,01022	0,00818	0,00601	0,00524	0,00475	III
0,370	2468	3998	8160	12750	23582	31028	37720	I
	3703	5998	12240	19125	35374	46543	56579	II
	0,01903	0,01495	0,01047	0,00837	0,00616	0,00537	0,00487	III
0,375	2501	4051	8268	12919	23895	31439	38219	I
	3752	6078	12404	19381	35848	47166	57337	II
	0,01948	0,01531	0,01071	0,00857	0,00630	0,00549	0,00498	III
0,380	2535	4106	8380	13094	24218	31865	38737	I
	3803	6160	12572	19644	36333	47805	58114	II
	0,01994	0,01567	0,01097	0,00877	0,00645	0,00562	0,00510	III
0,385	2569	4146	8492	13269	24542	32291	39254	I
	3854	6243	12740	19906	36819	48444	58891	II
	0,02040	0,01603	0,01122	0,00898	0,00660	0,00575	0,00522	III
0,390	2602	4214	8600	13438	24854	32702	39754	I
	3902	6321	13000	20156	37281	49052	59630	II
	0,02086	0,01639	0,01147	0,00918	0,00675	0,00588	0,00534	III
0,395	2635	4269	8712	13613	25178	33127	40271	I
	3953	6403	13068	20419	37767	49691	60407	II
	0,02133	0,01676	0,01173	0,00938	0,00690	0,00601	0,00546	III
0,400	2668	4322	8820	13781	25490	33538	40770	I
	4003	6484	13232	20675	38240	50315	61165	II
	0,02180	0,01713	0,01199	0,00959	0,00705	0,00615	0,00558	III

Geschwindigk. d. Wassers in m	Werthe des Ausdruckes $\dfrac{v^2}{2g}\cdot\varSigma\zeta$ für $\varSigma\zeta=$									
v	0,5	1	1,5	2	2,5	3	3,5	4	4,5	5
0,405	0,00418	0,00836	0,01254	0,01672	0,02090	0,02508	0,02926	0,03344	0,03762	0,04180
0,410	0,00428	0,00857	0,01285	0,01714	0,02142	0,02570	0,02999	0,03427	0,03856	0,04284
0,415	0,00439	0,00878	0,01317	0,01756	0,02195	0,02633	0,03072	0,03511	0,03950	0,04389
0,420	0,00450	0,00899	0,01349	0,01798	0,02248	0,02697	0,03147	0,03596	0,04046	0,04496
0,425	0,00460	0,00921	0,01381	0,01841	0,02302	0,02762	0,03222	0,03682	0,04142	0,04603
0,430	0,00471	0,00942	0,01414	0,01885	0,02356	0,02827	0,03298	0,03770	0,04241	0,04712
0,435	0,00482	0,00964	0,01447	0,01929	0,02411	0,02893	0,03375	0,03858	0,04340	0,04822
0,440	0,00493	0,00987	0,01480	0,01973	0,02467	0,02960	0,03453	0,03947	0,04440	0,04934
0,445	0,00505	0,01009	0,01514	0,02019	0,02523	0,03028	0,03532	0,04037	0,04542	0,05047
0,450	0,00516	0,01032	0,01548	0,02064	0,02580	0,03096	0,03612	0,04128	0,04644	0 05161
0,455	0,00528	0,01055	0,01583	0,02110	0,02638	0,03166	0,03693	0,04221	0,04748	0,05276
0,460	0,00539	0,01079	0,01618	0,02157	0,02696	0,03236	0,03775	0,04314	0,04853	0,05393
0,465	0,00551	0,01102	0,01653	0,02204	0,02755	0,03306	0,03857	0,04408	0,04959	0,05511
0,470	0,00563	0,01126	0,01689	0,02252	0,02815	0,03378	0,03941	0,04504	0,05067	0,05630
0,475	0,00575	0,01150	0,01725	0,02300	0,02875	0,03450	0,04025	0,04600	0,05175	0,05750
0,480	0,00587	0,01174	0,01761	0,02349	0,02936	0,03523	0,04110	0,04697	0,05284	0,05872
0,485	0,00599	0,01199	0,01798	0,02398	0,02997	0,03597	0,04196	0,04796	0,05395	0,05995
0,490	0,00612	0,01224	0,01836	0,02448	0,03060	0,03671	0,04283	0,04895	0,05507	0,06119
0,495	0,00624	0,01249	0,01873	0,02498	0,03122	0,03747	0,04371	0,04996	0,05620	0,06245
0,500	0,00637	0,01274	0,01911	0,02548	0,03186	0,03823	0,04460	0,05097	0,05734	0,06371

Geschwindigkeit d. Wassers in m	Mögliche stündl. zu fördernde Wärmemenge bei e. Temperaturdifferenz des Wassers von $\begin{cases}20^0\\30^0\end{cases}$ Werthe des Ausdruckes $\dfrac{v^2\,\varrho}{2g\,d}$ . . . . . für eine Rohrweite (in Metern) von:							I II III
v	0,011	0,014	0,020	0,025	0,034	0,039	0,043	
0,405	2702	4377	8932	13956	25813	33964	41288	I
	4054	6566	13400	20938	38726	50954	61942	II
	0,02227	0,01750	0,01225	0,00980	0,00720	0,00628	0,00570	III
0,410	2735	4430	9040	14125	26126	34375	41787	I
	4102	6644	13560	21188	39188	51562	62281	II
	0,02274	0,01737	0,01251	0,01001	0,00736	0,00642	0,00582	III
0,415	2768	4484	9152	14300	26449	34800	42305	I
	4153	6727	13728	21450	39674	52201	63458	II
	0,02322	0,01825	0,01277	0,01022	0,00751	0,00655	0,00594	III
0,420	2801	4537	9260	14469	26761	35211	42804	I
	4202	6807	13792	21706	40148	52824	64216	II
	0,02370	0,01862	0,01304	0,01043	0,00767	0,00669	0,00606	III
0,425	2835	4592	9372	14644	27085	35637	43322	I
	4253	6889	14060	21969	40633	53463	64992	II
	0,02419	0,01900	0,01330	0,01064	0,00783	0,00682	0,00619	III
0,430	2869	4647	9484	14819	27409	36063	43840	I
	4304	6972	14228	22231	41119	54102	65769	II
	0,02467	0,01939	0,01357	0,01086	0,00798	0,00696	0,00631	III
0,435	2902	4700	9592	14988	27721	36474	44339	I
	4352	7050	14388	22481	41581	54710	66509	II
	0,02525	0,01984	0,01389	0,01111	0,00817	0,00712	0,00646	III
0,440	2935	4754	9704	15163	28045	36899	44857	I
	4403	7132	14556	22744	42067	55349	67285	II
	0,02574	0,02023	0,01416	0,01133	0,00833	0,00726	0,00659	III
0,445	2968	4808	9812	15331	28357	37310	45356	I
	4453	7213	14720	23000	42541	55973	68043	II
	0,02624	0,02062	0,01443	0,01155	0,00849	0,00740	0,00671	III
0,450	3002	4863	9924	15506	28680	37736	45874	I
	4504	7295	14888	23263	43026	56612	68820	II
	0,02674	0,02101	0,01471	0,01177	0,00865	0,00754	0,00684	III
0,455	3035	4916	10032	15675	28992	38147	46373	I
	4552	7374	15048	23513	43489	57220	69559	II
	0,02724	0,02141	0,01498	0,01199	0,00881	0,00768	0,00697	III
0,460	3069	4971	10144	15850	29316	38573	46891	I
	4603	7456	15216	23775	43974	57859	70336	II
	0,02784	0,02188	0,01531	0,01225	0,00901	0,00785	0,00712	III
0,465	3102	5025	10256	16025	29640	38998	47408	I
	4654	7538	15384	24038	44460	58498	71113	II
	0,02835	0,02228	0,01559	0,01248	0,00917	0,00800	0,00725	III
0,470	3135	5078	10364	16194	29952	39409	47908	I
	4703	7619	15548	24294	44934	59121	71871	II
	0,02886	0,02268	0,01588	0,01270	0,00934	0,00814	0,00738	III
0,475	3169	5133	10476	16369	30276	39835	48425	I
	4754	7701	15716	24556	45419	59760	72647	II
	0,02938	0,02308	0,01616	0,01293	0,00950	0,00829	0,00752	III
0,480	3202	5186	10584	16538	30588	40246	48925	I
	4802	7779	15876	24806	45882	60368	73387	II
	0,03000	0,02357	0,01650	0,01320	0,00971	0,00846	0,00767	III
0,485	3236	5241	10696	16713	30911	40672	49442	I
	4853	7862	16044	25069	46367	61007	74163	II
	0,03052	0,02398	0,01678	0,01343	0,00987	0,00861	0,00781	III
0,490	3268	5294	10804	16881	31224	41082	49941	I
	4903	7942	16208	25325	46841	61631	74921	II
	0,03104	0,02439	0,01707	0,01366	0,01004	0,00875	0,00794	III
0,495	3302	5349	10916	17056	31547	41508	50459	I
	4954	8024	16376	25588	44327	62270	75698	II
	0,03168	0,02489	0,01742	0,01394	0,01025	0,00893	0,00810	III
0,500	3457	5404	11028	17231	31871	41934	50977	I
	5005	8107	16544	25850	47812	62909	76475	II
	0,03220	0,02530	0,01771	0,01417	0,01042	0,00908	0,00824	III

Ge-schwin-digk. d. Wassers in m	Werthe des Ausdruckes $\dfrac{v^2}{2g} \cdot \Sigma\zeta$ für $\Sigma\zeta =$									
v	0,5	1	1,5	2	2,5	3	3,5	4	4,5	5
0,505	0,00650	0,01300	0,01950	0,02600	0,03250	0,03899	0,04549	0,05199	0,05849	0,06499
0,510	0,00663	0,01326	0,01989	0,02651	0,03314	0,03977	0,04640	0,05303	0,05966	0,06629
0,515	0,00676	0,01352	0,02028	0,02704	0,03380	0,04055	0,04731	0,05407	0,06083	0,06759
0,520	0,00689	0,01378	0,02067	0,02756	0,03446	0,04135	0,04824	0,05513	0,06201	0,06891
0,525	0,00702	0,01405	0,02107	0,02810	0,03512	0,04214	0,04917	0,05619	0,06322	0,07024
0,530	0,00716	0,01432	0,02148	0,02863	0,03579	0,04295	0,05011	0,05727	0,06443	0,07159
0,535	0,00729	0,01459	0,02188	0,02918	0,03647	0,04376	0,05106	0,05835	0,06565	0,07294
0,540	0,00743	0,01486	0,02229	0,02972	0,03716	0,04459	0,05202	0,05945	0,06688	0,07431
0,545	0,00757	0,01514	0,02271	0,03028	0,03785	0,04542	0,05299	0,06056	0,06813	0,07570
0,550	0,00771	0,01542	0,02313	0,03084	0,03855	0,04626	0,05396	0,06167	0,06938	0,07709
0,555	0,00785	0,01570	0,02355	0,03140	0,03925	0,04710	0,05495	0,06280	0,07065	0,07850
0,560	0,00799	0,01598	0,02398	0,03197	0,03996	0,04795	0,05594	0,06394	0,07193	0,07992
0,565	0,00814	0,01627	0,02441	0,03254	0,04068	0,04881	0,05694	0,06508	0,07322	0,08135
0,570	0,00828	0,01656	0,02484	0,03312	0,04140	0,04968	0,05796	0,06624	0,07452	0,08280
0,575	0,00843	0,01685	0,02528	0,03370	0,04213	0,05055	0,05898	0,06740	0,07583	0,08426
0,580	0,00857	0,01715	0,02572	0,03429	0,04287	0,05144	0,06001	0,06858	0,07716	0,08573
0,585	0,00872	0,01744	0,02616	0,03489	0,04361	0,05233	0,06105	0,06977	0,07849	0,08722
0,590	0,00887	0,01774	0,02661	0,03548	0,04436	0,05323	0,06210	0,07097	0,07984	0,08871
0,595	0,00902	0,01804	0,02707	0,03609	0,04511	0,05413	0,06315	0,07218	0,08120	0,09022
0,600	0,00917	0,01835	0,02752	0,03670	0,04587	0,05505	0,06422	0,07340	0,08257	0,09175

Geschwindigkeit d. Wassers in m — v	Mögliche stündl. zu fördernde Wärmemenge bei e. Temperaturdifferenz des Wassers von $\begin{cases}20^0\\30^0\end{cases}$ — Werthe des Ausdruckes $\dfrac{v^2\,\varrho}{2g\,d}$ für eine Rohrweite (in Metern) von:							I II III
	0,011	0,014	0,020	0,025	0,034	0,039	0,043	
0,505	3369	5457	11136	17400	32183	42345	51476	I
	5053	8185	16704	26100	48275	63517	77214	II
	0,03273	0,02572	0,01800	0,01440	0,01059	0,00923	0,00837	III
0,510	3403	5512	11248	17575	32507	42771	51994	I
	5104	8267	16872	26363	48760	64156	77991	II
	0,03338	0,02623	0,01836	0,01469	0,01080	0,00942	0,00854	III
0,515	3435	5564	11356	17744	32819	43181	52493	I
	5153	8348	17036	26619	49234	64779	78749	II
	0,03392	0,02665	0,01866	0,01492	0,01097	0,00957	0,00868	III
0,520	3469	5619	11468	17919	33143	43607	53011	I
	5204	3480	17204	26881	49720	65418	79525	II
	0,03446	0,02707	0,01895	0,01516	0,01115	0,00972	0,00881	III
0,525	3502	5672	11576	18088	33455	44018	53510	I
	5253	8508	17364	27131	50182	66027	80265	II
	0,03512	0,02759	0,01932	0,01545	0,01136	0,00991	0,00898	III
0,530	3536	5727	11688	18263	33778	44444	54028	I
	5303	8591	17532	27394	50667	66665	81042	II
	0,03566	0,02802	0,01961	0,01569	0,01154	0,01006	0,00912	III
0,535	3568	5780	11796	18431	34090	44854	54527	I
	5353	8671	17696	27650	51141	67289	81800	II
	0,03620	0,02843	0,01991	0,01593	0,01171	0,01021	0,00926	III
0,540	3602	5835	11908	18606	34414	45280	55045	I
	5404	8753	17864	27913	51627	67928	82576	II
	0,03688	0,02898	0,02029	0,01623	0,01193	0,01040	0,00944	III
0,545	3636	5890	12020	18781	34738	45706	55562	I
	5455	8836	18032	28175	52112	68567	83353	II
	0,03743	0,02941	0,02059	0,01647	0,01211	0,01056	0,00958	III
0,550	3669	5943	12128	18950	35050	46117	56062	I
	5503	8914	18192	28425	52775	69175	84093	II
	0,03812	0,02996	0,02097	0,01677	0,01233	0,01075	0,00975	III
0,555	3703	5998	12240	19125	35374	46543	56579	I
	5554	8996	18360	28688	53060	69814	84869	II
	0,03868	0,03039	0,02127	0,01702	0,01251	0,01091	0,00989	III
0,560	3735	6051	12348	19294	35686	46953	57079	I
	5604	9077	18524	28944	53534	70438	85627	II
	0,03938	0,03094	0,02166	0,01733	0,01274	0,01111	0,01001	III
0,565	3769	6105	12460	19469	36009	47379	57596	I
	5654	9159	18692	29206	54020	71076	86404	II
	0,03994	0,03138	0,02196	0,01757	0,01292	0,01126	0,01022	III
0,570	3802	6158	12568	19638	36322	47790	58096	I
	5703	9237	18852	29456	54482	71685	87143	II
	0,04050	0,03182	0,02227	0,01782	0,01310	0,01142	0,01036	III
0,575	3836	6213	12680	19813	36645	48216	58613	I
	5754	9320	19020	29719	54968	72324	87920	II
	0,04121	0,03238	0,02266	0,01813	0,01333	0,01162	0,01054	III
0,580	3870	6268	12792	19988	36969	48642	59131	I
	5804	9402	19188	29981	55453	72962	88697	II
	0,04177	0,03282	0,02298	0,01838	0,01352	0,01178	0,01069	III
0,585	3902	6321	12900	20156	37281	49052	59630	I
	5854	9482	19352	30238	55927	73586	89455	II
	0,04250	0,03339	0,02337	0,01870	0,01375	0,01199	0,01087	III
0,590	3936	6376	13012	20331	37605	49478	60148	I
	5905	9565	19520	30500	56413	74225	90231	II
	0,04306	0,03384	0,02369	0,01895	0,01393	0,01215	0,01102	III
0,595	3969	6429	13120	20500	37917	49889	60647	I
	5953	9643	19680	30750	56875	74833	90971	II
	0,04380	0,03441	0,02409	0,01927	0,01417	0,01235	0,01120	III
0,600	4003	6484	13232	20675	38240	50315	61165	I
	6004	9726	19848	31013	57361	75472	91496	II
	0,04437	0,03486	0,02440	0,01952	0,01436	0,01251	0,01135	III

Ge-schwin-digk. d. Wassers in m	Werthe des Ausdruckes $\frac{v^2}{2g} \cdot \Sigma\zeta$ für $\Sigma\zeta =$									
v	0,5	1	1,5	2	2,5	3	3,5	4	4,5	5
0,605	0,00933	0,01866	0,02798	0,03731	0,04664	0,05597	0,06529	0,07462	0,08395	0,09328
0,610	0,00948	0,01897	0,02844	0,03793	0,04741	0,05690	0,06638	0,07586	0,08534	0,09483
0,615	0,00964	0,01928	0,02892	0,03856	0,04820	0,05783	0,06747	0,07711	0,08675	0,09639
0,620	0,00980	0,01959	0,02939	0,03918	0,04898	0,05878	0,06857	0,07837	0,08816	0,09796
0,625	0,00996	0,01991	0,02986	0,03982	0,04977	0,05973	0,06968	0,07964	0,08959	0,09955
0,630	0,01012	0,02022	0,03034	0,04046	0,05057	0,06069	0,07080	0,08092	0,09103	0,10115
0,635	0,01028	0,02055	0,03083	0,04110	0,05138	0,06166	0,07193	0,08221	0,09248	0,10276
0,640	0,01044	0,02088	0,03131	0,04175	0,05219	0,06263	0,07307	0,08350	0,09394	0,10438
0,645	0,01060	0,02120	0,03181	0,04241	0,05301	0,06361	0,07421	0,08482	0,09542	0,10602
0,650	0,01077	0,02153	0,03230	0,04307	0,05384	0,06460	0,07537	0,08614	0,09690	0,10767
0,655	0,01093	0,02187	0,03280	0,04370	0,05467	0,06560	0,07653	0,08746	0,09840	0,10933
0,660	0,01110	0,02220	0,03330	0,04440	0,05551	0,06661	0,07771	0,08881	0,09991	0,11101
0,665	0,01127	0,02254	0,03381	0,04508	0,05635	0,06762	0,07889	0,09016	0,10143	0,11270
0,670	0,01144	0,02288	0,03432	0,04576	0,05720	0,06864	0,08008	0,09152	0,10296	0,11440
0,675	0,01161	0,02322	0,03483	0,04644	0,05806	0,06967	0,08128	0,09289	0,10450	0,11611
0,680	0,01178	0,02357	0,03535	0,04714	0,05892	0,07070	0,08249	0,09427	0,10606	0,11784
0,685	0,01196	0,02392	0,03587	0,04783	0,05979	0,07175	0,08370	0,09566	0,10762	0,11958
0,690	0,01213	0,02427	0,03640	0,04853	0,06067	0,07280	0,08493	0,09706	0,10920	0,12133
0,695	0,01231	0,02462	0,03693	0,04924	0,06155	0,07386	0,08617	0,09848	0,11079	0,12310
0,700	0,01249	0,02497	0,03746	0,04995	0,06244	0,07492	0,08741	0,09990	0,11238	0,12487

Geschwindigkeit d. Wassers in m	Mögliche stündl. zu fördernde Wärmemenge bei e. Temperaturdifferenz des Wassers von $\begin{cases}20^0\\30^0\end{cases}$ Werthe des Ausdruckes $\dfrac{v^2\,\varrho}{2g\,d}$ . . . . für eine Rohrweite (in Metern) von:							I II III
v	0,011	0,014	0,020	· 0,025	0,034	0,039	0,043	
0,605	4035	6536	13338	20840	38545	50717	61654	I
	6054	9805	20010	31268	57830	76091	92499	II
	0,04504	0,03539	0,02477	0,01982	0,01457	0,01270	0,01152	III
0,610	4068	6590	13448	21012	38864	51136	62164	I
	6104	9886	20176	31526	58308	76720	93264	II
	0,04572	0,03592	0,02514	0,02011	0,01479	0,01289	0,01170	III
0,615	4101	6645	13560	21189	39189	51561	62682	I
	6153	9966	20340	31782	58782	77343	94023	II
	0,04638	0,03645	0,02551	0,02041	0,01501	0,01308	0,01187	III
0,620	4136	6700	13672	21362	39512	51988	63198	I
	6202	10046	20504	32038	59256	77966	94780	II
	0,04705	0,03697	0,02588	0,02070	0,01522	0,01327	0,01204	III
0,625	4170	6750	13780	21580	39825	52400	63700	I
	6255	10135	20680	32315	59765	78635	95595	II
	0,04773	0,03750	0,02625	0,02100	0,01644	0,01346	0,01221	III
0,630	4204	6810	13896	21712	40160	52840	64234	I
	6308	10220	20856	32588	60274	79304	96386	II
	0,04841	0,03803	0,02662	0,02130	0,01566	0,01365	0,01238	III
0,635	4235	6860	13999	21873	40456	53232	64712	I
	6354	10291	21003	32818	60698	79865	97086	II
	0,04909	0,03857	0,02700	0,02158	0,01588	0,01385	0,01256	III
0,640	4268	6914	14112	22050	40784	53660	65232	I
	6404	10372	21568	33076	61176	80492	97850	II
	0,04978	0,03911	0,02906	0,02190	0,01610	0,01404	0,01273	III
0,645	4302	6969	14220	22218	41097	54072	65733	I
	6453	10455	21336	33339	61662	81129	98625	II
	0,05047	0,03965	0,02775	0,02220	0,01639	0,01423	0,01291	III
0,650	4336	7024	14336	22400	41432	54512	66268	I
	6504	10536	21504	33600	62146	81768	99402	II
	0,05117	0,04020	0,02803	0,02251	0,01655	0,01443	0,01309	III
0,655	4368	7076	14440	22562	41731	54909	66750	I
	6555	10615	21664	33852	62609	82380	100144	II
	0,05184	0,04070	0,02853	0,02282	0,01678	0,01463	0,01327	III
0,660	4402	7130	14552	22738	42056	55334	67266	I
	6604	10698	21832	34112	63094	83016	100918	II
	0,05257	0,04131	0,02892	0,02313	0,01701	0,01483	0,01345	III
0,665	4438	7189	14672	22925	42399	55790	67823	I
	6657	10787	22008	34391	63602	83685	101731	II
	0,05328	0,04186	0,02931	0,02345	0,01724	0,01503	0,01363	III
0,670	4470	7240	14776	23088	42702	56186	68302	I
	6706	10862	22168	34638	64066	84294	102472	II
	0,05400	0,04242	0,02970	0,02376	0,01747	0,01523	0,01381	III
0,675	4500	7290	13880	23250	43002	56580	68784	I
	6753	10938	22320	34875	64506	84873	103173	II
	0,05471	0,04299	0,03009	0,02407	0,01770	0,01543	0,01400	III
0,680	4536	7346	14992	23426	43326	57008	69300	I
	6802	11020	22488	35138	64990	85510	103950	II
	0,05543	0,04356	0,03049	0,02439	0,01794	0,01564	0,01418	III
0,685	4568	7400	15102	23596	43642	57424	69807	I
	6855	11101	22656	35402	65477	86153	104730	II
	0,05616	0,04413	0,03089	0,02471	0,01817	0,01584	0,01437	III
0,690	4602	7456	15216	23776	43974	57858	70336	I
	6904	11184	22824	35662	65962	86788	105504	II
	0,05689	0,04470	0,03129	0,02503	0,01841	0,01605	0,01455	III
0,695	4635	7508	15322	23940	44279	58262	70826	I
	6955	11263	22987	35919	66433	87411	106259	II
	0,05763	0,04527	0,03170	0,02536	0,01865	0,01626	0,01474	III
0,700	4670	7566	15440	24126	44622	58710	71372	I
	6986	11348	23160	36188	66932	88066	107058	II
	0,05835	0,04586	0,03210	0,02568	0,01889	0,01646	0,01493	III

Geschwindigk. d. Wassers in m	Werthe des Ausdruckes $\frac{v^2}{2g} \cdot \Sigma\zeta$ für $\Sigma\zeta =$									
v	0,5	1	1,5	2	2,5	3	3,5	4	4,5	5
0,705	0,01267	0,02533	0,03800	0,05066	0,06333	0,07600	0,08866	0,10133	0,11399	0,12666
0,710	0,01285	0,02569	0,03854	0,05139	0,06423	0,07708	0,08993	0,10277	0,11562	0,12847
0,715	0,01303	0,02606	0,03908	0,05211	0,06514	0,07817	0,09120	0,10422	0,11725	0,13028
0,720	0,01321	0,02642	0,03963	0,05284	0,06606	0,07927	0,09248	0,10569	0,11890	0,13211
0,725	0,01340	0,02679	0,04019	0,05358	0,06698	0,08037	0,09377	0,10716	0,12056	0,13395
0,730	0,01358	0,02716	0,04074	0,05432	0,06790	0,08148	0,09506	0,10864	0,12222	0,13581
0,735	0,01377	0,02753	0,04130	0,05507	0,06884	0,08260	0,09637	0,11014	0,12390	0,13767
0,740	0,01396	0,02791	0,04187	0,05582	0,06978	0,08373	0,09769	0,11164	0,12560	0,13955
0,745	0,01415	0,02829	0,04243	0,05658	0,07072	0,08487	0,09901	0,11316	0,12730	0,14145
0,750	0,01434	0,02867	0,04301	0,05734	0,07168	0,08601	0,10035	0,11468	0,12902	0,14335
0,755	0,01453	0,02905	0,04358	0,05811	0,07263	0,08716	0,10169	0,11621	0,13074	0,14527
0,760	0,01472	0,02944	0,04416	0,05888	0,07360	0,08832	0,10304	0,11776	0,13248	0,14720
0,765	0,01491	0,02983	0,04474	0,05966	0,07457	0,08948	0,10440	0,11931	0,13423	0,14914
0,770	0,01511	0,03022	0,04533	0,06044	0,07555	0,09066	0,10577	0,12088	0,13599	0,15110
0,775	0,01531	0,03061	0,04592	0,06123	0,07653	0,09184	0,10715	0,12245	0,13776	0,15307
0,780	0,01550	0,03100	0,04651	0,06202	0,07752	0,09303	0,10853	0,12404	0,13954	0,15505
0,785	0,01570	0,03141	0,04711	0,06282	0,07852	0,09422	0,10993	0,12563	0,14134	0,15704
0,790	0,01591	0,03181	0,04771	0,06362	0,07952	0,09543	0,11133	0,12724	0,14314	0,15905
0,795	0,01611	0,03221	0,04832	0,06443	0,08053	0,09664	0,11275	0,12885	0,14496	0,16107
0,800	0,01631	0,03262	0,04893	0,06524	0,08155	0,09786	0,11417	0,13048	0,14679	0,16310

Geschwindigkeit d. Wassers in m	Mögliche stündl. zu fördernde Wärmemenge bei e. Temperaturdifferenz des Wassers von $\begin{cases} 20^0 \\ 30^0 \end{cases}$ Werthe des Ausdruckes $\dfrac{v^2\varrho}{2g\,d}$ . . . . für eine Rohrweite (in Metern) von:							I II III
v	0,011	0,014	0,020	0,025	0,034	0,039	0,043	
0,705	4704	7620	15552	24300	44946	59136	71889	I
	7056	11430	23328	36450	67419	88704	117835	II
	0,05911	0,04645	0,03251	0,02601	0,01913	0,01693	0,01592	III
0,710	4736	7672	15656	24462	45246	59532	72370	I
	7106	11510	23488	36700	67880	89314	108574	II
	0,05986	0,04704	0,03293	0,02634	0,01937	0,01689	0,01533	III
0,715	4768	7724	15763	24629	45553	59938	72864	I
	7155	11587	23649	36953	68345	89926	109317	II
	0,06062	0,04765	0,03334	0,02667	0,01961	0,01710	0,01551	III
0,720	4804	7782	15880	24812	45894	60384	73406	I
	7206	11674	23824	37226	68852	90590	110126	II
	0,06137	0,04822	0,03376	0,02701	0,01986	0,01731	0,01570	III
0,725	4804	7782	15880	24812	45894	60384	73406	I
	7206	11674	23824	37226	68852	90590	110126	II
	0,06214	0,04882	0,03418	0,02734	0,02010	0,01753	0,01589	III
0,730	4870	7888	16096	25150	46518	61206	74404	I
	7304	11830	24144	37726	69776	91808	111606	II
	0,06290	0,04942	0,03460	0,02768	0,02035	0,01774	0,01609	III
0,735	4907	7945	16212	25333	46851	61649	74942	I
	7357	11921	24332	38017	70322	92519	112476	II
	0,06369	0,05003	0,03502	0,02802	0,02060	0,01796	0,01629	III
0,740	4936	7996	16320	25500	47164	62056	75440	I
	7406	11996	24480	38250	70748	93086	113158	II
	0,06444	0,05063	0,03222	0,02835	0,02085	0,01817	0,01648	III
0,745	4968	8048	16424	25662	47465	62453	75921	I
	7455	12073	24641	38503	71212	93699	113904	II
	0,06522	0,05125	0,03587	0,02870	0,02110	0,01840	0,01668	III
0,750	5002	8102	16536	25838	47790	62878	76438	I
	7504	12156	24808	38762	71696	94332	114674	II
	0,06601	0,05186	0,03630	0,02905	0,02136	0,01862	0,01688	III
0,755	5035	8156	16645	26007	48102	63292	76941	I
	7555	12236	24972	39020	72168	94957	115433	II
	0,06679	0,05248	0,03674	0,02939	0,02161	0,01884	0,01709	III
0,760	5070	8212	16760	26188	48436	63730	77474	I
	7606	12320	25144	39288	72666	95610	116228	II
	0,06759	0,05311	0,03717	0,02973	0,02187	0,01906	0,01729	III
0,765	5103	8271	16884	26379	48798	64197	78048	I
	7668	12420	25344	39600	73242	96372	117153	II
	0,06838	0,05373	0,03761	0,03009	0,02212	0,01929	0,01749	III
0,770	5138	8292	16984	26538	49084	64582	78508	I
	7708	12486	25480	39812	73638	96888	117782	II
	0,06918	0,05436	0,03805	0,03044	0,02238	0,01951	0,01770	III
0,775	5175	8380	17100	26720	49420	65025	79045	I
	7760	12575	25660	40095	74155	97570	118615	II
	0,06999	0,05499	0,03849	0,03079	0,02264	0,01974	0,01790	III
0,780	5204	8428	17200	26876	49708	65404	79508	I
	7804	12642	26000	40312	74562	98104	119260	II
	0,07079	0,05562	0,03894	0,03115	0,02290	0,01997	0,01811	III
0,785	5235	8480	17306	27040	50013	65807	79998	I
	7855	12722	25964	40570	75036	98730	120019	II
	0,07161	0,05626	0,03876	0,03151	0.02317	0,02020	0,01832	III
0,790	5269	8534	17416	27212	50332	66226	80508	I
	7906	12803	26129	40829	75514	99359	120784	II
	0,07242	0,05690	0,03983	0,03187	0,02345	0,02043	0,01853	III
0,795	5302	8588	17527	27385	50650	66645	81017	I
	7956	12884	26295	41087	75992	99988	121548	II
	0,07325	0,05755	0,04029	0,03223	0,02370	0,02066	0,01874	III
0,800	5335	8642	17637	27557	50969	67064	81526	I
	8006	12965	26460	41346	76470	100617	122313	II
	0,07407	0,05820	0,04074	0,03259	0,02396	0,02089	0,01895	III

Ge-schwin-digk. d. Wassers in m	Werthe des Ausdruckes $\frac{v^2}{2g} \cdot \Sigma\zeta$ für $\Sigma\zeta =$									
v	0,5	1	1,5	2	2,5	3	3,5	4	4,5	5
0,010	0,00000	0,00001	0,00001	0,00001	0,00001	0,00002	0,00002	0,00002	0,00002	0,00003
0,015	0,00001	0,00001	0,00002	0,00002	0,00003	0,00003	0,00004	0,00004	0,00005	0,00006
0,020	0,00001	0,00002	0,00003	0,00004	0,00005	0,00006	0,00007	0,00008	0,00009	0,00010
0,025	0,00002	0,00003	0,00005	0,00006	0,00008	0,00010	0,00011	0,00013	0,00014	0,00016
0,030	0,00002	0,00005	0,00007	0,00009	0,00012	0,00014	0,00016	0,00018	0,00021	0,00023
0,035	0,00003	0,00006	0,00009	0,00012	0,00016	0,00019	0,00022	0,00025	0,00028	0,00031
0,040	0,00004	0,00008	0,00012	0,00016	0,00021	0,00025	0,00029	0,00033	0,00037	0,00041
0,045	0,00005	0,00010	0,00015	0,00021	0,00026	0,00031	0,00036	0,00041	0,00046	0,00052
0,050	0,00006	0,00013	0,00019	0,00025	0,00032	0,00038	0,00044	0,00051	0,00057	0,00064
0,055	0,00008	0,00015	0,00023	0,00031	0,00039	0,00046	0,00054	0,00062	0,00069	0,00077
0,060	0,00009	0,00018	0,00027	0,00037	0,00046	0,00055	0,00064	0,00073	0,00082	0,00092
0,065	0,00011	0,00022	0,00032	0,00043	0,00054	0,00065	0,00075	0,00086	0,00097	0,00108
0,070	0,00013	0,00025	0,00038	0,00050	0,00063	0,00075	0,00088	0,00100	0,00113	0,00125
0,075	0,00014	0,00029	0,00043	0,00057	0,00072	0,00086	0,00100	0,00115	0,00129	0,00144
0,080	0,00016	0,00033	0,00049	0,00065	0,00082	0,00098	0,00114	0,00130	0,00147	0,00163
0,085	0,00018	0,00037	0,00055	0,00074	0,00092	0,00110	0,00129	0,00147	0,00166	0,00184
0,090	0,00021	0,00041	0,00062	0,00083	0,00103	0,00124	0,00145	0,00165	0,00186	0,00207
0,095	0,00023	0,00046	0,00069	0,00092	0,00115	0,00138	0,00161	0,00184	0,00207	0,00230
0,100	0,00026	0,00051	0,00077	0,00102	0,00128	0,00153	0,00179	0,00204	0,00230	0,00255

Geschwindigkeit d. Wassers in m v	Mögliche stündl. zu fördernde Wärmemenge bei e. Temperaturdifferenz des Wassers von $\{20^0 \atop 30^0$ Werthe des Ausdruckes $\dfrac{v^2\,\varrho}{2g\,d}$ . . . für eine Rohrweite (in Metern) von:							I II III
	0,049	0,057	0,064	0,070	0,076	0,082	0,088	
0,010	1321	1787	2253	2695	3177	3698	4261	I
	1969	2664	3359	4018	4736	5541	6351	II
	0,00001	0,00001	0,00001	0,00001	0,00001	0,00001	0,00001	III
0,015	1993	2697	3400	4067	4794	5581	6428	I
	2977	4029	5079	6076	7162	8338	9602	II
	0,00002	0,00002	0,00002	0,00002	0,00001	0,00001	0,00001	III
0,020	2641	3574	4506	5390	6354	7396	8518	I
	3962	5361	6758	8085	9530	11095	12779	II
	0,00003	0,00003	0,00003	0,00002	0,00002	0,00002	0,00002	III
0,025	3313	4184	5652	6762	7971	9279	10685	I
	4970	6725	8479	10143	11956	13919	16030	II
	0,00005	0,00004	0,00004	0,00003	0,00003	0,00003	0,00003	III
0,030	3962	5361	6758	8085	9530	11095	12779	I
	5954	8058	10158	12152	14324	16676	19203	II
	0,00006	0,00006	0,00005	0,00005	0,00004	0,00004	0,00004	III
0,035	4634	6271	7905	9457	11148	12977	14946	I
	6963	9422	11878	14210	16750	19500	22458	II
	0,00008	0,00007	0,00006	0,00006	0,00005	0,00005	0,00005	III
0,040	5306	7180	9052	10829	12765	14860	17113	I
	7971	10787	13599	16268	19176	22324	25709	II
	0,00010	0,00009	0,00008	0,00007	0,00007	0,00006	0,00006	III
0,045	5954	8058	10158	12152	14324	16676	19203	I
	8932	12086	15237	18228	21487	25013	28808	II
	0,00012	0,00011	0,00010	0,00009	0,00008	0,00007	0,00007	III
0,050	6627	8967	11305	13524	15942	18558	21374	I
	9940	13451	16957	20286	23913	27837	32059	II
	0,00015	0,00013	0,00011	0,00010	0,00010	0,00009	0,00008	III
0,055	7275	9844	12411	14847	17501	20374	23464	I
	10925	14783	18637	22295	26281	30594	35236	II
	0,00017	0,00015	0,00013	0,00012	0,00011	0,00010	0,00010	III
0,060	7947	10754	13558	16219	19119	22256	25631	I
	11933	16148	20357	24353	28707	33418	38488	II
	0,00020	0,00017	0,00015	0,00014	0,00013	0,00012	0,00011	III
0,065	8596	11631	14664	17542	20678	24072	27725	I
	12893	17447	21996	26313	31017	36108	41584	II
	0,00023	0,00019	0,00019	0,00016	0,00015	0,00014	0,00013	III
0,070	9268	12541	15811	18914	22295	25955	29892	I
	13902	18812	23716	28371	33443	38932	44838	II
	0,00026	0,00022	0,00020	0,00018	0,00016	0,00015	0,00014	III
0,075	9916	13418	16916	20237	23855	27770	31982	I
	14886	20144	25395	30380	35811	41689	48012	II
	0,00029	0,00025	0,00022	0,00020	0,00018	0,00017	0,00016	III
0,080	10588	14328	18063	21609	25472	29653	34149	I
	15895	21508	27116	32438	38237	44513	51266	II
	0,00032	0,00027	0,00024	0,00022	0,00021	0,00019	0,00018	III
0,085	11261	15238	19210	22981	27089	31536	36320	I
	16903	22873	28836	34496	40663	47337	54517	II
	0,00035	0,00030	0,00027	0,00025	0,00023	0,00021	0,00020	III
0,090	11909	16115	20316	24304	28649	33351	38410	I
	17863	24173	30474	36456	42973	50027	57614	II
	0,00039	0,00033	0,00030	0,00027	0,00025	0,00023	0,00022	III
0,095	12581	17025	21463	25676	30266	35234	40577	I
	18872	25537	32195	38514	45399	52851	60868	II
	0,00042	0,00036	0,00032	0,00030	0,00027	0,00025	0,00024	III
0,100	13230	17902	22569	26999	31826	37049	42671	I
	19856	26869	33874	40523	47768	55607	64042	II
	0,00046	0,00040	0,00035	0,00032	0,00030	0,00028	0,00026	III

Ge-schwin-digk. d. Wassers in m	Werthe des Ausdruckes $\dfrac{v^2}{2g} \cdot \Sigma\zeta$ für $\Sigma\zeta =$									
v	0,5	1	1,5	2	2,5	3	3,5	4	4,5	5
0,105	0,00028	0,00056	0,00084	0,00112	0,00141	0,00169	0,00197	0,00225	0,00253	0,00281
0,110	0,00031	0,00062	0,00093	0,00123	0,00154	0,00185	0,00216	0,00247	0,00278	0,00309
0,115	0,00034	0,00067	0,00101	0,00135	0,00169	0,00202	0,00236	0,00270	0,00303	0,00337
0,120	0,00037	0,00073	0,00110	0,00147	0,00184	0,00220	0,00257	0,00294	0,00330	0,00367
0,125	0,00040	0,00080	0,00119	0,00159	0,00199	0,00239	0,00279	0,00318	0,00358	0,00398
0,130	0,00043	0,00086	0,00129	0,00172	0,00215	0,00258	0,00301	0,00344	0,00387	0,00431
0,135	0,00046	0,00093	0,00139	0,00186	0,00232	0,00279	0,00325	0,00372	0,00418	0,00465
0,140	0,00050	0,00100	0,00150	0,00200	0,00249	0,00300	0,00350	0,00400	0,00450	0,00500
0,145	0,00054	0,00107	0,00161	0,00214	0,00268	0,00321	0,00375	0,00428	0,00482	0,00536
0,150	0,00057	0,00115	0,00172	0,00229	0,00287	0,00344	0,00401	0,00459	0,00516	0,00574
0,155	0,00061	0,00123	0,00184	0,00245	0,00306	0,00368	0,00429	0,00490	0,00551	0,00613
0,160	0,00065	0,00131	0,00196	0,00261	0,00326	0,00392	0,00457	0,00522	0,00587	0,00653
0,165	0,00069	0,00139	0,00208	0,00277	0,00347	0,00416	0,00486	0,00555	0,00625	0,00694
0,170	0,00074	0,00147	0,00221	0,00295	0,00368	0,00442	0,00516	0,00589	0,00663	0,00737
0,175	0,00078	0,00156	0,00234	0,00312	0,00390	0,00468	0,00546	0,00624	0,00702	0,00781
0,180	0,00083	0,00165	0,00248	0,00330	0,00413	0,00495	0,00578	0,00660	0,00743	0,00826
0,185	0,00087	0,00174	0,00262	0,00349	0,00436	0,00523	0,00610	0,00698	0,00785	0,00872
0,190	0,00092	0,00184	0,00276	0,00368	0,00460	0,00552	0,00644	0,00736	0,00828	0,00920
0,195	0,00097	0,00194	0,00291	0,00388	0,00485	0,00581	0,00678	0,00775	0,00872	0,00969
0,200	0,00102	0,00204	0,00306	0,00408	0,00510	0,00612	0,00714	0,00816	0,00918	0,01020

Geschwindigkeit d. Wassers in m v	Mögliche stündl. zu fördernde Wärmemenge bei e. Temperaturdifferenz des Wassers von $\{20^0 / 30^0\}$. Werthe des Ausdruckes $\dfrac{v^2\,\varrho}{2g\,d}$ für eine Rohrweite (in Metern) von:							
	0,049	0,057	0,064	0,070	0,076	0,082	0,088	
0,105	13902	18812	23716	28371	33443	38932	44838	I
	20865	28234	35594	42581	50193	58432	67296	II
	0,00050	0,00043	0,00038	0,00035	0,00032	0,00030	0,00028	III
0,110	14550	19689	24822	29694	35003	40747	46928	I
	21825	29533	37233	44541	52504	61121	70392	II
	0,00054	0,00046	0,00041	0,00038	0,00035	0,00032	0,00030	III
0,115	15222	20599	25969	31066	36620	42630	49096	I
	22834	30898	38953	46599	54930	63945	73647	II
	0,00058	0,00050	0,00045	0,00041	0,00038	0,00035	0,00032	III
0,120	15871	21476	27075	32389	38179	44447	51189	I
	23818	32230	40632	48608	57298	66702	76820	II
	0,00063	0,00054	0,00048	0,00044	0,00040	0,00037	0,00035	III
0,125	16543	22386	28221	33761	39797	46328	53356	I
	24826	33595	42353	50666	59724	69526	80071	II
	0,00070	0,00058	0,00051	0,00047	0,00043	0,00040	0,00037	III
0,130	17215	23295	29368	35133	41414	48211	55524	I
	25835	34959	44073	52724	62150	72350	83326	II
	0,00071	0,00061	0,00055	0,00050	0,00046	0,00043	0,00040	III
0,135	17863	24173	30474	36456	42973	50027	57614	I
	26795	36259	45711	54684	64460	75040	86422	II
	0,00076	0,00065	0,00058	0,00053	0,00049	0,00046	0,00042	III
1,140	18536	25082	31621	37828	44591	51909	59784	I
	27804	37623	47432	56742	66886	77864	89676	II
	0,00081	0,00070	0,00062	0,00057	0,00052	0,00048	0,00045	III
0,145	19184	25960	32727	39151	46150	53725	61874	I
	28788	38956	49111	58751	69254	80621	92850	II
	0,00086	0,00074	0,00066	0,00060	0,00055	0,00051	0,00048	III
0,150	19832	26837	33833	40474	47710	55540	63964	I
	29748	40255	50749	60711	71565	83310	95946	II
	0,00091	0,00078	0,00070	0,00064	0,00059	0,00054	0,00051	III
0,155	20529	27779	35021	41895	49385	57490	66212	I
	30805	41685	52552	62867	74106	86269	99355	II
	0,00096	0,00083	0,00074	0,00067	0,00062	0,00057	0,00054	III
0,160	21177	28656	36127	43218	50944	59306	68302	I
	31765	42984	54190	64827	76416	88959	102452	II
	0,00101	0,00087	0,00078	0,00071	0,00065	0,00061	0,00057	III
0,165	21849	29566	37274	44590	52562	61188	70470	I
	32774	44349	55910	66885	78842	91783	105709	II
	0,00107	0,00092	0,00082	0,00075	0,00069	0,00064	0,00059	III
0,170	22497	30443	38380	45913	54121	63004	72560	I
	33758	45681	57590	68894	81211	94539	108880	II
	0,00112	0,00097	0,00086	0,00079	0,00072	0,00067	0,00063	III
0,175	23170	31353	39526	47285	55738	64887	74730	I
	34766	47046	59310	70952	83636	97364	112131	II
	0,00118	0,00101	0,00090	0,00083	0,00076	0,00071	0,00066	III
0,180	23818	32230	40632	48608	57298	66702	76820	I
	35737	48345	60948	72912	85947	100053	115230	II
	0,00124	0,00106	0,00095	0,00087	0,00080	0,00074	0,00069	III
0,185	24490	33140	41779	49980	58915	68585	78988	I
	36735	49710	62669	74970	88373	102877	118481	II
	0,00130	0,00111	0,00099	0,00091	0,00084	0,00077	0,00072	III
0,190	25138	34017	42885	51503	60475	70400	81078	I
	37720	51042	64348	76979	90741	105634	121658	II
	0,00136	0,00117	0,00104	0,00095	0,00087	0,00081	0,00076	III
0,195	25811	34927	44032	52675	62092	72283	83248	I
	38728	52406	66068	79037	93167	108458	124909	II
	0,00142	0,00122	0,00108	0,00099	0,00091	0,00085	0,00079	III
0,200	26483	35836	45179	54047	63709	74166	85416	I
	39737	53771	67788	81095	95593	111282	128164	II
	0,00148	0,00127	0,00113	0,00104	0,00096	0,00088	0,00082	III

Geschwindigk. d. Wassers in m v	\multicolumn{10}{c}{Werthe des Ausdruckes $\frac{v^2}{2g} \cdot \Sigma\zeta$ für $\Sigma\zeta =$}									
	0,5	1	1,5	2	2,5	3	3,5	4	4,5	5
0,205	0,00107	0,00214	0,00321	0,00428	0,00536	0,00643	0,00750	0,00857	0,00964	0,01071
0,210	0,00112	0,00225	0,00337	0,00450	0,00562	0,00674	0,00787	0,00899	0,01012	0,01124
0,215	0,00118	0,00236	0,00353	0,00471	0,00589	0,00707	0,00825	0,00942	0,01060	0,01178
0,220	0,00123	0,00247	0,00370	0,00493	0,00617	0,00740	0,00863	0,00987	0,01110	0,01234
0,225	0,00129	0,00258	0,00387	0,00516	0,00645	0,00773	0,00903	0,01032	0,01161	0,01290
0,230	0,00135	0,00270	0,00404	0,00539	0,00674	0,00809	0,00943	0,01078	0,01213	0,01348
0,235	0,00141	0,00281	0,00422	0,00563	0,00703	0,00844	0,00985	0,01126	0,01266	0,01407
0,240	0,00147	0,00294	0,00440	0,00587	0,00734	0,00881	0,01028	0,01174	0,01321	0,01468
0,245	0,00153	0,00306	0,00459	0,00612	0,00765	0,00918	0,01071	0,01224	0,01377	0,01530
0,250	0,00159	0,00319	0,00478	0,00637	0,00797	0,00956	0,01115	0,01274	0,01434	0,01593
0,255	0,00166	0,00331	0,00497	0,00663	0,00829	0,00994	0,01160	0,01326	0,01491	0,01657
0,260	0,00172	0,00345	0,00517	0,00689	0,00861	0,01034	0,01206	0,01378	0,01550	0,01723
0,265	0,00179	0,00358	0,00537	0,00716	0,00895	0,01074	0,01253	0,01431	0,01611	0,01790
0,270	0,00186	0,00372	0,00557	0,00743	0,00929	0,01115	0,01301	0,01486	0,01671	0,01858
0,275	0,00193	0,00385	0,00578	0,00771	0,00964	0,01156	0,01349	0,01542	0,01734	0,01927
0,280	0,00200	0,00400	0,00599	0,00799	0,00999	0,01198	0,01399	0,01598	0,01798	0,01998
0,285	0,00207	0,00414	0,00621	0,00828	0,01035	0,01242	0,01449	0,01656	0,01863	0,02070
0,290	0,00214	0,00429	0,00643	0,00857	0,01072	0,01286	0,01500	0,01714	0,01929	0,02143
0,295	0,00222	0,00444	0,00665	0,00887	0,01109	0,01331	0,01553	0,01774	0,01996	0,02218
0,300	0,00229	0,00459	0,00688	0,00917	0,01147	0,01376	0,01605	0,01835	0,02064	0,02294

Mögliche stündl. zu fördernde Wärmemenge bei e. Temperaturdifferenz des Wassers von $\begin{cases}20^0 & \text{I}\\ 30^0 & \text{II}\end{cases}$ III

Werthe des Ausdruckes $\dfrac{v^2}{2g}\dfrac{\varrho}{d}$ . . . . für eine Rohrweite (in Metern) von:

v	0,049	0,057	0,064	0,070	0,076	0,082	0,088	
0,205	27131	36714	46285	55370	65269	75981	87506	I
	40697	55071	69427	83055	97903	113972	131260	II
	0,00154	0,00133	0,00117	0,00108	0,00099	0,00092	0,00086	III
0,210	27804	37623	47432	56742	66886	77864	89676	I
	41705	56435	71148	85113	100329	116796	134511	II
	0,00161	0,00138	0,00123	0,00113	0,00104	0,00096	0,00090	III
0,215	28452	38501	48538	58065	68446	79679	91766	I
	42690	57767	72827	87122	102697	119553	137688	II
	0,00167	0,00144	0,00128	0,00117	0,00108	0,00100	0,00093	III
0,220	29124	39410	49684	59437	70063	81562	94579	I
	43698	59132	74547	89180	105123	122377	140939	II
	0,00174	0,00150	0,00133	0,00122	0,00112	0,00104	0,00097	III
0,225	29772	40288	50790	60760	71622	83378	96024	I
	44659	60431	76186	91140	107434	125066	144039	II
	0,00181	0,00156	0,00139	0,00127	0,00117	0,00108	0,00101	III
0,230	30445	41197	51937	62132	73240	85260	98194	I
	45667	61796	77906	93198	109860	127890	147290	II
	0,00188	0,00161	0,00144	0,00131	0,00121	0,00112	0,00104	III
0,235	31117	42107	53084	63504	74857	87143	100362	I
	46675	63161	79626	95256	112285	130715	150541	II
	0,00195	0,00167	0,00149	0,00136	0,00126	0,00116	0,00108	III
0,240	31765	42984	54190	64827	76416	88959	102452	I
	47660	64493	81306	97265	114654	133471	153718	II
	0,00202	0,00174	0,00155	0,00141	0,00130	0,00121	0,00112	III
0,245	32438	43894	55337	66199	78033	90841	104622	I
	48668	65857	83026	99323	117080	136295	156969	II
	0,00209	0,00180	0,00160	0,00146	0,00135	0,00125	0,00116	III
0,250	33086	44771	56443	67522	79593	92657	106712	I
	49677	67222	84746	101381	119505	139120	160223	II
	0,00217	0,00186	0,00166	0,00152	0,00140	0,00129	0,00121	III
0,255	33758	45681	57590	68894	81211	94539	108880	I
	50637	68521	86385	103341	121816	141809	163320	II
	0,00224	0,00192	0,00171	0,00157	0,00144	0,00134	0,00125	III
0,260	34406	46558	58696	70217	82770	96355	110970	I
	51646	69886	88105	105399	124242	144633	166574	II
	0,00232	0,00199	0,00178	0,00162	0,00150	0,00138	0,00129	III
0,265	35079	47468	59843	71589	84387	98238	113140	I
	52654	71251	89825	107457	126668	147457	169825	II
	0,00240	0,00206	0,00183	0,00168	0,00154	0,00143	0,00133	III
0,270	35751	48378	60989	72961	86005	100120	115308	I
	53638	72583	91505	109466	129036	150214	172999	II
	0,00247	0,00213	0,00189	0,00173	0,00159	0,00148	0,00138	III
0,275	36399	49255	62095	74284	87564	101936	117398	I
	54575	73850	93102	111377	131288	152837	176021	II
	0,00256	0,00220	0,00196	0,00179	0,00165	0,00153	0,00142	III
0,280	37071	50165	63242	75656	89181	103819	119565	I
	55607	75247	94863	113484	133772	155728	179349	II
	0,00263	0,00226	0,00202	0,00184	0,00170	0,00157	0,00147	III
0,285	37720	51042	64348	76979	90741	105634	121658	I
	56592	76579	96543	115493	136140	158485	182526	II
	0,00271	0,00233	0,00208	0,00190	0,00175	0,00162	0,00151	III
0,290	38392	51952	65495	78351	92358	107517	123826	I
	57600	77944	98263	117551	138566	161309	185777	II
	0,00280	0,00240	0,00214	0,00196	0,00180	0,00167	0,00156	III
0,295	39040	52829	66601	79674	93918	109332	125916	I
	58460	79243	99901	119511	140877	163998	188551	II
	0,00288	0,00247	0,00220	0,00202	0,00186	0,00172	0,00160	III
0,300	39713	53738	67748	81046	95535	111215	128086	I
	59569	80608	101622	121569	143303	166822	192128	II
	0,00297	0,00255	0,00227	0,00208	0,00191	0,00177	0,00165	III

Ge-schwin-digk. d. Wassers in m	Werthe des Ausdruckes $\dfrac{v^2}{2g} \cdot \Sigma\zeta$ für $\Sigma\zeta =$									
v	0,5	1	1,5	2	2,5	3	3,5	4	4,5	5
0,305	0,00237	0,00474	0,00711	0,00948	0,01185	0,01422	0,01659	0,01896	0,02133	0,02371
0,310	0,00245	0,00490	0,00735	0,00980	0,01225	0,01469	0,01714	0,01959	0,02204	0,02449
0,315	0,00253	0,00506	0,00759	0,01011	0,01264	0,01517	0,01770	0,02023	0,02276	0,02529
0,320	0,00261	0,00522	0,00783	0,01044	0,01305	0,01566	0,01827	0,02088	0,02349	0,02610
0,325	0,00269	0,00538	0,00808	0,01077	0,01346	0,01615	0,01884	0,02154	0,02423	0,02692
0,330	0,00278	0,00555	0,00833	0,01110	0,01388	0,01665	0,01943	0,02220	0,02498	0,02775
0,335	0,00286	0,00572	0,00858	0,01144	0,01430	0,01716	0,02002	0,02288	0,02574	0,02860
0,340	0,00295	0,00589	0,00884	0,01178	0,01473	0,01768	0,02062	0,02357	0,02651	0,02946
0,345	0,00303	0,00607	0,00910	0,01213	0,01517	0,01820	0,02123	0,02427	0,02730	0,03034
0,350	0,00312	0,00624	0,00937	0,01249	0,01561	0,01873	0,02185	0,02498	0,02810	0,03122
0,355	0,00321	0,00642	0,00963	0,01285	0,01606	0,01927	0,02248	0,02569	0,02890	0,03212
0,360	0,00330	0,00661	0,00991	0,01321	0,01652	0,01982	0,02312	0,02642	0,02972	0,03303
0,365	0,00340	0,00679	0,01019	0,01358	0,01698	0,02037	0,02377	0,02716	0,03056	0,03396
0,370	0,00349	0,00698	0,01047	0,01396	0,01745	0,02093	0,02442	0,02791	0,03140	0,03489
0,375	0,00358	0,00717	0,01075	0,01433	0,01792	0,02150	0,02508	0,02867	0,03225	0,03584
0,380	0,00368	0,00736	0,01104	0,01472	0,01840	0,02208	0,02576	0,02944	0,03312	0,03680
0,385	0,00378	0,00756	0,01133	0,01511	0,01889	0,02267	0,02644	0,03022	0,03400	0,03778
0,390	0,00388	0,00775	0,01163	0,01550	0,01938	0,02326	0,02713	0,03101	0,03488	0,03876
0,395	0,00398	0,00795	0,01193	0,01590	0,01988	0,02386	0,02783	0,03181	0,03578	0,03976
0,400	0,00408	0,00816	0,01223	0,01631	0,02039	0,02447	0,02854	0,03262	0,03670	0,04078

Geschwindigkeit d. Wassers in m v	Mögliche stündl. zu fördernde Wärmemenge bei e. Temperaturdifferenz des Wassers von $\{20^0 \atop 30^0$ Werthe des Ausdruckes $\dfrac{v^2 \varrho}{2g\,d}$ . . . . für eine Rohrweite (in Metern von:							I II III
	0,049	0,057	0,064	0,070	0,076	0,082	0,088	
0,305	40361	54616	68854	82369	97095	113030	130176	I
	60553	81940	103301	123578	145671	169379	195302	II
	0,00305	0,00261	0,00233	0,00213	0,00197	0,00183	0,00170	III
0,310	41033	55525	70001	83741	98712	114913	132344	I
	61538	83272	104980	125587	148039	172336	198479	II
	0,00314	0,00270	0,00240	0,00220	0,00202	0,00188	0,00175	III
0,315	41705	56435	71148	85113	100329	116796	134511	I
	62594	84701	106783	127743	150580	175295	201884	II
	0,00323	0,00278	0,00247	0,00226	0,00208	0,00193	0,00180	III
0,320	42354	57312	72253	86436	101889	118611	136604	I
	63530	85969	108380	129654	152833	177917	204903	II
	0,00331	0,00285	0,00254	0,00232	0,00214	0,00198	0,00184	III
0,325	43025	58222	73400	87808	103506	120494	138769	I
	64539	87333	110100	131712	155259	180741	208158	II
	0,00341	0,00293	0,00261	0,00238	0,00220	0,00204	0,00190	III
0,330	43674	59099	74506	89131	105065	122310	140862	I
	65523	88665	111780	133721	157627	183498	211331	II
	0,00350	0,00301	0,00268	0,00245	0,00226	0,00209	0,00195	III
0,335	44346	60009	75653	90503	106683	124192	143029	I
	66532	90030	113500	135779	160053	186322	214586	II
	0,00360	0,00309	0,00275	0,00252	0,00232	0,00214	0,00200	III
0,340	44995	60886	76759	91826	108242	126008	145122	I
	67492	91329	115139	137739	162363	189012	217682	II
	0,00368	0,00316	0,00282	0,00258	0,00237	0,00220	0,00205	III
0,345	45667	61796	77906	93198	109860	127890	147290	I
	68501	92694	116859	139797	164789	191836	220936	II
	0,00378	0,00325	0,00289	0,00264	0,00243	0,00226	0,00210	III
0,350	46339	62706	79053	94570	111477	129773	149457	I
	69509	94059	118579	141855	167215	194660	224187	II
	0,00387	0,00333	0,00297	0,00271	0,00250	0,00232	0,00216	III
0,355	46988	63583	80159	95893	113036	131589	151550	I
	70493	95391	120259	143864	169583	197417	227361	II
	0,00396	0,00340	0,00303	0,00277	0,00255	0,00337	0,00220	III
0,360	47660	64493	81306	97265	114654	133471	153718	I
	71502	96755	121979	145922	172009	200241	230615	II
	0,00407	0,00350	0,00312	0,00285	0,00263	0,00243	0,00227	III
0,365	48308	65370	82412	98588	116213	135287	155808	I
	72462	98055	123617	147882	174320	202930	233712	II
	0,00417	0,00359	0,00319	0,00292	0,00269	0,00249	0,00232	III
0,370	48980	66280	83558	99960	117830	137170	157975	I
	73471	99419	125338	149940	176746	205754	236966	II
	0,00427	0,00367	0,00327	0,00299	0,00275	0,00256	0,00238	III
0,375	49629	67157	84664	101283	119390	138985	160068	I
	74455	100751	127017	151949	179114	208511	240140	II
	0,00437	0,00376	0,00335	0,00306	0,00282	0,00261	0,00244	III
0,380	50301	68067	85811	102655	121007	140868	162236	I
	75463	102116	128737	154007	181540	211335	243391	II
	0,00448	0,00385	0,00343	0,00313	0,00289	0,00267	0,00249	III
0,385	50973	68976	86958	104027	122624	142751	164403	I
	76472	103481	130458	156065	183966	214159	246645	II
	0,00458	0,00394	0,00351	0,00321	0,00295	0,00273	0,00255	III
0,390	51622	69854	88064	105350	124184	144566	166496	I
	77432	104780	132096	158025	186276	216840	249741	II
	0,00468	0,00403	0,00359	0,00328	0,00302	0,00280	0,00261	III
0,395	52294	70763	89211	106722	125801	146449	168664	I
	78440	106145	133816	160083	188702	219673	252993	II
	0,00479	0,00412	0,00367	0,00335	0,00309	0,00285	0,00267	III
0,400	52942	71640	90317	108045	127361	148264	170754	I
	79425	107477	135496	162092	191070	222430	256169	II
	0,00489	0,00421	0,00375	0,00343	0,00315	0,00292	0,00272	III

Ge-schwin-digk. d. Wassers in m v	Werthe des Ausdruckes $\dfrac{v^2}{2g} \cdot \Sigma\zeta$ für $\Sigma\zeta =$									
	0,5	1	1,5	2	2,5	3	3,5	4	4,5	5
0,405	0,00418	0,00836	0,01254	0,01671	0,02090	0,02508	0,02926	0,03344	0,03762	0,04180
0,410	0,00428	0,00857	0,01285	0,01714	0,02142	0,02570	0,02999	0,03427	0,03856	0,04284
0,415	0,00439	0,00878	0,01317	0,01756	0,02195	0,02633	0,03072	0,03511	0,03950	0,04389
0,420	0,00450	0,00899	0,01349	0,01798	0,02248	0,02697	0,03147	0,03596	0,04046	0,04496
0,425	0,00460	0,00921	0,01381	0,01841	0,02302	0,02762	0,03222	0,03682	0,04142	0,04603
0,430	0,00471	0,00942	0,01414	0,01885	0,02356	0,02827	0,03298	0,03770	0,04241	0,04712
0,435	0,00482	0,00964	0,01447	0,01929	0,02411	0,02893	0,03375	0,03858	0,04340	0,04822
0,440	0,00493	0,00987	0,01480	0,01973	0,02467	0,02960	0,03453	0,03947	0,04440	0,04934
0,445	0,00505	0,01009	0,01514	0,02019	0,02523	0,03028	0,03532	0,04037	0,04542	0,05047
0,450	0,00516	0,01032	0,01548	0,02064	0,02580	0,03096	0,03612	0,04128	0,04644	0,05161
0,455	0,00528	0,01055	0,01583	0,02110	0,02638	0,03166	0,03693	0,04221	0,04748	0,05276
0,460	0,00539	0,01079	0,01618	0,02157	0,02696	0,03236	0,03775	0,04314	0,04853	0,05393
0,465	0,00551	0,01102	0,01653	0,02203	0,02755	0,03306	0,03857	0,04408	0,04959	0,05511
0,470	0,00563	0,01126	0,01689	0,02252	0,02815	0,03378	0,03941	0,04504	0,05067	0,05630
0,475	0,00575	0,01150	0,01725	0,02300	0,02875	0,03450	0,04025	0,04600	0,05175	0,05750
0,480	0,00587	0,01174	0,01761	0,02349	0,02936	0,03523	0,04110	0,04697	0,05284	0,05872
0,485	0,00599	0,01199	0,01798	0,02398	0,02997	0,03597	0,04196	0,04796	0,05395	0,05995
0,490	0,00612	0,01224	0,01836	0,02448	0,03060	0,03671	0,04283	0,04895	0,05507	0,06119
0,495	0,00624	0,01249	0,01873	0,02498	0,03122	0,03747	0,04371	0,04996	0,05620	0,06245
0,500	0,00637	0,01274	0,01911	0,02548	0,03186	0,03823	0,04460	0,05097	0,05734	0,06371

Geschwindigkeit d. Wassers in m	Mögliche stündl. zu fördernde Wärmemenge bei e. Temperaturdifferenz des Wassers von $\{20^0 \atop 30^0$. Werthe des Ausdrucks $\dfrac{v^2\,\varrho}{2g\,d}$ . . . . für eine Rohrweite (in Metern) von:							I II III
v	0,049	0,057	0,064	0,070	0,076	0,082	0,088	
0,405	53614	72550	91464	109417	128978	150147	172921	I
	80434	108842	137216	164150	193496	225254	259424	II
	0,00500	0,00430	0,00383	0,00350	0,00322	0,00299	0,00278	III
0,410	54263	73427	92570	110740	130538	151962	175014	I
	81394	110141	138854	166110	195806	227944	262520	II
	0,00511	0,00439	0,00391	0,00357	0,00329	0,00306	0,00284	III
0,415	54935	74337	93716	112112	132155	153845	177182	I
	82402	111506	140575	168168	198232	230768	265771	II
	0,00521	0,00448	0,00399	0,00365	0,00336	0,00312	0,00290	III
0,420	55583	75214	94822	113435	133714	155661	179272	I
	83387	112838	142254	170177	200600	233525	268948	II
	0,00532	0,00457	0,00407	0,00372	0,00343	0,00318	0,00296	III
0,425	56255	76124	95969	114807	135332	157543	181439	I
	84395	114202	143974	172235	203026	236349	272199	II
	0,00543	0,00467	0,00416	0,00380	0,00350	0,00325	0,00302	III
0,430	56298	77034	97116	116179	136949	159426	183610	I
	85404	115567	145695	174293	205452	238750	275454	II
	0,00554	0,00476	0,00424	0,00388	0,00357	0,00332	0,00308	III
0,435	57576	77911	98222	117502	138508	161242	185700	I
	86364	116867	147333	176253	207763	241862	278550	II
	0,00567	0,00487	0,00434	0,00397	0,00365	0,00338	0,00316	III
0,440	58248	78821	99369	118874	140126	163124	187867	I
	87372	118231	149053	178311	210189	244686	281801	II
	0,00578	0,00497	0,00442	0,00405	0,00373	0,00345	0,00322	III
0,445	58897	79698	100475	120197	141685	164940	189960	I
	88357	119563	150733	180320	212557	247443	284978	II
	0,00589	0,00506	0,00451	0,00412	0,00380	0,00352	0,00328	III
0,450	59569	80608	101622	121569	143303	166822	192128	I
	89365	120928	152453	182378	214983	250267	288229	II
	0,00600	0,00516	0,00460	0,00420	0,00387	0,00359	0,00334	III
0,455	60217	81485	102728	122892	144862	168637	194218	I
	90326	122227	154092	184338	217293	252957	291328	II
	0,00612	0,00526	0,00468	0,00428	0,00394	0,00366	0,00341	III
0,460	60889	82395	103875	124264	146479	170521	196385	I
	91334	123592	155811	186396	219719	255781	294902	II
	0,00625	0,00537	0,00479	0,00438	0,00403	0,00373	0,00348	III
0,465	61562	83304	105021	125636	148097	172403	198556	I
	92342	124975	157532	188454	222145	258605	297831	II
	0,00637	0,00547	0,00487	0,00446	0,00410	0,00380	0,00354	III
0,470	62210	84182	106127	126959	149656	174219	200646	I
	93327	126289	159212	190463	224513	261362	301008	II
	0,00648	0,00557	0,00496	0,00454	0,00418	0,00387	0,00361	III
0,475	62882	85091	107274	128331	151273	176102	202813	I
	94335	127653	160932	192521	226939	264186	304259	II
	0,00659	0,00567	0,00505	0,00462	0,00425	0,00394	0,00367	III
0,480	63530	85969	108380	129654	152833	177917	204903	I
	95296	128952	162570	194481	229249	266876	307358	II
	0,00673	0,00579	0,00516	0,00471	0,00434	0,00401	0,00375	III
0,485	64203	86878	109527	131026	154450	179800	207164	I
	96304	130317	164291	196539	231675	269700	310609	II
	0,00685	0,00589	0,00525	0,00480	0,00442	0,00409	0,00381	III
0,490	64851	87755	110663	132349	156010	181615	209164	I
	97289	131649	165970	198548	234044	272456	313786	II
	0,00697	0,00599	0,00534	0,00488	0,00449	0,00416	0,00388	III
0,495	65523	88665	111780	133721	157627	183498	211331	I
	98291	133014	167690	200606	236469	275281	317037	II
	0,00711	0,00611	0,00544	0,00498	0,00458	0,00425	0,00396	III
0,500	66196	89575	112927	135093	159244	185381	213502	I
	99305	134379	169411	202664	238895	278105	320288	II
	0,00723	0,00261	0,00553	0,00506	0,00466	0,00432	0,00403	III

Ge-schwin-digk. d. Wassers in m	Werthe des Ausdruckes $\frac{v^2}{2g} \cdot \Sigma \zeta$ für $\Sigma \zeta =$									
v	0,5	1	1,5	2	2,5	3	3,5	4	4,5	5
0,505	0,00650	0,01300	0,01950	0,02600	0,03250	0,03899	0,04549	0,05199	0,05849	0,06499
0,510	0,00663	0,01326	0,01989	0,02651	0,03314	0,03977	0,04640	0,05303	0,05966	0,06629
0,515	0,00676	0,01352	0,02028	0,02704	0,03380	0,04055	0,04731	0,05407	0,06083	0,06759
0,520	0,00689	0,01378	0,02067	0,02756	0,03446	0,04135	0,04824	0,05513	0,06201	0,06891
0,525	0,00702	0,01405	0,02107	0,02810	0,03512	0,04214	0,04917	0,05619	0,06322	0,07024
0,530	0,00716	0,01432	0,02148	0,02863	0,03579	0,04295	0,05011	0,05727	0,06443	0,07159
0,535	0,00729	0,01459	0,02188	0,02918	0,03647	0,04376	0,05106	0,05835	0,06565	0,07294
0,540	0,00743	0,01486	0,02229	0,02972	0,03716	0,04459	0,05202	0,05945	0,06688	0,07431
0,545	0,00757	0,01514	0,02271	0,03028	0,03785	0,04542	0,05299	0,06056	0,06813	0,07570
0,550	0,00771	0,01542	0,02313	0,03084	0,03855	0,04626	0,05396	0,06167	0,06938	0,07709
0,555	0,00785	0,01570	0,02355	0,03140	0,03925	0,04710	0,05495	0,06280	0,07065	0,07850
0,560	0,00799	0,01598	0,02398	0,03197	0,03996	0,04795	0,05594	0,06394	0,07193	0,07992
0,565	0,00814	0,01627	0,02441	0,03254	0,04068	0,04881	0,05694	0,06508	0,07322	0,08135
0,570	0,00828	0,01656	0,02484	0,03312	0,04140	0,04968	0,05796	0,06624	0,07452	0,08280
0,575	0,00843	0,01685	0,02528	0,03370	0,04213	0,05055	0,05898	0,06740	0,07583	0,08426
0,580	0,00857	0,01715	0,02572	0,03429	0,04287	0,05144	0,06001	0,06858	0,07716	0,08573
0,585	0,00872	0,01744	0,02616	0,03489	0,04361	0,05233	0,06105	0,06977	0,07849	0,08722
0,590	0,00887	0,01774	0,02661	0,03548	0,04436	0,05323	0,06210	0,07097	0,07984	0,08871
0,595	0,00902	0,01804	0,02707	0,03609	0,04511	0,05413	0,06315	0,07218	0,08120	0,09022
0,600	0,00917	0,01835	0,02752	0,03670	0,04587	0,05505	0,06422	0,07340	0,08257	0,09175

Geschwin-digkeit d. Wassers in m	Mögliche stündl. zu fördernde Wärmemenge bei e. Temperaturdifferenz des Wassers von $\begin{cases}20^0 \\ 30^0\end{cases}$ Werthe des Ausdruckes $\dfrac{v^2\,\varrho}{2g\,d}$ . . . . für eine Rohrweite (in Metern) von:							I II III
v	**0,049**	**0,057**	**0,064**	**0,070**	**0,076**	**0,082**	**0,088**	
0,505	66844	90452	114033	136416	160804	187196	215592	I
	100266	135678	171049	204624	241206	280794	323388	II
	0,00735	0,00629	0,00563	0,00514	0,00474	0,00439	0,00409	III
0,510	67516	91362	115180	137788	162421	189079	217759	I
	101274	137043	172769	206682	243632	283618	326639	II
	0,00749	0,00644	0,00574	0,00525	0,00483	0,00448	0,00417	III
0,515	68164	92239	116285	139111	163981	190894	219849	I
	102259	138375	174449	208691	246000	286375	329816	II
	0,00761	0,00655	0,00583	0,00533	0,00491	0,00455	0,00424	III
0,520	68837	93149	117432	140483	165598	192777	222020	I
	103267	139739	176169	210749	248426	289199	333067	II
	0,00773	0,00665	0,00592	0,00541	0,00499	0,00462	0,00431	III
0,525	69485	94026	118538	141806	167157	194593	224110	I
	104227	141039	177807	212709	250736	291889	336163	II
	0,00788	0,00678	0,00604	0,00552	0,00508	0,00471	0,00439	III
0,530	70157	94936	119685	143178	168775	196475	226277	I
	105236	142404	179528	214767	253162	294713	339418	II
	0,00801	0,00688	0,00613	0,00560	0,00516	0,00478	0,00445	III
0,535	70805	95813	120791	144501	170334	198291	228367	I
	106220	143736	181207	216776	255530	297470	342591	II
	0,00813	0,00699	0,00622	0,00569	0,00524	0,00486	0,00453	III
0,540	71478	96723	121938	145873	171952	200173	230538	I
	107229	145100	182927	218834	257956	300294	345846	II
	0,00828	0,00712	0,00634	0,00580	0,00534	0,00495	0,00461	III
0,545	72150	97632	123085	147245	173569	202056	232705	I
	108237	146465	184648	220892	260382	303118	349097	II
	0,00840	0,00722	0,00643	0,00588	0,00542	0,00502	0,00468	III
0,550	72798	98510	124191	148568	175128	203872	234795	I
	109197	147765	186286	222852	262692	305808	352193	II
	0,00856	0,00736	0,00655	0,00599	0,00552	0,00511	0,00477	III
0,555	73471	99419	125338	149940	176746	205754	236966	I
	110206	149129	188006	224910	265118	308632	355447	II
	0,00868	0,00746	0,00665	0,00608	0,00560	0,00519	0,00484	III
0,560	74119	100297	126444	151263	178305	207570	239056	I
	111190	150461	189685	226919	267487	311388	358621	II
	0,00884	0,00760	0,00677	0,00619	0,00570	0,00527	0,00492	III
0,565	74791	101206	127590	152635	179922	209453	241223	I
	112199	151826	191406	228977	269912	314213	361875	II
	0,00897	0,00771	0,00686	0,00628	0,00578	0,00535	0,00499	III
0,570	75439	102084	128696	153958	181482	211268	243313	I
	113159	153125	193044	230937	272223	316902	364972	II
	0,00909	0,00782	0,00696	0,00636	0,00586	0,00544	0,00506	III
0,575	76112	102993	129843	155379	183099	213151	245484	I
	114168	154590	194765	232985	274649	319726	368226	II
	0,00925	0,00795	0,00708	0,00648	0,00596	0,00553	0,00515	III
0,580	76784	103903	130990	156702	184716	215034	247651	I
	115176	155855	196485	235053	277075	322550	371477	II
	0,00938	0,00806	0,00718	0,00656	0,00605	0,00560	0,00522	III
0,585	77432	104780	132096	158025	186276	216849	249741	I
	116160	157187	198164	237062	279443	325307	374651	II
	0,00954	0,00820	0,00730	0,00668	0,00615	0,00569	0,00531	III
0,590	78105	105690	133243	159397	187893	218732	251912	I
	117169	158551	199885	239120	281869	328131	377905	II
	0,00967	0,00831	0,00740	0,00677	0,00623	0,00578	0,00538	III
0,595	78753	106567	134349	160720	189453	220547	254002	I
	118129	159851	201523	241080	284179	330821	381001	II
	0,00983	0,00845	0,00753	0,00688	0,00634	0,00586	0,00547	III
0,600	79425	107477	135496	162092	191070	222430	256169	I
	119138	161215	203244	243138	286605	333645	384256	II
	0,00996	0,00856	0,00763	0,00697	0,00642	0,00595	0,00555	III

Geschwindigk. d. Wassers in m v	Werthe des Ausdruckes $\frac{v^2}{2g} \cdot \Sigma\zeta$ für $\Sigma\zeta =$									
	0,5	1	1,5	2	2,5	3	3,5	4	4,5	5
0,605	0,00933	0,01866	0,02798	0,03731	0,04664	0,05597	0,06529	0,07462	0,08395	0,09328
0,610	0,00948	0,01897	0,02844	0,03793	0,04741	0,05690	0,06638	0,07586	0,08534	0,09483
0,615	0,00964	0,01928	0,02892	0,03856	0,04820	0,05783	0,06747	0,07711	0,08675	0,09639
0,620	0,00980	0,01959	0,02939	0,03918	0,04898	0,05878	0,06857	0,07837	0,08816	0,09796
0,625	0,00996	0,01991	0,02986	0,03982	0,04977	0,05973	0,06968	0,07964	0,08959	0,09955
0,630	0,01012	0,02022	0,03034	0,04046	0,05057	0,06069	0,07080	0,08092	0,09103	0,10115
0,635	0,01028	0,02055	0,03083	0,04110	0,05138	0,06166	0,07193	0,08221	0,09248	0,10276
0,640	0,01044	0,02088	0,03131	0,04175	0,05219	0,06263	0,07307	0,08350	0,09394	0,10438
0,645	0,01060	0,02120	0,03181	0,04241	0,05301	0,06361	0,07421	0,08482	0,09542	0,10602
0,650	0,01077	0,02153	0,03230	0,04307	0,05384	0,06460	0,07537	0,08614	0,09690	0,10767
0,655	0,01093	0,02187	0,03280	0,04370	0,05467	0,06560	0,07653	0,08746	0,09840	0,10933
0,660	0,01110	0,02220	0,03330	0,04440	0,05551	0,06661	0,07771	0,08881	0,09991	0,11101
0,665	0,01127	0,02254	0,03381	0,04508	0,05635	0,06762	0,07889	0,09016	0,10143	0,11270
0,670	0,01144	0,02288	0,03432	0,04576	0,05720	0,06864	0,08008	0,09152	0,10296	0,11440
0,675	0,01161	0,02322	0,03483	0,04644	0,05806	0,06967	0,08128	0,09289	0,10450	0,11611
0,680	0,01178	0,02357	0,03535	0,04714	0,05892	0,07070	0,08249	0,09427	0,10606	0,11784
0,685	0,01196	0,02392	0,03587	0,04783	0,05979	0,07175	0,08370	0,09566	0,10762	0,11958
0,690	0,01213	0,02427	0,03640	0,04853	0,06067	0,07280	0,08493	0,09706	0,10920	0,12133
0,695	0,01231	0,02462	0,03693	0,04924	0,06155	0,07386	0,08617	0,09848	0,11079	0,12310
0,700	0,01249	0,02497	0,03746	0,04995	0,06244	0,07492	0,08741	0,09990	0,11238	0,12487

Geschwindigkeit d. Wassers in m	Mögliche stündl. zu fördernde Wärmemenge bei e. Temperaturdifferenz des Wassers von $\{20^0 / 30^0\}$. Werthe des Ausdruckes $\dfrac{v^2\,\varrho}{2g\,d}$ für eine Rohrweite (in Metern) von:							
v	0,049	0,057	0,064	0,070	0,076	0,082	0,088	
0,605	80060	108337	136579	163386	192596	224207	258220	I
	120113	162537	204907	245128	288954	336380	383400	II
	0,01011	0,00868	0,00733	0,00708	0,00651	0,00603	0,00562	III
0,610	80722	109232	137708	164738	194190	226060	260352	I
	121106	163880	206602	247156	291342	339158	390604	II
	0,01026	0,00882	0,00786	0,00718	0,00662	0,00613	0,00571	III
0,615	81384	110127	138836	166087	195779	227913	262488	I
	122098	165223	208294	249180	293730	341940	393803	II
	0,01041	0,00895	0,00797	0,00729	0,00671	0,00622	0,00580	III
0,620	82066	111050	140002	167482	197424	229826	264688	I
	123076	166544	209960	251174	296078	344672	396958	II
	0,01056	0,00908	0,00809	0,00739	0,00681	0,00631	0,00588	III
0,625	82707	111918	141094	168788	198963	231619	266756	I
	124084	167910	211681	253231	298506	347500	400206	II
	0,01072	0,00921	0,00820	0,00750	0,00691	0,00640	0,00597	III
0,630	83410	112870	142296	170226	200658	233592	269022	I
	125188	169402	213566	255486	301160	350590	403768	II
	0,01087	0,00934	0,00832	0,00761	0,00701	0,00649	0,00605	III
0,635	84030	113709	143351	171488	202146	235325	271024	I
	126069	170597	215068	257283	303282	353060	406610	II
	0,01102	0,00947	0,00844	0,00813	0,00710	0,00658	0,00614	III
0,640	84708	114624	144506	172872	203778	237222	273208	I
	127060	171938	216760	259308	305666	355834	409806	II
	0,01117	0,00961	0,00855	0,00782	0,00721	0,00668	0,00622	III
0,645	85353	115500	145609	174189	205329	239031	275292	I
	128054	173283	218455	261335	308058	358620	413013	II
	0,01133	0,00974	0,00867	0,00793	0,00730	0,00677	0,00631	III
0,650	86050	116444	146800	175616	207012	240988	277538	I
	129078	174666	220200	263424	310518	361482	416316	II
	0,01149	0,00987	0,00879	0,00804	0,00741	0,00686	0,00640	III
0,655	86677	117290	147866	176889	208513	242736	279561	I
	130040	175970	221842	265386	312835	364180	419416	II
	0,01164	0,01001	0,00892	0,00815	0,00751	0,00696	0,00648	III
0,660	87348	118198	149012	178272	210130	244620	281724	I
	131046	177330	223560	267442	315254	366996	422662	II
	0,01180	0,01015	0,00904	0,00826	0,00761	0,00705	0,00657	III
0,665	88000	119080	150124	179590	211696	246442	283829	I
	132025	178656	225229	269438	317611	369740	425819	II
	0,01196	0,01028	0,00916	0,00837	0,00771	0,00715	0,00666	III
0,670	88692	120018	151306	181006	213366	248384	286058	I
	133064	180060	227000	271558	320106	372644	429172	II
	0,01212	0,01042	0,00928	0,00849	0,00782	0,00724	0,00675	III
0,675	89323	120872	152381	182291	214880	250148	288097	I
	134010	181343	228616	273490	322387	375300	432223	II
	0,01228	0,01056	0,00940	0,00860	0,00792	0,00734	0,00684	III
0,680	89990	121772	153418	183652	216484	252016	290244	I
	134984	182658	230278	275478	324726	378024	435364	II
	0,01245	0,01070	0,00953	0,00871	0,00802	0,00744	0,00693	III
0,685	90647	122662	154639	184991	218063	253854	292365	I
	135996	184029	232003	277541	327163	380860	438626	II
	0,01261	0,01084	0,00965	0,00882	0,00813	0,00753	0,00702	III
0,690	91334	123592	155812	186396	219720	255780	294580	I
	137002	185388	233718	279594	329578	383672	441872	II
	0,01277	0,01098	0,00978	0,00894	0,00824	0,00763	0,00711	III
0,695	91970	124453	156896	187692	221246	257560	296633	I
	137981	186716	235390	281593	331939	386420	445029	II
	0,01294	0,01112	0,00990	0,00906	0,00834	0,00773	0,00720	III
0,700	92678	125412	158106	189140	222954	259546	298914	I
	139018	188118	237158	283710	334430	389320	448374	II
	0,01310	0,01127	0,01003	0,00917	0,00845	0,00783	0,00730	III

Ge-schwin-digk. d. Wassers in m	Werthe des Ausdruckes $\frac{v^2}{2g} \cdot \Sigma\zeta$ für $\Sigma\zeta =$									
v	0,5	1	1,5	2	2,5	3	3,5	4	4,5	5
0,705	0,01267	0,02533	0,03800	0,05066	0,06333	0,07600	0,08866	0,10133	0,11399	0,12666
0,710	0,01285	0,02569	0,03854	0,05139	0,06423	0,07708	0,08993	0,10277	0,11562	0,12847
0,715	0,01303	0,02606	0,03908	0,05211	0,06514	0,07817	0,09120	0,10422	0,11725	0,13028
0,720	0,01321	0,02642	0,03963	0,05284	0,06606	0,07927	0,09248	0,10569	0,11890	0,13211
0,725	0,01340	0,02679	0,04019	0,05358	0,06698	0,08037	0,09377	0,10716	0,12056	0,13395
0,730	0,01358	0,02716	0,04074	0,05432	0,06790	0,08148	0,09506	0,10864	0,12222	0,13581
0,735	0,01377	0,02753	0,04130	0,05507	0,06884	0,08260	0,09637	0,11014	0,12390	0,13767
0,740	0,01396	0,02791	0,04187	0,05582	0,06978	0,08373	0,09769	0,11164	0,12560	0,13955
0,745	0,01415	0,02829	0,04243	0,05658	0,07072	0,08487	0,09901	0,11316	0,12730	0,14145
0,750	0,01434	0,02867	0,04301	0,05734	0,07168	0,08601	0,10035	0,11468	0,12902	0,14335
0,755	0,01453	0,02905	0,04358	0,05811	0,07263	0,08716	0,10169	0,11621	0,13074	0,14527
0,760	0,01472	0,02944	0,04416	0,05888	0,07360	0,08832	0,10304	0,11776	0,13248	0,14720
0,765	0,01491	0,02983	0,04474	0,05966	0,07457	0,08948	0,10440	0,11931	0,13423	0,14914
0,770	0,01511	0,03022	0,04533	0,06044	0,07555	0,09066	0,10577	0,12088	0,13599	0,15110
0,775	0,01531	0,03061	0,04592	0,06123	0,07653	0,09184	0,10715	0,12245	0,13776	0,15307
0,780	0,01550	0,03100	0,04651	0,06202	0,07752	0,09303	0,10853	0,12404	0,13954	0,15505
0,785	0,01570	0,03141	0,04711	0,06282	0,07852	0,09422	0,10993	0,12563	0,14134	0,15704
0,790	0,01591	0,03181	0,04771	0,06362	0,07952	0,09543	0,11133	0,12724	0,14314	0,15905
0,795	0,01611	0,03221	0,04832	0,06443	0,08053	0,09664	0,11275	0,12885	0,14496	0,16107
0,800	0,01631	0,03262	0,04893	0,06524	0,08155	0,09786	0,11417	0,13048	0,14679	0,16310

Geschwindigkeit d. Wassers in m — v	Mögliche stündl. zu fördernde Wärmemenge bei e. Temperaturdifferenz des Wassers von $\begin{cases}20^0\\30^0\end{cases}$ Werthe des Ausdruckes $\dfrac{v^2\,\varrho}{2g\,d}$ . . . . für eine Rohrweite (in Metern) von:							I II III
	0,049	**0,057**	**0,064**	**0,070**	**0,076**	**0,082**	**0,088**	
0,705	93293	126244	159154	190392	224430	261266	300901	I
	139966	189402	238776	285645	336715	391980	451433	II
	0,01327	0,01141	0,01016	0,00929	0,00856	0,00793	0,00739	III
0,710	93976	127166	160318	191786	226072	263178	303100	I
	140986	190782	240518	287728	339166	394834	454722	II
	0,01344	0,01155	0,01029	0,00941	0,00866	0,00803	0,00748	III
0,715	94617	128034	161411	193093	227613	264972	305169	I
	141952	192089	242163	289697	341491	397540	457836	II
	0,01361	0,01170	0,01042	0,00953	0,00877	0,00813	0,00758	III
0,720	95320	128986	162612	194530	229308	266942	307436	I
	143004	193510	243958	291844	344018	400482	461236	II
	0,01378	0,01184	0,01055	0,00968	0,00888	0,00820	0,00767	III
0,725	95940	129825	163669	195794	230797	268678	309437	I
	143937	194776	245550	293748	346267	403100	464239	II
	0,01395	0,01199	0,01068	0,00976	0,00899	0,00833	0,00777	III
0,730	96616	130740	164824	197176	232426	270574	311616	I
	144924	196110	247234	295764	348640	405860	467424	II
	0,01412	0 01214	0,01081	0,00988	0,00910	0,00844	0,00786	III
0,735	97263	131616	165926	198494	233980	272384	313705	I
	145922	197462	248937	297800	351043	408660	470643	II
	0,01429	0,01229	0,01094	0,01001	0,00922	0,00854	0,00796	III
0,740	97960	132560	167116	199920	235660	274340	315950	I
	146942	198838	250676	299880	353492	411508	473932	II
	0,01447	0,01244	0,01107	0,01013	0,00932	0,00863	0,00805	III
0,745	98587	133406	168184	201195	237163	276090	317973	I
	147908	200149	252324	301852	355819	414220	477046	II
	0,01464	0,01259	0,01121	0,01025	0,00944	0,00875	0,00815	III
0,750	99258	134314	169328	202566	238780	277970	320136	I
	148910	201502	254034	303898	358228	417022	480280	II
	0,01482	0,01274	0,01134	0,01037	0,00955	0,00886	0,00825	III
0,755	99910	135197	170441	203895	240347	279795	322242	I
	149893	202835	255711	305903	360596	419780	483449	II
	0,01499	0,01289	0,01148	0,01050	0,00967	0,00896	0,00835	III
0,760	100602	136134	171622	205310	242014	281736	324472	I
	150926	204232	257474	308014	363080	422670	486782	II
	0,01517	0,01302	0,01162	0,01062	0,00978	0,00907	0,00845	III
0,765	101233	136988	172699	206596	243530	283501	326510	I
	151879	205522	259098	309955	365372	425340	489852	II
	0,01535	0,01320	0,01175	0,01080	0,00990	0,00917	0,00855	III
0,770	101946	137952	173916	208054	245248	285502	328806	I
	152944	206962	260916	312130	367932	428218	493290	II
	0,01555	0,01335	0,01189	0,01087	0,01001	0,00928	0,00865	III
0,775	102557	138778	174956	209297	246714	287207	330778	I
	153864	208208	262485	314007	370148	430900	496256	II
	0,01571	0,01351	0,01203	0,01101	0,01003	0,00939	0,00875	III
0,780	103244	139708	176128	210700	248368	289132	332992	I
	154864	209560	264192	316050	372552	433680	499482	II
	0,01589	0,01366	0,01216	0,01113	0,01025	0,00950	0,00885	III
0,785	103880	140569	177214	211997	249897	290913	335046	I
	155849	210895	265872	318058	374924	436460	502659	II
	0,01607	0,01382	0,01231	0.01125	0,01036	0,00960	0,00895	III
0,790	104588	141526	178422	213444	251602	292898	337328	I
	156880	212290	267632	320166	377404	439346	505986	II
	0,01626	0,01398	0,01245	0,01119	0,01048	0,00971	0,00905	III
0,795	105203	142360	179471	214698	253080	294619	339314	I
	157835	213582	269259	322110	379700	442020	509062	II
	0,01644	0,01414	0,01259	0,01151	0,01060	0,00982	0,00915	III
0,800	105884	143280	180634	216090	254722	296528	341508	I
	158850	214954	270992	324184	382140	444860	512338	II
	0,01663	0,01429	0,01273	0.01164	0,01072	0.00994	0,00926	III

Geschwindigk. d. Wassers in m	Werthe des Ausdruckes $\frac{v^2}{2g} \cdot \Sigma\zeta$ für $\Sigma\zeta =$									
v	0,5	1	1,5	2	2,5	3	3,5	4	4,5	5
0,010	0,00000	0,00001	0,00001	0,00001	0,00001	0,00002	0,00002	0,00002	0,00002	0,00003
0,015	0,00001	0,00001	0,00002	0,00002	0,00003	0,00003	0,00004	0,00004	0,00005	0,00006
0,020	0,00001	0,00002	0,00003	0,00004	0,00005	0,00006	0,00007	0,00008	0,00009	0,00010
0,025	0,00002	0,00003	0,00005	0,00006	0,00008	0,00010	0,00011	0,00013	0,00014	0,00016
0,030	0,00002	0,00005	0,00007	0,00009	0,00012	0,00014	0,00016	0,00018	0,00021	0,00023
0,035	0,00003	0,00006	0,00009	0,00012	0,00016	0,00019	0,00022	0,00025	0,00028	0,00031
0,040	0,00004	0,00008	0,00012	0,00016	0,00021	0,00025	0,00029	0,00033	0,00037	0,00041
0,045	0,00005	0,00010	0,00015	0,00021	0,00026	0,00031	0,00036	0,00041	0,00046	0,00052
0,050	0,00006	0,00013	0,00019	0,00025	0,00032	0,00038	0,00044	0,00051	0,00057	0,00064
0,055	0,00008	0,00015	0,00023	0,00031	0,00039	0,00046	0,00054	0,00062	0,00069	0,00077
0,060	0,00009	0,00018	0,00027	0,00037	0,00046	0,00055	0,00064	0,00073	0,00082	0,00092
0,065	0,00011	0,00022	0,00032	0,00043	0,00054	0,00065	0,00075	0,00086	0,00097	0,00108
0,070	0,00013	0,00025	0,00038	0,00050	0,00063	0,00075	0,00088	0,00100	0,00113	0,00125
0,075	0,00014	0,00029	0,00043	0,00057	0,00072	0,00086	0,00100	0,00115	0,00129	0,00144
0,080	0,00016	0,00033	0,00049	0,00065	0,00082	0,00098	0,00114	0,00130	0,00147	0,00163
0,085	0,00018	0,00037	0,00055	0,00074	0,00092	0,00110	0,00129	0,00147	0,00166	0,00184
0,090	0,00021	0,00041	0,00062	0,00083	0,00103	0,00124	0,00145	0,00165	0,00186	0,00207
0,095	0,00023	0,00046	0,00069	0,00092	0,00115	0,00138	0,00161	0,00184	0,00207	0,00230
0,100	0,00026	0,00051	0,00077	0,00102	0,00128	0,00153	0,00179	0,00204	0,00230	0,00255

Geschwindigkeit d. Wassers in m	Mögliche stündl. zu fördernde Wärmemenge bei e. Temperaturdifferenz des Wassers von $\begin{cases} 20^0 \\ 30^0 \end{cases}$ Werthe des Ausdruckes $\dfrac{v^2\,\varrho}{2g\,d}$ . . . . für eine Rohrweite (in Metern) von:							
v	0,094	0,100	0,106	0,111	0,119	0,131	0,143	
0,010	4860	5502	6180	6779	7789	9438	11247	I
	7246	8201	9214	10104	11612	14072	16768	II
	0,00001	0,00001	0,00001	0,00001	0,00001	0,00001	0,00001	III
0,015	7334	8301	9326	10227	11754	14244	16973	I
	10957	12399	13933	15277	17560	21280	25357	II
	0,00001	0,00001	0,00001	0,00001	0,00001	0,00001	0,00001	III
0,020	9720	10000	12360	13553	15577	18877	22494	I
	14579	16501	18539	20331	23366	28316	33741	II
	0,00002	0,00002	0,00002	0,00001	0,00001	0,00001	0,00001	III
0,025	12194	13798	15506	17001	19542	23682	28220	I
	18291	20700	23259	25504	29313	35523	42329	II
	0,00003	0,00002	0,00002	0,00002	0,00002	0,00002	0,00002	III
0,030	14579	16501	18539	20331	23366	28316	33741	I
	21913	24798	27865	30554	35119	42559	50714	II
	0,00003	0,00003	0,00003	0,00003	0,00003	0,00003	0,00003	III
0,035	17053	19300	21685	23780	27331	33121	39467	I
	25624	29000	32584	35731	41067	49767	59302	II
	0,00004	0,00004	0,00004	0,00004	0,00003	0,00003	0,00003	III
0,040	19528	22099	24832	27228	31296	37926	45192	I
	29336	33198	37304	40904	47015	56975	67891	II
	0,00005	0,00005	0,00005	0,00005	0,00004	0,00004	0,00004	III
0,045	21913	24798	27865	30554	35119	42559	50714	I
	32870	37201	41798	45835	52679	63839	76070	II
	0,00006	0,00006	0,00006	0,00005	0,00005	0,00005	0,00004	III
0,050	24387	27601	31011	34007	39084	47364	56439	I
	36581	41399	46517	51008	58627	71047	84659	II
	0,00008	0,00007	0,00007	0,00007	0,00006	0,00006	0,00005	III
0,055	26773	30300	34045	37332	42908	51998	61960	I
	40204	45502	51124	56063	64433	78083	93043	II
	0,00009	0,00008	0,00008	0,00008	0,00007	0,00006	0,00006	III
0,060	29247	33098	37191	40781	46873	56803	67686	I
	43915	49700	55843	61235	70380	85290	101632	II
	0,00010	0,00010	0,00009	0,00009	0,00008	0,00007	0,00007	III
0,065	31633	35801	40225	44111	50696	61436	73207	I
	47449	53698	60337	66162	76045	93155	109811	II
	0,00012	0,00011	0,00010	0,00010	0,00009	0,00008	0,00008	III
0,070	34107	38600	43371	47560	54661	66241	78933	I
	51160	57900	65056	71340	81992	99362	118400	II
	0,00013	0,00013	0,00012	0,00011	0,00011	0,00010	0,00009	III
0,075	36493	41299	46405	50885	58485	70875	84454	I
	54783	61999	69663	76389	87798	106398	126784	II
	0,00015	0,00014	0,00013	0,00013	0,00012	0,00011	0,00010	III
0,080	38967	44098	49551	54383	62450	75680	90180	I
	58494	66201	74382	81567	93746	113606	135372	II
	0,00017	0,00016	0,00015	0,00014	0,00013	0,00012	0,00011	III
0,085	41441	46899	52697	57787	66415	80485	95906	I
	63089	70399	79101	86739	99693	120813	143961	II
	0,00018	0,00017	0,00016	0,00016	0,00015	0,00013	0,00012	III
0,090	43827	49600	55731	61112	70239	85119	101427	I
	65740	74398	83596	91666	105358	127678	152141	II
	0,00020	0,00019	0,00018	0,00017	0,00016	0,00015	0,00013	III
0,095	46301	52399	58877	64561	74204	89924	107153	I
	69451	78600	88315	96844	111305	134885	160729	II
	0,00022	0,00021	0,00020	0,00019	0,00017	0,00016	0,00015	III
0,100	48686	55102	61910	67891	78027	94556	112674	I
	73074	82698	92922	101893	117111	141921	169113	II
	0,00026	0,00023	0,00021	0,00020	0,00019	0,00017	0,00016	III

Ge-schwin-digk. d. Wassers in m	Werthe des Ausdruckes $\dfrac{v^2}{2g} \cdot \Sigma \zeta$ für $\Sigma \zeta =$									
v	0,5	1	1,5	2	2,5	3	3,5	4	4,5	5
0,105	0,00028	0,00056	0,00084	0,00112	0,00141	0,00169	0,00197	0,00225	0,00253	0,00281
0,110	0,00031	0,00062	0,00093	0,00123	0,00154	0,00185	0,00216	0,00247	0,00278	0,00309
0,115	0,00034	0,00067	0,00101	0,00135	0,00169	0,00202	0,00236	0,00270	0,00303	0,00337
0,120	0,00037	0,00073	0,00110	0,00147	0,00184	0,00220	0,00257	0,00294	0,00330	0,00367
0,125	0,00040	0,00080	0,00119	0,00159	0,00199	0,00239	0,00279	0,00318	0,00358	0,00398
0,130	0,00043	0,00086	0,00129	0,00172	0,00215	0,00258	0,00301	0,00344	0,00387	0,00431
0,135	0,00046	0,00093	0,00139	0,00186	0,00232	0,00279	0,00325	0,00372	0,00418	0,00465
0,140	0,00050	0,00100	0,00150	0,00200	0,00249	0,00300	0,00350	0,00400	0,00450	0,00500
0,145	0,00054	0,00107	0,00161	0,00214	0,00268	0,00321	0,00375	0,00428	0,00482	0,00536
0,150	0,00057	0,00115	0,00172	0,00229	0,00287	0,00344	0,00401	0,00459	0,00516	0,00574
0,155	0,00061	0,00123	0,00184	0,00245	0,00306	0,00368	0,00429	0,00490	0,00551	0,00613
0,160	0,00065	0,00131	0,00196	0,00261	0,00326	0,00392	0,00457	0,00522	0,00587	0,00653
0,165	0,00069	0,00139	0,00208	0,00277	0,00347	0,00416	0,00486	0,00555	0,00625	0,00694
0,170	0,00074	0,00147	0,00221	0,00295	0,00368	0,00442	0,00516	0,00589	0,00663	0,00737
0,175	0,00078	0,00156	0,00234	0,00312	0,00390	0,00468	0,00546	0,00624	0,00702	0,00781
0,180	0,00083	0,00165	0,00248	0,00330	0,00413	0,00495	0,00578	0,00660	0,00743	0,00826
0,185	0,00087	0,00174	0,00262	0,00349	0,00436	0,00523	0,00610	0,00698	0,00785	0,00872
0,190	0,00092	0,00184	0,00276	0,00368	0,00460	0,00552	0,00644	0,00736	0,00828	0,00920
0,195	0,00097	0,00194	0,00291	0,00388	0,00485	0,00581	0,00678	0,00775	0,00872	0,00969
0,200	0,00102	0,00204	0,00306	0,00408	0,00510	0,00612	0,00714	0,00816	0,00918	0,01020

Geschwindigkeit d. Wassers in m	Mögliche stündl. zu fördernde Wärmemenge bei e. Temperaturdifferenz des Wassers von $\{20^0 \atop 30^0\}$ Werthe des Ausdruckes $\dfrac{v^2\,\varrho}{2g\,d}$ . . . . für eine Rohrweite (in Metern) von:							I II III
v	0,094	0,100	0,106	0,111	0,119	0,131	0,143	
0,105	51160	57900	65056	71340	81992	99362	118400	I
	76785	86901	97641	107071	123059	149129	177702	II
	0,00026	0,00025	0,00023	0,00022	0,00021	0,00019	0,00017	III
0,110	53546	60599	68090	74665	85816	103996	123921	I
	80319	90899	102135	111997	128723	155993	185881	II
	0,00028	0,00026	0,00025	0,00024	0,00022	0,00020	0,00019	III
0,115	56020	63398	71236	78113	89781	108801	129647	I
	84030	95101	106854	117175	134671	163201	194470	II
	0,00030	0,00029	0,00027	0,00026	0,00024	0,00022	0,00020	III
0,120	58406	66101	74270	81444	93604	113434	135168	I
	87653	99200	11146	122224	140477	170237	202854	II
	0,00032	0,00031	0.00029	0,00028	0,00026	0,00023	0,00021	III
0,125	60880	68900	77416	84892	97569	118239	140894	I
	91364	103398	116180	127397	146425	177445	211443	II
	0,00035	0,00033	0,00031	0,00030	0,00028	0,00025	0,00023	III
0,130	63354	71699	80562	88340	101534	123044	146616	I
	95075	107600	120899	132575	152372	184652	220031	II
	0,00037	0,00035	0,00033	0,00032	0,00029	0,00027	0,00024	III
0,135	65740	74398	83596	91666	105358	127678	152141	I
	98610	111598	125394	137501	158037	191517	228211	II
	0,00040	0,00037	0,00035	0,00034	0,00031	0,00028	0,00026	III
1,140	68214	77201	86742	95119	109323	132483	157866	I
	102321	115801	130113	142679	163984	198724	236799	II
	0,00042	0,00040	0,00037	0,00036	0,00033	0,00030	0,00028	III
0,145	70600	79899	89776	98445	113146	137116	163388	I
	105944	119899	134720	147729	169790	205760	245184	II
	0,00045	0,00042	0,00040	0,00038	0,00035	0,00032	0,00029	III
0,150	72985	82598	92809	101770	116970	141750	168909	I
	109478	123897	139214	152655	175455	212625	253363	II
	0,00047	0,00045	0,00042	0,00040	0,00037	0,00034	0,00031	III
0,155	75548	85501	96967	105347	121077	146727	174839	I
	113366	128300	144158	158079	181686	220176	262361	II
	0,00049	0,00047	0,00044	0,00042	0,00040	0,00036	0,00033	III
0,160	77934	88200	99102	108672	124900	151360	180360	I
	116900	132298	148652	163005	187350	227040	270540	II
	0,00053	0,00050	0,00047	0,00045	0,00042	0,00038	0,00035	III
0,165	80408	90999	102248	112120	128865	156165	186086	I
	120611	136500	153371	168183	193298	234248	279129	II
	0,00056	0,00052	0,00049	0,00047	0,00044	0,00040	0,00037	III
0,170	82793	93698	105281	115446	132689	160799	191607	I
	124234	140599	157978	173233	199104	241284	287513	II
	0,00059	0,00055	0,00052	0,00050	0,00046	0,00042	0,00039	III
0,175	85267	96501	108427	118899	136654	165604	197333	I
	127945	144797	162697	178405	205051	248491	296102	II
	0,00062	0,00058	0,00055	0,00052	0,00049	0,00044	0,00040	III
0,180	87653	99200	111461	122224	140477	170237	202854	I
	131480	148799	167192	183337	210716	255356	304281	II
	0,00065	0,00061	0,00037	0,00055	0,00051	0,00046	0,00042	III
0,185	90127	101998	114607	125673	144442	175042	208580	I
	135191	152998	171911	188509	216663	262563	312870	II
	0,00068	0,00063	0,00060	0,00057	0,00053	0,00048	0,00044	III
0,190	92513	104697	117641	128998	148266	179676	214101	I
	138814	157100	176518	193564	222469	269599	321254	II
	0,00071	0,00066	0,00063	0,00060	0,00056	0,00051	0,00046	III
0,195	94987	107500	120787	132452	152372	184481	219827	I
	142525	161298	181237	198737	228417	276807	329842	II
	0,00074	0,00069	0,00065	0,00063	0,00058	0,00053	0,00049	III
0,200	97461	110299	123933	135900	156196	189286	225552	I
	146236	165501	185955	203914	234365	284015	338431	II
	0,00077	0,00073	0,00068	0,00065	0,00061	0,00055	0,00051	III

Geschwindigk. d. Wassers in m v	Werthe des Ausdruckes $\frac{v^2}{2g} \cdot \Sigma\zeta$ für $\Sigma\zeta =$									
	0,5	1	1,5	2	2,5	3	3,5	4	4,5	5
0,205	0,00107	0,00214	0,00321	0,00428	0,00536	0,00643	0,00750	0,00857	0,00964	0,01071
0,210	0,00112	0,00225	0,00337	0,00450	0,00562	0,00674	0,00787	0,00899	0,01012	0,01124
0,215	0,00118	0,00236	0,00353	0,00471	0,00589	0,00707	0,00825	0,00942	0,01060	0,01178
0,220	0,00123	0,00247	0,00370	0,00493	0,00617	0,00740	0,00863	0,00987	0,01110	0,01234
0,225	0,00129	0,00258	0,00387	0,00516	0,00645	0,00773	0,00903	0,01032	0,01161	0,01290
0,230	0,00135	0,00270	0,00404	0,00539	0,00674	0,00809	0,00943	0,01078	0,01213	0,01348
0,235	0,00141	0,00281	0,00422	0,00563	0,00703	0,00844	0,00985	0,01126	0,01266	0,01407
0,240	0,00147	0,00294	0,00440	0,00587	0,00734	0,00881	0,01028	0,01174	0,01321	0,01468
0,245	0,00153	0,00306	0,00459	0,00612	0,00765	0,00918	0,01071	0,01224	0,01377	0,01530
0,250	0,00159	0,00319	0,00478	0,00637	0,00797	0,00956	0,01115	0,01274	0,01434	0,01593
0,255	0,00166	0,00331	0,00497	0,00663	0,00829	0,00994	0,01160	0,01326	0,01491	0,01657
0,260	0,00172	0,00345	0,00517	0,00689	0,00861	0,01034	0,01206	0,01378	0,01550	0,01723
0,265	0,00179	0,00358	0,00537	0,00716	0,00895	0,01074	0,01253	0,01431	0,01611	0,01790
0,270	0,00186	0,00372	0,00557	0,00743	0,00929	0,01115	0,01301	0,01486	0,01671	0,01858
0,275	0,00193	0,00385	0,00578	0,00771	0,00964	0,01156	0,01349	0,01542	0,01734	0,01927
0,280	0,00200	0,00400	0,00599	0,00799	0,00999	0,01198	0,01399	0,01598	0,01798	0,01998
0,285	0,00207	0,00414	0,00621	0,00828	0,01035	0,01242	0,01449	0,01656	0,01863	0,02070
0,290	0,00214	0,00429	0,00643	0,00857	0,01072	0,01286	0,01500	0,01714	0,01929	0,02143
0,295	0,00222	0,00444	0,00665	0,00887	0,01109	0,01331	0,01553	0,01774	0,01996	0,02218
0,300	0,00229	0,00459	0,00688	0,00917	0,01147	0,01376	0,01605	0,01835	0,02064	0,02294

Geschwindigkeit d. Wassers in m (v)

Mögliche stündl. zu fördernde Wärmemenge bei e. Temperaturdifferenz des Wassers von $\begin{cases}20^0\\30^0\end{cases}$ — Werthe des Ausdruckes $\dfrac{v^2\,\varrho}{2g\,d}$ . . . . für eine Rohrweite (in Metern) von:

v	0,094	0,100	0,106	0,111	0,119	0,131	0,143	
0,205	99847	112998	126967	139225	160019	193919	231074	I
	149770	169499	190450	208841	240029	290879	346611	II
	0,00081	0,00076	0,00071	0,00068	0,00064	0,00058	0,00053	III
0,210	102321	115801	130113	142679	163984	198724	236799	I
	153481	173697	195169	214013	245977	298087	355199	II
	0,00084	0,00079	0,00074	0,00071	0,00066	0,00060	0,00055	III
0,215	104707	118500	133147	146004	167808	203358	242321	I
	157104	177800	199776	219068	251783	305123	363583	II
	0,00087	0,00082	0,00077	0,00074	0,00069	0,00063	0,00057	III
0,220	107181	121299	136293	149453	171773	208163	248046	I
	160815	181998	204495	224241	257730	312330	372172	II
	0,00091	0,00085	0,00080	0,00077	0,00072	0,00065	0,00060	III
0,225	109566	123997	139326	152778	175596	212796	253568	I
	164350	186000	208990	229172	263395	319195	380351	II
	0,00094	0,00089	0,00084	0,00080	0,00075	0,00068	0,00062	III
0,230	112040	126800	142472	156232	179561	217601	259293	I
	168061	190198	213709	234345	269342	326402	388940	II
	0,00098	0,00092	0,00087	0,00083	0,00077	0,00070	0,00064	III
0,235	114515	129599	145619	159680	183527	222407	265019	I
	171772	194397	218428	239517	275290	333610	397529	II
	0,00102	0,00095	0,00090	0,00086	0,00080	0,00073	0,00067	III
0,240	116900	132298	148652	163005	187350	227040	270540	I
	175395	198499	223035	244572	281096	340646	405913	II
	0,00105	0,00099	0,00093	0,00089	0,00083	0,00076	0,00069	III
0,245	119374	135101	151798	166459	191315	231845	276266	I
	179106	202697	227754	249745	287043	347853	414501	II
	0,00109	0,00102	0,00097	0,00092	0,00086	0,00078	0,00072	III
0,250	121760	137800	154832	169784	195139	236479	281787	I
	182817	206900	232473	254922	292991	355061	423090	II
	0,00113	0,00106	0.00100	0,00096	0,00089	0,00081	0,00074	III
0,255	124234	140599	157978	173233	199104	241284	287513	I
	186351	210898	236967	259849	298655	361925	431269	II
	0,00117 ·	0,00110	0,00104	0,00099	0,00092	0,00084	0,00077	III
0,260	126620	143298	161012	176558	202927	245917	293034	I
	190062	215100	241686	265027	304603	369133	439858	II
	0,00121	0,00114	0,00107	0,00102	0,00096	0,00087	0,00079	III
0,265	129094	146101	164158	180011	206892	250722	298760	I
	193773	219299	246405	270199	310551	376341	448447	II
	0,00125	0,00117	0,00110	0,00106	0,00099	0,00090	0,00082	III
0,270	131568	148899	167304	183460	210857	255527	304486	I
	197396	223397	251012	275249	316357	383377	456831	II
	0,00129	0,00121	0,00114	0,00109	0,00102	0.00092	0,00085	III
0,275	133954	151598	170338	186785	214681	260161	310007	I
	200842	227299	255394	280057	321880	390070	464806	II
	0,00133	0.00125	0.00118	0,00113	0.00105	0,00096	0,00088	III
0,280	136428	154397	173484	190234	218646	264966	315733	I
	204642	231598	260226	285353	327969	397449	473599	II
	0,00137	0,00129	0,00122	0.00116	0,00108	0,00098	0,00090	III
0,285	138814	157104	176518	193564	222469	269599	321254	I
	208265	235700	264833	290408	333775	404485	481983	II
	0,00142	0,00133	0,00125	0,00120	0,00112	0,00101	0,00093	III
0,290	141288	159899	179664	197012	226434	274404	326980	I
	211976	239898	269552	295580	339722	411692	490572	II
	0,00146	0,00137	0,00129	0,00123	0,00115	0.00105	0,00096	III
0,295	143673	162598	182697	200338	230258	279038	332501	I
	215510	243480	274046	299993	345387	418557	498751	II
	0,00150	0,00141	0,00133	0,00127	0,00119	0,00108	0,00099	III
0,300	146147	165401	185843	203791	234223	283842	338226	I
	219221	248099	278765	305684	351334	425764	507340	II
	0,00155	0,00145	0,00137	0,00131	0,00155	0,00111	0,00102	III

Geschwindigk. d. Wassers in m	Werthe des Ausdruckes $\dfrac{v^2}{2g} \cdot \Sigma\zeta$ für $\Sigma\zeta =$									
v	0,5	1	1,5	2	2,5	3	3,5	4	4,5	5
0,305	0,00237	0,00474	0,00711	0,00948	0,01185	0,01422	0,01659	0,01896	0,02133	0,02371
0,310	0,00245	0,00490	0,00735	0,00980	0,01225	0,01469	0,01714	0,01959	0,02204	0,02449
0,315	0,00253	0,00506	0,00759	0,01011	0,01264	0,01517	0,01770	0,02023	0,02276	0,02529
0,320	0,00261	0,00522	0,00783	0,01044	0,01305	0,01566	0,01827	0,02088	0,02349	0,02610
0,325	0,00269	0,00538	0,00808	0,01077	0,01346	0,01615	0,01884	0,02154	0,02423	0,02692
0,330	0,00278	0,00555	0,00833	0,01110	0,01388	0,01665	0,01943	0,02220	0,02498	0,02775
0,335	0,00286	0,00572	0,00858	0,01144	0,01430	0,01716	0,02002	0,02288	0,02574	0,02860
0,340	0,00295	0,00589	0,00884	0,01178	0,01473	0,01768	0,02062	0,02357	0,02651	0,02946
0,345	0,00303	0,00607	0,00910	0,01213	0,01517	0,01820	0,02123	0,02427	0,02730	0,03034
0,350	0,00312	0,00624	0,00937	0,01249	0,01561	0,01873	0,02185	0,02498	0,02810	0,03122
0,355	0,00321	0,00642	0,00963	0,01285	0,01606	0,01927	0,02248	0,02569	0,02890	0,03212
0,360	0,00330	0,00661	0,00991	0,01321	0,01652	0,01982	0,02312	0,02642	0,02973	0,03303
0,365	0,00340	0,00679	0,01019	0,01358	0,01698	0,02037	0,02377	0,02716	0,03056	0,03396
0,370	0,00349	0,00698	0,01047	0,01396	0,01745	0,02093	0,02442	0,02791	0,03140	0,03489
0,375	0,00358	0,00717	0,01075	0,01433	0,01792	0,02150	0,02508	0,02867	0,03225	0,03584
0,380	0,00368	0,00736	0,01104	0,01472	0,01840	0,02208	0,02576	0,02944	0,03312	0,03680
0,385	0,00378	0,00756	0,01133	0,01511	0,01889	0,02267	0,02644	0,03022	0,03400	0,03778
0,390	0,00388	0,00775	0,01163	0,01550	0,01938	0,02326	0,02713	0,03101	0,03488	0,03876
0,395	0,00398	0,00795	0,01193	0,01590	0,01988	0,02386	0,02783	0,03181	0,03578	0,03976
0,400	0,00408	0,00816	0,01223	0,01631	0,02039	0,02447	0,02854	0,03262	0,03670	0,04078

Geschwindigkeit d. Wassers in m	Mögliche stündl. zu fördernde Wärmemenge bei e. Temperaturdifferenz des Wassers von $\{^{20^0}_{30^0}$ Werthe des Ausdruckes $\dfrac{v^2\,\varrho}{2g\,d}$ . . . . . . für eine Rohrweite (in Metern) von:							I II III
v	0,094	0,100	0,0106	0,111	0,119	0,131	0,143	
0,305	148533	168100	188877	207117	238046	288476	343748	I
	222844	252197	283372	310734	357140	432800	515724	II
	0,00159	0,00149	0,00141	0,00135	0,00125	0,00114	0,00104	III
0,310	151007	170898	192023	210565	242011	293281	349473	I
	226467	256300	287979	315788	362946	439836	524108	II
	0,00164	0,00154	0,00145	0,00139	0,00129	0,00117	0,00107	III
0,315	153481	173697	195169	214013	245977	298087	355199	I
	230355	260698	292923	321207	369177	447387	533105	II
	0,00168	0,00158	0,00149	0,00143	0,00133	0,00121	0,00111	III
0,320	155867	176400	198203	217344	249800	302720	360720	I
	233801	264596	297305	326011	374700	454080	541081	II
	0,00173	0,00162	0,00153	0,00146	0,00136	0,00124	0,00114	III
0,325	158341	179195	201349	220787	253765	307525	366446	I
	237512	268798	302024	331188	380648	461288	549669	II
	0,00178	0,00167	0,00157	0,00150	0,00140	0,00127	0,00117	III
0,330	160727	181898	204383	224117	257589	312159	371967	I
	241134	272897	306630	336238	386454	468324	558053	II
	0,00183	0,00172	0,00161	0,00155	0,00144	0,00131	0,00120	III
0,335	163201	184697	207529	227566	261554	316964	377693	I
	244846	277099	311350	341416	392401	475531	566642	II
	0,00187	0,00176	0,00166	0,00159	0,00148	0,00135	0,00123	III
0,340	165587	187404	210563	230896	265377	321597	383214	I
	248380	281097	315844	346342	398066	482396	574821	II
	0,00192	0,00180	0,00170	0,00162	0,00152	0,00138	0,00126	III
0,345	168061	190198	213709	234345	269342	326402	388940	I
	252091	285300	320563	351520	404013	489603	583410	II
	0,00192	0,00185	0,00175	0,00167	0,00155	0,00141	0,00129	III
0,350	170535	192997	216855	237793	273307	331207	394666	I
	255802	289498	325282	356692	409961	496811	591999	II
	0,00203	0,00190	0,00179	0,00171	0,00160	0,00145	0,00132	III
0,355	172921	195700	219889	241124	277131	335841	400187	I
	259425	293596	329889	361742	415767	503847	600383	II
	0,00207	0,00194	0,00184	0,00175	0,00163	0,00148	0,00136	III
0,360	175395	198499	223035	244572	281096	340646	405913	I
	263136	297799	334608	366920	421715	511055	608971	II
	0,00212	0,00200	0,00188	0,00180	0,00168	0,00152	0,00139	III
0,365	177780	201198	226068	247897	284919	345279	411434	I
	266670	301797	339102	371846	427379	517919	617151	II
	0,00217	0,00204	0,00193	0,00184	0,00172	0,00156	0,00143	III
0,370	180254	203997	229214	251346	288884	350084	417160	I
	270382	305999	343822	377024	433327	525127	625739	II
	0,00223	0,00209	0,00197	0,00189	0,00176	0,00160	0,00146	III
0,375	182640	206700	232248	254676	292708	354718	422681	I
	274004	310098	348428	382073	439133	532163	634123	II
	0,00228	0,00214	0,00202	0,00193	0,00180	0,00164	0,00150	III
0,380	185114	209499	235394	258125	296673	359523	428407	I
	277715	314296	353147	387246	445080	539370	642712	II
	0,00234	0,00219	0,00207	0,00198	0,00184	0,00167	0,00153	III
0,385	187588	212297	238540	261573	300638	364328	434132	I
	281427	318498	357867	392424	451028	546578	651301	II
	0,00238	0,00224	0,00212	0,00202	0,00189	0,00171	0,00156	III
0,390	189974	215000	241574	264903	304462	368962	439654	I
	284961	322497	362361	397350	456692	553442	659480	II
	0,00243	0,00229	0,00216	0,00207	0,00193	0,00175	0,00160	III
0,395	192448	217799	244720	268352	308427	373767	445379	I
	288672	326695	367080	402523	462640	560650	668069	II
	0,00249	0,00235	0,00221	0,00211	0,00197	0,00179	0,00164	III
0,400	194834	220498	247754	271677	312250	378400	450900	I
	292295	330797	371687	407577	468446	567686	676453	II
	0,00254	0,00240	0,00226	0,00216	0,00201	0,00183	0,00167	III

Ge-schwin-digk. d. Wassers in m v	Werthe des Ausdruckes $\dfrac{v^2}{2g}\cdot\Sigma\zeta$ für $\Sigma\zeta=$									
	0,5	1	1,5	2	2,5	3	3,5	4	4,5	5
0,405	0,00418	0,00836	0,01254	0,01672	0,02090	0,02508	0,02926	0,03344	0,03762	0,04180
0,410	0,00428	0,00857	0,01285	0,01714	0,02142	0,02570	0,02999	0,03427	0,03856	0,04284
0,415	0,00439	0,00878	0,01317	0,01756	0,02195	0,02633	0,03072	0,03511	0,03950	0,04389
0,420	0,00450	0,00899	0,01349	0,01798	0,02248	0,02697	0,03147	0,03596	0,04046	0,04496
0,425	0,00460	0,00921	0,01381	0,01841	0,02302	0,02762	0,03222	0,03682	0,04142	0,04603
0,430	0,00471	0,00942	0,01414	0,01885	0,02356	0,02827	0,03298	0,03770	0,04241	0,04712
0,435	0,00482	0,00964	0,01447	0,01929	0,02411	0,02893	0,03375	0,03858	0,04340	0,04822
0,440	0,00493	0,00987	0,01480	0,01973	0,02467	0,02960	0,03453	0,03947	0,04440	0,04934
0,445	0,00505	0,01009	0,01514	0,02019	0,02523	0,03028	0,03532	0,04037	0,04542	0,05047
0,450	0,00516	0,01032	0,01548	0,02064	0,02580	0,03096	0,03612	0,04128	0,04644	0,05161
0,455	0,00528	0,01055	0,01583	0,02110	0,02638	0,03166	0,03693	0,04221	0,04748	0,05276
0,460	0,00539	0,01079	0,01618	0,02157	0,02696	0,03236	0,03775	0,04314	0,04853	0,05393
0,465	0,00551	0,01102	0,01653	0,02204	0,02755	0,03306	0,03857	0,04408	0,04959	0,05511
0,470	0,00563	0,01126	0,01689	0,02252	0,02815	0,03378	0,03941	0,04504	0,05067	0,05630
0,475	0,00575	0,01150	0,01725	0,02300	0,02875	0,03450	0,04025	0,04600	0,05175	0,05750
0,480	0,00587	0,01174	0,01761	0,02349	0,02936	0,03523	0,04110	0,04697	0,05284	0,05872
0,485	0,00599	0,01199	0,01798	0,02398	0,02997	0,03597	0,04196	0,04796	0,05395	0,05995
0,490	0,00612	0,01224	0,01836	0,02448	0,03060	0,03671	0,04283	0,04895	0,05507	0,06119
0,495	0,00624	0,01249	0,01873	0,02498	0,03122	0,03747	0,04371	0,04996	0,05620	0,06245
0,500	0,00637	0,01274	0,01911	0,02548	0,03186	0,03823	0,04460	0,05097	0,05734	0,06371

Geschwindigkeit d. Wassers in m	Mögliche stündl. zu fördernde Wärmemenge bei e. Temperaturdifferenz des Wassers von $\begin{cases}20^0\\30^0\end{cases}$ Werthe des Ausdruckes $\dfrac{v^2\,\varrho}{2g\,d}$ . . . . . für eine Rohrweite (in Metern) von:							I II III
v	0,094	0,100	0,106	0,111	0,119	0,131	0,143	
0,405	197308	223297	250900	275126	316215	383205	456626	I
	296006	335000	376406	412755	474394	574894	685042	II
	0,00260	0,00245	0,00231	0,00221	0,00206	0,00187	0,00171	III
0,410	199694	226000	253934	278456	320039	387839	462147	I
	299540	338998	380900	417681	480058	581758	693221	II
	0,00266	0,00250	0,00236	0,00225	0,00210	0,00191	0,00175	III
0,415	202168	228799	257080	281904	324004	392644	467873	I
	303252	343196	385620	422854	486006	588966	701810	II
	0,00272	0,00255	0,00240	0,00230	0,00215	0,00195	0,00179	III
0,420	204553	231498	260113	285230	327827	397277	473394	I
	306874	347299	390226	427909	491812	596002	710194	II
	0,00278	0,00261	0,00246	0,00235	0,00219	0,00199	0,00183	III
0,425	207027	234296	263259	288678	331792	402082	479120	I
	310585	351497	394945	433081	497759	603209	718782	II
	0,00283	0,00266	0,00251	0,00240	0,00224	0,00203	0,00186	III
0,430	209502	237099	266406	292132	335757	406887	484846	I
	314297	355699	399665	438259	503707	610417	727371	II
	0,00289	0,00271	0,00256	0,00245	0,00228	0,00207	0,00190	III
0,435	211887	239798	269439	295457	339581	411521	490367	I
	317831	359697	404159	443186	509371	617281	735551	II
	0,00295	0,00278	0,00262	0,00250	0,00226	0,00212	0,00194	III
0,440	214361	242597	272585	298905	343546	416326	496093	I
	321542	363896	408878	448358	515319	624489	744139	II
	0,00301	0,00283	0,00267	0,00255	0,00238	0,00216	0,00198	III
0,445	216747	245300	275619	302236	347369	420959	501614	I
	325160	367998	413485	453413	521125	631525	752523	II
	0,00307	0,00289	0,00272	0,00260	0,00243	0,00220	0,00202	III
0,450	219221	248099	278765	305684	351334	425764	507340	I
	328876	372196	418204	458585	527072	638732	761112	II
	0,00313	0,00294	0,00278	0,00265	0,00247	0,00225	0,00205	III
0,455	221607	250798	281799	309010	355158	430398	512761	I
	332415	376199	422698	463517	532737	645597	769291	II
	0,00320	0,00300	0,00284	0,00270	0,00252	0,00229	0,00210	III
0,460	224081	253597	284945	312458	359123	435203	518587	I
	336121	380397	427417	468690	538684	652804	777880	II
	0,00326	0,00306	0,00288	0,00276	0,00257	0,00234	0,00214	III
0,465	226555	256400	288091	315912	363088	440008	524312	I
	339833	384595	432137	473862	544632	660012	786469	II
	0,00332	0,00312	0,00294	0,00281	0,00262	0,00238	0,00218	III
0,470	228941	259098	291125	319237	366912	444642	529834	I
	343455	388698	436743	478917	550438	667048	794853	II
	0,00338	0,00318	0,00299	0,00286	0,00267	0,00242	0,00222	III
0,475	231415	261897	294271	322685	370877	449447	535559	I
	347166	392896	441462	484089	556386	674256	803441	II
	0,00344	0,00323	0,00305	0,00291	0,00272	0,00247	0,00227	III
0,480	233801	264596	297305	326011	374700	454080	541081	I
	350701	396898	445957	489021	562050	681120	811621	II
	0,00350	0,00330	0,00313	0,00297	0,00277	0,00252	0,00230	III
0,485	236275	267399	300451	329464	378665	458885	546806	I
	354412	401097	450676	494194	567998	688328	820209	II
	0,00357	0,00336	0,00316	0,00302	0,00282	0,00256	0,00235	III
0,490	238660	270098	303484	332789	382489	463519	552327	I
	358035	405199	455283	499248	573804	678203	828593	II
	0,00363	0,00341	0,00322	0,00308	0,00287	0,00261	0,00239	III
0,495	241134	272897	306630	336238	386454	468324	558053	I
	361746	409397	460002	504421	579751	702571	837182	II
	0.00370	0,00348	0,00329	0,00314	0,00293	0,00266	0,00243	III
0,500	243609	275700	309777	339691	390419	473129	563779	I
	365457	413595	464721	509594	585699	709779	845771	II
	0,00377	0,00354	0,00334	0,00319	0,00298	0,00270	0,00247	III

Ge-schwin-digk. d. Wassers in m	Werthe des Ausdruckes $\frac{v^2}{2g} \cdot \Sigma\zeta$ für $\Sigma\zeta =$									
v	0,5	1	1,5	2	2,5	3	3,5	4	4,5	5
0,505	0,00650	0,01300	0,01950	0,02600	0,03250	0,03899	0,04549	0,05199	0,05849	0,06499
0,510	0,00663	0,01326	0,01989	0,02651	0,03314	0,03977	0,04640	0,05303	0,05966	0,06629
0,515	0,00676	0,01352	0,02028	0,02704	0,03380	0,04055	0,04731	0,05407	0,06083	0,06759
0,520	0,00689	0,01378	0,02067	0,02756	0,03446	0,04135	0,04824	0,05513	0,06201	0,06891
0,525	0,00702	0,01405	0,02107	0,02810	0,03512	0,04214	0,04917	0,05619	0,06322	0,07024
0,530	0,00716	0,01432	0,02148	0,02863	0,03579	0,04295	0,05011	0,05727	0,06443	0,07159
0,535	0,00729	0,01459	0,02188	0,02918	0,03647	0,04376	0,05106	0,05835	0,06565	0,07294
0,540	0,00743	0,01486	0,02229	0,02972	0,03716	0,04459	0,05202	0,05945	0,06688	0,07431
0,545	0,00757	0,01514	0,02271	0,03028	0,03785	0,04542	0,05299	0,06056	0,06813	0,07570
0,550	0,00771	0,01542	0,02313	0,03084	0,03855	0,04626	0,05396	0,06167	0,06938	0,07709
0,555	0,00785	0,01570	0,02355	0,03140	0,03925	0,04710	0,05495	0,06280	0,07065	0,07850
0,560	0,00799	0,01598	0,02398	0,03197	0,03996	0,04795	0,05594	0,06394	0,07193	0,07992
0,565	0,00814	0,01627	0,02441	0,03254	0,04068	0,04881	0,05694	0,06508	0,07322	0,08135
0,570	0,00828	0,01656	0,02484	0,03312	0,04140	0,04968	0,05796	0,06624	0,07452	0,08280
0,575	0,00843	0,01685	0,02528	0,03370	0,04213	0,05055	0,05898	0,06740	0,07583	0,08426
0,580	0,00857	0,01715	0,02572	0,03429	0,04287	0,05144	0,06001	0,06858	0,07716	0,08573
0,585	0,00872	0,01744	0,02616	0,03489	0,04361	0,05233	0,06105	0,06977	0,07849	0,08722
0,590	0,00887	0,01774	0,02661	0,03548	0,04436	0,05323	0,06210	0,07097	0,07984	0,08871
0,595	0,00902	0,01804	0,02707	0,03609	0,04511	0,05413	0,06315	0,07218	0,08120	0,09022
0,600	0,00917	0,01835	0,02752	0,03670	0,04587	0,05505	0,06422	0,07340	0,08257	0,09175

Geschwindigkeit d. Wassers in m — Mögliche stündl. zu fördernde Wärmemenge bei e. Temperaturdifferenz des Wassers von $\begin{cases} 20^0 \\ 30^0 \end{cases}$ Werthe des Ausdruckes $\dfrac{v^2}{2g}\dfrac{\varrho}{d}$ . . . . für eine Rohrweite (in Metern) von:

v	0,094	0,100	0,106	0,111	0,119	0,131	0,143	
0,505	245994	278399	312810	343017	394242	477762	569300	I
	368991	417598	469215	514525	591363	716643	853950	II
	0,00383	0,00360	0,00340	0,00324	0,00303	0,00275	0,00252	III
0,510	248468	281197	315956	346465	398207	482567	575026	I
	372702	421796	473934	519698	597311	723851	862539	II
	0,00391	0,00367	0,00346	0,00331	0,00309	0,00280	0,00256	III
0,515	250854	283896	318990	349790	402031	487201	580547	I
	376325	425899	478541	524711	603117	730887	870923	II
	0,00397	0,00373	0,00352	0,00336	0,00314	0,00285	0,00261	III
0,520	253328	286699	322136	353244	405996	492006	586273	I
	380036	430097	483260	529925	609065	738095	879511	II
	0,00403	0,00379	0,00358	0,00341	0,00318	0,00289	0,00265	III
0,525	255714	289398	325170	356569	409819	496639	591794	I
	383571	434095	487755	534851	614729	744959	887691	II
	0,00411	0,00386	0,00364	0,00348	0,00325	0,00295	0,00270	III
0,530	258188	292197	328316	360018	413784	501444	597520	I
	387382	438297	492474	540029	620677	752167	896280	II
	0,00417	0,00392	0,00370	0,00353	0,00330	0,00299	0,00274	III
0,535	260574	294896	331350	363343	417608	506078	603041	I
	390905	442396	497081	545079	627899	759203	904664	II
	0,00424	0,00398	0,00376	0,00359	0,00335	0,00304	0,00278	III
0,540	263048	297699	334496	366797	421573	510883	608767	I
	394616	446598	501800	550256	632430	766410	913252	II
	0,00431	0,00406	0,00383	0,00366	0,00341	0,00310	0,00284	III
0,545	265522	300498	337642	370245	425538	515688	614492	I
	398327	450796	506519	555429	638378	773618	921841	II
	0,00438	0,00412	0,00388	0,00371	0,00346	0,00314	0,00289	III
0,550	267908	303196	340676	373570	429362	520322	620014	I
	401861	454795	511013	560355	644042	780482	930021	II
	0,00446	0,00419	0,00396	0,00378	0,00352	0,00320	0,00293	III
0,555	270382	305999	343822	377024	433327	525127	625739	I
	405572	458997	515732	565533	649999	787690	938609	II
	0,00453	0,00425	0,00401	0,00383	0,00358	0,00325	0,00297	III
0.560	272767	308698	346855	380349	437150	529760	631261	I
	409195	463095	520339	570583	655796	794726	946993	II
	0,00461	0,00433	0,00409	0,00390	0,00364	0,00331	0,00302	III
0,565	275241	311493	350001	383797	441115	534565	636986	I
	412906	467298	525058	575763	661744	801934	955582	II
	0,00467	0,00439	0,00414	0,00396	0,00369	0,00335	0,00307	III
0,570	277627	314196	353035	387123	444939	539199	642508	I
	416441	471296	529553	580687	667408	808798	963761	II
	0,00474	0,00445	0,00420	0,00401	0,00374	0,00340	0,00312	III
0,575	280101	316999	356181	390576	448904	544004	648233	I
	420152	475498	534272	585865	673356	816006	972350	II
	0,00482	0,00453	0,00428	0,00408	0,00381	0,00346	0,00316	III
0,580	282575	319798	359327	394025	452869	548809	653959	I
	423863	479697	538991	591037	679303	823213	980939	II
	0,00489	0,00460	0,00434	0,00414	0,00386	0,00351	0,00322	III
0,585	284961	322497	362361	397350	456692	553442	659480	I
	427486	483795	543598	596087	685109	830249	989323	II
	0,00497	0,00467	0,00441	0,00421	0,00393	0,00357	0,00327	III
0,590	287435	325300	365507	400804	460657	558247	665206	I
	431197	487997	548317	601264	691057	837457	997911	II
	0,00504	0,00474	0,00447	0,00427	0,00398	0,00362	0,00331	III
0,595	289821	327998	368541	404129	464481	562881	670727	I
	434731	491995	552811	606191	696721	844321	1006091	II
	0,00513	0,00482	0,00455	0,00434	0,00405	0,00368	0,00336	III
0,600	292295	330797	371686	407577	468446	567686	676453	I
	438442	496198	557530	611369	702669	851529	1014679	II
	0,00519	0,00488	0,00460	0,00440	0,00410	0,00373	0,00341	III

Geschwindigk. d. Wassers in m v	Werthe des Ausdruckes $\frac{v^2}{2g} \cdot \Sigma\zeta$ für $\Sigma\zeta =$									
	0,5	1	1,5	2	2,5	3	3,5	4	4,5	5
0,010	0,00000	0,00001	0,00001	0,00001	0,00001	0,00002	0,00002	0,00002	0,00002	0,00003
0,015	0,00001	0,00001	0,00002	0,00002	0,00003	0,00003	0,00004	0,00004	0,00005	0,00006
0,020	0,00001	0,00002	0,00003	0,00004	0,00005	0,00006	0,00007	0,00008	0,00009	0,00010
0,025	0,00002	0,00003	0,00005	0,00006	0,00008	0,00010	0,00011	0,00013	0,00014	0,00016
0,030	0,00002	0,00005	0,00007	0,00009	0,00012	0,00014	0,00016	0,00018	0,00021	0,00023
0,035	0,00003	0,00006	0,00009	0,00012	0,00016	0,00019	0,00022	0,00025	0,00028	0,00031
0,040	0,00004	0,00008	0,00012	0,00016	0,00021	0,00025	0,00029	0,00033	0,00037	0,00041
0,045	0,00005	0,00010	0,00015	0,00021	0,00026	0,00031	0,00036	0,00041	0,00046	0,00052
0,050	0,00006	0,00013	0,00019	0,00025	0,00032	0,00038	0,00044	0,00051	0,00057	0,00064
0,055	0,00008	0,00015	0,00023	0,00031	0,00039	0,00046	0,00054	0,00062	0,00069	0,00077
0,060	0,00009	0,00018	0,00027	0,00037	0,00046	0,00055	0,00064	0,00073	0,00082	0,00092
0,065	0,00011	0,00022	0,00032	0,00043	0,00054	0,00065	0,00075	0,00086	0,00097	0,00108
0,070	0,00013	0,00025	0,00038	0,00050	0,00063	0,00075	0,00088	0,00100	0,00113	0,00125
0,075	0,00014	0,00029	0,00043	0,00057	0,00072	0,00086	0,00100	0,00115	0,00129	0,00144
0,080	0,00016	0,00033	0,00049	0,00065	0,00082	0,00098	0,00114	0,00130	0,00147	0,00163
0,085	0,00018	0,00037	0,00055	0,00074	0,00092	0,00110	0,00129	0,00147	0,00166	0,00184
0,090	0,00021	0,00041	0,00062	0,00083	0,00103	0,00124	0,00145	0,00165	0,00186	0,00207
0,095	0,00023	0,00046	0,00069	0,00092	0,00115	0,00138	0,00161	0,00184	0,00207	0,00230
0,100	0,00026	0,00051	0,00077	0,00102	0,00128	0,00153	0,00179	0,00204	0,00230	0,00255

Geschwindigkeit d. Wassers in m	Mögliche stündl. zu fördernde Wärmemenge bei e. Temperaturdifferenz des Wassers von $\begin{cases}20^0\\30^0\end{cases}$ Werthe des Ausdruckes $\dfrac{v^2\,\varrho}{2g\,d}$ . . . . für eine Rohrweite (in Metern) von:							I II III
v	0,156	0,169	0,192	0,216	0,241	0,264	0,290	
0,010	13385	15709	20275	25661	31945	38333	46255	I
	19956	23420	30228	38258	47626	57151	68962	II
	0,00001	0,00003	0,00003	0,00003	0,00002	0,00002	0,00001	III
0,015	20199	23706	30597	38724	48207	57848	69803	I
	30177	35416	45711	57853	72020	86423	104284	II
	0,00001	0,00001	0,00001	0,00001	0,00001	0,00001	0,00001	III
0,020	26770	31417	40550	51322	63889	76666	92510	I
	40154	47126	60826	76982	95834	114998	138765	II
	0,00001	0,00001	0,00001	0,00001	0,00001	0,00001	0,00001	III
0,025	33584	39414	50872	64385	80152	96180	116058	I
	50376	59121	76308	96578	120228	144271	174087	II
	0,00002	0,00001	0,00001	0,00001	0,00001	0,00001	0,00001	III
0,030	40154	47126	60826	76982	95834	114998	138765	I
	60353	70831	91423	115707	144041	172846	208568	II
	0,00003	0,00002	0,00002	0,00001	0,00001	0,00001	0,00001	III
0,035	46968	55123	71148	90046	112096	134513	162313	I
	70574	82827	106906	135302	168435	202118	243890	II
	0,00003	0,00002	0,00002	0,00002	0,00002	0,00002	0,00001	III
0,040	53783	63120	81469	103110	128359	154028	185861	I
	80796	94823	122388	154898	192829	231391	279212	II
	0,00003	0,00003	0,00003	0,00002	0,00002	0,00002	0,00002	III
0,045	60353	70831	91423	115707	144041	172846	208568	I
	90530	106247	137134	173560	216061	259269	312852	II
	0,00004	0,00004	0,00003	0,00003	0,00003	0,00002	0,00002	III
0,050	67167	78828	101745	128771	160304	192361	232116	I
	100751	118243	152617	193156	240455	288541	348174	II
	0,00005	0,00004	0,00003	0,00003	0,00003	0,00003	0,00003	III
0,055	73738	86540	111698	141368	175985	211179	254823	I
	110729	129953	167731	212285	264269	317117	382655	II
	0,00005	0,00005	0,00004	0,00004	0,00004	0,00003	0,00003	III
0,060	80552	94537	122020	154431	192248	230694	278371	I
	120950	141948	183214	231880	288663	346389	417977	II
	0,00006	0,00006	0,00005	0,00005	0,00004	0,00004	0,00003	III
0,065	87123	102248	131973	167028	207930	249512	301078	I
	130684	153373	197960	250543	311895	374268	451617	II
	0,00007	0,00007	0,00006	0,00005	0,00005	0,00004	0,00004	III
0,070	93937	110245	142295	180092	224193	269027	324626	I
	140905	165368	213443	270138	336289	403540	486939	II
	0,00008	0,00007	0,00007	0,00006	0,00005	0,00005	0,00004	III
0,075	100508	117957	152248	192689	239875	287844	347333	I
	150883	177078	228557	289267	360102	432115	521420	II
	0,00009	0,00008	0,00007	0,00006	0,00006	0,00005	0,00005	III
0,080	107322	125954	162570	205753	256137	307359	370881	I
	161104	189074	244040	308863	384496	461388	556742	II
	0,00010	0,00009	0,00008	0,00007	0,00006	0,00006	0,00005	III
0,085	114136	133951	172892	218817	272400	326874	394429	I
	171325	201069	259523	328458	408890	490660	592064	II
	0,00011	0,00010	0,00009	0,00008	0,00007	0,00007	0,00006	III
0,090	120707	141663	182845	231414	288082	345692	417136	I
	181060	212494	274268	347121	432123	518538	625704	II
	0,00012	0,00011	0,00010	0,00009	0,00008	0,00007	0,00007	III
0,095	127521	149660	193167	244474	304344	365207	440684	I
	191281	224489	289751	366716	456517	547811	661026	II
	0,00013	0,00012	0,00011	0,00010	0,00009	0,00008	0,00007	III
0,100	134091	157371	203121	257075	320026	384025	463391	I
	201259	236199	304865	385845	480330	576386	695507	II
	0,00014	0,00013	0,00012	0,00010	0,00009	0,00009	0,00008	III

Geschwindigk. d. Wassers in m	Werthe des Ausdruckes $\frac{v^2}{2g} \cdot \Sigma\zeta$ für $\Sigma\zeta =$									
v	0,5	1	1,5	2	2,5	3	3,5	4	4,5	5
0,105	0,00028	0,00056	0,00084	0,00112	0,00141	0,00169	0,00197	0,00225	0,00253	0,00281
0,110	0,00031	0,00062	0,00093	0,00123	0,00154	0,00185	0,00216	0,00247	0,00278	0,00309
0,115	0,00034	0,00067	0,00101	0,00135	0,00169	0,00202	0,00236	0,00270	0,00303	0,00337
0,120	0,00037	0,00073	0,00110	0,00147	0,00184	0,00220	0,00257	0,00294	0,00330	0,00367
0,125	0,00040	0,00080	0,00119	0,00159	0,00199	0,00239	0,00279	0,00318	0,00358	0,00398
0,130	0,00043	0,00086	0,00129	0,00172	0,00215	0,00258	0,00301	0,00344	0,00387	0,00431
0,135	0,00046	0,00093	0,00139	0,00186	0,00232	0,00279	0,00325	0,00372	0,00418	0,00465
0,140	0,00050	0,00100	0,00150	0,00200	0,00249	0,00300	0,00350	0,00400	0,00450	0,00500
0,145	0,00054	0,00107	0,00161	0,00214	0,00268	0,00321	0,00375	0,00428	0,00482	0,00536
0,150	0,00057	0,00115	0,00172	0,00229	0,00287	0,00344	0,00401	0,00459	0,00516	0,00574
0,155	0,00061	0,00123	0,00184	0,00245	0,00306	0,00368	0,00429	0,00490	0,00551	0,00613
0,160	0,00065	0,00131	0,00196	0,00261	0,00326	0,00392	0,00457	0,00522	0,00587	0,00653
0,165	0,00069	0,00139	0,00208	0,00277	0,00347	0,00416	0,00486	0,00555	0,00625	0,00694
0,170	0,00074	0,00147	0,00221	0,00295	0,00368	0,00442	0,00516	0,00589	0,00663	0,00737
0,175	0,00078	0,00156	0,00234	0,00312	0,00390	0,00468	0,00546	0,00624	0,00702	0,00781
0,180	0,00083	0,00165	0,00248	0,00330	0,00413	0,00495	0,00578	0,00660	0,00743	0,00826
0,185	0,00087	0,00174	0,00262	0,00349	0,00436	0,00523	0,00610	0,00698	0,00785	0,00872
0,190	0,00092	0,00184	0,00276	0,00368	0,00460	0,00552	0,00644	0,00736	0,00828	0,00920
0,195	0,00097	0,00194	0,00291	0,00388	0,00485	0,00581	0,00678	0,00775	0,00872	0,00969
0,200	0,00102	0,00204	0,00306	0,00408	0,00510	0,00612	0,00714	0,00816	0,00918	0,01020

Geschwindigkeit d. Wassers in m v	Mögliche stündl. zu fördernde Wärmemenge bei e. Temperaturdifferenz des Wassers von $\{20^0 \atop 30^0$ Werthe des Ausdruckes $\dfrac{v^2 \varrho}{2g\,d}$ . . . für eine Rohrweite (in Metern) von:							
	0,156	0,169	0,192	0,216	0,241	0,264	0,290	
0,105	140905	165368	213443	270138	336289	403540	486939	I
	211480	248195	320348	405441	504724	605658	730829	II
	0,00016	0,00015	0,00013	0,00011	0,00010	0,00009	0,00008	III
0,110	147476	173080	223396	282735	351971	422358	509646	I
	221214	259619	335094	424103	527956	633537	764469	II
	0,00017	0,00016	0,00014	0,00012	0,00011	0,00010	0,00009	III
0,115	154290	181077	233718	295799	368234	441873	533194	I
	231435	271615	350577	443699	552350	662809	799791	II
	0,00018	0,00017	0,00015	0,00013	0,00012	0,00011	0,00010	III
0,120	160861	188788	243671	308396	383915	460691	555901	I
	241413	283325	365691	462828	576164	691384	834272	II
	0,00020	0,00018	0,00016	0,00014	0,00013	0,00012	0,00011	III
0,125	167675	196785	253993	321460	400178	480205	579449	I
	251634	295321	381174	482423	600558	720657	869594	II
	0,00020	0,00019	0,00017	0,00015	0,00014	0,00012	0,00011	III
0,130	174489	204782	264315	334524	416441	499720	602997	I
	261855	307316	396657	502019	624952	749929	904916	II
	0,00022	0,00021	0,00018	0,00016	0,00015	0,00013	0,00012	III
0,135	181060	212494	274268	347121	432123	518538	625704	I
	271590	318741	411402	520681	648184	777807	938556	II
	0,00024	0,00022	0,00019	0,00017	0,00015	0,00014	0,00013	III
0,140	187874	220491	284590	360184	448385	538053	649252	I
	281811	330736	426885	540276	672578	807080	973878	II
	0,00025	0,00022	0,00021	0,00018	0,00016	0,00015	0,00014	III
0,145	194445	228202	294543	372781	464067	556871	671959	I
	291789	342446	441999	559405	696391	835655	1008359	II
	0,00027	0,00025	0,00022	0,00019	0,00017	0,00016	0,00015	III
0,150	201015	235914	304497	385379	479749	575689	694666	I
	301523	353871	456745	578068	719624	863533	1041999	II
	0,00029	0,00026	0,00023	0,00021	0,00018	0.00017	0,00015	III
0,155	208073	244197	315187	398909	496593	595901	719055	I
	312231	366438	472965	598596	745179	894200	1079003	II
	0,00030	0,00028	0,00025	0,00022	0,00020	0,00018	0,00016	III
0,160	214644	251908	325140	411506	512274	614719	741762	I
	321965	377862	487711	617259	768412	922078	1112643	II
	0,00032	0,00029	0,00026	0,00023	0,00021	0,00019	0,00017	III
0,165	221458	259905	335462	424570	528537	634234	765310	I
	332186	389858	503194	636854	792806	951350	1147965	II
	0,00034	0,00031	0,00027	0,00024	0,00022	0,00020	0,00018	III
0,170	228028	267617	345416	437167	544219	653052	788017	I
	342164	401568	518308	655983	816619	979925	1182446	II
	0,00035	0,00033	0,00029	0,00026	0,00023	0,00021	0,00019	III
0,175	234842	275614	355738	450230	560482	672566	811565	I
	352385	413563	533791	675579	841013	1009198	1217768	II
	0,00037	0,00034	0.00030	0,00027	0,00024	0,00022	0,00020	III
0,180	241413	283325	365691	462828	576164	691384	834272	I
	362120	424988	548536	694241	864245	1037076	1251408	II
	0,00039	0,00036	0,00032	0,00038	0,00025	0,00023	0,00021	III
0,185	248227	291322	376013	475891	592426	710899	857820	I
	372341	436983	564019	713837	888639	1066349	1286730	II
	0,00041	0,00038	0,00033	0,00029	0,00026	0,00024	0,00022	III
0,190	254798	299034	385966	488488	608108	729717	880527	I
	382319	448693	579133	732966	912453	1094924	1321211	II
	0,00043	0,00039	0,00035	0,00031	0,00028	0,00025	0,00023	III
0,195	261612	307031	396288	501552	624371	749232	904075	I
	392540	460689	594616	752561	936847	1124196	1356533	II
	0,00044	0,00041	0,00036	0,00032	0,00029	0,00026	0,00024	III
0,200	268426	315028	406610	514616	640633	768747	927623	I
	402761	472685	610099	772157	961241	1153469	1391855	II
	0,00047	0,00043	0,00038	0,00034	0,00030	0,00027	0,00025	III

Ge-schwindigk. d. Wassers in m	Werthe des Ausdruckes $\frac{v^2}{2g} \cdot \Sigma\zeta$ für $\Sigma\zeta=$									
v	0,5	1	1,5	2	2,5	3	3,5	4	4,5	5
0,205	0,00107	0,00214	0,00321	0,00428	0,00536	0,00643	0,00750	0,00857	0,00964	0,01071
0,210	0,00112	0,00225	0,00337	0,00450	0,00562	0,00674	0,00787	0,00899	0,01012	0,01124
0,215	0,00118	0,00236	0,00353	0,00471	0,00589	0,00707	0,00825	0,00942	0,01060	0,01178
0,220	0,00123	0,00247	0,00370	0,00493	0,00617	0,00740	0,00863	0,00987	0,01110	0,01234
0,225	0,00129	0,00258	0,00387	0,00516	0,00645	0,00773	0,00903	0,01032	0,01161	0,01290
0,230	0,00135	0,00270	0,00404	0,00539	0,00674	0,00809	0,00943	0,01078	0,01213	0,01348
0,235	0,00141	0,00281	0,00422	0,00563	0,00703	0,00844	0,00985	0,01126	0,01266	0,01407
0,240	0,00147	0,00294	0,00440	0,00587	0,00734	0,00881	0,01028	0,01174	0,01321	0,01468
0,245	0,00153	0,00306	0,00459	0,00612	0,00765	0,00918	0,01071	0,01224	0,01377	0,01530
0,250	0,00159	0,00319	0,00478	0,00637	0,00797	0,00956	0,01115	0,01274	0,01434	0,01593
0,255	0,00166	0,00331	0,00497	0,00663	0,00829	0,00994	0,01160	0,01326	0,01491	0,01657
0,260	0,00172	0,00345	0,00517	0,00689	0,00861	0,01034	0,01206	0,01378	0,01550	0,01723
0,265	0,00179	0,00358	0,00537	0,00716	0,00895	0,01074	0,01253	0,01431	0,01611	0,01790
0,270	0,00186	0,00372	0,00557	0,00743	0,00929	0,01115	0,01301	0,01486	0,01671	0,01858
0,275	0,00193	0,00385	0,00578	0,00771	0,00964	0,01156	0,01349	0,01542	0,01734	0,01927
0,280	0,00200	0,00400	0,00599	0,00799	0,00999	0,01198	0,01399	0,01598	0,01798	0,01998
0,285	0,00207	0,00414	0,00621	0,00828	0,01035	0,01242	0,01449	0,01656	0,01863	0,02070
0,290	0,00214	0,00429	0,00643	0,00857	0,01072	0,01286	0,01500	0,01714	0,01929	0,02143
0,295	0,00222	0,00444	0,00665	0,00887	0,01109	0,01331	0,01553	0,01774	0,01996	0,02218
0,300	0,00229	0,00459	0,00688	0,00917	0,01147	0,01376	0,01605	0,01835	0,02064	0,02294

Geschwindigkeit d. Wassers in m v	Mögliche stündl. zu fördernde Wärmemenge bei e. Temperaturdifferenz des Wassers von $\{20^0, 30^0\}$. Werthe des Ausdruckes $\dfrac{v^2\,\varrho}{2g\,d}$ für eine Rohrweite (in Metern) von:							
	0,156	0,169	0,192	0,216	0,241	0,264	0,290	
0,205	274997	322739	416563	527213	656315	787565	950330	I
	412495	484109	624845	790819	984473	1181347	1425495	II
	0,00048	0,00045	0,00039	0,00035	0,00031	0,00029	0,00026	III
0,210	281811	330736	426885	540276	672578	807080	973878	I
	422716	496105	640328	810415	1008867	1210620	1460817	II
	0,00051	0,00047	0,00041	0,00037	0,00033	0,00030	0,00027	III
0,215	288382	338448	436838	552874	688260	825898	996585	I
	432694	507815	655442	829544	1032680	1239195	1495298	II
	0,00053	0,00049	0,00043	0,00038	0,00034	0,00031	0,00028	III
0,220	295196	346445	447160	565937	704523	845412	1020133	I
	442915	519810	670925	849139	1057074	1268467	1530620	II
	0,00055	0,00051	0,00044	0,00040	0,00035	0,00032	0,00029	III
0,225	301766	354156	457114	578534	720204	864230	1042840	I
	452650	531235	685670	867802	1080307	1296346	1564260	II
	0,00057	0,00053	0,00046	0,00041	0,00037	0,00034	0,00031	III
0,230	308580	362153	467436	591598	736467	883745	1066388	I
	462871	543230	701153	887397	1104701	1325618	1599582	II
	0,00059	0,00054	0,00048	0.00043	0,00038	0,00035	0,00032	III
0,235	315395	370151	477757	604662	752730	903260	1089936	I
	473092	555226	716636	906993	1129095	1354890	1634904	II
	0,00061	0,00056	0,00050	0,00044	0,00040	0,00036	0,00033	III
0,240	321965	377862	487711	617259	768412	922078	1112643	I
	483070	566936	731750	926122	1152908	1383466	1669385	II
	0,00064	0,00059	0,00052	0,00046	0,00041	0,00037	0,00034	III
0,245	328779	385859	498033	630323	784674	941593	1136191	I
	493291	578931	747233	945717	1177302	1412738	1704707	II
	0,00066	0,00061	0,00053	0,00047	0,00043	0,00039	0,00035	III
0,250	335350	393571	507986	642920	800356	960411	1158898	I
	503512	590927	762716	965313	1201696	1442010	1740029	II
	0,00068	0.00063	0,00055	0,00049	0,00044	0,00040	0,00037	III
0,255	342164	401568	518308	655983	816619	979926	1182446	I
	513246	602351	777462	983975	1224928	1469889	1773669	II
	0,00070	0,00065	0,00057	0,00051	0,00046	0,00042	0,00038	III
0,260	348735	409279	528261	668580	832301	998744	1205153	I
	523467	614347	792945	1003571	1249322	1499161	1808991	II
	0,00073	0,00067	0,00059	0,00053	0.00047	0,00043	0,00039	III
0,265	355549	417276	538583	681644	848563	1018259	1228701	I
	533688	626343	808428	1023166	1273716	1528433	1844313	II
	0,00075	0,00069	0,00061	0,00054	0,00048	0,00044	0,00040	III
0,270	362363	425273	548905	694708	864826	1037773	1252249	I
	543666	638053	823542	1042295	1297530	1557009	1878794	II
	0,00078	0,00072	0,00063	0,00056	0,00050	0,00046	0,00042	III
0,275	368934	432985	558858	707305	880508	1056591	1274956	I
	553157	649192	837919	1060491	1320181	1584190	1911593	II
	0,00080	0,00074	0,00065	0,00058	0,00052	0,00047	0,00043	III
0,280	375748	440982	569180	720369	896771	1076106	1298504	I
	563622	661473	853770	1080553	1345156	1614159	1947756	II
	0,00083	0,00076	0,00067	0,00073	0,00054	0,00049	0,00044	III
0,285	382319	448693	579133	732966	912453	1094924	1321211	I
	573600	673183	868884	1099682	1368969	1642735	1982237	II
	0.00085	0,00079	0,00069	0,00062	0,00055	0,00050	0,00046	III
0,290	389133	456690	589455	746029	928715	1114439	1344759	I
	583821	685178	884367	1119277	1393363	1672007	2017559	II
	0,00088	0,00081	0,00071	0,00063	0,00057	0,00052	0,00047	III
0,295	395703	464402	599409	758627	944397	1133257	1367466	I
	593555	696603	899113	1137940	1416596	1699885	2051199	II
	0,00090	0,00083	0,00074	0,00065	0,00059	0,00053	0,00049	III
0,300	402517	472399	609731	771690	960660	1152772	1391014	I
	603776	708598	914596	1157535	1440990	1729158	2086521	II
	0,00093	0,00086	0,00076	0,00067	0,00060	0,00055	0,00050	III

Ge-schwin-digk. d. Wassers in m	Werthe des Ausdruckes $\frac{v^2}{2g} \cdot \Sigma\zeta$ für $\Sigma\zeta =$									
v	0,5	1	1,5	2	2,5	3	3,5	4	4,5	5
0,305	0,00237	0,00474	0,00711	0,00948	0,01185	0,01422	0,01659	0,01896	0,02133	0,02371
0,310	0,00245	0,00490	0,00735	0,00980	0,01225	0,01469	0,01714	0,01959	0,02204	0,02449
0,315	0,00253	0,00506	0,00759	0,01011	0,01264	0,01517	0,01770	0,02023	0,02276	0,02529
0,320	0,00261	0,00522	0,00783	0,01044	0,01305	0,01566	0,01827	0,02088	0,02349	0,02610
0,325	0,00269	0,00538	0,00808	0,01077	0,01346	0,01615	0,01884	0,02154	0,02423	0,02692
0,330	0,00278	0,00555	0,00833	0,01110	0,01388	0,01665	0,01943	0,02220	0,02498	0,02775
0,335	0,00286	0,00572	0,00858	0,01144	0,01430	0,01716	0,02002	0,02288	0,02574	0,02860
0,340	0,00295	0,00589	0,00884	0,01178	0,01473	0,01768	0,02062	0,02357	0,02651	0,02946
0,345	0,00303	0,00607	0,00910	0,01213	0,01517	0,01820	0,02123	0,02427	0,02730	0,03034
0,350	0,00312	0,00624	0,00937	0,01249	0,01561	0,01873	0,02185	0,02498	0,02810	0,03122
0,355	0,00321	0,00642	0,00963	0,01285	0,01606	0,01927	0,02248	0,02569	0,02890	0,03212
0,360	0,00330	0,00661	0,00991	0,01321	0,01652	0,01982	0,02312	0,02642	0,02973	0,03303
0,365	0,00340	0,00679	0,01019	0,01358	0,01698	0,02037	0,02377	0,02716	0,03056	0,03396
0,370	0,00349	0,00698	0,01047	0,01396	0,01745	0,02093	0,02442	0,02791	0,03140	0,03489
0,375	0,00358	0,00717	0,01075	0,01433	0,01792	0,02150	0,02508	0,02867	0,03225	0,03584
0,380	0,00368	0,00736	0,01104	0,01472	0,01840	0,02208	0,02576	0,02944	0,03312	0,03680
0,385	0,00378	0,00756	0,01133	0,01511	0,01889	0,02267	0,02644	0,03022	0,03400	0,03778
0,390	0,00388	0,00775	0,01163	0,01550	0,01938	0,02326	0,02713	0,03101	0,03488	0,03876
0,395	0,00398	0,00795	0,01193	0,01590	0,01988	0,02386	0,02783	0,03181	0,03578	0,03976
0,400	0,00408	0,00816	0,01223	0,01631	0,02039	0,02447	0,02854	0,03262	0,03670	0,04078

Geschwindigkeit d. Wassers in m	Mögliche stündl. zu fördernde Wärmemenge bei e. Temperaturdifferenz des Wassers von $\begin{cases}20^0\\30^0\end{cases}$ Werthe des Ausdruckes $\dfrac{v^2\,\varrho}{2g\,d}$ . . . . für eine Rohrweite (in Metern) von:							
v	0,156	0,169	0,192	0,216	0,241	0,264	0,290	
0,305	409088	480110	619684	784287	976342	1171590	1413721	I
	613754	720308	929710	1176664	1464803	1757733	2121002	II
	0,00096	0,00088	0,00078	0,00069	0,00062	0,00057	0,00051	III
0,310	415902	488107	630006	797351	992604	1191105	1437269	I
	623732	732018	944824	1195793	1488616	1786308	2155483	II
	0,00099	0,00091	0,00080	0,00071	0,00064	0,00058	0,00053	III
0,315	422716	496105	640328	810415	1008867	1210620	1460817	I
	634440	744585	961044	1216322	1514172	1816975	2192487	II
	0,00101	0,00094	0,00082	0,00073	0,00066	0,00060	0,00055	III
0,320	429287	503816	650281	823012	1024549	1229437	1483524	I
	643931	755724	975421	1234518	1536823	1844156	2225286	II
	0,00104	0,00096	0,00085	0,00075	0,00067	0,00061	0,00056	III
0,325	436161	511813	660603	836076	1040811	1248952	1507072	I
	654152	767720	990904	1254113	1561217	1873428	2260608	II
	0,00107	0,00099	0,00087	0,00077	0,00069	0,00063	0,00058	III
0,330	442672	519525	670556	848673	1056493	1267770	1529779	I
	664129	779430	1006019	1273242	1585030	1902004	2295089	II
	0,00110	0,00101	0,00089	0,00079	0,00071	0,00065	0,00059	III
0,335	449486	527522	680878	861736	1072756	1287285	1553327	I
	674351	791425	1021501	1292838	1609425	1931276	2330411	II
	0,00113	0,00104	0,00092	0,00082	0,00073	0,00067	0,00061	III
0,340	456057	535233	690831	874333	1088438	1306103	1576034	I
	684085	802850	1036247	1311500	1632657	1959155	2364051	II
	0,00116	0,00107	0,00094	0,00083	0,00075	0,00068	0,00062	III
0,345	462871	543230	701153	887397	1104701	1325618	1599582	I
	694306	814845	1051730	1331096	1657051	1988427	2399373	II
	0,00119	0,00109	0,00096	0,00086	0,00077	0,00070	0,00064	III
0,350	469685	551227	711475	900461	1120963	1345133	1623120	I
	704527	826841	1067213	1350691	1681445	2017699	2434695	II
	0,00122	0,00112	0,00099	0,00088	0,00079	0,00072	0,00065	III
0,355	476256	558939	721428	913058	1136645	1363951	1645837	I
	714505	838551	1082327	1369820	1705258	2046275	2469176	II
	0,00124	0,00115	0,00101	0,00090	0,00080	0,00073	0,00067	III
0,360	483070	566936	731750	926122	1152908	1383466	1669385	I
	724726	850547	1097810	1389416	1729652	2075547	2504498	II
	0,00128	0,00118	0,00104	0,00092	0,00083	0,00076	0,00069	III
0,365	489640	574547	741704	938719	1168590	1402284	1692092	I
	734460	861971	1112556	1408078	1752885	2103425	2538138	II
	0,00131	0,00121	0,00106	0,00095	0,00085	0,00077	0,00070	III
0,370	496454	582644	752026	951782	1184852	1421798	1715640	I
	744682	873967	1128038	1427674	1777279	2132698	2573460	II
	0,00134	0,00124	0,00109	0,00097	0,00087	0,00079	0,00072	III
0,375	503025	590356	761979	964380	1200534	1440616	1738347	I
	754656	885677	1143153	1446803	1801092	2161273	2607941	II
	0,07137	0,00127	0,00112	0,00099	6,00089	0,00081	0,00074	III
0,380	509839	598353	772301	977443	1216797	1460131	1761895	I
	764880	897672	1158636	1466398	1825486	2190545	2643263	II
	0,00141	0,00130	9,00114	0,00102	0,00091	0,00083	0,00076	III
0,385	516653	606350	782623	990507	1233060	1479646	1785443	I
	775102	909668	1174118	1485994	1849880	2219818	2678585	II
	0,00144	0,00133	0,00117	0,00104	0,00093	0,00085	0,00077	III
0,390	523224	614062	792576	1003104	1248742	1498464	1808150	I
	784836	921092	1188864	1504656	1873112	2247696	2712225	II
	0,00147	0,00136	0,00120	0,00106	0,00095	0,00087	0,00079	III
0,395	530038	622059	802898	1016168	1265004	1517979	1830857	I
	795057	933088	1204347	1524252	1897506	2276968	2747547	II
	0,00150	0,00139	0,00122	0,00109	0,00097	0,00089	0,00081	III
0,400	536609	629770	812851	1028765	1280686	1536797	1854405	I
	805035	944798	1219461	1543380	1921319	2305544	2782028	II
	0,00154	0,00142	0,00125	0,00112	0,00099	0,00091	0,00083	III

Ge-schwin-digk. d. Wassers in m	Werthe des Ausdruckes $\frac{v^2}{2g} \cdot \Sigma\zeta$ für $\Sigma\zeta =$									
v	0,5	1	1,5	2	2,5	3	3,5	4	4,5	5
0,405	0,00418	0,00836	0,01254	0,01672	0,02090	0,02508	0,02926	0,03344	0,03762	0,04180
0,410	0,00428	0,00857	0,01285	0,01714	0,02142	0,02570	0,02999	0,03427	0,03856	0,04284
0,415	0,00439	0,00878	0,01317	0,01756	0,02195	0,02633	0,03072	0,03511	0,03950	0,04389
0,420	0,00450	0,00899	0,01349	0,01798	0,02248	0,02697	0,03147	0,03596	0,04046	0,04496
0,425	0,00460	0,00921	0,01381	0,01841	0,02302	0,02762	0,03222	0,03682	0,04142	0,04603
0,430	0,00471	0,00942	0,01414	0,01885	0,02356	0,02827	0,03298	0,03770	0,04241	0,04712
0,435	0,00482	0,00964	0,01447	0,01929	0,02411	0,02893	0,03375	0,03858	0,04340	0,04822
0,440	0,00493	0,00987	0,01480	0,01973	0,02467	0,02960	0,03453	0,03947	0,04440	0,04934
0,445	0,00505	0,01009	0,01514	0,02019	0,02523	0,03028	0,03532	0,04037	0,04542	0,05047
0,450	0,00516	0,01032	0,01548	0,02064	0,02580	0,03096	0,03612	0,04128	0,04644	0,05161
0,455	0,00528	0,01055	0,01583	0,02110	0,02638	0,03166	0,03693	0,04221	0,04748	0,05276
0,460	0,00539	0,01079	0,01618	0,02157	0,02696	0,03236	0,03775	0,04314	0,04853	0,05393
0,465	0,00551	0,01102	0,01653	0,02204	0,02755	0,03306	0,03857	0,04408	0,04959	0,05511
0,470	0,00563	0,01126	0,01689	0,02252	0,02815	0,03378	0,03941	0,04504	0,05067	0,05630
0,475	0,00575	0,01150	0,01725	0,02300	0,02875	0,03450	0,04025	0,04600	0,05175	0,05750
0,480	0,00587	0,01174	0,01761	0,02349	0,02936	0,03523	0,04110	0,04697	0,05284	0,05872
0,485	0,00599	0,01199	0,01798	0,02398	0,02997	0,03597	0,04196	0,04796	0,05395	0,05995
0,490	0,00612	0,01224	0,01836	0,02448	0,03060	0,03671	0,04283	0,04895	0,05507	0,06119
0,495	0,00624	0,01249	0,01873	0,02498	0,03122	0,03747	0,04371	0,04996	0,05620	0,06245
0,500	0,00637	0,01274	0,01911	0,02548	0,03186	0,03823	0,04460	0,05097	0,05734	0,06371

Geschwindigkeit d. Wassers in m	Mögliche stündl. zu fördernde Wärmemenge bei e. Temperaturdifferenz des Wassers von $\{20^0 / 30^0\}$ Werthe des Ausdruckes $\dfrac{v^2\,\varrho}{2g\,d}$ . . . . . für eine Rohrweite (in Metern) von:							I II III
v	0,156	0,169	0,192	0,216	0,241	0,264	0,290	
0,405	543423	637767	823173	1041828	1296949	1556312	1877953	I
	815264	956794	1234944	1562976	1945714	2334816	2817350	II
	0,00157	0,00145	0,00128	0,00115	0,00102	0,00093	0,00085	III
0,410	549994	645479	833126	1054426	1312631	1575120	1900660	I
	824990	968218	1249690	1581638	1968946	2362694	2850990	II
	0,00160	0,00148	0,00130	0,00116	0,00104	0,00095	0,00086	III
0,415	556808	653476	843448	1067489	1328893	1594644	1924208	I
	835212	980214	1265172	1601234	1993340	2391964	2886312	II
	0,00164	0,00151	0,00133	0,00118	0,00106	0,00097	0,00088	III
0,420	563378	661187	853402	1080086	1344575	1613462	1946915	I
	845189	991924	1280287	1620363	2017153	2420542	2920793	II
	0,00167	0,00154	0,00136	0,00121	0,00908	0,00099	0,00090	III
0,425	570192	669184	863824	1093150	1360838	1632977	1970403	I
	855410	1003919	1295770	1639958	2041547	2449814	2956115	II
	0,00171	0,00157	0,00139	0,00123	0,00111	0,00101	0,00092	III
0,430	577007	677181	874046	1106214	1377101	1652492	1994011	I
	865632	1015915	1311252	1659554	2065941	2479087	2991437	II
	0,00174	0,00161	0,00141	0,00126	0,00113	0,00103	0,00094	III
0,435	583577	684893	883999	1118811	1392782	1671310	2016718	I
	875366	1027339	1325998	1678216	2089174	2506965	3025077	II
	0,00178	0,00164	0,00145	0,00129	0,00115	0,00105	0,00096	III
0,440	590391	692890	894321	1131875	1409045	1690825	2040266	I
	885587	1039335	1341481	1697812	2113568	2536737	3060399	II
	0,00182	0,00168	0,00147	0,00131	0,00118	0,00107	0,00098	III
0,445	596962	700601	904274	1144472	1424727	1709643	2062973	I
	895595	1051045	1356595	1716941	2137381	2564813	3094880	II
	0,00185	0,00171	0,00150	0,00134	0,00120	0,00109	0,00100	III
0,450	603776	708598	914596	1157535	1440990	1729158	2086521	I
	905786	1063040	1372078	1736536	2161775	2594085	3130202	II
	0,00189	0,00174	0,00153	0,00136	0,00122	0,00111	0,00101	III
0,455	610347	716310	924549	1170132	1456651	1747976	2109228	I
	915520	1074465	1386824	1755199	2185007	2621964	3163842	II
	0,00192	0,00177	0,00156	0,00139	0,00124	0,00114	0,00103	III
0,460	617161	724307	934871	1183196	1472934	1767491	2132776	I
	925741	1086460	1402307	1774794	2209401	2651236	3199164	II
	0,00196	0,00181	0,00160	0,00142	0,00127	0,00116	0,00106	III
0,465	623975	732304	945193	1196260	1489197	1787005	2156324	I
	935963	1098456	1417789	1794390	2233795	2680508	3234486	II
	0,00200	0,00185	0,00162	0,00144	0,00129	0,00118	0,00108	III
0,470	630546	740016	955446	1208857	1504879	1805823	2179031	I
	945948	1110166	1432904	1813519	2257608	2709084	3268967	II
	0,00204	0,00188	0,00165	0,00147	0,00132	0,00120	0,00109	III
0,475	637360	748013	965468	1221921	1521141	1825338	2202579	I
	956161	1122162	1448387	1833114	2282002	2738356	3304289	II
	0,00207	0,00191	0,00168	0,00150	0,00134	0,00122	0,00111	III
0,480	643931	755724	975421	1234518	1536823	1844156	2225286	I
	965896	1133586	1463132	1851777	2305235	2766234	3337929	II
	0,00212	0,00195	0,00172	0,00153	0,00137	0,00125	0,00114	III
0,485	650745	763721	985743	1247581	1553086	1863671	2248834	I
	976117	1145582	1478615	1871372	2329629	2795507	3373251	II
	0,00215	0,00199	0,00175	0,00155	0,00139	0,00127	0,00116	III
0,490	657315	771433	995697	1260179	1568768	1882489	2271541	I
	986095	1157292	1493729	1890501	2353442	2824082	3407732	II
	0,00219	0,00202	0,00178	0,00158	0,00142	0,00129	0,00118	III
0,495	664129	779430	1006019	1273242	1585030	1902004	2295089	I
	996316	1169287	1509212	1910097	2377836	2853354	3443054	II
	0,00223	0,00206	0,00181	0,00154	0,00145	0,00132	0,00120	III
0,500	670944	787427	1016340	1286306	1601293	1921519	2318637	I
	1006537	1181283	1524695	1929692	2402230	2882627	3478376	II
	0,00227	0,00210	0,00184	0,00164	0,00147	0,00134	0,00122	III

Geschwindigk. d. Wassers in m	Werthe des Ausdruckes $\dfrac{v^2}{2g} \cdot \Sigma\zeta$ für $\Sigma\zeta =$									
v	0,5	1	1,5	2	2,5	3	3,5	4	4,5	5
0,505	0,00650	0,01300	0,01950	0,02600	0,03250	0,03899	0,04549	0,05199	0,05849	0,06499
0,510	0,00663	0,01326	0,01989	0,02651	0,03314	0,03977	0,04640	0,05303	0,05966	0,06629
0,515	0,00676	0,01352	0,02028	0,02704	0,03380	0,04055	0,04731	0,05407	0,06083	0,06759
0,520	0,00689	0,01378	0,02067	0,02756	0,03446	0,04135	0,04824	0,05513	0,06201	0,06891
0,525	0,00702	0,01405	0,02107	0,02810	0,03512	0,04214	0,04917	0,05619	0,06322	0,07024
0,530	0,00716	0,01432	0,02148	0,02863	0,03579	0,04295	0,05011	0,05727	0,06443	0,07159
0,535	0,00729	0,01459	0,02188	0,02918	0,03647	0,04376	0,05106	0,05835	0,06565	0,07294
0,540	0,00743	0,01486	0,02229	0,02972	0,03716	0,04459	0,05202	0,05945	0,06688	0,07431
0,545	0,00757	0,01514	0,02271	0,03028	0,03785	0,04542	0,05299	0,06056	0,06813	0,07570
0,550	0,00771	0,01542	0,02313	0,03084	0,03855	0,04626	0,05396	0,06167	0,06938	0,07709
0,555	0,00785	0,01570	0,02355	0,03140	0,03925	0,04710	0,05495	0,06280	0,07065	0,07850
0,560	0,00799	0,01598	0,02398	0,03197	0,03996	0,04795	0,05594	0,06394	0,07193	0,07992
0,565	0,00814	0,01627	0,02441	0,03254	0,04068	0,04881	0,05694	0,06508	0,07322	0,08135
0,570	0,00828	0,01656	0,02484	0,03312	0,04140	0,04968	0,05796	0,06624	0,07452	0,08280
0,575	0,00843	0,01685	0,02528	0,03370	0,04213	0,05055	0,05898	0,06740	0,07583	0,08426
0,580	0,00857	0,01715	0,02572	0,03429	0,04287	0,05144	0,06001	0,06858	0,07716	0,08573
0,585	0,00872	0,01744	0,02616	0,03489	0,04361	0,05233	0,06105	0,06977	0,07849	0,08722
0,590	0,00887	0,01774	0,02661	0,03548	0,04436	0,05323	0,06210	0,07097	0,07984	0,08871
0,595	0,00902	0,01804	0,02707	0,03609	0,04511	0,05413	0,06315	0,07218	0,08120	0,09022
0,600	0,00917	0,01835	0,02752	0,03670	0,04587	0,05505	0,06422	0,07340	0,08257	0,09175

Geschwindigkeit d. Wassers in m v	Mögliche stündl. zu fördernde Wärmemenge bei e. Temperaturdifferenz des Wassers von $\begin{cases} 20^0 \\ 30^0 \end{cases}$ Werthe des Ausdruckes $\dfrac{v^2 \varrho}{2g\,d}$ . . . . für eine Rohrweite (in Metern) von:							I II III
	0,156	0,169	0,292	0,216	0,241	0,264	0,290	
0,505	677514	795138	1026294	1298903	1616975	1940337	2341344	I
	1016271	1192707	1539441	1948355	2425463	2910505	3512016	II
	0,00231	0,00213	0,00188	0,00167	0,00149	0,00136	0,00124	III
0,510	684328	803135	1036616	1311967	1633238	1959852	2364892	I
	1026492	1204703	1554924	1967950	2449857	2939777	3547338	II
	0,00235	0,00217	0,00191	0,00170	0,00152	0,00139	0,00127	III
0,515	690899	810847	1046569	1324564	1648920	1978669	2387599	I
	1036470	1216413	1570038	1987079	2473670	2968353	3581819	II
	0,00239	0,00221	0,00194	0,00173	0,00155	0,00141	0,00129	III
0,520	697713	818844	1056891	1337628	1665182	1998184	2411147	I
	1046691	1228409	1585521	2006675	2498064	2997625	3617141	II
	0,00243	0,00224	0,00197	0,00175	0,00157	0,00144	0,00131	III
0,525	704284	826555	1066844	1350225	1680864	2017002	2433854	I
	1056426	1239833	1600266	2025337	2521296	3025503	3650781	II
	0,00248	0,00229	0,00201	0,00179	0,00160	0,00146	0,00133	III
0,530	711098	834552	1077166	1363288	1697127	2036517	2457402	I
	1066647	1251829	1615794	2044932	2545690	3054776	3686103	II
	0,00251	0,00232	0,00204	0,00182	0,00163	0,00149	0,00135	III
0,535	717669	842264	1087119	1375885	1712809	2055335	2480109	I
	1076625	1263539	1630863	2064061	2569503	3083351	3720584	II
	0,00255	0,00236	0,00207	0,00184	0,00165	0,00151	0,00137	III
0,540	724483	850261	1097441	1388949	1729071	2074850	2503657	I
	1086846	1275534	1646346	2083657	2593897	3112623	3755906	II
	0,00260	0,00240	0,00211	0,00188	0,00168	0,00154	0,00140	III
0,545	731297	858258	1107763	1402013	1745334	2094365	2527205	I
	1097067	1287530	1661829	2103252	2618291	3141896	3791228	II
	0,00264	0,00244	0,00214	0,00191	0,00171	0,00156	0,00142	III
0,550	737868	865970	1117716	1414660	1761016	2113183	2549912	I
	1106801	1298954	1676575	2121915	2641524	3169774	3824868	II
	0,00269	0,00248	0,00218	0,00194	0,00174	0,00159	0,00145	III
0,555	744682	873967	1128038	1427674	1777279	2132698	2573460	I
	1117022	1310950	1692058	2141510	2665918	3199046	3860190	II
	0,00273	0,01252	0,00222	0,00197	0,00177	0,00161	0,00147	III
0,560	751252	881678	1137992	1440271	1792960	2151516	2596167	I
	1127000	1322660	1707172	2160639	2689731	3227622	3894671	II
	0,00278	0,00256	0,00226	0,00201	0,00180	0,00164	0,00149	III
0,565	758066	889675	1148314	1453334	1809223	2171030	2619715	I
	1137221	1334656	1722655	2180235	2714125	3256894	3929993	II
	0,00282	0,00260	0,00229	0,00203	0,00182	0,00166	0,00151	III
0,570	764637	897387	1158267	1465932	1824905	2189848	2642422	I
	1146956	1346080	1737400	2198897	2737358	3284772	3963633	II
	0,00286	0,00264	0,00232	0,00206	0,00185	0,00169	0,00154	III
0,575	771452	905384	1168589	1478995	1841168	2209363	2665970	I
	1157177	1358076	1752883	2218493	2761752	3314045	3998955	II
	0,00291	0,00268	0,00236	0,00210	0,00188	0,00172	0,00156	III
0,580	778265	913381	1178911	1492059	1857430	2228878	2689518	I
	1167398	1370071	1768366	2238088	2786146	3343317	4034277	II
	0,00295	0,00272	0,00239	0,00213	0,00191	0,00174	0,00158	III
0,585	784836	921092	1188864	1504656	1873112	2247696	2712225	I
	1177376	1381781	1783480	2257217	2809959	3371892	4068758	II
	0,00300	0,00277	0,00243	0,00216	0,00194	0,00177	0,00161	III
0,590	791650	929089	1199186	1517720	1889375	2267211	2735770	I
	1187597	1393777	1798963	2276813	2834353	3401165	4104080	II
	0,00304	0,00280	0,00247	0,00219	0,00197	0,00179	0,00163	III
0,595	798221	936801	1209139	1530317	1905057	2286029	2758480	I
	1197331	1405201	1813709	2295475	2857585	3429043	4137720	II
	0,00309	0,00285	0,00251	0,00223	0,00200	0,00182	0,00166	III
0,600	805035	944798	1219461	1543380	1921319	2305544	2782028	I
	1207552	1417197	1829192	2315071	2881979	3458316	4173042	II
	0,00313	0,00288	0,00254	0,00226	0,00203	0,00185	0,00168	III

Reibungskoefficient (ϱ) des Wassers in Rohrleitungen nach Weisbach.

(Für Berechnung von Heisswasserheizungen.)

Geschwindig-keit des Wassers in m	ϱ	Geschwindig-keit des Wassers in m	ϱ	Geschwindig-keit des Wassers in m	ϱ
0,020	0,0814	0,076	0,0488	0,180	0,0362
0,022	0,0783	0,078	0,0483	0,185	0,0364
0,024	0,0755	0,080	0,0479	0,190	0,0361
0,026	0,0731	0,082	0,0475	0,195	0,0358
0,028	0,0710	0,084	0,0471	0,200	0,0356
0,030	0,0691	0,086	0,0467	0,205	0,0353
0,032	0,0674	0,088	0,0463	0,210	0,0351
0,034	0,0658	0,090	0,0460	0,215	0,0348
0,036	0,0643	0,092	0,0456	0,220	0,0346
0,038	0,0630	0,094	0,0453	0,225	0,0344
0,040	0,0617	0,096	0,0450	0,230	0,0341
0,042	0,0606	0,098	0,0447	0,235	0,0339
0,044	0,0596	0,100	0,0444	0,240	0.0337
0,046	0,0586	0,105	0,0436	0,245	0,0335
0,048	0,0576	0,110	0,0428	0,250	0,0333
0,050	0,0567	0,115	0,0423	0,255	0,0332
0,052	0,0559	0,120	0,0417	0,260	0,0330
0,054	0,0549	0,125	0,0412	0,265	0,0328
0,056	0,0544	0,130	0,0406	0,270	0,0326
0,058	0,0537	0,135	0,0402	0,275	0,0325
0,060	0,0531	0,140	0,0396	0,280	0,0323
0,062	0,0524	0,145	0,0392	0,285	0,0321
0,064	0,0518	0,150	0,0389	0,290	0,0320
0,066	0,0513	0,155	0,0385	0,295	0,0318
0,068	0,0507	0,160	0,0381	0,300	0,0317
0,070	0,0502	0,165	0,0377		
0,072	0,0497	0,170	0,0374		
0,074	0,0492	0,175	0,0370		

Tabelle 16.

Latente Wärme des Wasserdampfes bei Temperaturen bis zu 100°.

Temperatur	Latente Wärme	Temperatur	Latente Wärme
—20°	620,39	40	578,65
—15	616,92	45	575,12
—10	613,45	50	571,66
—5	609,97	55	568,17
0	606,50	60	564,66
5	603,03	65	561,16
10	599,55	70	557,65
15	596,07	75	554,14
20	592,59	80	550,62
25	589,11	85	547,10
30	585,62	90	543,57
35	582,14	95	540,04
		100	536,50

Tabelle 17.

Spannung, Temperatur u. s. w. des Wasserdampfes.

Dampfspannung (abs.) in Atmosphären	in kg pro qm	Temperatur	Verdampfungswärme (Regnault)	Gesammtwärme (Regnault)	Gewicht (γ). 1 cbm Dampf in kg (Zeuner)	$\frac{1}{\gamma}$
1,0	10 333,0	100,00	536,50	637,00	0,6059	1,65
1,1	11 366,3	102,68	534,60	637,82	0,6628	1,51
1,2	12 399,6	105,17	532,84	638,58	0,7194	1,39
1,3	13 432,9	107,50	531,19	639,29	0,7757	1,29
1,4	14 466,2	109,68	529,64	639,95	0,8317	1,20
1,5	15 499,5	111,74	528,17	640,58	0,8874	1,13
1,6	16 532,8	113,69	526,79	641,18	0,9430	1,06
1,7	17 566,1	115,54	524,47	641,74	0,9983	1,00
1,8	18 599,4	117,30	524,22	642,28	1,0534	0,95
1,9	19 632,7	118,99	523,01	642,79	1,1084	0,90
2,0	20 666,0	120,60	521,87	643,28	1,1631	0,86
2,1	21 699,3	122,15	520,76	643,75	1,2177	0,82
2,2	22 732,6	123,64	519,70	644,21	1,2721	0,79
2,3	23 765,9	125,07	518,68	644,65	1,3264	0,75
2,4	24 799,2	126,46	517,68	645,07	1,3805	0,72
2,5	25 832,5	127,80	516,73	645,48	1,4345	0,70
2,6	26 865,8	129,10	515,80	645,88	1,4883	0,67
2,7	27 899,1	130,35	514,90	646,26	1,5420	0,65
2,8	28 932,4	131,57	514,03	646,63	1,5956	0,63
2,9	29 965,7	132,76	513,18	646,99	1,6490	0,61
3,0	30 999,0	133,91	512,35	647,34	1,7024	0,59
3,1	32 032,3	135,03	511,55	647,68	1,7556	0,57
3,2	33 065,6	136,12	510,77	648,02	1,8088	0,55
3,3	34 098,9	137,19	510,00	648,34	1,8618	0,54
3,4	35 132,2	138,23	509,26	648,66	1,9147	0,52

Dampfspannung (abs.)		Temperatur	Ver-dampfungs-wärme	Gesammt-wärme	Gewicht (γ). 1 cbm Dampf in kg	$\dfrac{1}{\gamma}$
in Atmo-sphären	in kg pro qm		(Regnault)	(Regnault)	(Zeuner)	
3,5	36 165,5	139,24	508,53	648,97	1,9676	0,51
3,6	37 198,8	140,23	508,82	649,27	2,0203	0,49
3,7	38 232,1	141,21	507,12	649,57	2,0729	0,48
3,8	39 265,4	142,15	506,44	649,86	2,1255	0,47
3,9	40 298,7	143,08	505,77	650,14	2,1780	0,46
4,0	41 332,0	144,00	505,11	650,42	2,2303	0,45
4,1	42 365,3	144,89	504,47	650,69	2,2826	0,44
4,2	43 398,6	145,76	503,84	650,96	2,3349	0,43
4,3	44 431,9	146,61	503,23	651,21	2,3871	0,42
4,4	45 465,2	147,46	502,62	651,48	2,4391	0,41
4,5	46 498,5	148,29	502,02	651,73	2,4911	0,40
4,6	47 531,8	149,10	501,44	651,98	2,5430	0,39
4,7	48 565,1	149,90	500,86	652,22	2,5949	0,39
4,8	49 598,4	150,69	500,29	652,46	2,6467	0,38
4,9	50 631,7	151,46	499,73	652,69	2,6984	0,37
5,0	51 665,0	152,22	499,19	652,93	2,7500	0,36
5,1	52 698,3	152,97	498,64	653,15	2,8016	0,36
5,2	53 731,6	153,70	498,12	653,38	2,8531	0,35
5,3	54 764,9	154,43	497,59	653,60	2,9046	0,34
5,4	55 798,2	155,14	497,08	653,82	2,9560	0,34
5,5	56 831,5	155,85	496,56	654,04	3,0073	0,33
5,6	57 864,8	156,54	496,06	654,24	3,0586	0,33
5,7	58 898,1	157,22	495,57	654,45	3,1098	0,32
5,8	59 931,4	157,90	495,08	654,66	3,1610	0,32
5,9	60 964,7	158,56	494,60	654,86	3,2122	0,31
6,0	61 998,0	159,22	494,12	655,06	3,2632	0,31
6,1	63 031,3	159,87	493,65	655,25	3,3142	0,30
6,2	64 064,6	160,50	493,20	655,45	3,3652	0,30
6,3	65 097,9	161,14	492,73	655,64	3,4161	0,29
6,4	66 131,2	161,76	492,29	655,84	3,4670	0,29
6,5	67 171,0	162,37	491,84	656,02	3,5178	0,28
6,6	68 204,4	162,98	491,40	656,21	3,5685	0,28
6,7	69 237,8	163,58	490,97	656,40	3,6192	0,28
6,8	70 271,2	164,18	490,52	656,56	3,6699	0,27
6,9	71 304,6	164,76	490,11	656,75	3,7206	0,27
7,00	72 338,0	165,34	489,69	656,93	3,7711	0,27
7,25	74 921,5	166,77	488,64	657,36	3,8974	0,26
7,50	77 505,0	168,15	487,64	657,78	4,0234	0,25
7,75	80 088,5	169,50	486,76	658,29	4,1490	0,24
8,00	82 672,0	170,81	485,70	658,59	4,2745	0,23
8,25	85 255,5	172,10	484,77	658,99	4,3937	0,23
8,50	87 839,0	173,35	483,86	659,37	4,5248	0,22
8,75	90 422,5	174,57	482,96	659,73	4,6495	0,22
9,00	93 006,0	175,77	482,09	660,11	4,7741	0,21
9,25	95 589,5	176,94	481,24	660,47	4,8985	0,20
9,50	98 173,0	178,08	480,41	660,82	5,0226	0,20
9,75	100 756,5	179,21	479,58	661,16	5,1466	0,19
10,00	103 340,0	180,31	478,78	661,50	5,2704	0,19

Bestimmung der angenäherten Rohrweiten für Hochdruckdampf.

(Die Tabelle gilt nur für vor Wärmeabgabe gut geschützte Rohre.)

Druck-abfall auf d. laufende Meter in kg/qm	Durch-messer des Rohres in m	Mögliche stündlich zu fördernde Wärmemenge in WE bei einer Summe des Theilstrecke der Rohr-						
		25000	35000	45000	55000	65000	75000	85000
20	0,011	990	1320	1510	1730	1930	2120	2300
	0,014	2270	2770	3220	3620	3990	4350	4650
	0,020	6700	7900	9000	9950	10800	11700	12500
	0,025	12300	14500	16400	18100	19600	21100	22500
	0,034	27900	32600	36700	40400	43800	46900	49900
	0,039	39900	46500	52100	57600	62100	66600	71100
	0,043	51400	59900	66900	73900	79900	85900	90900
	0,049	65000	75500	85000	93500	101000	108000	115000
	0,057	106000	122000	137000	151000	163000	175000	186000
	0,064	139000	161000	181000	199000	216000	231000	246000
	0,070	175000	203000	228000	250000	271000	290000	308000
	0,076	216000	250000	281000	309000	334000	358000	380000
	0,082	262000	304000	341000	374000	405000	434000	461000
	0,088	314000	364000	408000	448000	485000	530000	560000
	0,094	371000	430000	482000	529000	574000	609000	649000
	0,100	434000	504000	564000	629000	669000	714000	769000
	0,106	503000	583000	653000	718000	778000	828000	883000
	0,111	563000	648000	728000	803000	868000	928000	983000
	0,119	666000	776000	871000	956000	1031000	1100000	1171000
	0,131	854000	989000	1109000	1219000	1314000	1409000	1494000
	0,143	1067000	1237000	1387000	1517000	1642000	1767000	1867000
	0,156	1330000	1540000	1725000	1890000	2045000	2185000	2325000
	0,169	1619000	1874000	2099000	2304000	2489000	2664000	2829000
	0,192	2234000	2589000	2899000	3179000	3434000	3679000	3940000
	0,216	2986000	3461000	3876000	4261000	4611000	4921000	5231000
	0,241	3944000	4564000	5124000	5624000	6074000	6474000	6874000
	0,264	4938000	5688000	6388000	7038000	7588000	8138000	8638000
	0,290	6278000	7228000	8128000	8878000	9628000	10278000	10928000
30	0,011	1390	1730	2030	2300	2540	2770	2990
	0,014	3000	3620	4150	4650	5100	5550	5950
	0,020	8450	9950	11300	12500	13600	14700	15600
	0,025	15400	18000	20400	22500	24400	26200	27900
	0,034	22400	26300	29600	32700	35500	38100	40500
	0,039	49100	57600	64600	70600	76600	82100	87100
	0,043	63400	73900	82900	90900	98400	105000	111000
	0,049	80400	93300	104000	115000	124000	133000	141000
	0,057	130000	150000	169000	185000	200000	214000	228000
	0,064	172000	199000	224000	247000	267000	285000	303000
	0,070	216000	250000	281000	309000	334000	357000	380000
	0,076	266000	308000	345000	380000	411000	440000	467000
	0,082	323000	375000	420000	461000	498000	534000	567000
	0,088	386000	448000	502000	551000	596000	638000	677000
	0,094	456000	529000	593000	650000	703000	753000	809000
	0,100	535000	619000	684000	760000	823000	880000	934000
	0,106	619000	717000	803000	881000	952000	1019000	1079000
	0,111	692000	801000	898000	983000	1063000	1133000	1213000
	0,119	824000	955000	1071000	1171000	1261000	1351000	1441000
	0,131	1049000	1219000	1359000	1489000	1619000	1729000	1839000
	0,143	1307000	1517000	1697000	1857000	2017000	2157000	2287000
	0,156	1635000	1885000	2115000	2315000	2505000	2685000	2845000
	0,169	1984000	2304000	2574000	2824000	3054000	3274000	3474000
	0,192	2739000	3179000	3559000	3899000	4219000	4509000	4789000
	0,216	3671000	4251000	4761000	5231000	5651000	6051000	6411000
	0,241	4844000	5604000	6274000	6884000	7434000	7964000	8444000
	0,264	6068000	7028000	7868000	8628000	9328000	9978000	10580000
	0,290	7698000	8908000	9978000	10870000	11770000	12670000	13370000

Anmerkung. Ist die stündlich zu fördernde Dampfmenge in kg gegeben, so ist diese zur absoluten Anfangs- und Enddrucks

| absoluten Anfangs- und Enddrucks des Dampfes in der zu bestimmenden leitung in kg/qm von: | | | | | | | Durchmesser des Rohres in m | Druckabfall auf d. laufende Meter in kg/qm |
95000	105000	115000	125000	135000	145000	155000		
2460	2620	2780	2920	3060	3200	3330	0,011	
4950	5250	5550	5800	6050	6300	6550	0,014	
13300	14000	14700	15300	15900	16500	17100	0,020	
23800	25000	26200	27300	28500	29500	30500	0,025	
52900	55400	57900	60400	62900	64900	67400	0,034	
75100	78600	82100	86100	89100	92100	95100	0,039	
95900	101000	105000	109000	114000	118400	122000	0,043	
121000	127000	133000	139000	144000	149000	154000	0,049	
196000	206000	215000	224000	232000	241000	249000	0,057	
259000	272000	285000	297000	308000	319000	330000	0,064	
325000	342000	357000	372000	386000	400000	414000	0,070	
401000	421000	440000	458000	476000	491000	511000	0,076	
486000	511000	531000	556000	576000	596000	616000	0,082	
580000	610000	635000	665000	690000	710000	735000	0,088	**20**
684000	719000	754000	784000	814000	844000	874000	0,094	
804000	844000	879000	919000	954000	984000	1019000	0,100	
928000	978000	1019000	1063000	1104000	1144000	1179000	0,106	
1038000	1093000	1148000	1188000	1233000	1278000	1318000	0,111	
1236000	1301000	1356000	1416000	1466000	1521000	1571000	0,119	
1579000	1654000	1729000	1799000	1869000	1934000	1999000	0,131	
1967000	2062000	2157000	2247000	2332000	2412000	2492000	0,143	
2450000	2570000	2685000	2795000	2900000	3005000	3105000	0,156	
2984000	3134000	3274000	3409000	3539000	3664000	3784000	0,169	
4114000	4319000	4514000	4699000	5879000	5059000	5209000	0,192	
5481000	5781000	6031000	6281000	6531000	6781000	6981000	0,216	
7274000	7624000	7974000	8324000	8574000	8924000	9174000	0,241	
9088000	9538000	9988000	10380000	10780000	11180000	11530000	0,264	
11520000	12070000	12620000	13170000	13670000	14120000	14620000	0,290	
3200	3390	3580	4500	3930	4100	4250	0,011	
6300	6650	7000	7300	7650	7950	8250	0,014	
16500	17400	18200	19000	19800	20600	21300	0,020	
29500	31000	32500	33900	35200	36500	37800	0,025	
42800	35000	47100	48900	50900	52900	54400	0,034	
92100	96600	101000	105000	109000	113000	117000	0,039	
118000	123000	129000	134000	140000	145000	149000	0,043	
149000	157000	164000	170000	177000	183000	190000	0,049	
240000	252000	264000	275000	285000	295000	305000	0,057	
319000	336000	351000	365000	379000	393000	406000	0,064	
401000	421000	440000	458000	475000	492000	509000	0,070	
493000	517000	541000	563000	585000	605000	626000	0,076	
598000	628000	656000	683000	709000	734000	759000	0,082	
714000	749000	783000	815000	847000	877000	906000	0,088	**30**
843000	884000	924000	963000	999000	1030000	1070000	0,094	
985000	1029000	1079000	1119000	1169000	1209000	1249000	0,100	
1139000	1199000	1249000	1299000	1349000	1399000	1449000	0,106	
1273000	1343000	1393000	1453000	1513000	1563000	1619000	0,111	
1521000	1591000	1661000	1731000	1801000	1861000	1931000	0,119	
1939000	2029000	2119000	2189000	2289000	2479000	2449000	0,131	
2417000	2527000	2647000	2757000	2857000	2957000	3057000	0,143	
3005000	3145000	3295000	3425000	3555000	3775000	3805000	0,156	
3664000	3844000	4014000	4184000	4344000	4494000	4644000	0,169	
5049000	5299000	5539000	5759000	5979000	6189000	6399000	0,192	
6761000	7101000	7421000	7721000	8021000	8301000	8571000	0,216	
8904000	9344000	9764000	10120000	10520000	10920000	11320000	0,241	
11080000	11680000	12180000	12680000	13180000	13680000	14080000	0,264	
14170000	14770000	15470000	16070000	16770000	17370000	17870000	0,290	

Umrechnung in die derselben entsprechenden Wärmemenge mit der mittleren latenten Wärme des
des Dampfes zu multipliciren.

Druckabfall auf d. laufende Meter in kg/qm	Durchmesser des Rohres in m	Mögliche stündlich zu fördernde Wärmemenge in WE bei einer Summe des Theilstrecke der Rohr-						
		25000	35000	45000	55000	65000	75000	85000
40	0,011	1730	2120	2460	2780	3060	3330	3580
	0,014	3620	4340	4970	5540	6060	6550	7000
	0,020	9900	11700	13200	14600	15900	17100	18200
	0,025	16100	21100	23700	26200	28500	30600	32500
	0,034	40400	46900	52700	58000	62800	67300	71500
	0,039	57400	66700	74900	82300	89000	95400	100000
	0,043	73800	85600	96000	105000	113000	121000	129000
	0,049	93300	108000	121000	133000	144000	154000	163000
	0,057	150000	174000	195000	214000	232000	249000	264000
	0,064	199000	231000	259000	285000	308000	330000	351000
	0,070	250000	290000	325000	357000	386000	414000	440000
	0,076	281000	326000	366000	401000	434000	464000	493000
	0,082	375000	434000	486000	534000	577000	617000	656000
	0,088	448000	519000	581000	637000	690000	738000	783000
	0,094	529000	612000	686000	753000	814000	871000	924000
	0,100	619000	717000	803000	880000	952000	1019000	1079000
	0,106	717000	830000	929000	1019000	1099000	1179000	1249000
	0,111	801000	937000	1033000	1133000	1233000	1313000	1409000
	0,119	955000	1101000	1231000	1351000	1471000	1571000	1661000
	0,131	1209000	1409000	1679000	1729000	1869000	1999000	2119000
	0,143	1517000	1757000	1967000	2157000	2327000	2497000	2647000
	0,156	1885000	2185000	2445000	2685000	2895000	3105000	3295000
	0,169	2304000	2664000	2984000	3274000	3534000	3784000	5004000
	0,192	3179000	3679000	4109000	4509000	4879000	5219000	5539000
	0,216	4251000	4921000	5511000	6041000	6531000	6991000	7421000
	0,241	5604000	6484000	7264000	7964000	8604000	9204000	9764000
	0,264	7028000	8128000	9098000	9988000	10780000	11480000	12180000
	0,290	8908000	10270000	11470000	12570000	13670000	14570000	15470000
50	0,011	2030	2460	2850	3190	3520	3820	4090
	0,014	4170	4970	5670	6310	6890	7440	7950
	0,020	11300	13200	14900	16500	17900	19200	20500
	0,025	20300	23700	26700	29400	31900	34200	36400
	0,034	45400	52700	59200	65100	70400	75400	80200
	0,039	64500	74900	84000	92300	99600	106000	113000
	0,043	82800	96000	107000	118000	127000	136000	145000
	0,049	104000	121000	136000	149000	161000	173000	183000
	0,057	168000	195000	219000	240000	260000	278000	295000
	0,064	220006	256000	287000	315000	339000	366000	389000
	0,070	277000	321000	361000	397000	429000	460000	488000
	0,076	342000	396000	445000	489000	539000	566000	601000
	0,082	415000	481000	540000	593000	641000	687000	729000
	0,088	497000	576000	656000	709000	767000	821000	872000
	0,094	587000	681000	763000	838000	906000	970000	1025000
	0,100	687000	797000	893000	979000	1053000	1133000	1203000
	0,106	797000	923000	1033000	1133000	1223000	1313000	1393000
	0,111	891000	1036000	1156000	1266000	1366000	1466000	1556000
	0,119	1065000	1225000	1475000	1515000	1635000	1755000	1855000
	0,131	1352000	1552000	1752000	1932000	2082000	2232000	2352000
	0,143	1619000	1960000	2190000	2400000	2600000	2780000	2950000
	0,156	2107000	2437000	2727000	2997000	3237000	3467000	3677000
	0,169	2557000	2967000	3327000	3647000	3937000	4217000	4477000
	0,192	3539000	4089000	4579000	5029000	5439000	5819000	6169000
	0,216	4738000	5488000	6148000	6738000	7288000	7798000	8278000
	0,241	6248000	7238000	8098000	8878000	9608000	10190000	10890000
	0,264	7840000	9070000	10160000	11160000	12060000	12860000	13660000
	0,290	9947000	11440000	12840000	14040000	15240000	16340000	17340000

Anmerkung. Ist die stündlich zu fördernde Dampfmenge in kg gegeben, so ist diese z[...]
absoluten Anfangs- und Enddruc[...]

| absoluten Anfangs- und Enddrucks des Dampfes in der zu bestimmenden leitung in qm/kg von: | | | | | | | Durchmesser des Rohres in m | Druckabfall auf d. laufende Meter in qm/kg |
95000	105000	115000	125000	135000	145000	155000		
3820	4040	4260	4460	4660	4860	5040	0,011	
7440	7850	8250	8620	9980	9300	9700	0,014	
19200	20300	21200	22200	23000	23900	24700	0,020	
34400	36100	37800	39400	40900	42400	43900	0,025	
75400	79300	82900	86300	89700	92900	96000	0,034	
106000	111000	116000	121000	126000	131000	135000	0,039	
136000	143000	149000	156000	162000	168000	174000	0,043	
173000	181000	189000	197000	205000	212000	291000	0,049	
278000	292000	305000	318000	330000	341000	353000	0,057	
370000	388000	406000	423000	439000	455000	470000	0,064	
464000	487000	509000	530000	550000	570000	588000	0,070	
521000	546000	581000	595000	617000	639000	661000	0,076	
692000	726000	759000	790000	820000	849000	877000	0,082	
826000	867000	906000	943000	979000	1011000	1051000	0,088	40
975000	1020000	1280000	1110000	1150000	1190000	1230000	0,094	
1139000	1189000	1249000	1299000	1349000	1399000	1439000	0,100	
1319000	1380000	1449000	1509000	1559000	1619000	1669000	0,106	
1473000	1543000	1613000	1683000	1753000	1813000	1873000	0,111	
1751000	1841000	1921000	2001000	2181000	2151000	2231000	0,119	
2239000	2349000	2449000	2559000	2649000	2739000	2839000	0,131	
2797000	2927000	3057000	3287000	3307000	3417000	3537000	0,143	
3475000	3645000	3805000	3965000	4115000	4255000	4395000	0,156	
4234000	4444000	4644000	4834000	5014000	5194000	5364000	0,169	
5839000	6129000	6399000	6659000	6909000	7159000	7389000	0,192	
7821000	8211000	8571000	8921000	9271000	9591000	9911000	0,216	
10220000	10820000	11220000	11720000	11540000	12620000	13020000	0,241	
12880000	13480000	14080000	14680000	15280000	15780000	16380000	0,264	
16370000	17170000	17870000	18670000	19370000	20070000	20670000	0,290	
4360	4610	4850	5090	5310	5520	5730	0,011	
8440	8890	9300	9700	10100	10500	10900	0,014	
21700	22800	23900	24900	26000	26900	27800	0,020	
38500	40400	42300	44200	45900	47500	49100	0,025	
84600	88800	92900	96800	99900	103000	107000	0,034	
119000	125000	131000	136000	141000	146000	151000	0,039	
153000	160000	168000	175000	181000	188000	194000	0,043	
193000	203000	212000	221000	230000	237000	245000	0,049	
311000	327000	341000	356000	369000	382000	395000	0,057	
410000	432000	451000	470000	487000	505000	522000	0,064	
515000	541000	566000	589000	612000	634000	655000	0,070	
635000	666000	696000	725000	753000	780000	806000	0,076	
769000	808000	844000	879000	913000	945000	977000	0,082	
929000	965000	1006000	1046000	1086000	1126000	1166000	0,088	50
1095000	1135000	1185000	1235000	1285000	1335000	1375000	0,094	
1263000	1333000	1393000	1443000	1503000	1553000	1603000	0,100	
1473000	1543000	1613000	1673000	1743000	1803000	1863000	0,106	
1646000	1726000	1806000	1876000	1946000	2016000	2086000	0,111	
1955000	2055000	2145000	2235000	2325000	2405000	2485000	0,119	
2492000	2622000	2732000	2852000	2952000	3062000	3172000	0,131	
3110000	3270000	3410000	3560000	3690000	3820000	3950000	0,143	
3877000	4067000	4247000	4427000	4597000	4757000	4907000	0,156	
4727000	4957000	5177000	5387000	5597000	5797000	5987000	0,169	
6509000	6829000	7139000	7429000	7709000	7989000	8249000	0,192	
8728000	9158000	9568000	9908000	10308000	10700000	11010000	0,216	
11490000	12090000	12590000	13090000	13590000	14090000	14490000	0,241	
14360000	15060000	15760000	16460000	17060000	17660000	18260000	0,264	
18240000	19140000	19940000	20840000	21640000	22340000	23140000	0,290	

Umrechnung in die derselben entsprechenden Wärmemenge mit der mittleren latenten Wärme des des Dampfes zu multipliciren.

Druck-abfall auf d. laufende Meter in kg/qm	Durch-messer des Rohres in m	Mögliche stündlich zu fördernde Wärmemenge in WE bei einer Summe des Theilstrecke der Rohr-						
		25000	35000	45000	55000	65000	75000	85000
60	0,011	2300	2780	3200	3580	3930	4260	4570
	0,014	4660	5540	6310	7010	7650	8250	8800
	0,020	12500	14600	16500	18200	19800	21200	22600
	0,025	22400	26100	29500	32400	35100	37700	40100
	0,034	49900	58000	65100	71500	77400	82900	88000
	0,039	70900	82300	92300	100000	109000	116000	124000
	0,043	85500	105000	118000	129000	140000	150000	159000
	0,049	115000	133000	149000	164000	177000	190000	201000
	0,057	185000	214000	240000	263000	285000	305000	324000
	0,064	242000	281000	315000	347000	375000	402000	427000
	0,070	305000	353000	397000	436000	471000	505000	536000
	0,076	376000	436000	489000	537000	581000	622000	660000
	0,082	466000	529000	593000	651000	704000	754000	800000
	0,088	546000	633000	709000	788000	842000	901000	956000
	0,094	645000	748000	838000	919000	994000	1065000	1125000
	0,100	770000	824000	979000	1073000	1163000	1243000	1313000
	0,106	875000	1013000	1133000	1243000	1343000	1443000	1523000
	0,111	976000	1126000	1266000	1386000	1506000	1606000	1706000
	0,119	1165000	1345000	1515000	1655000	1795000	1915000	2035000
	0,131	1482000	1722000	1932000	2112000	2282000	2452000	2602000
	0,143	1850000	2150000	2410000	2640000	2860000	3050000	3240000
	0,156	2307000	2677000	2997000	3287000	3547000	3797000	4027000
	0,169	2817000	3257000	3647000	3997000	4327000	4627000	4907000
	0,192	3879000	4489000	5029000	5519000	5959000	6379000	6769000
	0,216	5208000	6018000	6748000	7388000	7998000	8548000	9078000
	0,241	6858000	7938000	8878000	9738000	10490000	11290000	11890000
	0,264	8600000	9960000	11160000	12160000	13160000	14160000	14960000
	0,290	10840000	12640000	14040000	15440000	16840000	17840000	18940000
80	0,011	2780	3330	3820	4260	4660	5040	5400
	0,014	5540	6550	7440	8258	8980	9700	10300
	0,020	14600	17100	19300	21200	23000	24700	26300
	0,025	26100	30500	34300	37700	40900	43800	46500
	0,034	58000	67300	75500	82900	89700	96000	101000
	0,039	823000	95400	106000	117000	126000	135000	143000
	0,043	105000	121000	136000	150000	162000	174000	184000
	0,049	133000	154000	173000	190000	205000	219000	233000
	0,057	214000	248000	278000	305000	330000	353000	375000
	0,064	281000	326000	366000	402000	436000	466000	495000
	0,070	353000	410000	460000	505000	546000	585000	621000
	0,076	436000	505000	566000	622000	673000	720000	764000
	0,082	529000	613000	687000	754000	815000	872000	926000
	0,088	633000	733000	822000	901000	974000	1046000	1106000
	0,094	748000	866000	970000	1065000	1155000	1225000	1305000
	0,100	874000	1013000	1133000	1243000	1343000	1433000	1523000
	0,106	1013000	1173000	1313000	1433000	1553000	1663000	1763000
	0,111	1136000	1306000	1466000	1606000	1746000	1866000	1976000
	0,119	1345000	1565000	1755000	1915000	2075000	2215000	2355000
	0,131	1722000	1992000	2232000	2442000	2642000	2832000	3002000
	0,143	2150000	2490000	2790000	2950000	3300000	3530000	3750000
	0,156	2677000	3097000	3467000	3797000	4107000	4387000	4667000
	0,169	3257000	3777000	4217000	4627000	4997000	5357000	5677000
	0,192	4489000	5199000	5819000	6379000	6889000	7379000	7829000
	0,216	6018000	6968000	7798000	8548000	9248000	9888000	10500000
	0,241	7938000	9178000	10190000	11290000	12190000	12990000	13790000
	0,264	9961000	11460000	12870000	14060000	15260000	16360000	17260000
	0,290	12640000	14540000	16340000	17840000	19340000	20640000	21940000

Anmerkung. Ist die stündlich zu fördernde Dampfmenge in kg gegeben, so ist diese zu absoluten Anfangs- und Enddruck

| absoluten Anfangs- und Enddrucks des Dampfes in der zu bestimmenden leitung in kg/qm von: | | | | | | | Durchmesser des Rohres in m | Druckabfall auf d. laufende Meter in kg/qm |
95000	105000	115000	125000	135000	145000	155000		
4860	5130	5390	5650	5890	6130	6350	0,011	
9300	9800	10300	10700	11200	11600	12900	0,014	
23900	25100	26300	27400	28500	29600	30600	0,020	
42300	44500	46500	48500	50400	52200	54000	0,025	
92900	97500	101000	105000	110000	113000	117000	0,034	
131000	137600	143000	149000	156000	161000	166000	0,039	
168000	176000	184000	191000	199000	206000	213000	0,043	
212000	223000	233000	243000	251000	263000	269000	0,049	
342000	359000	375000	390000	405000	419000	433000	0,057	
451000	473000	495000	516000	535000	555000	573000	0,064	
566000	594000	621000	647000	672000	696000	719000	0,070	
696000	731000	764000	796000	827000	856000	885000	0,076	
844000	886000	926000	964000	996000	1037000	1067000	0,082	
1006000	1056000	1106000	1156000	1196000	1236000	1276000	0,088	**60**
1185000	1255000	1305000	1355000	1415000	1455000	1515000	0,094	
1393000	1453000	1523000	1583000	1653000	1703000	1763000	0,100	
1613000	1693000	1763000	1843000	1913000	1973000	2043000	0,106	
1806000	1896000	1976000	1956000	2136000	2216000	2286000	0,111	
2145000	2255000	2355000	2455000	2545000	2645000	2725000	0,119	
2742000	2872000	3002000	3122000	3252000	3362000	3472000	0,131	
3470000	3580000	3750000	3900000	4050000	4190000	4330000	0,143	
4247000	4457000	4667000	4847000	5037000	5217000	5387000	0,156	
5177000	5437000	5677000	5917000	6137000	6357000	6567000	0,169	
7139000	7489000	7829000	8149000	8459000	8759000	9049000	0,192	
9568000	10000000	10500000	10900000	11300000	11700000	12100000	0,216	
12600000	13190000	13790000	14390000	14890000	15390000	15890000	0,241	
15760000	16560000	17260000	18060000	18660000	19360000	19960000	0,264	
20040000	20940000	21940000	22840000	23740000	24540000	25340000	0,290	
5730	6050	6280	6640	6930	7200	7460	0,011	
10900	11500	12100	12600	13100	13600	14100	0,014	
27800	29200	30600	31900	32000	34400	35500	0,020	
49100	51600	54000	56000	68500	60600	62600	0,025	
106000	112000	117000	122000	126000	131000	136000	0,034	
151000	159000	166000	173000	180000	186000	192000	0,039	
194000	204000	213000	222000	230000	238000	246000	0,043	
245000	258000	270000	281000	291000	301000	311000	0,049	
395000	415000	434000	451000	468000	485000	501000	0,057	
522000	548000	573000	597000	620000	642000	664000	0,064	
655000	687000	719000	748000	777000	805000	832000	0,070	
806000	847000	885000	921000	957000	987000	1018000	0,076	
977000	1027000	1067000	1117000	1157000	1197000	1240000	0,082	
1166000	1226000	1276000	1336000	1376000	1426000	1476000	0,088	**80**
1375000	1445000	1515000	1575000	1635000	1695000	1755000	0,094	
1613000	1693000	1763000	1833000	1913000	1973000	2043000	0,100	
1863000	1953000	2043000	2133000	2203000	2293000	2363000	0,106	
2086000	2196000	2286000	2386000	2476000	2556000	2646000	0,111	
2485000	2605000	2725000	2845000	2945000	3055000	3155000	0,119	
3172000	3322000	3572000	3612000	3752000	3892000	4012000	0,131	
3950000	4150000	4330000	4500000	4680000	4840000	5000000	0,143	
4907000	5157000	5387000	5607000	5817000	6027000	6257000	0,156	
5987000	6287000	6567000	6837000	7097000	7347000	7587000	0,169	
8249000	8659000	9049000	9419000	9769000	10030000	10430000	0,192	
11000000	11600000	12100000	12600000	13100000	13600000	14000000	0,216	
14490000	15190000	15890000	16690000	17290000	17790000	18390000	0,241	
18260000	19160000	19960000	20860000	21660000	22360000	23160000	0,264	
23140000	24240000	25340000	26340000	27440000	28340000	29240000	0,290	

Umrechnung in die derselben entsprechenden Wärmemenge mit der mittleren latenten Wärme des des Dampfes zu multipliciren.

Druckabfall auf d. laufende Meter in kg/qm	Durchmesser des Rohres in m	Mögliche stündlich zu fördernde Wärmemenge in WE bei einer Summe des Theilstrecke der Rohr-						
		25000	35000	45000	55000	65000	75000	85000
100	0,011	3180	3800	4340	4830	5290	5710	6100
	0,014	6310	7440	8440	9030	10100	10900	11700
	0,020	16500	19300	21700	23900	25900	27800	29600
	0,025	29500	34300	38500	42400	45900	49100	52300
	0,034	65100	75400	84700	92900	99900	107000	113000
	0,039	92300	106000	119000	131000	141000	151000	161000
	0,043	118000	136000	153000	168000	182000	194000	206000
	0,049	149000	173000	193000	212000	230000	245000	261000
	0,057	240000	278000	311000	342000	369000	395000	420000
	0,064	315000	366000	410000	451000	487000	522000	555000
	0,070	397000	460000	516000	566000	612000	655000	696000
	0,076	489000	566000	635000	696000	753000	806000	856000
	0,082	593000	697000	769000	844000	913000	977000	1037000
	0,088	709000	821000	919000	1006000	1086000	1166000	1236000
	0,094	838000	970000	1085000	1185000	1285000	1375000	1455000
	0,100	979000	1133000	1263000	1393000	1503000	1603000	1713000
	0,106	1133000	1313000	1473000	1613000	1743000	1863000	1973000
	0,111	1266000	1466000	1646000	1806000	1956000	2086000	2216000
	0,119	1515000	1755000	1965000	2145000	2325000	2485000	2645000
	0,131	1932000	2232000	2492000	2742000	2962000	3172000	3362000
	0,143	2410000	2790000	3120000	3410000	3690000	3950000	4190000
	0,156	2997000	3467000	3877000	4247000	4597000	4907000	5217000
	0,169	3647000	4217000	4727000	5177000	5597000	5987000	6357000
	0,192	5029000	5819000	6519000	7139000	7709000	8259000	8759000
	0,216	6748000	7798000	8728000	9568000	10300000	11000000	11700000
	0,241	8878000	10190000	11490000	12590000	13590000	14490000	15490000
	0,264	11160000	12860000	14460000	15760000	17060000	15260000	19360000
	0,290	14040000	16340000	18240000	19940000	21640000	23140000	24540000
125	0,011	3840	4520	5130	5690	6190	6660	7110
	0,014	7270	8640	9700	10700	11600	12500	13400
	0,020	18900	22000	24700	27200	29400	31500	33500
	0,025	33500	38900	43700	47900	51900	55600	59020
	0,034	73400	85000	95300	104000	113000	121000	128000
	0,039	104000	120000	134000	147000	160000	170000	181000
	0,043	132000	153000	171000	188000	203000	217000	231000
	0,049	146000	172000	196000	216000	236000	254000	270000
	0,057	260000	302000	340000	374000	405000	434000	461000
	0,064	351000	407000	458000	502000	544000	582000	619000
	0,070	441000	517000	573000	630000	682000	730000	775000
	0,076	544000	631000	707000	776000	840000	899000	955000
	0,082	661000	765000	858000	942000	1012000	1082000	1152000
	0,088	790000	915000	1021000	1121000	1211000	1301000	1381000
	0,094	933000	1080000	1210000	1330000	1430000	1540000	1630000
	0,100	1088000	1258000	1418000	1548000	1678000	1798000	1908000
	0,106	1267000	1469000	1647000	1797000	1937000	2077000	2207000
	0,111	1404000	1634000	1824000	2004000	2174000	2324000	2464000
	0,119	1682000	1942000	2182000	2392000	2592000	2782000	2942000
	0,131	2148000	2478000	2778000	3048000	3298000	3528000	3748000
	0,143	2684000	3104000	3474000	3804000	4114000	4404000	4674000
	0,156	3331000	3861000	4331000	4741000	5121000	5481000	5821000
	0,169	4069000	4709000	5269000	5779000	6249000	6689000	7089000
	0,192	5619000	6499000	7269000	7969000	8619000	9219000	9779000
	0,216	7525000	8705000	9745000	10680000	11580000	12280000	13080000
	0,241	9873000	11470000	12770000	14070000	15170000	16270000	17270000
	0,264	12430000	14330000	16130000	17630000	19130000	20430000	21630000
	0,290	15710000	18210000	20410000	22310000	24210000	25810000	27410000

Anmerkung. Ist die stündlich zu fördernde Dampfmenge in kg gegeben, so ist diese zur absoluten Anfangs- und Enddrucks

| absoluten Anfangs- und Enddrucks des Dampfes in der zu bestimmenden leitung in qm/kg von: | | | | | | | Durchmesser des Rohres in m | Druckabfall auf d. laufende Meter in kg/qm |
95000	105000	115000	125000	135000	145000	155000		
6480	6830	7170	7500	7810	8110	8400	0,011	
12300	12900	13600	14200	14800	15300	15900	0,014	
31200	32800	34400	35800	37200	38500	39900	0,020	
55200	57900	60600	63200	65600	68000	70200	0,025	
130000	125000	131000	136000	142000	147000	152000	0,034	
169000	177000	186000	194000	201000	208000	215000	0,039	
217000	228000	239000	248000	258000	267000	276000	0,043	
275000	289000	301000	314000	326000	337000	349000	0,049	
443000	464000	485000	505000	525000	542000	560000	0,057	
585000	614000	642000	669000	694000	719000	743000	0,064	
734000	770000	805000	838000	871000	902000	932000	0,070	
903000	948000	987000	1028000	1068000	1108000	1148000	0,076	
1087000	1147000	1097000	1247000	1297000	1347000	1387000	0,082	
1306000	1376000	1426000	1486000	1546000	1606000	1656000	0,088	**100**
1545000	1615000	1695000	1765000	1835000	1895000	1955000	0,094	
1803000	1893000	1973000	2063000	2133000	2213000	2383000	0,100	
2093000	2193000	2293000	2383000	2473000	2553000	2643000	0,106	
2336000	2446000	2556000	2666000	2776000	2866000	2966000	0,111	
2785000	2915000	3055000	3175000	3305000	3415000	3525000	0,119	
3542000	3722000	3892000	4052000	4202000	4352000	4492000	0,131	
4420000	4630000	4840000	5040000	5240000	5420000	5600000	0,143	
5507000	5767000	6027000	6267000	6507000	6747000	6957000	0,156	
6707000	7037000	7347000	7647000	7937000	8217000	8497000	0,169	
9239000	9689000	10030000	10530000	10930000	11330000	11630000	0,192	
12300000	12180000	13500000	14100000	14700000	15200000	15700000	0,216	
16290000	17000000	17790000	18590000	19290000	19990000	20690000	0,241	
20460000	21460000	22360000	23360000	24160000	25069000	25860000	0,264	
25840000	27140000	28340000	29540000	30740000	31740000	32740000	0,290	
7520	7920	8300	8670	9020	9360	9660	0,011	
14100	14800	15500	16200	16900	17500	18000	0,014	
35400	37200	38800	40500	42100	43600	45900	0,020	
62300	65400	68400	71200	73900	76600	79100	0,025	
135000	141000	148000	154000	160000	166000	172000	0,034	
191000	201000	209000	218000	227000	235000	242000	0,039	
243000	255000	267000	279000	289000	299000	309000	0,043	
287000	302000	316000	330000	344000	356000	369000	0,049	
486000	511000	533000	556000	577000	598000	618000	0,057	
653000	685000	717000	746000	775000	802000	829000	0,064	
818000	859000	898000	935000	971000	1005000	1045000	0,070	
1003000	1053000	1103000	1153000	1193000	1233000	1273000	0,076	
1222000	1272000	1342000	1392000	1442000	1502000	1542000	0,082	
1451000	1531000	1601000	1661000	1721000	1791000	1851000	0,088	**125**
1720000	1810000	1890000	1960000	2040000	2110000	2180000	0,094	
2008000	2108000	2198000	2298000	2378000	2468000	2548000	0,100	
2327000	2437000	2547000	2667000	2757000	2857000	2947000	0,106	
2604000	2734000	2854000	2984000	3084000	3194000	3304000	0,111	
3102000	3252000	3402000	3542000	3682000	3812000	3932000	0,119	
3948000	4148000	4338000	4518000	4688000	4848000	5008000	0,131	
4924000	5174000	5404000	5624000	5844000	6044000	6234000	0,143	
6131000	6441000	6731000	7001000	7271000	7521000	7771000	0,156	
7479000	7849000	8199000	8539000	8869000	9179000	9489000	0,169	
10310000	10810000	11310000	11810000	12210000	12610000	13010000	0,192	
13780000	14480000	15080000	15780000	16380000	16980000	17580000	0,216	
18170000	19170000	19970000	20770000	21570000	22270000	23090000	0,241	
22930000	24030000	25030000	26130000	27130000	28030000	28930000	0,264	
28910000	30310000	31710000	33010000	34210000	35510000	36610000	0,290	

Umrechnung in die derselben entsprechenden Wärmemenge mit der mittleren latenten Wärme des des Dampfes zu multipliciren.

Druck-abfall auf d.laufende Meter in kg/qm	Durch-messer des Rohres in m	Mögliche stündlich zu fördernde Wärmemenge in WE bei einer Summe des Theilstrecke der Rohr-						
		25000	35000	45000	55000	65000	75000	85000
150	0,011	4260	5020	5690	6290	6850	7360	7850
	0,014	8150	9500	10800	11900	12900	13800	14700
	0,020	20800	24200	27200	29900	32400	34700	36900
	0,025	36900	42800	47900	52700	57000	61000	64800
	0,034	80600	93300	104000	114000	124000	133000	140000
	0,039	114000	132000	147000	162000	175000	188000	198000
	0,043	145000	168000	188000	206000	223000	239000	253000
	0,049	183000	212000	237000	260000	282000	301000	320000
	0,057	286000	333000	374000	411000	445000	476000	506000
	0,064	385000	447000	502000	551000	596000	638000	678000
	0,070	484000	562000	630000	692000	748000	801000	851000
	0,076	597000	692000	776000	852000	922000	983000	1043000
	0,082	725000	840000	942000	1032000	1112000	1192000	1262000
	0,088	868000	1001000	1131000	1231000	1331000	1421000	1511000
	0,094	1020000	1180000	1330000	1450000	1570000	1690000	1790000
	0,100	1198000	1388000	1548000	1698000	1838000	1968000	2088000
	0,106	1387000	1607000	1797000	1967000	2138000	2287000	2417000
	0,111	1554000	1794000	2004000	2204000	2384000	2544000	2704000
	0,119	1842000	2142000	2392000	2632000	2842000	3042000	3232000
	0,131	2358000	2728000	3048000	3348000	3628000	3878000	4108000
	0,143	2944000	3394000	3804000	4174000	4514000	4824000	5124000
	0,156	3661000	4231000	4741000	5201000	5621000	6011000	6381000
	0,169	4459000	5159000	5779000	6339000	6849000	7329000	7779000
	0,192	6149000	7119000	7969000	8739000	9439000	10110000	10710000
	0,216	8255000	9545000	10680000	11680000	12680000	13480000	14380000
	0,241	10870000	12570000	14090000	15470000	16670000	17870000	18870000
	0,264	13630000	15730000	17630000	19330000	20930000	22330000	23730000
	0,290	17210000	19910000	22310000	24510000	26510000	28310000	30110000
175	0,011	4660	5470	6190	6850	7440	8000	8530
	0,014	8870	10300	11600	12900	14000	15000	16000
	0,020	22600	26200	29400	32400	35000	37500	39800
	0,025	39900	46300	51900	56100	61700	66000	70100
	0,034	87200	100000	113000	124000	134000	143000	152000
	0,039	123000	142000	160000	175000	189000	202000	215000
	0,043	156000	182000	203000	223000	241000	258000	274000
	0,049	198000	230000	257000	282000	305000	326000	346000
	0,057	310000	360000	405000	445000	481000	516000	547000
	0,064	418000	484000	544000	597000	646000	691000	734000
	0,070	525000	608000	682000	748000	809000	867000	920000
	0,076	647000	749000	840000	922000	993000	1063000	1133000
	0,082	785000	909000	1012000	1112000	1212000	1292000	1372000
	0,088	939000	1081000	1211000	1331000	1441000	1541000	1641000
	0,094	1110000	1280000	1440000	1580000	1700000	1830000	1940000
	0,100	1288000	1498000	1678000	1838000	1988000	2128000	2268000
	0,106	1497000	1737000	1937000	2137000	2307000	2467000	2617000
	0,111	1674000	1944000	2174000	2384000	2574000	2764000	2924000
	0,119	1992000	2312000	2592000	2842000	3072000	3292000	3492000
	0,131	2548000	2948000	3298000	3628000	3918000	4188000	4448000
	0,143	3174000	3674000	4114000	4514000	4874000	5224000	5534000
	0,156	3961000	4581000	5121000	5621000	6071000	6491000	6891000
	0,169	4819000	5579000	6249000	6849000	7409000	7919000	8409000
	0,192	6649000	7689000	8619000	9439000	10110000	10910000	11610000
	0,216	8925000	9250000	10280000	11580000	13680000	14580000	15480000
	0,241	11770000	13570000	15170000	16370000	17970000	19270000	20470000
	0,264	14730000	17030000	19130000	20930000	22630000	24230000	25630000
	0,290	18610000	21610000	24110000	26510000	28710000	30710000	32510000

Anmerkung. Ist die stündlich zu fördernde Dampfmenge in kg gegeben, so ist diese zur absoluten Anfangs- und Enddrucks

absoluten Anfangs- und Enddrucks des Dampfes in der zu bestimmenden leitung in kg/qm von:							Durchmesser des Rohres in m	Druckabfall auf d. laufende Meter in kg/qm
95000	105000	115000	125000	135000	145000	155000		
8310	8740	9160	9560	9960	10300	10100	0,011	
15500	16300	17100	17800	18500	19200	19800	0,014	
38800	40800	42700	44400	46200	47800	49400	0,020	
68400	71800	75000	78100	81100	84000	86800	0,025	
148000	155000	162000	169000	176000	182000	198000	0,034	
209000	220000	229000	239000	248000	257000	266000	0,039	
268000	280000	293000	305000	317000	328000	339000	0,043	
337000	354000	370000	385000	400000	414000	428000	0,049	
533000	560000	586000	610000	634000	657000	679000	0,057	
716000	751000	785000	818000	849000	879000	909000	0,064	
898000	942000	984000	1025000	1065000	1105000	1135000	0,070	
1103000	1153000	1213000	1263000	1313000	1353000	1403000	0,076	
1342000	1402000	1472000	1522000	1582000	1642000	1692000	0,082	
1601000	1671000	1751000	1831000	1891000	1961000	2021000	0,088	**150**
1890000	1980000	2070000	2160000	2240000	2320000	2400000	0,094	
2198000	2308000	2418000	2518000	2618000	2708000	2798000	0,100	
2557000	2687000	2797000	2917000	3027000	3137000	3237000	0,106	
2854000	2994000	3134000	3264000	3394000	3504000	3624000	0,111	
3402000	3572000	3732000	3892000	4032000	4172000	4312000	0,119	
4338000	4548000	4758000	4948000	5138000	5318000	5498000	0,131	
5404000	5664000	5924000	6174000	6404000	6624000	6844000	0,143	
6731000	7051000	7371000	7671000	7961000	8251000	8521000	0,156	
8199000	8609000	8999000	9359000	9719000	10020000	10320000	0,169	
11310000	11810000	12310000	12810000	13410000	13810000	14310000	0,192	
15080000	15880000	16680000	17280000	17980000	18589000	19180000	0,216	
19970000	20970000	21870000	22770000	23570000	24470000	25270000	0,241	
25030000	26330000	27430000	28530000	29730000	30730000	31730000	0,264	
31710000	33310000	34810000	36210000	37610000	38910000	40210000	0,290	
9020	9460	9960	10400	10800	11200	11600	0,011	
16900	17700	18500	19300	20100	20800	21500	0,014	
42100	44200	46200	48100	48900	51800	53400	0,020	
73900	77600	81100	84400	87700	90800	93800	0,025	
160000	168000	176000	183000	190000	197000	203000	0,034	
227000	237000	248000	258000	269000	278000	287000	0,039	
289000	303000	317000	330000	342000	354000	366000	0,043	
365000	383000	400000	416000	432000	453000	462000	0,049	
577000	606000	634000	660000	686000	710000	734000	0,057	
775000	813000	850000	885000	919000	952000	983000	0,064	
971000	1025000	1065000	1105000	1155000	1194000	1225000	0,070	
1193000	1253000	1313000	1363000	1413000	1463000	1513000	0,076	
1442000	1512000	1582000	1652000	1712000	1772000	1832000	0,082	
1721000	1811000	1901000	1971000	2051000	2121000	2191000	0,088	**175**
2040000	2140000	2240000	2330000	2420000	2500000	2590000	0,094	
2378000	2498000	2608000	2718000	2828000	2918000	3018000	0,100	
2757000	2897000	3027000	3147000	3267000	3387000	3497000	0,106	
3084000	3244000	3394000	3524000	3664000	3794000	3914000	0,111	
3682000	3862000	4032000	4202000	4362000	4512000	4672000	0,119	
4688000	4918000	5138000	5348000	5558000	5748000	5938000	0,131	
5844000	6134000	6394000	6664000	6924000	7164000	7394000	0,143	
7271000	7631000	7961000	8291000	8611000	8911000	9201000	0,156	
8869000	9299000	9719000	10020000	10520000	10820000	11220000	0,169	
12210000	12810900	13410000	13910000	14410000	14910000	15410000	0,192	
16380000	17180000	17980000	18680000	19380000	20080000	20780000	0,216	
21570000	22570000	23670000	24570000	25470000	26470000	27270000	0,241	
27130000	28430000	29730000	30930000	32130000	33230000	34330000	0,264	
34210000	35910000	37610000	39110000	40610000	42010000	43410000	0,290	

Umrechnung in die derselben entsprechenden Wärmemenge mit der mittleren latenten Wärme des des Dampfes zu multipliciren.

Druckabfall auf d. laufende Meter in kg/qm	Durchmesser des Rohres in m	Mögliche stündlich zu fördernde Wärmemenge in WE bei einer Summe des Theilstrecke der Rohr-						
		25000	35000	45000	55000	65000	75000	85000
200	0,011	5020	5890	6660	7360	8000	8600	9160
	0,014	9500	11100	12500	13800	15000	16100	17100
	0,020	24200	28100	31500	34700	37500	40200	42700
	0,025	42600	49600	55600	61000	66000	70600	75000
	0,034	93300	108000	121000	133000	143000	153000	163000
	0,039	132000	153000	171000	187000	202000	217000	230000
	0,043	168000	194000	217000	239000	258000	276000	293000
	0,049	212000	245000	275000	301000	326000	349000	370000
	0,057	333000	386000	433000	476000	515000	552000	586000
	0,064	448000	519000	582000	639000	691000	740000	786000
	0,070	562000	651000	730000	801000	867000	928000	984000
	0,076	692000	802000	899000	983000	1063000	1143000	1213000
	0,082	840000	973000	1082000	1192000	1292000	1382000	1472000
	0,088	1001000	1161000	1301000	1421000	1541000	1651000	1751000
	0,094	1180000	1370000	1540000	1690000	1830000	1950000	2070000
	0,100	1388000	1608000	1798000	1968000	2128000	2278000	2418000
	0,106	1607000	1857000	2087000	2287000	2467000	2637000	2797000
	0,111	1794000	2074000	2324000	2544000	2764000	2954000	3134000
	0,119	2142000	2472000	2772000	3042000	3292000	3512000	3732000
	0,131	2728000	3158000	3528000	3878000	4188000	4478000	4758000
	0,143	3404000	3934000	4404000	4824000	5224000	5584000	5924000
	0,156	4231000	4901000	5481000	6011000	6491000	6941000	7371000
	0,169	5159000	5969000	6689000	7329000	7919000	8479000	9999000
	0,192	7119000	8239000	9219000	10110000	10910000	11610000	12310000
	0,216	9545000	10980000	12380000	13580000	14580000	15680000	16680000
	0,241	12570000	14570000	16270000	17870000	19270000	20670000	21870000
	0,264	15830000	18230000	20430000	22330000	24230000	25830000	27430000
	0,290	20010000	23110000	25810000	28310000	30610000	32710000	34810000
250	0,011	5690	6660	7520	8310	9020	9660	10400
	0,014	10700	12500	14100	15500	16900	18100	19200
	0,020	27200	31500	35400	38900	42100	45000	47800
	0,025	47900	55600	62300	68400	73900	79100	84000
	0,034	104000	121000	135000	148000	160000	171000	182000
	0,039	148000	171000	191000	210000	227000	242000	257000
	0,043	188000	217000	243000	267000	289000	309000	328000
	0,049	237000	275000	308000	337000	365000	390000	414000
	0,057	374000	434000	486000	533000	577000	618000	657000
	0,064	502000	582000	653000	716000	775000	830000	880000
	0,070	630000	730000	818000	898000	971000	1035000	1105000
	0,076	776000	899000	1003000	1103000	1193000	1273000	1353000
	0,082	942000	1092000	1222000	1342000	1442000	1542000	1642000
	0,088	1131000	1301000	1451000	1601000	1731000	1851000	1961000
	0,094	1330000	1540000	1720000	1890000	2040000	2180000	2310000
	0,100	1548000	1798000	2008000	2208000	2378000	2548000	2708000
	0,106	1897000	2087000	2337000	2557000	2757000	2957000	3137000
	0,111	2004000	2324000	2604000	2854000	3084000	3304000	3504000
	0,119	2392000	2772000	3102000	3402000	3682000	3942000	4182000
	0,131	3048000	3528000	3948000	4338000	4688000	5008000	5318000
	0,143	3814000	4404000	4924000	5404000	5844000	6254000	6624000
	0,156	4741000	5481000	6141000	6731000	7271000	7771000	8251000
	0,169	5779000	6689000	7479000	8199000	8869000	9489000	10020000
	0,192	7969000	9219000	10310000	11310000	12210000	13110000	13810000
	0,216	10680000	12380000	13780000	15180000	16380000	17580000	18580000
	0,241	14070000	16270000	18170000	19970000	21570000	23070000	24470000
	0,264	17630000	20430000	22830000	25030000	27130000	28930000	30730000
	0,290	22310000	25810000	28910000	31710000	34310000	36710000	38910000

Anmerkung. Ist die stündlich zu fördernde Dampfmenge in kg gegeben, so ist diese zur absoluten Anfangs- und Enddrucks

| absoluten Anfangs- und Enddrucks des Dampfes in der zu bestimmenden leitung in qm/kg von: | | | | | | | Durch-messer des Rohres in m | Druck-abfall auf d. laufende Meter in kg/qm |
95000	105000	115000	125000	135000	145000	155000		
9660	10200	10700	11200	11600	12100	12500	0,011	
18000	19000	19900	20700	21500	22300	23100	0,014	
45900	47300	49400	51500	53400	55400	57200	0,020	
79100	83000	86800	90400	93800	97200	99700	0,025	
171000	180000	188000	196000	203000	211000	227000	0,034	
242000	254000	266000	277000	287000	297000	307000	0,039	
309000	324000	339000	352000	366000	379000	391000	0,043	
390000	410000	428000	445000	462000	478000	494000	0,049	
618000	649000	679000	707000	734000	760000	785000	0,057	
830000	870000	910000	947000	983000	1016000	1046000	0,064	
1035000	1085000	1135000	1185000	1235000	1275000	1315000	0,070	
1273000	1343000	1403000	1453000	1513000	1573000	1623000	0,076	
1552000	1632000	1702000	1762000	1832000	1902000	1962000	0,082	
1851000	1941000	2021000	2111000	2191000	2271000	2341000	0,088	**200**
2180000	2290000	2400000	2490000	2590000	2680000	2770000	0,094	
2548000	2678000	2798000	2918000	3018000	3128000	3228000	0,100	
2957000	3097000	3237000	3377000	3507000	3617000	3737000	0,106	
3304000	3324000	3334000	3774000	3914000	4054000	4184000	0,111	
3942000	4132000	4312000	4492000	4672000	4832000	4992000	0,119	
5008000	5258000	5498000	5718000	5938000	6148000	6348000	0,131	
6254000	6554000	6844000	7124000	7404000	7664000	7914000	0,143	
7771000	8151000	8521000	8871000	9201000	9531000	9841000	0,156	
9489000	9929000	10320000	10820000	11220000	11620000	12020000	0,169	
13010000	13710000	14310000	14910000	15410000	16010000	16510000	0,192	
17580000	18380000	19180000	19980000	20780000	21480000	22180000	0,216	
23070000	24170000	25270000	26370000	27370000	28270000	29270000	0,241	
28930000	30430000	31730000	33030000	34430000	35530000	36630000	0,264	
36610000	38510000	40210000	41810000	43410000	44910000	46410000	0,290	
10900	11500	12100	12600	13100	13600	14000	0,011	
19800	21300	22300	23200	24200	25000	25900	0,014	
50400	53000	55400	57700	59900	62000	64100	0,020	
88600	93000	97200	101000	104000	108000	112000	0,025	
192000	201000	211000	219000	227000	235000	243000	0,034	
271000	285000	297000	310000	321000	333000	344000	0,039	
346000	363000	379000	395000	410000	424000	438000	0,043	
437000	458000	478000	498000	517000	535000	553000	0,049	
693000	727000	760000	791000	822000	851000	880000	0,057	
929000	975000	1016000	1066000	1106000	1136000	1176000	0,064	
1165000	1225000	1275000	1335000	1375000	1425000	1475000	0,070	
1423000	1503000	1573000	1633000	1693000	1753000	1813000	0,076	
1732000	1822000	1902000	1982000	2052000	2132000	2202000	0,082	
2071000	2171000	2271000	2361000	2451000	2541000	2621000	0,088	**250**
2440000	2560000	2680000	2790000	2900000	3000000	3100000	0,094	
2858000	2998000	3128000	3258000	3378000	3508000	3618000	0,100	
3307000	3467000	3617000	3777000	3917000	4057000	4197000	0,106	
3704000	3880000	4054000	4224000	4384000	4544000	4694000	0,111	
4402000	4622000	4832000	5032000	5222000	5402000	5582000	0,119	
5608000	5888000	6148000	6398000	6648000	6878000	7108000	0,131	
6994000	7334000	7664000	7974000	8284000	8574000	8854000	0,143	
8701000	9121000	9531000	9921000	10250000	10650000	11050000	0,156	
10620000	11120000	11620000	12120000	12520000	13020000	13420000	0,169	
14610000	15310000	16010000	16710000	17310000	17910000	18510000	0,192	
19580000	20580000	21480000	22380000	23280000	24080000	24780000	0,216	
25770000	27070000	28270000	29470000	30570000	31670000	32670000	0,241	
32430000	34030000	35530000	37030000	38430000	39730000	41030000	0,264	
41010000	43010000	44910000	46810000	48510000	50210000	51910000	0,290	

Umrechnung in die derselben entsprechenden Wärmemenge mit der mittleren latenten Wärme des des Dampfes zu multipliciren.

Druckabfall auf d. laufende Meter in kg/qm	Durchmesser des Rohres in m	Mögliche stündlich zu fördernde Wärmemenge in WE bei einer Summe des Theilstrecke der Rohr-						
		25000	35000	45000	55000	65000	75000	85000
300	0,011	6290	7360	8310	9160	9960	10700	11400
	0,014	11900	13800	15500	17100	18500	19900	21100
	0,020	29900	34700	38800	42700	46200	49400	52500
	0,025	52700	61000	68400	75000	81100	86800	92100
	0,034	114000	133000	148000	163000	176000	188000	199000
	0,039	162000	187000	209000	230000	248000	266000	282000
	0,043	206000	239000	267000	293000	317000	339000	360000
	0,049	261000	301000	337000	370000	400000	428000	454000
	0,057	411000	476000	533000	586000	634000	679000	721000
	0,064	552000	639000	716000	786000	850000	910000	966000
	0,070	706000	817000	916000	1005000	1085000	1155000	1235000
	0,076	852000	983000	1103000	1213000	1313000	1403000	1483000
	0,082	1032000	1192000	1342000	1472000	1582000	1702000	1802000
	0,088	1231000	1421000	1601000	1751000	1901000	2021000	2151000
	0,094	1460000	1690000	1890000	2070000	2240000	2400000	2540000
	0,100	1708000	1968000	2208000	2418000	2618000	2798000	2968000
	0,106	1967000	2287000	2557000	2797000	3027000	3237000	3437000
	0,111	2204000	2554000	2854000	3134000	3384000	3624000	3844000
	0,119	2632000	3042000	3402000	3732000	4032000	4312000	4582000
	0,131	3348000	3878000	4338000	4758000	5138000	5498000	5828000
	0,143	4174000	4824000	5404000	5924000	6404000	6844000	7264000
	0,156	5201000	6011000	6731000	7371000	7971000	8521000	9041000
	0,169	6339000	7329000	8199000	8989000	9719000	10320000	11020000
	0,192	8739000	10110000	11310000	12410000	13410000	14310000	15210000
	0,216	11680000	13580000	15180000	16680000	17980000	19180000	20380000
	0,241	15470000	17870000	19970000	21870000	23670000	25270000	26870000
	0,264	19330000	22330000	25030000	27430000	29730000	31730000	33730000
	0,290	24510000	28310000	31710000	34810000	37610000	40210000	42610000
350	0,011	6840	8000	9020	9960	10800	11600	12400
	0,014	12900	15000	16900	18500	20100	21500	22900
	0,020	32400	37500	43000	47100	50800	54500	56800
	0,025	57000	66000	73900	81100	87700	93900	99700
	0,034	124000	143000	160000	176000	193000	203000	216000
	0,039	175000	202000	227000	248000	269000	287000	305000
	0,043	223000	258000	289000	317000	342000	367000	389000
	0,049	282000	326000	365000	400000	432000	462000	490000
	0,057	445000	515000	577000	634000	686000	734000	779000
	0,064	597000	691000	775000	850000	920000	984000	1046000
	0,070	748000	866000	970000	1065000	1155000	1235000	1305000
	0,076	922000	1063000	1193000	1313000	1483000	1513000	1613000
	0,082	1122000	1292000	1442000	1582000	1722000	1832000	1952000
	0,088	1331000	1541000	1731000	1901000	2051000	2191000	2331000
	0,094	1580000	1830000	2070000	2240000	2420000	2590000	2750000
	0,100	1838000	2128000	2378000	2618000	2828000	3018000	3208000
	0,106	2137000	2467000	2757000	3027000	3267000	3497000	3717000
	0,111	2384000	2764000	3084000	3394000	3664000	3914000	4154000
	0,119	2842000	3282000	3682000	4032000	4362000	4662000	4942000
	0,131	3618000	4188000	4688000	5138000	5558000	5938000	6298000
	0,143	4514000	5224000	5844000	6404000	6924000	7404000	7854000
	0,156	5621000	6491000	7271000	7961000	8611000	9211000	9771000
	0,169	6849000	7919000	8869000	9719000	10520000	11220000	11920000
	0,192	9439000	10910000	12210000	13410000	14510000	15510000	16410000
	0,216	12680000	14680000	16380000	17980000	19380000	20780000	22080000
	0,241	16670000	19270000	21570000	23670000	25470000	27370000	28970000
	0,264	20930000	24230000	27130000	29730000	32130000	34330000	36430000
	0,290	26510000	30610000	34210000	37610000	40610000	43410000	46010000

Anmerkung. Ist die stündlich zu fördernde Dampfmenge in kg gegeben, so ist diese zur
absoluten Anfangs- und Enddrucks

absoluten Anfangs- und Enddrucks des Dampfes in der zu bestimmenden leitung in kg/qm von:							Durchmesser des Rohres in m	Druckabfall auf d. laufende Meter in kg/qm
95000	105000	115000	125000	135000	145000	155000		
12100	12700	13300	13800	14400	14900	15400	0,011	
22300	23400	24500	25600	26500	27500	28400	0,014	
55400	58100	60800	63300	65700	68000	70300	0,020	
97200	101000	106000	110000	114000	118000	122000	0,025	
211000	221000	231000	240000	249000	258000	267000	0,034	
297000	312000	326000	339000	352000	365000	377000	0,039	
379000	398000	416000	432000	449000	465000	480000	0,043	
478000	502000	525000	546000	567000	586000	606000	0,049	
760000	798000	834000	869000	902000	934000	965000	0,057	
1016000	1066000	1116000	1156000	1206000	1256000	1296000	0,064	
1305000	1365000	1425000	1485000	1545000	1605000	1655000	0,070	
1573000	1653000	1723000	1793000	1863000	1923000	1993000	0,076	
1902000	1992000	2082000	2162000	2252000	2332000	2412000	0,082	
2271000	2381000	2491000	2591000	2691000	2781000	2881000	0,088	**300**
2680000	2810000	2940000	3060000	3170000	3290000	3400000	0,094	
3128000	3288000	3428000	3588000	3708000	3838000	3958000	0,100	
3617000	3807000	3967000	4137000	4287000	4447000	4587000	0,106	
4054000	4254000	4444000	4634000	4804000	4974000	5134000	0,111	
4832000	5072000	5292000	5512000	5722000	3922000	6122000	0,119	
6148000	6448000	6738000	7018000	7278000	7538000	7788000	0,131	
7664000	8034000	8394000	8744000	9074000	9914000	9704000	0,143	
9531000	9951000	10450000	10850000	11250000	11650000	12050000	0,156	
11620000	12220000	12720000	13220000	13720000	14220000	14720000	0,169	
16010000	16813000	17610000	18310000	18910000	19610000	20210000	0,192	
21480000	22580000	23580000	24480000	25480000	26380000	27180000	0,216	
28270000	29670000	30970000	32270000	36070000	34670000	35870000	0,241	
35530000	37330000	38930000	40530000	42030000	43530000	44930000	0,264	
44910000	47210000	49210000	51310000	53210000	55110000	56910000	0,290	
13100	13700	14400	15000	15600	16700	16600	0,011	
24200	25400	26500	27700	28700	29800	30800	0,014	
59900	62900	65700	68400	71000	73600	76100	0,020	
104000	109000	115000	119000	124000	128000	133000	0,025	
227000	238000	249000	259000	270000	279000	288000	0,034	
321000	337000	352000	366000	381000	394000	407000	0,039	
410000	430000	449000	468000	485000	502000	519000	0,043	
517000	542000	567000	390000	612000	634000	655000	0,049	
822000	863000	902000	939000	975000	1007000	1047000	0,057	
1096000	1156000	1206000	1256000	1306000	1356000	1396000	0,064	
1375000	1445000	1515000	1575000	1635000	1695000	1755000	0,070	
1693000	1783000	1863000	1943000	2013000	2083000	2153000	0,076	
2052000	2152000	2252000	2342000	2432000	2522000	2602000	0,082	
2451000	2571000	2691000	2801000	2901000	3011000	3111000	0,088	**350**
2900000	3040000	3170000	3310000	3430000	3550000	3670000	0,094	
3378000	3548000	3708000	3858000	4008000	4148000	4288000	0,100	
3917000	4107000	4297000	4467000	4637000	4797000	4957000	0,106	
4384000	4594000	4804000	5004000	5194000	5374000	5554000	0,111	
5212000	5472000	5722000	5952000	6182000	6402000	6612000	0,119	
6648000	6968000	7278000	7578000	7868000	8148000	8418000	0,131	
8284000	8684000	9074000	9444000	9804000	10150000	10350000	0,143	
10350000	10850000	11250000	11750000	12150000	12650000	13050000	0,156	
12520000	13120000	13820000	14320000	14820000	15320000	15920000	0,169	
17310000	18110000	19010000	19710000	20510000	21210000	21910000	0,192	
23280000	24380000	25680000	26480000	27480000	28480000	29380000	0,216	
30570000	32070000	33470000	34870000	36170000	37470000	38670000	0,241	
38430000	40230000	42030000	43830000	45430000	47030000	48530000	0,264	
48510000	50910000	53210000	55410000	57510000	59510000	61510000	0,290	

Umrechnung in die derselben entsprechenden Wärmemenge mit der mittleren latenten Wärme des des Dampfes zu multipliciren.

Druckabfall auf d. laufende Meter in kg/qm	Durchmesser des Rohres in m	Mögliche stündlich zu fördernde Wärmemenge in WE bei einer Summe des Theilstrecke der Rohr-						
		25000	35000	45000	55000	65000	75000	85000
400	0,011	7360	8600	9660	10700	11600	12500	13300
	0,014	13800	16100	18700	19900	21500	23100	24500
	0,020	34700	40200	45000	49400	53500	57300	60800
	0,025	61000	70600	79100	86800	93900	100000	106000
	0,034	132000	153000	171000	188000	203000	218000	231000
	0,039	187000	217000	242000	266000	287000	307000	326000
	0,043	239000	277000	310000	340000	367000	393000	417000
	0,049	301000	349000	379000	428000	462000	494000	525000
	0,057	476000	552000	618000	679000	734000	785000	834000
	0,064	639000	741000	829000	910000	984000	1056000	1116000
	0,070	801000	928000	1045000	1135000	1235000	1315000	1405000
	0,076	983000	1143000	1273000	1403000	1513000	1623000	1723000
	0,082	1192000	1382000	1542000	1702000	1832000	1962000	2082000
	0,088	1421000	1651000	1851000	2021000	2191000	2341000	2491000
	0,094	1690000	1950000	2180000	2400000	2590000	2770000	2940000
	0,100	1968000	2278000	2548000	2798000	3018000	3228000	3428000
	0,106	2287000	2637000	2957000	3237000	3497000	3747000	3967000
	0,111	2544000	2954000	3304000	3624000	3914000	4194000	4444000
	0,119	3042000	3522000	3942000	4312000	4672000	4992000	5292000
	0,131	3878000	4478000	5008000	5498000	5938000	6348000	6738000
	0,143	4824000	5584000	6254000	6854000	7404000	7914000	8394000
	0,156	6011000	6941000	7771000	8521000	9211000	9841000	10450000
	0,169	7329000	8479000	9489000	10320000	11220000	12020000	12720000
	0,192	10110000	11710000	13010000	14310000	15410000	16510000	17610000
	0,216	13580000	15680000	17580000	19180000	20780000	22180000	23580000
	0,241	17870000	20670000	23070000	25270000	27370000	29270000	30970000
	0,264	22330000	25830000	28930000	31730000	34230000	36630000	38930000
	0,290	28410000	32810000	36710000	40210000	43410000	46410000	49210000
500	0,011	8300	9660	10900	12100	13100	14000	14900
	0,014	15600	18100	20300	22300	24200	25900	27500
	0,020	38900	45000	50500	55400	59900	64100	68100
	0,025	68400	79100	88600	97200	104000	112000	219000
	0,034	148000	171000	192000	211000	227000	243000	258000
	0,039	210000	242000	271000	297000	321000	344000	365000
	0,043	267000	309000	346000	379000	410000	438000	465000
	0,049	337000	390000	437000	479000	517000	553000	587000
	0,057	534000	618000	693000	760000	822000	880000	934000
	0,064	716000	829000	929000	1016000	1106000	1176000	1256000
	0,070	898000	1045000	1165000	1275000	1375000	1475000	1575000
	0,076	1103000	1273000	1433000	1573000	1693000	1813000	1923000
	0,082	1342000	1552000	1732000	1902000	2052000	2202000	2332000
	0,088	1601000	1851000	2071000	2271000	2451000	2621000	2781000
	0,094	1890000	2190000	2440000	2680000	2900000	3100000	3290000
	0,100	2208000	2548000	2858000	3128000	3378000	3618000	3838000
	0,106	2557000	2957000	3307000	3617000	3917000	4187000	4447000
	0,111	2854000	3304000	3704000	4054000	4384000	4694000	4974000
	0,119	3402000	3942000	4402000	4832000	5222000	5582000	5922000
	0,131	4338000	5008000	5608000	6148000	6648000	7108000	7538000
	0,143	5404000	6254000	6994000	7664000	8284000	8854000	9394000
	0,156	6731000	7771000	8701000	9531000	10351000	11050000	11650000
	0,169	8209000	9489000	10620000	11620000	12520000	13420000	14220000
	0,192	11310000	13110000	14610000	16010000	17310000	18510000	19610000
	0,216	15180000	17580000	19580000	21480000	23180000	24880000	26380000
	0,241	19970000	23070000	25870000	28270000	30570000	32670000	34670000
	0,264	25030000	28930000	32430000	35530000	38430000	41030000	43630000
	0,290	31710000	36610000	41010000	44910000	48610000	51910000	55110000

Anmerkung. Ist die stündlich zu fördernde Dampfmenge in kg gegeben, so ist diese zur absoluten Anfangs- und Enddrucks

absoluten Anfangs- und Enddrucks des Dampfes in der zu bestimmenden leitung in kg/qm von:							Durch-messer des Rohres in m	Druck-abfall auf d. laufende Meter in kg/qm
95000	105000	115000	125000	135000	145000	155000		
14000	14700	15400	16000	16600	17300	17900	0,011	
25900	27200	28400	29600	30800	31900	33000	0,014	
64100	67300	70300	74300	77000	79700	81400	0,020	
112000	118000	124000	129000	134000	138000	143000	0,025	
243000	255000	267000	278000	288000	298000	308000	0,034	
344000	361000	377000	392000	407000	422000	436000	0,039	
439000	461000	481000	501000	520000	539000	558000	0,043	
553000	581000	607000	631000	655000	678000	700000	0,049	
880000	923000	963000	1007000	1047000	1077000	1117000	0,057	
1176000	1236000	1296000	1346000	1396000	1446000	1496000	0,064	
1475000	1545000	1615000	1685000	1755000	1815000	1875000	0,070	
1813000	1903000	1993000	2073000	2153000	2213000	2303000	0,076	
2202000	2302000	2412000	2502000	2602000	2692000	2782000	0,082	
2621000	2751000	2881000	3001000	3111000	3221000	3321000	0,088	**400**
3100000	3250000	3400000	3530000	3670000	3800000	3920000	0,094	
3618000	3798000	3968000	4128000	4288000	4438000	4578000	0,100	
4187000	4397000	4587000	4777000	4957000	5127000	5307000	0,106	
4474000	4914000	5134000	5354000	5554000	5754000	5944000	0,111	
5582000	5862000	6122000	6372000	6612000	6852000	7072000	0,119	
7108000	7458000	7788000	8108000	8418000	8718000	8998000	0,131	
8854000	9294000	9704000	10054000	10450000	10850000	11150000	0,143	
11050000	11550000	12050000	12550000	13050000	13550000	13950000	0,156	
13420000	14120000	14720000	15320000	15920000	16420000	17020000	0,169	
18510000	19410000	20310000	21110000	21910000	22610000	23410000	0,192	
24780000	26080000	27180000	28280000	29580000	30480000	31480000	0,216	
32670000	34270000	35870000	37370000	38670000	40070000	41370000	0,241	
41030000	43030000	44930000	46830000	48530000	50330000	51930000	0,264	
51910000	54510000	56910000	59210000	61510000	63610000	65710000	0,290	
15700	16500	17300	18000	18700	19400	20100	0,011	
29000	30500	31900	33200	34500	35800	37000	0,014	
71800	75400	78700	82000	85100	88200	91100	0,020	
125000	131000	137000	143000	148000	154000	159000	0,025	
272000	286000	298000	311000	323000	334000	345000	0,034	
385000	403000	422000	439000	455000	471000	487000	0,039	
490000	515000	538000	560000	581000	601000	621000	0,043	
619000	649000	678000	706000	733000	758000	783000	0,049	
985000	1027000	1077000	1127000	1167000	1207000	1247000	0,057	
1316000	1386000	1446000	1506000	1566000	1616000	1676000	0,064	
1655000	1735000	1815000	1885000	1955000	2025000	2095000	0,070	
2023000	2133000	2223000	2323000	2403000	2493000	2573000	0,076	
2462000	2582000	2692000	2802000	2912000	3022000	3122000	0,082	
2941000	3081000	3221000	3351000	3481000	3601000	3721000	0,088	**500**
3470000	3640000	3800000	3960000	4110000	4250000	4390000	0,094	
4048000	4248000	4438000	4618000	4788000	4958000	5128000	0,100	
4687000	4917000	5127000	5347000	5547000	5747000	5927000	0,106	
5244000	5504000	5754000	5984000	6214000	6434000	6644000	0,111	
6252000	6552000	6852000	7132000	7402000	7662000	7912000	0,119	
7948000	8338000	8718000	9078000	9418000	9748000	10050000	0,131	
9904000	10350000	10850000	11350000	11750000	12150000	12550000	0,143	
12350000	12950000	13550000	14050000	14550000	15050000	15550000	0,156	
15020000	15820000	16420000	17120000	17720000	18420000	19020000	0,169	
20710000	21710000	22710000	23610000	24510000	25310000	26210000	0,192	
27780000	29180000	30480000	31680000	32880000	34080000	35180000	0,216	
36570000	38370000	40070000	41670000	43270000	44770000	46270000	0,241	
45930000	48130000	50330000	52330000	54330000	56230000	58130000	0,264	
58110000	60910000	63610000	66310000	68710000	71210000	73510000	0,290	

Umrechnung in die derselben entsprechenden Wärmemenge mit der mittleren latenten Wärme des des Dampfes zu multipliciren.

Druckabfall auf d. laufende Meter in kg/qm	Durchmesser des Rohres in m	Mögliche stündlich zu fördernde Wärmemenge in WE bei einer Summe des Theilstrecke der Rohr-						
		25000	35000	45000	55000	65000	75000	85000
600	0,011	9320	10800	12200	13900	14500	15500	16500
	0,014	17300	20100	22500	24700	26800	28600	30400
	0,020	42900	49600	55600	61000	65900	70500	74900
	0,025	75300	87100	97500	107000	116000	124000	131000
	0,034	163000	188000	211000	231000	249000	267000	283000
	0,039	230000	266000	297000	326000	352000	377000	400000
	0,043	294000	340000	380000	417000	450000	481000	511000
	0,049	371000	429000	480000	526000	568000	607000	644000
	0,057	597000	690000	771000	845000	913000	976000	1038000
	0,064	779000	903000	1009000	1109000	1199000	1289000	1369000
	0,070	977000	1127000	1267000	1397000	1507000	1607000	1707000
	0,076	1205000	1395000	1565000	1715000	1855000	1985000	2105000
	0,082	1463000	1693000	1893000	2073000	2243000	2403000	2553000
	0,088	1742000	2022000	2262000	2482000	2682000	2872000	3042000
	0,094	2059000	2389000	2669000	2929000	3159000	3389000	3589000
	0,100	2408000	2788000	3118000	3418000	3698000	3958000	4198000
	0,106	2786000	3226000	3606000	3956000	4286000	4576000	4856000
	0,111	3122000	3612000	4042000	4432000	4792000	5122000	5442000
	0,119	3719000	4299000	4819000	5279000	5709000	6109000	6479000
	0,131	4744000	5484000	6134000	6724000	7264000	7774000	8254000
	0,143	5909000	6829000	7649000	8379000	9059000	9689000	10230000
	0,156	7354000	8504000	9514000	10430000	11230000	12030000	12830000
	0,169	8981000	10410000	11610000	12710000	13710000	14710000	15610000
	0,192	12390000	14290000	15990000	17490000	18990000	20290000	21490000
	0,216	16660000	19160000	21460000	23560000	25460000	27160000	28860000
	0,241	21840000	25240000	28240000	30940000	33440000	35840000	37940000
	0,264	27500000	31700000	35500000	38900000	42000000	44900000	47700000
	0,290	34780000	40180000	44880000	49180000	53180000	56880000	60380000
700	0,011	10100	11700	13200	14500	15700	16800	17800
	0,014	18700	21700	24400	26700	28900	31000	32900
	0,020	46400	53800	60100	65900	71300	76000	80900
	0,025	81400	94200	105000	116000	125000	134000	142000
	0,034	176000	203000	227000	249000	270000	288000	306000
	0,039	248000	287000	321000	352000	381000	407000	432000
	0,043	318000	367000	411000	450000	486000	520000	552000
	0,049	401000	463000	518000	568000	613000	656000	696000
	0,057	645000	745000	833000	913000	986000	1058000	1118000
	0,064	843000	977000	1099000	1199000	1299000	1389000	1479000
	0,070	1057000	1227000	1367000	1507000	1627000	1747000	1847000
	0,076	1305000	1505000	1685000	1855000	2005000	2145000	2275000
	0,082	1483000	1823000	2043000	2243000	2423000	2593000	2753000
	0,088	1892000	2182000	2442000	2682000	2902000	3102000	3292000
	0,094	2229000	2579000	2889000	3159000	3419000	3659000	3879000
	0,100	2608000	3008000	3368000	3698000	3998000	4278000	4538000
	0,106	3016000	3486000	3906000	4276000	4624000	4946000	5256000
	0,111	3382000	3902000	4372000	4792000	5182000	5542000	5882000
	0,119	4019000	4649000	5209000	5709000	6169000	6599000	7009000
	0,131	5124000	5924000	6634000	7264000	7854000	8404000	8914000
	0,143	6389000	7389000	8269000	9059000	9789000	10430000	11130000
	0,156	7954000	9194000	10330000	11230000	12130000	13030000	13730000
	0,169	9701000	11210000	12510000	13810000	14810000	15810000	16810000
	0,192	13390000	15490000	17290000	18990000	20490000	21890000	23190000
	0,216	17960000	20760000	23260000	25460000	27460000	29360000	31160000
	0,241	23640000	27340000	30540000	33440000	36140000	38640000	41040000
	0,264	29700000	34300000	38400000	42000000	45400000	48500000	51500000
	0,290	37580000	43380000	48480000	53180000	57480000	61480000	65180000

Anmerkung. Ist die stündlich zu fördernde Dampfmenge in kg gegeben, so ist diese zur absoluten Anfangs- und Enddrucks

| absoluten Anfangs- und Enddrucks des Dampfes in der zu bestimmenden leitung in qm/kg von: | | | | | | | Durchmesser des Rohres in m | Druckabfall auf d. laufende Meter in kg/qm |
95000	105000	115000	125000	135000	145000	155000		
17400	18300	19100	19900	20700	21400	22100	0,011	
32100	33700	35200	36700	38100	39400	40900	0,014	
78900	82900	86600	90100	93600	96900	100000	0,020	
138000	145000	152000	158000	164000	170000	175000	0,025	
298000	313000	327000	341000	354000	366000	378000	0,034	
422000	442000	462000	481000	498000	516000	534000	0,039	
539000	565000	590000	614000	638000	660000	682000	0,043	
679000	713000	744000	775000	804000	832000	860000	0,049	
1088000	1148000	1198000	1248000	1288000	1338000	1378000	0,057	
1439000	1509000	1579000	1639000	1709000	1769000	1829000	0,064	
1807000	1897000	1977000	2057000	2137000	2217000	2287000	0,070	
2225000	2325000	2435000	2535000	2635000	2725000	2815000	0,076	
2683000	2823000	2943000	3063000	3183000	3303000	3403000	0,082	
3212000	3372000	3522000	3662000	3802000	3942000	4062000	0,088	600
3789000	3979000	4149000	4319000	4489000	4649000	4799000	0,094	
4428000	4648000	4848000	5048000	5248000	5428000	5608000	0,100	
5126000	5376000	5616000	5846000	6066000	6276000	6486000	0,106	
5742000	6022000	6292000	6552000	6802000	7042000	7272000	0,111	
6839000	7169000	7489000	7799000	8099000	8379000	8659000	0,119	
8704000	9124000	9534000	9924000	10340000	10640000	11040000	0,131	
10830000	11330000	11830000	12330000	12830000	13330000	13730000	0,143	
13530000	14130000	14730000	15330000	15930000	16530000	17030000	0,156	
16510000	17310000	18010000	18810000	19510000	20210000	20810000	0,169	
22690000	23790000	24790000	25890000	26790000	27790000	28690000	0,192	
30460000	31960000	33360000	34660000	36060000	37360000	38560000	0,216	
40040000	41940000	43840000	45740000	47440000	49040000	50640000	0,241	
50300000	52800000	55100000	57400000	59500000	61600000	63600000	0,264	
63580000	66780000	69680000	72580000	75280000	77980000	80580000	0,290	
18800	19800	20700	21500	22400	23200	23900	0,011	
34700	36400	38100	39700	41209	42700	44100	0,014	
85300	89500	93600	97400	101000	105000	108000	0,020	
149000	157000	164000	171000	177000	183000	189000	0,025	
323000	338000	354000	368000	382000	396000	409000	0,034	
455000	478000	499000	519000	539000	558000	576000	0,039	
582000	610000	638000	664000	689000	713000	736000	0,043	
734000	770000	804000	837000	869000	899000	929000	0,049	
1178000	1238000	1288000	1348000	1398000	1438000	1488000	0,057	
1559000	1629000	1709000	1779000	1849000	1909000	1969000	0,064	
1947000	2047000	2137000	2227000	2317000	2397000	2487000	0,070	
2395000	2515000	2635000	2745000	2845000	2945000	3045000	0,076	
2903000	3043000	3183000	3313000	3443000	3563000	3683000	0,082	
3472000	3642000	3802000	3962000	4112000	4252000	4392000	0,088	700
4099000	4299000	4489000	4679000	4849000	5019000	5189000	0,094	
4778000	5018000	5248000	5458000	5668000	5868000	6058000	0,100	
5536000	5806000	6066000	6316000	6556000	6786000	7016000	0,106	
6202000	6502000	6802000	7082000	7352000	7612000	7862000	0,111	
7389000	7749000	8099000	8429000	8749000	9059000	9359000	0,119	
9404000	9864000	10340000	10740000	11140000	11540000	11940000	0,131	
11730000	12330000	12830000	13330000	13830000	14330000	14830000	0,143	
14530000	15230000	15930000	16630000	17230000	17830000	18430000	0,156	
17710000	18710000	19510000	20310000	21010000	21810000	22510000	0,169	
24490000	25690000	26790000	27890000	28990000	29990000	30990000	0,192	
32860000	34460000	36060000	37560000	38960000	40260000	41660000	0,216	
43240000	45340000	47440000	49340000	51240000	53040000	54740000	0,241	
54300000	57000000	59500000	62000000	64300000	66600000	68800000	0,264	
68780000	72080000	75280000	78380000	81380000	84280000	86980000	0,290	

Umrechnung in die derselben entsprechenden Wärmemenge mit der mittleren latenten Wärme des des Dampfes zu multipliciren.

Druckabfall auf d. laufende Meter in kg/qm	Durchmesser des Rohres in m	Mögliche stündlich zu fördernde Wärmemenge in WE bei einer Summe des Theilstrecke der Rohr-						
		25000	35000	45000	55000	65000	75000	85000
	0,011	10800	12600	14100	14500	16800	18000	19100
	0,014	20100	23300	26100	28600	31000	33200	35200
	0,020	49600	57400	64300	70500	76200	81600	86600
	0,025	87109	101000	113000	124000	135000	143000	152000
	0,034	188000	217000	243000	267000	288000	309000	327000
	0,039	266000	307000	344000	377000	407000	435000	462000
	0,043	340000	393000	439000	481000	520000	556000	590000
	0,049	429000	495000	554000	607000	656000	701000	744000
	0,057	690000	797000	891000	976000	1058000	1128000	1198000
	0,064	903000	1049000	1169000	1289000	1389000	1489000	1579000
	0,070	1137000	1307000	1467000	1607000	1747000	1867000	1977000
	0,076	1395000	1615000	1805000	1985000	2145000	2295000	2435000
	0,082	1693000	1953000	2193000	2403000	2593000	2773000	2943000
800	0,088	2022000	2332000	2612000	2872000	3102000	3312000	3522000
	0,094	2389000	2759000	3089000	3389000	3659000	3909000	4149000
	0,100	2788000	3218000	3608000	3958000	4278000	4568000	4848000
	0,106	3226000	3736000	4176000	4576000	4946000	5296000	5616000
	0,111	3612000	4182000	4682000	5122000	5542000	5932000	6292000
	0,119	4299000	4979000	5579000	6109000	6599000	7069000	7489000
	0,131	5484000	6334000	7094000	7774000	8404000	8984000	9534000
	0,143	6829000	7899000	8839000	9689000	10430000	11230000	11830000
	0,156	8504000	9824000	11030000	12030000	13030000	13930000	14730000
	0,169	10410000	12010000	13410000	14710000	15910000	17010000	18010000
	0,192	14290000	16490000	18490000	20290000	21890000	23390000	24790000
	0,216	19160000	22160000	24860000	27160000	29360000	31460000	33360000
	0,241	25240000	29240000	32640000	35840000	38640000	41340000	43840000
	0,264	31700000	36600000	41000000	44900000	48600000	51900000	55100000
	0,290	40180000	46389000	51980000	56980000	61480000	65680000	69680000
	0,011	11500	13400	15000	16500	17800	19100	20300
	0,014	21300	24700	27700	30400	23900	35200	37400
	0,020	52700	61000	68200	74900	80900	86600	91900
	0,025	92400	107000	120000	131000	142000	152000	161000
	0,034	200000	231000	258000	283000	306000	327000	347000
	0,039	282000	326000	365000	400000	432000	462000	490000
	0,043	360000	417000	466000	511000	552000	590000	626000
	0,049	455000	526000	588000	644000	696000	744000	789000
	0,057	732000	845000	945000	1038000	1118000	1198000	1268000
	0,064	959000	1109000	1249000	1369000	1479000	1579000	1679000
	0,070	1210000	1390000	1560000	1710000	1850000	1980000	2100000
	0,076	1480000	1720000	1920000	2110000	2280000	2440000	2590000
	0,082	1790000	2070000	2320000	2550000	2750000	2940000	3120000
900	0,088	2140000	2480000	2770000	3040000	3290000	3520000	3730000
	0,094	2530000	2930000	3280000	3590000	3890000	4150000	4410000
	0,100	2960000	3420000	3830000	4200000	4540000	4850000	5150000
	0,106	3430000	3960000	4440000	4860000	5260000	5620000	5960000
	0,111	3830000	4430000	4960000	5440000	5880000	6290000	6670000
	0,119	4570000	5280000	5910000	6480000	7000000	7500000	7950000
	0,131	5810000	6720000	7520000	8250000	8910000	9530000	10140000
	0,143	7250000	8380000	9380000	10240000	11140000	11840000	12640000
	0,156	9020000	10430000	11630000	12830000	13830000	14730000	15630000
	0,169	11000000	12710000	14210000	15610000	16810000	18010000	19110000
	0,192	15200000	17600000	19600000	21500000	23200000	24800000	26400000
	0,216	20360000	23560000	26360000	28860000	31160000	33360000	35360000
	0,241	26850000	30950000	34650000	37950000	41150000	43850000	46550000
	0,264	33710000	38910000	43610000	47710000	51510000	55110000	58510000
	0,290	42590000	40190000	55090000	60390000	65190000	69790000	73990000

Anmerkung. Ist die stündlich zu fördernde Dampfmenge in kg gegeben, so ist diese zur absoluten Anfangs- und Enddrucks

| absoluten Anfangs- und Enddrucks des Dampfes in der zu bestimmenden leitung in kg/qm von: | | | | | | | Durchmesser des Rohres in m | Druckabfall auf d. laufende Meter in kg/qm |
95000	105000	115000	125000	135000	145000	155000		
20200	21200	22100	23100	23900	24800	25600	0,011	
37200	39000	40800	42500	44100	45600	47200	0,014	
91300	95800	100200	104200	108000	112000	115000	0,020	
160000	168000	175000	183000	190000	196000	202000	0,025	
345000	362000	378000	394000	409000	423000	437000	0,034	
487000	511000	533000	555000	576000	597000	617000	0,039	
622000	653000	682000	710000	736000	762000	787000	0,043	
785000	823000	859000	895000	929000	961000	993000	0,049	
1258000	1318000	1378000	1438000	1498000	1548000	1598000	0,057	
1669000	1749000	1829000	1899000	1969000	2039000	2109000	0,064	
2087000	2187000	2287000	2387000	2477000	2557000	2647000	0,070	
2565000	2695000	2815000	2935000	3045000	3145000	3255000	0,076	
3113000	3263000	3403000	3543000	3683000	3813000	3943000	0,082	
3712000	3892000	4072000	4232000	4392000	4552000	4702000	0,088	**800**
4379000	4599000	4799000	4999000	5189000	5369000	5549000	0,094	
5118000	5368000	5608000	5838000	6058000	6268000	6478000	0,100	
5836000	6216000	6486000	6756000	7016000	7256000	7496000	0,106	
6632000	6962000	7272000	7572000	7862000	8132000	8402000	0,111	
7899000	8289000	8659000	9019000	9359000	9689000	10040000	0,119	
10040000	10540000	11040000	11440000	11940000	12340000	12740000	0,131	
12530000	13130000	13730000	14230000	14830000	15330000	15830000	0,143	
15630000	16330000	17130000	17730000	18430000	19130000	19730000	0,156	
19010000	19910000	20810000	21710000	22510000	23310000	24110000	0,169	
26190000	27490000	28690000	29890000	30990000	32090000	33190000	0,192	
35160000	36860000	38560000	40060000	41660000	43060000	44560000	0,216	
46240000	48440000	50640000	52840000	54740000	56740000	58540000	0,241	
58100000	60900000	63600000	66300000	68800000	71200000	73500000	0,264	
73480000	77080000	80580000	83880000	87080000	90080000	92980000	0,290	
21400	22500	23500	24500	25400	26300	27200	0,011	
39400	41400	43300	45100	46800	48400	50000	0,014	
96900	101000	106000	110000	115000	119000	123000	0,020	
170000	178000	186000	193000	201000	208000	215000	0,025	
366000	384000	401000	418000	433000	449000	463000	0,034	
517000	542000	566000	589000	612000	633000	654000	0,039	
660000	692000	723000	753000	781000	809000	836000	0,043	
832000	873000	912000	949000	985000	1018000	1058000	0,049	
1328000	1408000	1458000	1528000	1588000	1638000	1688000	0,057	
1769000	1859000	1939000	2019000	2099000	2169000	2249000	0,064	
2220000	2330000	2430000	2530000	2630000	2720000	2810000	0,070	
2730000	2860000	2990000	3120000	3230000	3350000	3460000	0,076	
3300000	3460000	3610000	3760000	3900000	4040000	4170000	0,082	
3940000	4130000	4310000	4490000	4670000	4830000	4990000	0,088	**900**
4640000	4880000	5090000	5300000	5500000	5700000	5890000	0,094	
5430000	5700000	5950000	6200000	6430000	6660000	6880000	0,100	
6280000	6590000	6890000	7170000	7440000	7710000	7960000	0,106	
7040000	7380000	7710000	8030000	8340000	8630000	8910000	0,111	
8380000	8800000	9190000	9560000	9930000	10250000	10650000	0,119	
10640000	11240000	11740000	12140000	12640000	13040000	13540000	0,131	
13340000	13940000	14540000	15140000	15740000	16340000	16840000	0,143	
16530000	17330000	18130000	18830000	19530000	20230000	20930000	0,156	
20210000	21210000	22110000	23010000	23910000	24710000	25510000	0,169	
27800000	29200000	30500000	31700000	32900000	34100000	35200000	0,192	
37360000	39160000	40860000	42560000	44160000	45760000	47260000	0,216	
49050000	51450000	53750000	55950000	58150000	60150000	62150000	0,241	
61610000	64710000	67510000	70310000	73010000	75510000	78010000	0,264	
77990000	81790000	85490000	88990000	92290000	95590000	98690000	0,290	

Umrechnung in die derselben entsprechenden Wärmemenge mit der mittleren latenten Wärme des des Dampfes zu multipliciren.

Druckabfall auf d. laufende Meter in kg/qm	Durchmesser des Rohres in m	Mögliche stündlich zu fördernde Wärmemenge in WE bei einer Summe des Theilstrecke der Rohr-						
		25000	35000	45000	55000	65000	75000	85000
	0,011	12200	14100	15800	17400	18800	20200	21400
	0,014	22500	26100	29200	32100	34700	37200	39400
	0,020	55600	64300	72000	78900	85300	91300	96900
	0,025	97500	113000	126000	138000	149000	160000	170000
	0,034	212000	244000	273000	300000	324000	346000	367000
	0,039	298000	345000	386000	423000	457000	488000	517000
	0,043	380000	439000	491000	539000	582000	622000	660000
	0,049	479000	554000	619000	679000	734000	784000	832000
	0,057	771000	891000	996000	1090000	1180000	1260000	1340000
	0,064	1010000	1170000	1310000	1440000	1560000	1670000	1770000
	0,070	1270000	1470000	1650000	1810000	1950000	2090000	2220000
	0,076	1570000	1810000	2030000	2240000	2400000	2570000	2730000
	0,082	1890000	2190000	2450000	2680000	2900000	3110000	3300000
1000	0,088	2260000	2610000	2930000	3210000	3470000	3710000	3940000
	0,094	2670000	3090000	3460000	3790000	4100000	4380000	4650000
	0,100	3120000	3610000	4040000	4430000	4790000	5120000	5430000
	0,106	3620000	4180000	4680000	5130000	5540000	5920000	6290000
	0,111	4040000	4680000	5250000	5740000	6200000	6630000	7040000
	0,119	4820000	5580000	6240000	6840000	7390000	7900000	8390000
	0,131	6130000	7090000	7930000	8700000	9400000	10040000	10640000
	0,143	7650000	8840000	9890000	10840000	11740000	12540000	13340000
	0,156	9510000	11030000	12230000	13530000	14530000	15630000	16530000
	0,169	11610000	13410000	15010000	16510000	17810000	19010000	20210000
	0,192	16000000	18500000	20700000	22700000	24500000	26200000	27800000
	0,216	21460000	24860000	27760000	30460000	32860000	35160000	37360000
	0,241	28250000	32650000	36560000	40060000	43260000	46260000	49060000
	0,264	35510000	41010000	45910000	50310000	54310000	58110000	61610000
	0,290	44890000	51890000	58090000	63590000	68690000	73490000	77990000

Anmerkung. Ist die stündlich zu fördernde Dampfmenge in kg gegeben, so ist diese zur absoluten Anfangs- und Enddrucks

| absoluten Anfangs- und Enddrucks des Dampfes in der zu bestimmenden leitung in qm/kg von: | | | | | | | Durchmesser des Rohres in m | Druckabfall auf d. laufende Meter in kg/qm |
95000	105000	115000	125000	135000	145000	155000		
22600	23700	24800	25800	26800	27800	28700	0,011	
41600	43700	45600	47500	49300	51100	52800	0,014	
102000	107000	112000	116000	121000	125000	129000	0,020	
179000	188000	196000	204000	212000	219000	226000	0,025	
387000	406000	424000	441000	458000	474000	490000	0,034	
545000	572000	598000	622000	646000	669000	691000	0,039	
696000	730000	762000	794000	825000	853000	881000	0,043	
877000	920000	961000	982000	1040000	1080000	1110000	0,049	
1410000	1480000	1550000	1610000	1670000	1730000	1780000	0,057	
1870000	1960000	2050000	2130000	2210000	2290000	2360000	0,064	
2340000	2470000	2560000	2670000	2770000	2870000	2960000	0,070	
2880000	3020000	3160000	3290000	3410000	3530000	3650000	0,076	
3470000	3650000	3810000	3960000	4120000	4260000	4400000	0,082	
4150000	4360000	4550000	4740000	4920000	5090000	5260000	0,088	**1000**
4900000	5140000	5370000	5590000	5800000	6010000	6210000	0,094	
5730000	6010000	6270000	6530000	4780000	7020000	7250000	0,100	
6630000	6950000	7260000	7560000	7850000	8120000	8390000	0,106	
7420000	7790000	8130000	8470000	8790000	9100000	9400000	0,111	
8840000	9270000	9690000	10050000	10450000	10850000	11250000	0,119	
11240000	11840000	12340000	12840000	13340000	13740000	14240000	0,131	
14040000	14740000	15340000	15940200	16640000	17140000	17740000	0,143	
17430000	18230000	19130000	19830000	20630000	21330000	22030000	0,156	
21310000	22310000	23310000	24310000	25210000	26110000	26910000	0,169	
29300000	30700000	32100000	33400000	34700000	35900000	37100000	0,192	
39360000	41260000	43060000	44860000	46560000	48160000	49760000	0,216	
51760000	54260000	56760000	59060000	61260000	63360000	65460000	0,241	
65210000	68210000	71210000	74110000	76910000	79610000	82200000	0,264	
82190000	86290000	90090000	93790000	97290000	100500000	103800000	0,290	

Umrechnung in die derselben entsprechenden Wärmemenge mit der mittleren latenten Wärme des des Dampfes zu multipliciren.

Bestimmung der angenäherten Rohrweiten für Niederdruckdampf.

(Die Tabelle gilt nur für vor Wärmeabgabe gut geschützte Rohre.)

Ueberdruck i.Kessel kg/qm	Rohrdurchmesser in m	Mögliche stündlich zu fördernde Wärmemenge in WE bei einem Druck-						
		4	6	8	10	12	14	16
500	0,011	240	450	660	840	1000	1100	1300
	0,014	590	1000	1400	1700	2000	2200	2500
	0,020	2100	3100	4000	4700	5300	5900	6400
	0,025	4100	5900	7300	8500	9500	10400	11300
	0,034	10200	13900	16600	19100	21200	23100	24900
	0,039	15000	20000	23800	27200	30100	32800	35200
	0,043	19700	25900	30800	35000	38700	42100	45100
	0,049	25200	32900	39100	44300	48800	53000	57000
	0,057	42400	54200	63700	71900	79100	85900	92000
	0,064	57500	73000	85600	96500	106000	115000	123000
	0,070	71800	91800	107000	121000	133000	144000	154000
	0,076	90000	113000	132000	149000	164000	177000	190000
	0,082	110000	138000	160000	181000	198000	214000	229000
	0,088	131000	165000	192000	215000	237000	256000	274000
	0,094	156000	194000	226000	254000	280000	302000	323000
	0,100	183000	227000	264000	297000	327000	353000	378000
	0,106	212000	261000	306000	344000	377000	409000	437000
	0,111	238000	297000	344000	386000	423000	459000	491000
	0,119	284000	353000	411000	471000	505000	545000	584000
	0,131	362000	451000	522000	585000	642000	694000	743000
	0,143	454000	561000	651000	730000	800000	865000	925000
	0,156	566000	698000	810000	907000	995000	1077000	1147000
	0,169	693000	855000	990000	1115000	1216000	1316000	1407000
	0,192	955000	1181000	1363000	1524000	1675000	1806000	1937000
	0,216	1284000	1580000	1832000	2054000	2245000	2425000	2596000
	0,241	1693000	2078000	2411000	2703000	2954000	3295000	3416000
	0,264	2131000	2617000	3030000	3392000	3714000	4014000	4295000
	0,290	2699000	3316000	3829000	4292000	4703000	5074000	5434000

		40	45	50	55	60	70	80
500	0,011	2300	2500	2600	2700	2900	3100	3300
	0,014	4300	4500	4800	5100	5300	5700	6200
	0,020	10500	11200	11900	12500	13000	14100	15100
	0,025	18600	19700	20800	21800	22900	24700	26400
	0,034	40100	42600	45000	47200	49300	53300	57100
	0,039	56700	60100	63400	66600	69600	75200	80400
	0,043	72400	76900	81000	85000	88900	96000	103000
	0,049	91300	96800	102000	107000	112000	121000	130000
	0,057	147000	156000	165000	172000	180000	195000	208000
	0,064	196000	209000	220000	231000	241000	260000	278000
	0,070	245000	261000	275000	289000	301000	325000	348000
	0,076	302000	335000	338000	354000	370000	399000	427000
	0,082	364000	387000	408000	428000	448000	483000	516000
	0,088	434000	461000	486000	511000	534000	577000	616000
	0,094	513000	544000	574000	602000	630000	680000	727000
	0,100	599000	636000	670000	703000	735000	794000	849000
	0,106	693000	735000	775000	813000	849000	918000	982000
	0,111	778000	825000	870000	912000	954000	1030000	1100000
	0,119	926000	982000	1029000	1089000	1139000	1230000	1310000
	0,131	1179000	1249000	1319000	1379000	1439000	1559000	1670000
	0,143	1469000	1559000	1639000	1719000	1799000	1939000	2069000
	0,156	1819000	1939000	2039000	2139000	2229000	2409000	2579000
	0,169	2229000	2359000	2489000	2609000	2729000	2939000	3149000
	0,192	3059000	3249000	3429000	3599000	3749000	4049000	4329000
	0,216	4118000	4359000	4599000	4819000	5039000	5439000	5819000
	0,241	5408000	5738000	6048000	6339000	6629000	7159000	7649000
	0,264	6788000	7208000	7598000	7969000	8319000	8989000	9609000
	0,290	8588000	9118000	9608000	10100000	10500000	11400000	12100000

abfalle des Dampfes vom Kessel auf das laufende Meter in kg/qm von:								Rohr-durch-messer in m	Ueber-druck i.Kessel kg/qm
18	20	22	24	26	28	30	35		
1400	1500	1600	1700	1800	1900	2000	2100	0,011	
2700	2800	3000	3200	3300	3500	3600	4000	0,014	
6800	7200	7600	8000	8400	8700	9100	9800	0,020	
12100	12800	13500	14100	14800	15400	16000	17200	0,025	
26500	28000	29500	30900	32200	33500	34600	36600	0,034	
37500	39600	41700	43500	45500	47200	49000	52900	0,039	
48000	50700	53300	55800	58100	60400	62500	67600	0,042	
60600	64100	67300	70300	73300	76100	78800	85200	0,049	
97700	103000	107000	113000	118000	122000	126000	137000	0,057	
131000	138000	145000	151000	158000	164000	169000	183000	0,064	
164000	173000	182000	190000	197000	205000	212000	229000	0,070	
202000	213000	223000	233000	243000	252000	261000	281000	0,076	
244000	257000	270000	282000	293000	305000	316000	341000	0,082	
291000	307000	322000	336000	351000	364000	377000	407000	0,088	**500**
343000	363000	380000	397000	413000	429000	444000	480000	0,094	
401000	423000	444000	464000	483000	501000	519000	560000	0,100	
464000	489000	514000	537000	559000	580000	600000	648000	0,106	
520000	549000	576000	602000	627000	651000	673000	728000	0,111	
620000	653000	685000	717000	745000	774000	802000	866000	0,119	
788000	831000	872000	911000	949000	985000	1019000	1099000	0,131	
982000	1038000	1088000	1138000	1178000	1228000	1269000	1369000	0,143	
1217000	1288000	1348000	1408000	1468000	1528000	1578000	1709000	0,156	
1497000	1578000	1648000	1718000	1798000	1858000	1928000	2089000	0,169	
2057000	2157000	2267000	2378000	2468000	2558000	2648000	2868000	0,192	
2756000	2907000	3047000	3187000	3318000	3437000	3558000	3848000	0,216	
3626000	3827000	4007000	4187000	4357000	4527000	4687000	5058000	0,241	
4556000	4796000	5036000	5257000	5477000	5687000	5887000	6358000	0,264	
5765000	6076000	6366000	6656000	6927000	7187000	7437000	8038000	0,290	

90	100	125	150	175	200	250	300		
3600	3800	4200	4600	5000	5400	6000	6600	0,011	
6500	6900	7700	8500	9200	9800	11000	12000	0,014	
16000	16900	18900	20800	22500	24000	26800	29400	0,020	
28000	29600	33000	36200	39100	41800	46900	51300	0,025	
60600	63800	71400	78200	84500	90300	101000	111000	0,034	
85300	90000	101000	111000	119000	127000	143000	156000	0,039	
109000	115000	129000	141000	152000	163000	182000	199000	0,043	
137000	145000	162000	178000	192000	205000	229000	251000	0,049	
221000	233000	260000	285000	308000	329000	368000	403000	0,057	
295000	311000	347000	381000	410000	440000	491000	538000	0,064	
369000	389000	435000	476000	515000	550000	615000	674000	0,070	
453000	478000	534000	585000	632000	676000	755000	828000	0,076	
548000	578000	646000	708000	764000	817000	913000	1000000	0,082	
654000	689000	771000	844000	912000	974000	1090000	1190000	0,088	**500**
771000	813000	909000	996000	1080000	1150000	1290000	1410000	0,094	
900000	949000	1060000	1160000	1250000	1340000	1500000	1640000	0,100	
1040000	1100000	1230000	1340000	1450000	1550000	1740000	1900000	0,106	
1170000	1230000	1380000	1510000	1630000	1740000	1950000	2130000	0,111	
1390000	1460000	1640000	1790000	1940000	2070000	2320000	2540000	0,119	
1770000	1860000	2090000	2280000	2460000	2640000	2950000	3230000	0,131	
2119000	2320000	2600000	2840000	3070000	3280000	3670000	4020000	0,143	
2729000	2890000	3220000	3530000	3820000	4080000	4560000	4990000	0,156	
3340000	3520000	3940000	4320000	4660000	4980000	5570000	6100000	0,169	
4599000	4839000	5420000	5940000	6410000	6850000	7660000	8390000	0,192	
6169000	6509000	7269000	7970000	8610000	9200000	10300000	11300000	0,216	
8709000	8549000	9559000	10400000	11300000	12100000	13500000	14800000	0,241	
10200000	10700000	12000000	13200000	14200000	15200000	17000000	18600000	0,264	
12900000	13600000	15200000	16600000	18000000	19200000	21500000	23500000	0,290	

(Tab. 19, **B.**)   Bestimmung der angenäherten Rohr-

Ueber-druck i.Kessel kg/qm	Rohr-durch-messer in m	Mögliche stündlich zu fördernde Wärmemenge in WE bei einem Druck-						
		4	6	8	10	12	14	16
	0,011	130	270	440	600	770	920	1000
	0,014	330	660	1000	1400	1700	1900	2200
	0,020	1400	2400	3400	4200	4800	5400	6000
	0,025	2900	4900	6400	7800	8900	9900	10800
	0,034	8300	12300	15400	18000	20300	22400	24200
	0,039	12700	18100	22500	26000	29100	32000	34500
	0,043	16900	23700	29100	33600	37500	41000	44200
	0,049	22100	30500	37200	42800	47600	52000	56000
	0,057	38700	51400	61600	70200	77800	84600	90900
	0,064	53300	69800	83100	94400	105000	113000	122000
	0,070	68500	88400	105000	119000	132000	143000	153000
	0,076	84700	109000	129000	146000	162000	176000	188000
	0,082	104000	134000	158000	178000	196000	213000	228000
1000	0,088	125000	160000	189000	213000	235000	254000	272000
	0,094	149000	190000	223000	251000	277000	300000	321000
	0,100	175000	223000	262000	294000	324000	351000	376000
	0,106	204000	258000	303000	341000	375000	407000	435000
	0,111	231000	291000	340000	382000	421000	456000	489000
	0,119	277000	347000	442000	456000	502000	543000	582000
	0,131	354000	444000	517000	581000	639000	692000	740000
	0,143	443000	555000	646000	726000	797000	862000	923000
	0,156	554000	692000	805000	903000	991000	1074000	1144000
	0,169	681000	846000	984000	1100000	1212000	1313000	1404000
	0,192	941000	1171000	1369000	1519000	1671000	1802000	1933000
	0,216	1269000	1569000	1824000	2047000	2240000	2421000	2592000
	0,241	1675000	2076000	2403000	2696000	2948000	3190000	3411000
	0,264	2112000	2574000	3025000	3387000	3709000	4010000	4292000
	0,290	2678000	3301000	3818000	4283000	4696000	5068000	5430000

		40	45	50	55	60	70	80
	0,011	2200	2400	2500	2700	2800	3100	3300
	0,014	4100	4400	4700	5000	5200	5700	6100
	0,020	10500	11100	11700	12300	12900	14000	15000
	0,025	18400	19500	20600	21700	22700	24500	26300
	0,034	39800	42400	54700	47000	49100	53200	56900
	0,039	56400	59900	63200	66300	69400	75000	80300
	0,043	72100	76600	80800	84800	88600	95800	103000
	0,049	90900	96600	102000	107000	111000	121000	130000
	0,057	146000	155000	164000	172000	179000	195000	208000
	0,064	195000	208000	219000	230000	240000	259000	277000
	0,070	245000	260000	274000	289000	301000	325000	348000
	0,076	301000	319000	337000	353000	369000	399000	426000
	0,082	364000	387000	407000	427000	447000	482000	516000
1000	0,088	435000	461000	486000	510000	533000	576000	615000
	0,094	513000	544000	574000	602000	628000	679000	726000
	0,100	599000	636000	670000	703000	734000	793000	848000
	0,106	692000	735000	775000	813000	849000	917000	981000
	0,111	777000	825000	870000	912000	952000	1030000	1100000
	0,119	925000	981000	1039000	1089000	1139000	1230000	1310000
	0,131	1178000	1248000	1318000	1379000	1439000	1559000	1669000
	0,143	1468000	1558000	1683000	1718000	1799000	1939000	2079000
	0,156	1818000	1938000	2038000	2138000	2228000	2409000	2579000
	0,169	2228000	2358000	2488000	2608000	2728000	2949000	3149000
	0,192	3057000	3248000	3428000	3598000	3748000	4048000	4329000
	0,216	4117000	4367000	4597000	4828000	5038000	5438000	5818000
	0,241	5406000	5737000	6047000	6337000	6628000	7158000	7648000
	0,264	6787000	7207000	7597000	7967000	8318000	8988000	9608000
	0,290	8586000	9116000	9607000	10100000	10600000	11400000	12200000

abfalle des Dampfes vom Kessel auf das laufende Meter in kg/qm von:								Rohr-durch-messer in m	Ueber-druck i.Kessel kg/qm
18	20	22	24	26	28	30	35		
1200	1300	1400	1500	1600	1700	1800	2000	0,011	
2400	2600	2800	3000	3200	3300	3500	3800	0,014	
6500	6900	7400	7800	8100	8500	8800	9600	0,020	
11600	12400	13100	13700	14400	15100	15700	17000	0,025	
25900	27500	29000	30400	31700	33000	34200	37200	0,034	
36800	39000	41100	43100	45000	46800	48500	52500	0,039	
47200	50000	52700	55200	57500	59900	62000	67300	0,043	
59700	63300	66600	69700	72700	75500	78300	84900	0,049	
96700	102000	107000	113000	118000	122000	127000	137000	0,057	
130000	137000	144000	150000	158000	164000	169000	183000	0,064	
163000	172000	180000	189000	196000	204000	212000	229000	0,070	
200000	212000	222000	232000	242000	251000	260000	281000	0,076	
242000	256000	269000	281000	292000	304000	315000	341000	0,082	
289000	305000	321000	336000	349000	363000	376000	406000	0,088	**1000**
342000	361000	378000	396000	412000	428000	443000	479000	0,094	
400000	422000	442000	463000	482000	500000	518000	559000	0,100	
461000	488000	512000	535000	558000	579000	595000	647000	0,106	
518000	548000	575000	600000	625000	650000	672000	727000	0,111	
618000	652000	684000	715000	744000	772000	801000	865000	0,119	
786000	829000	871000	910000	947000	983000	1017000	1098000	0,131	
979000	1036000	1086000	1136000	1177000	1227000	1267000	1367000	0,143	
1215000	1285000	1346000	1406000	1467000	1527000	1577000	1707000	0,156	
1485000	1565000	1646000	1716000	1796000	1856000	1927000	2087000	0,169	
2054000	2164000	2265000	2375000	2466000	2556000	2646000	2867000	0,192	
2753000	2904000	3044000	3185000	3315000	3435000	3556000	3846000	0,216	
3692000	3823000	4004000	4184000	4365000	4515000	4685000	5056000	0,241	
4552000	4793000	5034000	5254000	5475000	5685000	5886000	6346000	0,264	
5761000	6072000	6363000	6653000	6914000	7184000	7435000	8035000	0,290	

90	100	125	150	175	200	250	300		
3500	3700	4200	4600	5000	5300	6000	6600	0,011	
6500	6900	7700	8400	9100	9800	11000	12000	0,014	
15900	16900	18900	20700	22400	23900	26800	29400	0,020	
28000	29400	33000	36100	39100	41800	46800	51200	0,025	
60400	63700	71300	78100	84500	90300	101000	111000	0,034	
85200	89800	101000	113000	119000	127000	143000	156000	0,039	
109000	115000	129000	141000	152000	163000	182000	199000	0,043	
137000	145000	162000	178000	192000	205000	229000	251000	0,049	
221000	233000	260000	285000	308000	329000	368000	403000	0,057	
295000	311000	347000	381000	411000	440000	491000	538000	0,064	
369000	389000	435000	476000	515000	550000	615000	674000	0,070	
452000	478000	534000	585000	632000	676000	755000	828000	0,076	
547000	578000	646000	708000	764000	817000	913000	1000000	0,082	
653000	688000	770000	844000	912000	975000	1090000	1190000	0,088	**1000**
770000	812000	909000	996000	1080000	1150000	1290000	1410000	0,094	
899000	948000	1060000	1160000	1250000	1350000	1500000	1640000	0,100	
1040000	1100000	1230000	1350000	1450000	1550000	1740000	1900000	0,106	
1170000	1230000	1380000	1510000	1630000	1740000	1950000	2140000	0,111	
1390000	1460000	1640000	1790000	1940000	2070000	2320000	2540000	0,119	
1769000	1860000	2090000	2280000	2460000	2640000	2950000	3230000	0,131	
2200000	2320000	2600000	2840000	3070000	3280000	3670000	4020000	0,143	
2729000	2889000	3220000	3530000	3820000	4080000	4560000	4990000	0,156	
3339000	3520000	3940000	4320000	4660000	4980000	5570000	6100000	0,169	
4599000	7849000	5420000	5940000	6410000	6850000	7660000	8390000	0,192	
6169000	6509000	7269000	7970000	8610000	9200000	10300000	11300000	0,216	
8108000	8549000	9559000	10500000	11300000	12100000	13500000	14800000	0,241	
10200000	10800000	12000000	13200000	14200000	15200000	17000000	18600000	0,264	
12900000	13600000	15200000	16600000	18000000	19200000	21500000	23500000	0,290	

Ueberdruck i.Kessel kg/qm	Rohrdurchmesser in m	Mögliche stündlich zu fördernde Wärmemenge in WE bei einem Druck-						
		4	6	8	10	12	14	16
1500	0,011	80	190	350	460	600	760	890
	0,014	220	480	780	1100	1400	1700	1900
	0,020	1100	1900	2800	3700	4400	5000	5600
	0,025	2200	4000	5700	7000	8300	9400	10300
	0,034	6800	11000	14300	17100	19400	21500	23400
	0,039	10800	16500	21500	24900	28200	31000	33700
	0,043	14500	21900	27500	32300	36400	40100	43400
	0,049	17000	28400	35460	41300	46400	51000	55100
	0,057	35300	49000	59500	67600	76300	83400	89800
	0,064	49300	67100	80900	92700	103000	112000	120000
	0,070	63700	85300	102000	117000	130000	142000	152000
	0,076	79800	107000	126000	144000	160000	174000	187000
	0,082	98600	130000	155000	176000	194000	211000	226000
	0,088	120000	156000	185000	210000	233000	252000	271000
	0,094	143000	184000	219000	249000	275000	298000	320000
	0,100	169000	218000	258000	291000	322000	349000	374000
	0,106	197000	253000	299000	338000	372000	404000	433000
	0,111	223000	286000	336000	379000	418000	454000	487000
	0,119	268000	343000	402000	453000	499000	541000	579000
	0,131	345000	438000	513000	577000	635000	689000	738000
	0,143	434000	548000	640000	721000	794000	860000	920000
	0,156	544000	684000	799000	898000	988000	1070000	1141000
	0,169	668000	839000	978000	1095000	1208000	1310000	1401000
	0,192	928000	1162000	1349000	1513000	1336000	1798000	1929000
	0,216	1253000	1459000	1816000	2041000	2234000	2417000	2588000
	0,241	1658000	2055000	2394000	2689000	2943000	3185000	3407000
	0,264	2093000	2592000	3011000	3377000	3701000	4004000	4286000
	0,290	2657000	3288000	3808000	4275000	4689000	5062000	5424000

Ueberdruck i.Kessel kg/qm	Rohrdurchmesser in m	40	45	50	55	60	70	80
1500	0,011	2100	2300	2400	2600	2700	3000	3200
	0,014	4000	4300	4600	4900	5100	5600	6000
	0,020	10200	10900	11600	12200	12900	13900	14900
	0,025	18100	19300	20500	21500	22600	24400	26200
	0,034	39500	42100	44500	46800	48900	53000	56800
	0,039	56000	59600	62900	66100	69200	74900	80100
	0,043	71700	76200	80500	84500	88400	95600	102000
	0,049	90500	96100	101000	107000	111000	120000	129000
	0,057	146000	155000	164000	171000	179000	194000	207000
	0,064	196000	208000	219000	230000	240000	259000	277000
	0,070	244000	260000	274000	288000	300000	324000	347000
	0,076	300000	318000	337000	353000	369000	398000	426000
	0,082	363000	386000	407000	427000	447000	482000	516000
	0,088	434000	461000	485000	510000	533000	576000	615000
	0,094	512000	543000	573000	601000	629000	679000	726000
	0,100	598000	635000	669000	702000	734000	793000	848000
	0,106	692000	734000	774000	812000	848000	917000	981000
	0,111	776000	824000	869000	911000	952000	1029000	1099000
	0,119	924000	981000	1037000	1088000	1138000	1229000	1309000
	0,131	1177000	1247000	1318000	1378000	1438000	1558000	1669000
	0,143	1467000	1557000	1637000	1718000	1798000	1938000	2078000
	0,156	1817000	1937000	2037000	2138000	2228000	2408000	2578000
	0,169	2226000	2357000	2487000	2607000	2728000	2948000	3148000
	0,192	3056000	3246000	3427000	3596000	3747000	4048000	4328000
	0,216	4115000	4356000	4596000	4817000	5037000	5437000	5818000
	0,241	5405000	5735000	6046000	6336000	6626000	7157000	7647000
	0,264	6784000	7205000	7595000	7966000	8316000	8987000	9607000
	0,290	8584000	9105000	9605000	10100000	10500000	11400000	12200000

| abfalle des Dampfes vom Kessel auf das laufende Meter in kg/qm von: | | | | | | | | Rohr-durchmesser in m | Ueber-druck i.Kessel kg/qm |
18	20	22	24	26	28	30	35		
1000	1100	1200	1400	1500	1600	1700	1900	0,011	
2200	2400	2600	2800	3000	3100	3300	3700	0,014	
6100	6600	7100	7500	7900	8300	8600	9500	0,020	
11200	12000	12800	13500	14100	14700	15400	16800	0,025	
25300	27000	28400	30000	31400	32600	33900	36900	0,034	
36100	38400	40500	42600	44500	46300	48100	52200	0,039	
46400	49300	57000	54600	57000	59300	61600	66800	0,043	
58800	62500	65800	69000	72000	75000	77800	84400	0,049	
95900	101000	107000	112000	117000	121000	125000	136000	0,057	
129000	136000	143000	149000	157000	163000	168000	172000	0,064	
162000	171000	179000	188000	196000	204000	211000	228000	0,070	
199000	211000	221000	231000	241000	251000	260000	280000	0,076	
241000	254000	268000	280000	291000	303000	315000	340000	0,082	
288000	304000	319000	334000	348000	362000	374000	406000	0,088	**1500**
340000	360000	377000	394000	411000	427000	442000	479000	0,094	
398000	421000	441000	461000	481000	499000	517000	558000	0,100	
460000	486000	511000	534000	556000	578000	598000	646000	0,106	
517000	546000	574000	599000	624000	648000	671000	726000	0,111	
616000	650000	682000	714000	743000	771000	800000	864000	0,119	
784000	827000	869000	908000	946000	982000	1016000	1097000	0,131	
977000	1034000	1084000	1135000	1175000	1225000	1266000	1366000	0,143	
1212000	1283000	1344000	1404000	1465000	1525000	1575000	1706000	0,156	
1482000	1573000	1643000	1714000	1794000	1855000	1925000	2086000	0,169	
2051000	2162000	2262000	2373000	2464000	2554000	2644000	2865000	0,192	
2750000	2901000	3041000	3182000	3313000	3433000	3554000	3845000	0,216	
3618000	3820000	4000000	4181000	4352000	4522000	4683000	5054000	0,241	
4547000	4789000	5030000	5250000	5471000	5682000	5882000	6343000	0,264	
5756000	6067000	6359000	6649000	6920000	7181000	7432000	8033000	0,290	

90	100	125	150	175	200	250	300		
3500	3700	4200	4600	5000	5300	6000	6500	0,011	
6400	6800	7600	8400	9100	9800	10900	12000	0,014	
15900	16800	18800	20700	22400	28900	26800	29300	0,020	
27800	29300	32900	36100	39000	41800	46800	51200	0,025	
60300	63600	71200	78100	84400	90200	101000	111000	0,034	
85100	89700	101000	113000	119000	127000	143000	156000	0,039	
109000	115000	129000	141000	152000	163000	182000	199000	0,043	
136000	145000	162000	177000	192000	205000	229000	251000	0,049	
220000	232000	260000	285000	308000	329000	368000	403000	0,057	
294000	310000	347000	381000	411000	440000	492000	538000	0,064	
368000	388000	434000	476000	514000	550000	615000	674000	0,070	
452000	477000	533000	585000	632000	676000	755000	828000	0,076	
547000	577000	645000	708000	764000	817000	913000	1000000	0,082	
653000	688000	770000	843000	911000	975000	1090000	1190000	0,088	**1500**
770000	812000	908000	994000	1070000	1150000	1290000	1410000	0,094	
899000	948000	1060000	1160000	1250000	1340000	1500000	1640000	0,100	
1040000	1100000	1230000	1350000	1450000	1550000	1740000	1900000	0,106	
1169000	1229000	1369000	1509000	1629000	1739000	1950000	2130000	0,111	
1389000	1459000	1639000	1789000	1939000	2059000	2320000	2540000	0,119	
1769000	1859000	2089000	2279000	2459000	2639000	2950000	3230000	0,131	
2199000	2319000	2589000	2839000	3069000	3279000	3669000	4020000	0,143	
2729000	2889000	3219000	3529000	3819000	4079000	4559000	4990000	0,156	
3339000	3519000	3939000	4319000	4659000	4979000	5569000	6100000	0,169	
4598000	4838000	5419000	5939000	6409000	6849000	7659000	8389000	0,192	
6167000	6508000	7268000	7969000	8609000	9199000	10300000	11300000	0,216	
8118000	8548000	9558000	10500000	11300000	12100000	13500000	14800000	0,241	
10200000	10700000	12000000	13200000	14200000	15200000	17000000	18600000	0,264	
12900000	13600000	15200000	16600000	18000000	19200000	21500000	23500000	0,290	

Ueberdruck i.Kessel kg/qm	Rohrdurchmesser in m	Mögliche stündlich zu fördernde Wärmemenge in WE bei einem Druck-						
		4	6	8	10	12	14	16
2000	0,011	70	140	240	360	500	630	770
	0,014	170	380	630	910	1200	1500	1700
	0,020	780	1600	2400	3300	4000	4700	5200
	0,025	1800	3900	5000	6900	7712	8800	9800
	0,034	5700	9800	13200	16100	18700	20900	22900
	0,039	9200	15000	19800	23800	27200	30200	32900
	0,043	12700	20100	26200	31000	35300	39100	42400
	0,049	17100	26400	33800	39900	45200	49900	54100
	0,057	32200	46200	57700	66900	75000	82200	88800
	0,064	45700	64200	78800	90800	102000	110000	119000
	0,070	59600	82300	99500	115000	128000	140000	151000
	0,076	75300	103000	125000	142000	158000	172000	185000
	0,082	93500	126000	152000	173000	192000	209000	225000
	0,088	114000	153000	182000	208000	230000	251000	269000
	0,094	137000	181000	216000	246000	273000	296000	318000
	0,100	163000	213000	254000	288000	320000	348000	372000
	0,106	191000	249000	295000	333000	370000	402000	431000
	0,111	215000	280000	333000	376000	415000	452000	485000
	0,119	260000	337000	398000	450000	496000	538000	577000
	0,131	337000	431000	508000	574000	632000	686000	735000
	0,143	424000	541000	635000	717000	790000	856000	917000
	0,156	533000	777000	793000	894000	984000	1067000	1139000
	0,169	657000	830000	973000	1090000	1204000	1306000	1398000
	0,192	915000	1153000	1342000	1508000	1661000	1794000	1926000
	0,216	1237000	1548000	1809000	2035000	2229000	2412000	2584000
	0,241	1640000	2043000	2385000	2682000	2937000	3180000	3402000
	0,264	2074000	2579000	3001000	3369000	3695000	3998000	4281000
	0,290	2636000	3274000	3798000	4266000	4682000	5056000	5419000

Ueberdruck i.Kessel kg/qm	Rohrdurchmesser in m	40	45	50	55	60	70	80
2000	0,011	2000	2200	2400	2500	2700	2900	3200
	0,014	3900	4200	4500	4800	5000	5500	5900
	0,020	10000	10800	11400	12100	12700	13800	14800
	0,025	17900	19100	20300	21400	22400	24300	26000
	0,034	39300	41900	43300	46700	48700	52900	56600
	0,039	55700	59300	62700	65900	68900	74700	79900
	0,043	71400	75900	80200	84300	88100	95400	102000
	0,049	90100	95900	101000	106000	112000	120000	129000
	0,057	145000	154000	164000	171000	179000	194000	207000
	0,064	196000	207000	218000	230000	240000	259000	277000
	0,070	244000	259000	273000	286000	300000	324000	347000
	0,076	300000	318000	336000	352000	368000	399000	426000
	0,082	363000	386000	406000	426000	446000	482000	516000
	0,088	433000	460000	485000	509000	532000	576000	615000
	0,094	511000	543000	573000	601000	628000	678000	726000
	0,100	597000	633000	669000	702000	733000	792000	847000
	0,106	691000	733000	773000	812000	848000	916000	980000
	0,111	776000	823000	868000	912000	952000	1028000	1098000
	0,119	924000	980000	1037000	1087000	1138000	1228000	1308000
	0,131	1176000	1247000	1317000	1377000	1437000	1558000	1668000
	0,143	1466000	1556000	1637000	1717000	1797000	1938000	2078000
	0,156	1825000	1936000	2036000	2137000	2227000	2407000	2578000
	0,169	2225000	2356000	2486000	2606000	2727000	2947000	3147000
	0,192	3054000	3245000	3426000	3596000	3746000	4047000	4327000
	0,216	4114000	4354000	4595000	4815000	5036000	5436000	5817000
	0,241	5403000	5734000	6044000	6335000	6625000	7156000	7646000
	0,264	6782000	7203000	7594000	7964000	8315000	8986000	9606000
	0,290	8582000	9113000	9603000	10090000	10590000	11400000	12100000

abfalle des Dampfes vom Kessel auf das laufende Meter in kg/qm von:								Rohr-durch-messer in m	Ueber-druck i.Kessel kg/qm
18	20	22	24	26	28	30	35		
900	1000	1100	1200	1400	1500	1600	1800	0,011	
2000	2200	2400	2600	2800	3000	3200	3500	0,014	
5800	6300	6800	7200	7700	8000	8400	9300	0,020	
10700	11600	12400	13100	13800	14400	15100	16600	0,025	
24700	26400	28000	29500	30900	32200	33500	36600	0,034	
35400	37800	40000	42000	44000	45800	47700	51800	0,039	
45700	48600	51400	54000	56500	58800	61100	67400	0,043	
58000	61700	65100	68400	71500	74400	77300	83900	0,049	
94900	101000	106000	111000	116000	120000	126000	136000	0,057	
128000	135000	142000	149000	156000	162000	167000	182000	0,064	
160000	170000	179000	188000	195000	204000	210000	228000	0,070	
198000	209000	220000	230000	241000	250000	259000	279000	0,076	
240000	253000	267000	279000	290000	302000	314000	339000	0,082	
287000	303000	318000	333000	347000	361000	374000	405000	0,088	2000
339000	358000	376000	393000	410000	426000	441000	478000	0,094	
396000	419000	440000	460000	480000	498000	516000	558000	0,100	
458000	485000	509000	533000	555000	567000	597000	645000	0,106	
515000	544000	572000	597000	623000	647000	670000	725000	0,111	
614000	648000	681000	712000	742000	771000	798000	863000	0,119	
781000	826000	867000	907000	944000	980000	1015000	1096000	0,131	
975000	1032000	1082000	1133000	1174000	1224000	1264000	1365000	0,143	
1210000	1281000	1342000	1402000	1463000	1523000	1574000	1705000	0,156	
1489000	1570000	1641000	1712000	1793000	1853000	1924000	2074000	0,169	
2047000	2159000	2260000	2371000	2461000	2552000	2643000	2864000	0,192	
2746000	2897000	3039000	3179000	3310000	3431000	3552000	3843000	0,216	
3614000	3816000	3987000	4178000	4349000	4520000	4681000	5052000	0,241	
4543000	4785000	5026000	5247000	5468000	5679000	5880000	6341000	0,264	
5751000	6063000	6355000	6646000	6917000	7178000	7429000	8030000	0,290	

90	100	125	150	175	200	250	300		
3400	3600	4100	4500	4900	5300	5900	6500	0,011	
6400	6700	7600	8400	9100	9700	10900	12000	0,014	
15800	16700	18800	20600	22300	23900	26700	29300	0,020	
27700	29200	32800	36000	39000	41700	46800	51200	0,025	
60200	63400	71100	78000	87300	90200	101000	111000	0,034	
84900	89600	101000	113000	119000	128000	143000	156000	0,039	
108000	114000	129000	141000	152000	163000	182000	199000	0,043	
137000	144000	161000	178000	192000	205000	229000	251000	0,049	
220000	232000	259000	285000	308000	329000	368000	403000	0,057	
294000	310000	346000	380000	411000	440000	491000	538000	0,064	
368000	388000	434000	475000	513000	550000	615000	674000	0,070	
452000	477000	533000	585000	631000	676000	755000	828000	0,076	
547000	577000	645000	707000	763000	817000	913000	1000000	0,082	
653000	688000	769000	843000	911000	973000	1090000	1190000	0,088	2000
770000	812000	907000	994000	1079000	1149000	1290000	1410000	0,094	
899000	948000	1059000	1159000	1259000	1339000	1500000	1640000	0,100	
1040000	1099000	1229000	1339000	1449000	1549000	1739000	1900000	0,106	
1169000	1229000	1379000	1509000	1629000	1739000	1949000	2130000	0,111	
1388000	1459000	1639000	1799000	1939000	2069000	2319000	2540000	0,119	
1768000	1858000	2089000	2279000	2459000	2639000	2949000	3230000	0,131	
2198000	2318000	2589000	2839000	3069000	3279000	3669000	4019000	0,143	
2728000	2888000	3219000	3529000	3819000	4079000	4559000	4989000	0,156	
3338000	3518000	3938000	4319000	4659000	4979000	5569000	6099000	0,169	
4598000	4848000	5418000	5938000	6409000	6849000	7659000	8389000	0,192	
6167000	6507000	7268000	7968000	8608000	9199000	10300000	11300000	0,216	
8107000	8547000	9568000	10500000	11300000	12100000	13500000	14800000	0,241	
10200000	10800000	12000000	13200000	14200000	15200000	17000000	18600000	0,264	
12900000	13600000	15200000	16600000	18000000	19200000	21500000	23500000	0,290	

Rohrweiten zur Ableitung des Niederschlagswassers aus Dampf-Heizkörpern.

Lichter Durchmesser in m der			Lichter Durchmesser in m der		
Dampfleitung	Niederschlagswasserleitung		Dampfleitung	Niederschlagswasserleitung	
	wagerecht	senkrecht		wagerecht	senkrecht
0,011	0,011	0,011	0,100	0,070	0,049
0,014	0,014	0,014	0,106	0,070	0,049
0,020	0,020	0,020	0,111	0,070	0,057
0,025	0,020	0,020	0,119	0,082	0,057
0,034	0,025	0,020	0,131	0,088	0,064
0,039	0,025	0,020	0,143	0,100	0,070
0,043	0,034	0,020	0,156	0,106	0,070
0,049	0,034	0,025	0,169	0,119	0,082
0,057	0,043	0,025	0,192	0,131	0,088
0,064	0,043	0,034	0,216	0,143	0,106
0,070	0,049	0,034	0,241	0,169	0,119
0,082	0,057	0,039	0,264	0,169	0,131
0,088	0,070	0,043	0,290	0,192	0,143
0,094	0,064	0,043			

Durchmesser, Gewichte u. s. w. des „Verbandsrohres"

und Hilfstabelle zur Berechnung der Rohrweiten für Dampfheizung.

A. Muffenrohr.

Rohrdurchmesser innerer d	äusserer D	Gewicht (1 m) in kg.	Inhalt eines Meters $\left(\dfrac{d^2\pi}{4}\right)$ in cbm	Aussenfläche eines Meters $(D\pi)$ in qm	$5200\,D$	$1100\,D$	$\dfrac{10000}{(111,9\,d)^4}$	$\dfrac{10000}{(2550\,d)^4}$	$\dfrac{10000}{(2576\,d)^4}$
0,011	0,016	0,88	0,000095	0,0503	83	18	4356,23	0,0162	0,0155
0,014	0,020	1,26	0,000153	0,0628	104	22	1660,22	0,00616	0,00591
0,020	0,026	1,87	0,000314	0,0817	135	29	398,62	0,00145	0,00142
0,025	0,033	2,68	0,000491	0,1037	172	36	163,27	0,000606	0,000581
0,034	0,042	3,74	0,000908	0,1312	218	46	47,73	0,000177	0,000170
0,039	0,048	4,62	0,001195	0,1508	250	53	27,57	0,0001020	0,0000966
0,043	0,052	5,06	0,001452	0,1634	270	57	18,66	0,0000692	0,0000815
0,049	0,059	6,38	0,001886	0,1854	307	65	11,06	0,0000410	0,0000394
0,065	0,076	9,10	0,003318	0,2388	395	84	3,57	0,0000133	0,0000127

B. Flanschenrohr.

Rohrdurchmesser innerer d	äusserer D	Gewicht (1 m) in kg.	Inhalt eines Meters $\left(\dfrac{d^2\pi}{4}\right)$ in cbm	Aussenfläche eines Meters $(D\pi)$ in qm	$5200\,D$	$1100\,D$	$\dfrac{10000}{(111,9\,d)^4}$	$\dfrac{10000}{(2550\,d)^4}$	$\dfrac{10000}{(2576\,d)^4}$
0,057	0,063	4,90	0,002552	0,1979	322	69	6,042	0,00002240	0,00002150
0,064	0,070	5,60	0,003217	0,2199	364	77	3,802	0,00001410	0,00001350
0,070	0,076	5,90	0,003848	0,2231	395	84	2,656	0,00000985	0,00000945
0,076	0,083	7,05	0,004536	0,2608	432	91	1,912	0,00000709	0,00000680
00,82	0,089	7,66	0,005281	0,2796	463	98	1,411	0,00000523	0,00000502
0,088	0,095	7,30	0,006082	0,2985	494	105	1,064	0,00000394	0,00000378
0,094	0,102	10,—	0,006940	0,3204	530	112	0,817	0,00000303	0,00000291
0,100	0,108	9,56	0,007854	0,3393	562	119	0,638	0,00000237	0,00000227
0,106	0,114	11,20	0,008825	0,3581	593	125	0,505	0,00000187	0,00000180
0,111	0,121	11,46	0,009677	0,3801	629	133	0,420	0,00000151	0,00000149
0,119	0,127	13,68	0,011122	0,3990	660	140	0,318	0,00000118	0,00000113
0,131	0,140	16,70	0,013478	0,4398	728	154	0,217		
0,143	0,152	18,10	0,016061	0,4775	790	167	0,153		
0,156	0,165	19,70	0,019113	0,5184	858	182	0,110		
0,169	0,178	21,70	0,022432	0,5592	926	196	0,078		
0,192	0,203	26,60	0,028953	0,6377	1056	223	0,047		
0,216	0,229	35,30	0,036644	0,7194	1191	252	0,029		
0,241	0,254	39,50	0,045617	0,7571	1321	279	0,019		
0,264	0,279	49,60	0,054739	0,8765	1451	307	0,013		
0,290	0,305	54,70	0,066052	0,9582	1586	336	0,009		

Tafel I.

Klappen und Schieber.

Figur 1. Vorderansicht einer Jalousieklappe. Querschnitt links zeigt die Konstruktion einer von selbst zufallenden, Querschnitt rechts die einer von selbst auffallenden Jalousieklappe.

„ 2. **Drehschieber.**

„ 3. **desgl.** mit Kegelgehäuse. Zweck des letzteren ist, den freien Querschnitt für den Luftdurchlass nicht kleiner als denjenigen des Gitters zu erhalten.

„ 4. **Parallelschieber.**

„ 5. **Drosselklappe** zum Einsetzen in Kanäle.

„ 6. **Schmetterlingsklappe.**

„ 7. **Horizontalschieber.**

„ 8. **Vertikalschieber.**

„ 9. **Drehklappe mit paralleler Plattenverschiebung** (Rud. Otto Meyer).

Additional material from *Leitfaden zum Berechnen und Entwerfen von Lüftungs-und Heizungs-Anlagen*, ISBN 978-3-662-40624-3 (978-3-662-40624-3_OSFO1), is available at http://extras.springer.com

Tafel II.

Luftentnahme, Filter.

Figur 1. Ueberdachte Luftentnahme an der Aussenwand eines Gebäudes.

„ 2. desgl. von allen Seiten frei.

„ 3. Luftentnahme durch ein Kellerfenster.

„ 4. Anordnung von Staubfängern.

„ 5. desgl. (David Grove).

„ 6 u. 7. Anordnung von Filtertüchern.

„ 8. Filter von Th. Möller.

Tafel III.

Befeuchtungseinrichtungen.

Figur 1. Befeuchtungsrädchen von Wolpert. Der Eintritt der Luft in den Raum erfolgt durch einen geöffneten Kasten, dessen untere Begrenzung ein Wassergefäss bildet. Im Wasser schwimmt ein durch den Luftstrom leicht bewegliches Rädchen, dessen Flügel a bei Drehung die Wasserfläche berühren und Wassertheilchen an die Wände des Kastens schleudern. Die Wirkung der Vorrichtung ist ausser von dem Feuchtigkeitsgehalte der Luft abhängig von der Geschwindigkeit und Temperatur der Luft.

„ 2. **Befeuchtungsvorrichtung** von Fischer & Stiehl. In der Mündung des Luftkanals befinden sich eine Reihe von Wasserkästen a, ein jeder mit einem nach dem darunter liegenden Kasten führenden Ueberlauf b. Die Luft streicht vor Eintreten in den Raum über die Wasserflächen.

„ 3. **Dämpfer.** Ein an ein Dampfrohr sich anschliessendes, trichterförmiges unten und oben mit einem Siebe verschlossenes Gefäss. Der Zwischenraum zwischen den Sieben wird mit Kieselsteinen, Glaskugeln etc. ausgefüllt.

„ 4. **Wasserverdunstungsgefäss mit unveränderlicher Wasseroberfläche.** aa Röhren zum Luftdurchlasse und Vergrösserung der Wärmfläche. bb Andeutung der Rohrzüge des unter dem Gefässe liegenden Heizkörpers. c Fülltrichter mit Wasserstandsglas.

„ 5. **Wasserverdunstungsgefäss mit veränderlicher Wasseroberfläche.** Die Veränderlichkeit der Wasseroberfläche wird durch den dreieckigen Querschnitt bedingt. Am Kopfende drehbarer Wasserstandszeiger a; je nach Stellung desselben bestimmt sich der Wasserstand im Gefässe; b Fangtrichter für abfliessendes Wasser. Die Verdunstung erfolgt durch die Wärme des darunter liegenden Heizapparats.

„ 6. **Wasserverdunstungsgefäss mit veränderlicher Wasseroberfläche.** Die Verdunstung des Wassers erfolgt durch die Wärme des darunter liegenden Heizapparats.

„ 7. **Wasserzerstäuber.** a Verdunstungsgefäss und Fangschale für abtropfendes Wasser. b Wasserrohr mit aufgeschraubten und mit Nadelbohrung versehenen Düsen cc. dd Flächen gegen die das Wasser spritzt und in Folge dessen zerstäubt. Die Verdunstung des Wassers erfolgt durch die Wärme des darunter liegenden Heizapparats.

„ 8. **Wasserverdunstungsgefäss mit einliegender Dampfspirale** (nach Kelling). Je nach Höhe des Wasserstandes steht mehr oder weniger Wasser mit der Fläche der Dampfrohrleitung e in Berührung. Der Wasserstand wird durch den Schwimmkugelhahn d beliebig regelbar erhalten. a Dampfleitungsrohr, b Niederschlagswasserrohr.

„ 9. **Wasserverdunstungsgefäss mit Luftleitblechen.** (Rud. Otto Meyer). Die vom Heizapparate abströmende Luft wird durch Leitbleche über die Wasseroberfläche hinweggeführt, um eine lebhaftere Verdunstung des Wassers zu erzielen.

Additional material from *Leitfaden zum Berechnen und Entwerfen von Lüftungs-* und Heizungs-Anlagen, ISBN 978-3-662-40624-3 (978-3-662-40624-3_OSFO3), is available at http://extras.springer.com

Tafel IV.

Mischeinrichtungen für warme und kalte Luft. Erwärmung der Abluft. Pressköpfe.

Figur 1 u. 2. **Verschiedene Anordnungen zum Mischen von warmer mit kalter Luft.**

„   **3.** **Heizkammer mit darüber liegender Mischkammer.** *a* Luftkanal, *b* bewegliches Luftrohr, *c* beweglicher Hut über dem Luftrohre zum Ablenken der ausströmenden Luft und Verschliessen der Luftrohrmündung. Befindet sich das Rohr auf seinem höchsten Stande (wie Skizze), so kann nur erwärmte Luft nach der Mischkammer *d*, in jeder Zwischenlage sowohl erwärmte als unerwärmte gelangen; je nach Senkung des Hutes *c* kann der Ausfluss der unerwärmten Luft beschränkt oder aufgehoben werden.

„   **4.** **Lüftungslaterne** zur Erwärmung der Abluft und gleichzeitigen Beleuchtung des Raumes.

„   **5.** **Erwärmung der Abluft** verschiedener Räume durch einen eisernen Ofen.

„   **6.** **desgl.** durch die Wärme der abziehenden Rauchgase einer Feuerungsanlage. *a* Schornstein, *bb* Luftkanäle, *cc* eiserne, mit Rippen versehene Wangen.

„   **7.** **desgl.** durch die Wärme der abziehenden Rauchgase einer Feuerungsanlage. Die Feuergase werden durch ein gusseisernes im Luftschachte liegendes Rohr abgeleitet.

„   **8.** **Beweglicher, nach der Windrichtung einzustellender Presskopf.**

„   **9.** **Beweglicher, sich selbst durch den Wind einstellender Presskopf.**

„   **10.** **Feststehender Presskopf** mit gleichzeitiger Luftabsaugung.

„   **11.** **Beweglicher Presskopf,** sich selbst einstellend und mit gleichzeitiger Luftabsaugung.

Tafel V.

Sauger (Deflektoren).

Figur 1 u. 2. Feststehende Sauger von Wolpert.

„ 3. **Feststehender Sauger** von Brückner. .

„ 4. **desgl.** von der Deutschen Thonröhrenfabrik Münsterberg i./Schl.

„ 5. **desgl.**

„ 6. **desgl.** von Windhausen & Büsing (der Deflektor ist oben offen, Ableitung des Regenwassers durch das seitliche Rohr).

„ 7. **desgl.** von Born.

„ 8. **desgl.** von Cooper (David Grove).

„ 9. **desgl.** von Käuffer & Co.

„ 10. **desgl.** („Universal-Windhut“) von Alexander Huber.

„ 11. **desgl.** von Keidel.

„ 12. **desgl.** von Brüning.

„ 13. **desgl.** von Boyle.

„ 14. **Beweglicher Sauger** von Körting.

„ 15. **desgl.** („Wirbelstrahlapparat“) von Kuntze.

„ 16. **desgl.** von Böhme.

„ 17. **desgl.** von Howorth.

Tafel VI.

Strahlapparate und Ventilatoren.

Figur 1. Wasserstrahlapparat von Lutzner & Gumtow. Je nach Benutzung der einen oder anderen Düse a kann der Apparat zum Einpressen oder Absaugen von Luft benutzt werden.

„ 2. **Dampfstrahlapparat** von Gebr. Körting.

„ 3. **Schraubenventilator mit Wasserbetrieb** (Aërophor) von Treutler & Schwarz. a sägeförmiges Rädchen, gegen das von b aus ein Wasserstrahl geführt wird, in Folge dessen Bewegung der stehenden Welle mit Schraubenventilator c, Abfluss des Wassers durch e oder, falls dieser durch Hahn verschlossen wird, durch Löcher im Trichter d in die darunter befindlichen Fangschalen, von denen es gegen die Wand geschleudert wird und zerstäubt, Abfluss alsdann durch g. Ausser der Luftbeförderung ist es also möglich, die Luft anzufeuchten.

„ 4. **Schraubenventilator mit Wasserbetrieb** (Kosmos-Ventilator) der Aktiengesellschaft vorm. Schäffer & Walcker. c Ventilator, an dessen Peripherie ein sägeförmiger Kranz b sich befindet; gegen letzteren strömt durch a ein Wasserstrahl.

„ 5. **Schraubenventilator mit Maschinenbetrieb.**

„ 6.   **desgl.**   von Blackman.

„ 7.   **desgl.**   von Heger.

„ 8. **Schleudergebläse** von Pelzer.

„ 9. **Flügelventilator.**

Tafel VII.

Schematische Anordnungen der Lüftungsanlagen.

Figur 1. Schematische Darstellung der Anordnung einer Lüftungs-anlage mittelst Temperaturdifferenz. a Einströmungskanal der Luft, b Staubkammer, d Heizapparat, c Austrittsöffnung der warmen Luft, e Mischklappe (bei den meisten Ausführungen wird c und e fortgelassen), ff Abströmungsöffnungen der warmen Luft, gg Mündungen der Luftkanäle zum beliebigen Einlassen von unerwärmter Luft, h zweiter Lufteintritt für kalte Luft.

„ 2. Schematische Darstellung der Anordnung einer Pulsions-lüftungsanlage. a Einströmungskanal der Luft, b Staubkammer, c Filter, d Ventilator, e Vorwärmkammer, f Wasch- und Befeuchtungsraum (e u. f werden nur selten angeordnet), h Heizapparat zum Nachwärmen bezw. vollkommenen Erwärmen der Luft, i Mischklappe, k Mischkammer (wenn e und f wegfallen, findet die Befeuchtung der Luft über h oder in k statt), m Vertheilungskanal der warmen Luft, l Vertheilungskanal kalter Luft zum nachträglichen beliebigen Mischen von warmer mit nicht erwärmter Luft für jeden Einzelkanal (Kanal l wird meist nicht ausgeführt).

„ 3, 4, 5 u. 6. Schematische Darstellung der in der Praxis gebräuchlichen Kanalführungen für die einzelnen Räume.

Tafel VIII.

Oefen.

Die glatten Pfeile zeigen die Bewegung der Luft, die gefiederten die der
Rauchgase.

Figur 1. Gewöhnlicher Kamin.

„   2. Kamin nach Douglas Galton.

„   3. Kanonenofen.

„   4. Kanonenofen nach Leras.

„   5. Eremitagenofen.

„   6. „Ventilationsofen" von Müller (Gera).

„ 7 u. 8. „Regulirofen" von Geisler (Berlin).

„   9. „Kasernenofen" von Eisenwerk Kaiserslautern.

„ 10. „Regulirofen" von Eisenwerk Lauchhammer.

„ 11. Regulirofen von Wolff (H. C. Havemann).

„ 12. „Ventilations-Regulirofen" von Eisenwerk Lauchhammer.

„ 13. „Regulirofen" von Meidinger (Eisenwerk Kaiserslautern).

„ 14. „Zimmer-Schachtofen" von Eisenwerk Kaiserslautern.

„ 15. „Pfälzer Schachtofen" von Eisenwerk Kaiserslautern.

Tafel IX.

Oefen.

Die glatten Pfeile zeigen die Bewegung der Luft, die gefiederten die der Rauchgase.

Figur 1. „Irischer"-Ofen.

„ **2.** „Cadé"-Ofen.

„ **3. Amerikanischer Ofen** (Crown Jewel) von Perry.

„ **4. Schüttofen** von Lammerz.

„ **5.** „Universal-Kamin" von Lönholdt.

„ **6 u. 7. Schüttofen** von Lönholdt.

„ **8. Regulirofen** von Keidel.

„ **9. Russischer Ofen** (in runder Form: schwedischer Ofen).

„ **10.** „Berliner Ofen".

„ **11.** **desgl.** mit Wärmröhre.

„ **12. Kachelofen** mit gusseisernem Feuerkasten.

„ **13. Kachelofen** von Soboltschikoff.

„ **14. Kachelofen** mit Kamin.

Additional material from *Leitfaden zum Berechnen und Entwerfen von Lüftungs- und Heizungs-Anlagen*, ISBN 978-3-662-40624-3 (978-3-662-40624-3_OSFO9), is available at http://extras.springer.com

Tafel X.

Oefen.

Die glatten Pfeile zeigen die Bewegung der Luft, die gefiederten die
der Rauchgase.

Figur 1. „Regulir-Kachelofen" von Silwar.

„ 2. „Spiral-Ofen, System Rottenburg" (Spohr & Reinhard).

„ 3. „Magdeburger Gesundheitsofen" von Born.

„ 4. Kachelofen mit gusseisernem Einsatze.

„ 5. desgl. desgl. von Carl Wolff.

„ 6. desgl. desgl. von Graff.

„ 7 u. 8. desgl. desgl. mit Ventilationsvorrichtung
von Wickel.

„ 9. Ofen mit „Sturzflammenfeuerung" von Lönholdt.

„ 10. Gasofen von Cox.

„ 11. desgl. von der Aktiengesellschaft vorm. Schaeffer &
Walcker.

„ 12. desgl. von Kutscher.

„ 13. Karlsruher Schul-Gasofen.

„ 14. „Regenerativ-Ofen" von Friedr. Siemens.

Additional material from *Leitfaden zum Berechnen und Entwerfen von Lüftungs-und Heizungs-Anlagen*, ISBN 978-3-662-40624-3 (978-3-662-40624-3_OSFO10), is available at http://extras.springer.com

Tafel XI.

Warmwasser-Heizkessel.

Figur 1. **Röhrenkessel** von Rud. Otto Meyer.

„ 2. **desgl.** von Heine.

„ 3. **Rauchrohrkessel mit Tenbrink-Feuerung** (Aktiengesellschaft vorm. Schäffer & Walcker).

„ 4. **Rauchrohrkessel.**

„ 5. **Schüttkessel** von David Grove.

„ 6. **desgl.** von Rietschel & Henneberg.

„ 7. **desgl.** von Schäffer & Walcker.

Additional material from *Leitfaden zum Berechnen und Entwerfen von Lüftungs-und Heizungs-Anlagen*, ISBN 978-3-662-40624-3 (978-3-662-40624-3_OSFO11), is available at http://extras.springer.com

Tafel XII.

Warmwasser-Heizkessel.

Tafel XIII.

Warmwasser-Heizkessel, Verbrennungsregler.

Figur 1. Wasserheizkessel für Etagenheizung von Gebrüder Sulzer.

„ **2. Gusseiserner Gliederkessel** in einem Kochherde eingebaut von Strebel (Rud. Otto Meyer).

„ **3. Verbrennungsregler** von Rietschel und Henneberg. Der Körper a steht durch Rohrleitung mit dem Kessel in Verbindung; das nur unten offene mit Quecksilber gefüllte Rohr b ist mit dem Körper a fest verbunden. Der Körper c ist beweglich und mit Hebel d und Gewicht e ausbalancirt. Durch die Zugstange f nehmen die den Luftzutritt zur Kesselfeuerung regelnden Tellerventile gg an der Bewegung des Körpers c Theil. Je nach der Temperatur des Kesselwassers entweicht Quecksilber aus dem Rohre b nach dem Körper c, das Sinken des Letzteren bewirkt eine Verminderung des Luftzutritts nach der Kesselfeuerung.

„ **4. Verbrennungsregler** von Walz & Windscheid. Die Windungen des Rohres a, durch welches das Wasser circulirt, bewirken je nach der Temperatur des Wassers, da die Wirkung der Ausdehnung durch die festen Zugstangen bb nach seitlicher Beziehung verhindert wird, ein Heben oder Senken des Hebels c. Durch Zugstange d ist der Hebel mit dem Tellerventil e, das den Luftzutritt nach der Kesselfeuerung regelt, verbunden.

„ **5. Verbrennungsregler** von Angrick. Durch das Rohr ab strömt das warme Wasser und dehnt sich dasselbe der Temperatur entsprechend aus. Auf der festen Stange c ruht auf einer Schneide der Regelungshebel f, und da die Stangen c und d von der Wärme unberührt bleiben, so hebt oder senkt sich der Hebel f und somit auch das Tellerventil je nach den verschiedenen Wärmegraden des Wassers.

„ **6. Verbrennungsregler** von Vetter. Derselbe besteht aus einer doppelten Rohrführung, in der bei a das Wasser ein-, bei c das Wasser austritt. Die Punkte d sind Festpunkte, so dass sich das Rohr e nur nach unten, das andere nur nach oben auszudehnen vermag. Die Ausdehnung wird auf die Stangen g und von da auf den Hebel h übertragen, wodurch die Lage der Klappe k sich der Temperatur des Wassers entsprechend regelt.

„ **7. Verbrennungsregler** von Beutner. Durch das Rohr ab fliesst das warme Wasser. Je nach der Temperatur desselben baucht sich die Gelenkverbindung rechts und links mehr oder weniger aus, wodurch die Uebertragung auf den Regelungshebel c stattfindet.

„ **8. Verbrennungsregler** von Steinmetz. Durch das Rohr ab fliesst das warme Wasser, das Rohr dehnt sich entsprechend der Temperatur aus, und da es am unteren Theile befestigt ist, bewirkt die Ausdehnung durch das Hebelwerk eine Hebung oder Senkung des Tellerventils.

Tafel XIV.

Warmwasser-Heizkörper.

Figur 1. **Gusseiserner mit Rippen versehener Heizkörper** (Rippenregister).

„ **2 u. 3. desgl.** von Gebr. Körting.

„ **4. Stehender gusseiserner mit Rippen versehener Heizkörper** (Rippenstandrohr).

„ **5 u. 6. Horizontaler gusseiserner mit Rippen versehener Heizkörper** (horizontales Rippenrohr).

„ **7. Zusammengesetzter gusseiserner Rippenheizkörper** (Batterieheizkörper) mit Wasserzuführung von unten, von Eisenwerk Kaiserslautern.

„ **8. Rippenrohrheizkörper.**

„ **9. Radiator.**

„ **10. desgl.** mit Luftzuführung von aussen (Rud. Otto Meyer).

„ **11. desgl.** mit Wärmeröhre (Gebr. Sulzer).

„ **12. desgl.** Elemente flach aneinander gereiht (Gebr. Sulzer).

„ **13. desgl.** von Käuffer & Co., mit durch Rippen hergestellter Heizfläche.

„ **14. Gusseiserne Plattenheizkörper,** Rückwand mit Rippen.

„ **15.**   **desgl.**   drehbar zu Zwecken des Reinigens von Staub (Rietschel & Henneberg).

Additional material from *Leitfaden zum Berechnen und Entwerfen von Lüftungs- und Heizungs-Anlagen*, ISBN 978-3-662-40624-3 (978-3-662-40624-3_OSFO14), is available at http://extras.springer.com

Tafel XV.

Warmwasser-Heizkörper, Ventile, Ausdehnungsgefässe.

Figur 1. **Schmiedeeiserner Plattenheizkörper.**

„ 2. **Gusseiserner ummantelter Rippenheizkörper.**

„ 3. **Schmiedeeiserner Säulenofen.**

„ 4.   **desgl.**   mit einem inneren Luftrohre.

„ 5.   **desgl.**   mit mehreren inneren Luftröhren.

„ 6. **Schmiedeeiserner Rohrheizkörper** (Rohrregister).

„ 7, 8 u. 9. **Anordnung von Heizkörpern in einer Fensternische.**

„ 10. **Regulirventil** von Rietschel & Henneberg.

„ 11. **Strangventil** von Rud. Otto Meyer. Nach Entfernung der Kappe und der Schraube kann ein einzelner Strang entwässert werden, sofern derselbe in seinem oberen und unteren Ende mit einem derartigen Ventile versehen ist.

„ 12. **Schieberventil.**

„ 13. **Regulirventil** von Schwabe & Reutti.

„ 14.   **desgl.**   von Junk.

„ 15. **Präcisions-Regulirhahn** von Gebrüder Sulzer. Der freie Durchgang des Hahns ist durch axiale Verschiebung regelbar, die Drehung des Hahns bleibt stets die gleiche.

„ 16. **Präcisions-Regulirventil** von Rietschel & Henneberg. Der freie Durchgang des Ventils ist regelbar, die Drehung des Ventils bleibt stets die gleiche.

„ 17. **Präcisions-Regulirhahn** von Rud. Otto Meyer. Das gleiche Prinzip wie bei Fig. 15.

„ 18. **Präcisions-Regulirhahn** von Janeck & Vetter. Das gleiche Prinzip wie bei Fig. 15.

„ 19. **Ausdehnungs-Gefäss** für Niederdruck-Warmwasserheizung.

„ 20. **Druck- und Saugeventil** für Mitteldruck-Warmwasserheizung.

„ 21. **Ausdehnungstrommel** (Windkessel) für Mitteldruck-Warmwasserheizung. Bei Offenhalten des Hahns der Luftleitung läuft die Anlage als Niederdruck-Warmwasserheizung.

EXTRA
MATERIALS
extras.springer.com

Tafel XVI.

Heisswasserheizung.

Tafel XVII.

Wasserabscheider, Kompensatoren, Niederschlagswasserableiter.

Figur 1, 2 u. 3. Wasserabscheider für Dampfleitungen.

„ 4. desgl. von Kaeferle.

„ 5. Bogenkompensator.

„ 6. Linsenkompensator.

„ 7. Stopfbuchsenkompensator.

„ 8. **Gelenkkompensator** von Rietschel & Henneberg.

„ 9. desgl. von Joh. Haag.

„ 10. desgl. von Gebr. Körting.

„ 11 u. 12. **Selbstthätige Lufteinlassventile.**

„ 13. **Niederschlagswasserableiter** von Junk. Luft, Wasser oder Dampf treten von *a* an und umströmen und durchströmen das gewellte Rohr *b*. Bei Eintritt von Dampf wird durch die Ausdehnung des gewellten Rohres das Ventil geschlossen, bei Wasser und Luft nicht.

„ 14 u. 15. desgl. von Schäffer & Budenberg. Der Schwimmertopf schliesst in der angegebenen Stellung das Ventil zum Austritte des Niederschlagswassers, öffnet es sobald durch Ueberlauf von Niederschlagswasser in den Schwimmertopf dieser zum Sinken gebracht worden ist. Der Abfluss des Niederschlagswassers wird durch den Dampfdruck bewirkt; ist das Wasser aus dem Schwimmertopfe herausgedrückt, so hebt sich derselbe und nimmt wieder die in der Zeichnung angegebene Stellung ein.

„ 16. desgl. von Gebr. Körting (beruht auf demselben Prinzipe wie Figur 9 u. 10).

„ 17. desgl. von Klein, Schanzlin & Becker.

„ 18. desgl. von Schäffer & Budenberg. Statt des Schwimmertopfes regelt der Schwimmer *a* den Austritt des Niederschlagswassers.

„ 19. desgl. von Kaeferle.

„ 20. desgl. von Kusenberg. Die Röhren *aa*, durch welche das Niederschlagswasser fliesst, erfahren bei Eintritt von Dampf in Folge der festen Zugstange *b* eine Ausbauchung und bewirken dadurch ein Schliessen des Ventils *c*.

„ 21. desgl. („Universum".) Das Niederschlagswasser tritt von *a* ein und strömt bei *b* in die Niederschlagswasserleitung. Die selbstthätige Regelung des Ventils erfolgt durch den Bügel *c*, der hohl und mit einer leicht siedenden Flüssigkeit gefüllt ist. Bei Eintritt von Dampf erwärmt sich die Flüssigkeit schnell und bewirkt durch Ausdehnung des Bügels das Schliessen des Ventils *d*.

Additional material from *Leitfaden zum Berechnen und Entwerfen von Lüftungs-und Heizungs-Anlagen*, ISBN 978-3-662-40624-3 (978-3-662-40624-3_OSFO17), is available at http://extras.springer.com

Tafel XVIII.

Niederschlagswasserableiter, Druckregler, Rohrlagerung.

Figur 1. Niederschlagswasserableiter von Püschel (beruht auf demselben Prinzipe, wie bei Fig. 17, Taf. XVII).

„ **2. desgl.** von Lohsenhausen.

„ **3. desgl.** von der Aktiengesellschaft vorm. Schäffer & Walcker. (Der Schluss des Ventils wird durch Ausbauchung der Membrane *c*, über der sich eine Flüssigkeit mit niederer Siedetemperatur befindet, bewirkt).

„ **4. desgl.** von der Aktiengesellschaft vorm. Schäffer & Walcker. So lange nur Niederschlagswasser durch das Rohr *a* fliesst, bleibt das Ventil *b* geöffnet, bei Eintritt von Dampf in *a* wird es infolge Ausdehnung des Rohres geschlossen.

„ **5. desgl.** von Joh. Haag (beruht auf demselben Prinzipe wie Fig. 3).

„ **6. Druckregler** von Chr. Salzmann (Leipzig). Von *a* findet der Dampfeintritt statt; durch Stellung des Schraubenventils *b* wird die Druckverminderung in dem Rohre *c* hervorgerufen. Die Regelung des Ventils findet durch den oben geschlossenen, hohlen, nach aussen durch Quecksilber abgedichteten Kolben *d* statt. Je nach Einstellung des Gewichts *e* ist man in der Lage die gewünschte Druckverminderung im Rohre *c* zu erzielen.

„ **7 u. 8. desgl.** Bei zu hohem Drucke des von *a* kommenden Dampfes wird der oben geschlossene kupferne Cylinder *b*, bezw. die Ventile *bb* gehoben.

„ **9. desgl.** von Kaeferle. Der Hochdruckdampf tritt bei *a* ein, der Niederdruckdampf bei *b* aus. Durch Stellung des Ventils *c*, das sich durch das in Quecksilber schwimmende Gewicht *d* unter Einwirkung des Druckes des Niederdruckdampfes regelt, strömt bei *b* der Dampf mit der erlangten geringeren Spannung aus. *e* ist ein Fang für herausgedrücktes Quecksilber.

„ **10. desgl.** von Nachtigall & Jacoby. Der Dampf strömt in der Richtung *ab* durch das je nach Stellung des Hebels *m* mehr oder weniger gedrosselte Ventil. Durch den Kanal pflanzt sich der Druck des gedrosselten Dampfes unter den Kolben *d* fort. Je nach Belastung dieses Kolbens durch das Gewicht *n* wird die Einstellung des Ventils und somit die Reduktion des Dampfes bewirkt. Der Kolben *d* ist durch die Manschette *e* abgedichtet, die sich ihrer konischen Form halber bei Bewegung des Kolbens reibungslos abwickelt.

„ **11. desgl.** von Gebr. Körting. Die gewünschte Dampfspannung hinter dem Apparate wird durch die Wassersäule *H* gekennzeichnet. Durch Ventil *a* tritt der Dampf ein; sofern derselbe einen höheren als den zulässigen Druck besitzt, sinkt der Wasserstand im Schwimmergefässe und mit demselben der Thonzellenschwimmer *b* und das Ventil wird mehr geschlossen. Der Apparat kann gleichzeitig bei Ab-

Forts. S. 4.

Additional material from *Leitfaden zum Berechnen und Entwerfen von Lüftungs-und Heizungs-Anlagen*, ISBN 978-3-662-40624-3 (978-3-662-40624-3_OSFO18), is available at http://extras.springer.com

dampfheizung zur Einführung von Frischdampf Verwendung
finden, nur ist dann noch das Auslassventil c erforderlich.
Sinkt die Spannung des Abdampfes unter das erforderliche
Mafs, so lässt der Apparat Frischdampf zuströmen, steigt
die Spannung dagegen zu hoch, so wird beim Sinken des
Schwimmers b das Ventil c der Ausblasleitung geöffnet.

Figur 12. **desgl.** von Gebr. Poensgen. Bei a tritt der Dampf ein, bei
b aus. Die Spannungsverminderung erfolgt durch die
Stellung des entlasteten Ventils, das durch den Hebel c
und der in Quecksilber schwimmenden Glocke d nach dem
Prinzipe der vorbeschriebenen Apparate Regelung erfährt.

„ **13.** **desgl.** von Fischer & Stiehl. Das Prinzip ist das gleiche
wie bei Fig. 11. Bei a tritt der Dampf ein, bei b aus, nach
Massgabe des Dampfdruckes im Apparate bezw. der
Wassersäule regelt sich der Stand des Schwimmers und
die Oeffnung des Ventils.

„ **14.** **Apparat zum direkten Einführen des Niederschlagswassers
in den Dampfkessel** von Schiff & Stern. Das Niederschlagswasser tritt durch ein Rückschlagventil in den
Apparat und erfüllt, da in der Kugel ein Vacuum ist, auch
diese. Mit Ansteigen des Wassers im Apparate hebt sich
der Schwimmer und öffnet das Dampfventil. Da der
Apparat höher steht als der Kessel, fliesst nun das Wasser
durch das untere Rückschlagventil dem Kessel zu. Sobald
die untere Mündung des Rohres b frei wird und Dampf in
dasselbe tritt, fällt das Wasser aus der Kugel durch das
Rohr a auf den Schwimmer und schliesst das Dampfventil.
Um den geschlossenen Schwimmer befindet sich ein mit
Löchern versehener Kragen, der das aus der Kugel fallende
Wasser auffängt und brausenartig zertheilt, so dass dadurch der Dampf im Topfe möglichst vollständig kon-
densirt und das erforderliche Vacuum im Apparate erzeugt
wird.

„ **15.** **Kugelschlitten für Rohrlagerung** von Rietschel & Henneberg. Die Lagerung gestattet nach allen Richtungen freie
Bewegung des Rohres und erfordert nicht eine Unter-
brechung der das Rohr vor Wärmeabgabe schützenden
Umhüllung.

„ **16.** **Konstruktion zur axialen Verschiebung einer Rohrleitung**
von Rietschel & Henneberg. Das Rohr liegt in einem
Lager in fester Stellung, die Konstruktion bildet also
gleichzeitig den Festpunkt einer Leitung. Auf dem Rohre
befinden sich die Bunde b in starrer Verbindung. Nach
Lösung der Lagerschale kann durch Lösung der Schrauben
c, auf einer Seite, die sich in den flanschartigen Bunden a
des Lagers befinden, und durch Anziehen der Schrauben c
auf der anderen Seite eine Verschiebung der Rohrleitung
erfolgen.

Tafel XIX.

Dampfkessel für Niederdruck-Dampfheizung.

Figur 1. Vertikaler Röhrenkessel von Gebrüder Sulzer.

„ 2. **Dampfkessel** mit Wasserrost von Kaeferle.

„ 3. **desgl.** von Rietschel & Henneberg.

„ 4. **desgl.** von Rud. Otto Meyer.

„ 5. **desgl.** von Gebrüder Sulzer.

„ 6. **Gusseiserner Gliederkessel** von Strebel (Rud. Otto Meyer).

„ 7. **desgl.** von Eisenwerk Kaiserslautern.

„ 8. **desgl.** von B. Oelrichs.

Additional material from *Leitfaden zum Berechnen und Entwerfen von Lüftungs- und Heizungs-Anlagen*, ISBN 978-3-662-40624-3 (978-3-662-40624-3_OSFO19), is available at http://extras.springer.com

Tafel XX.

Verbrennungsregler für Niederdruck-Dampfheizung.

Figur 1. Dampfkessel mit selbstthätigem Verbrennungsregler von Martini. *a* Kessel mit Schüttfeuerung, *b* Leitung des Niederschlagswassers, *c* gesetzlich vorgeschriebenes Standrohr, *d* Dampfrohr für die Heizung, *e* Dampfrohr zum Regler. Der Regler besteht aus dem gusseisernen Kasten *f*, von dem das U förmig gebogene, mit dem Gefässe *h* durch Gummischlauch verbundene Rohr *g* abzweigt. Das Gefäss *h*, mit dem Hebel *k* verbunden und durch das Gewicht *i* ausbalancirt, steht mittelst Zugstange mit den Tellerventilen *m* und *n* in Verbindung; *m* regelt den Luftzutritt zur Feuerung, *n* den Abzug der Rauchgase. Je höher die Dampfspannung steigt, um so mehr wird Wasser aus dem Kasten *f* in das Gefäss *h* gedrückt und um so mehr werden durch Senken der Tellerventile die Durchgänge für Luft bezw. für die Rauchgase vermindert.

„   2. **Selbstthätiger Verbrennungsregler** von Bechem & Post. *a* Bewegliches, durch Hebel *d* und Gewicht *e* ausbalancirtes, unten mit Quecksilber gefülltes Rohr, *b* feststehendes, mit dem Kessel in Verbindung stehendes Rohr, *f* Tellerventil zum Verschluss des Luftzutritts nach der Feuerung. Je höher die Dampfspannung steigt, um so mehr wird Quecksilber aus dem Rohr *b* in das Rohr *a* gedrückt und um so mehr der Luftzutritt durch *f* verringert.

„   3 **desgl.** von Bechem & Post. *b* ist eine Wasserblase, die mit der Kondensleitung durch *a* in Verbindung steht; oben auf der Wasserblase befindet sich ein Luftrohr. Klappe *d* regelt den Luftzutritt zum Roste, Klappe *e* den Abzug der Rauchgase nach dem Schornsteine. Die Wirkung des Apparats wie bei Figur 1.

„   4. **desgl.** von Rietschel & Henneberg. *a* festes gusseisernes, mit Quecksilber gefülltes Gehäuse, welches durch das Rohr *b* mit einem inneren Gefässe, in dem der gusseiserne Schwimmer *d* sich befindet, in Verbindung steht. Die entlasteten Tellerventile vermindern oder vermehren je nach Lage des Schwimmers *d* mittelst des Hebels *f* den Luftzutritt zur Feuerung.

„   5. **desgl.** von Eisenwerk Kaiserslautern. Der in *a* befindliche Schwimmer *b* regelt genau nach dem Prinzipe wie bei Figur 5 den Luftzutritt zur Feuerung und gleichzeitig den Abzug der Rauchgase.

„   6. **desgl.** von David Grove. Die durch den Dampfdruck im Gefässe *a* bewegte Membrane *b* bewirkt das Heben oder Senken des Hebels *c*. Nach Schluss des Tellerventils *f*, das den Luftzutritt nach der Feuerung regelt und bei weiterer Zunahme der Dampfspannung wird durch die im Tellerventil *f* bewegliche Zugstange *d* auf die Platte *h* gedrückt und hierdurch das Tellerventil *g* gehoben. Alsdann strömt Luft durch Kanal *h* nach dem Schornsteine.

Forts. S. 4.

Additional material from *Leitfaden zum Berechnen und Entwerfen von Lüftungs-und Heizungs-Anlagen*, ISBN 978-3-662-40624-3 (978-3-662-40624-3_OSFO20), is available at http://extras.springer.com

Figur 7. Selbstthätiger Verbrennungsregler von Rud. Otto Meyer. Prinzip wie bei Figur 3. Die Ausbalancirung des Tellerventils wird durch aufzulegende Platten *e* bewirkt.

„ **8. desgl.** von Gebr. Körting. Schwimmer *c* in Quecksilber schwimmend, hebt bei Zunahme der Dampfspannung den Hebel *d* und schliesst zunächst die Tellerventile *g* und *h* und somit den Luftzutritt zur Feuerung; bei weiterer Zunahme der Dampfspannung und Hebung des Hebels *d* öffnen sich die Tellerventile *i* und *k* und bewirken Lufteintritt in den Schornstein. Durch die Rolle *f* lässt sich die Lage des Hebels *d* beliebig einstellen und somit ein Regeln bei beliebiger Dampfspannung erzielen.

„ **9. desgl.** von Käuffer & Co. *a* Dampfkessel, *b* Rohr für Führung der Luft nach der Feuerung, *c* trichterförmiges Gefäss, in dem je nach Grösse des Dampfdrucks ein veränderlicher Wasserstand und durch diesen ein veränderlicher Durchgang für die Luft nach der Feuerung erzielt wird, *d* Verbindungsrohr des trichterförmigen Gefässes mit dem Gefässe *e*, das zum Ablagern von Unreinigkeiten dient. Der Regler hat keinerlei bewegliche Theile.

Tafel XXI.

Verbrennungsregler, Standrohranordnung, Wärmeregelung der Heizkörper.

Figur 1. Verbrennungsregler von Bacon. Das am unteren Ende verschlossene Rohr a, geführt durch das Rohr b, wird durch den vom Dampfdrucke abhängigen Stand des Quecksilbers c zwischen a und b gehoben bezw. gesenkt. Durch den Hebel d wird die Bewegung auf die Klappen e und f übertragen. e regelt den Luftzutritt zur Feuerung, durch f tritt bei zu hoher Spannung im Kessel Luft in den Schornstein.

„ **2. desgl.** von Kaeferle. Die Glocke a, die in Quecksilber taucht, wird der Grösse des Dampfdrucks entsprechend, gehoben. Je höher die Stellung der Glocke, also je grösser der Dampfdruck ist, um so mehr wird mit Hülfe des Hebels die Aschfallthür geschlossen, also der Luftzutritt zum Brennmateriale verringert. Der Regler ist konstruktiv mit dem Wasserstandsanzeiger und der Füllvorrichtung für den Kessel vereinigt.

„ **3. desgl.** von W. Zimmerstädt. Bei a Eintritt des Dampfes; b ein oben geschlossenes und mit der Feder bezw. der Zugstange der Tellerventile in starrer Verbindung stehendes unten offenes in Quecksilber tauchendes Rohr. Mit Steigerung der Dampfspannung senkt sich das Rohr und schliesst sich mehr und mehr das Tellerventil für die Regelung der Verbrennungsluft, während sich das Tellerventil für Einlass von Luft in den Schornstein entsprechend öffnet.

„ **4. Schematische Darstellung einer Einrichtung zum Umsetzen von Hochdruckdampf in Niederdruckdampf** von Lorenz. Bei a tritt der Hochdruckdampf in eine Rohrspirale, bei b verlässt er, bezw. das Niederschlagswasser, dieselbe. Die Spirale liegt in Wasser, das somit in Dampf übergeführt wird, bei c fliesst das Niederschlagswasser der Heizanlage zu, bei d entweicht der Niederdruckdampf nach derselben. Die Spannung des Niederdruckdampfes wird durch die Höhenlage des Wassergefässes g geregelt. Steigt die Spannung im Verdampfer, so wird aus diesem Wasser nach g gedrückt, die Spirale der Wasserberührung somit mehr entzogen.

„ **5. Selbstthätig wirkende Standrohreinrichtung** von Eisenwerk Kaiserslautern. An das Dampfrohr des Kessels schliesst sich das U förmig gebogene Standrohr an. Entsprechend dem Dampfdrucke wird das Wasser aus dem linken Standrohrschenkel nach dem rechten verdrängt und fliesst, bei Ueberschreiten des zulässigen Drucks, in das Gefäss a, worauf der Dampf ins Freie abströmen kann. Bei Verringerung des Dampfdrucks füllt sich alsdann wieder das Standrohr durch das Verbindungsrohr c mit dem verdrängten Wasser.

Forts. S. 4.

Additional material from *Leitfaden zum Berechnen und Entwerfen von Lüftungs-und Heizungs-Anlagen*, ISBN 978-3-662-40624-3 (978-3-662-40624-3_OSFO21), is available at http://extras.springer.com

Figur 6 u. 7. **Anordnung zum Regeln der Wärmeabgabe der Heiz-
körper durch Isolirmäntel.** Dieselben bestehen aus fest-
schliessenden unten offenen, oben beliebig zu öffnenden
Mänteln aus Wärme schlecht leitendem Materiale (meist
Pappe zwischen Blechmänteln) hergestellt. Die Konstruktion
Figur 7 von Bechem & Post.

„ 8. **Anordnung zum Regeln der Wärmeabgabe der Heizkörper
durch Ventile** von Käuffer & Co. *a* Dampfkessel, *bb* Dampfleitung, *cc* Heizkörper, *dd* Leitung für Luft und Niederschlagswasser aus den Heizkörpern, *ee* Wassersäcke, *f*
Luftrohr, das unter einer Schwimmglocke *g* ausmündet,
h Rückflussleitung des Niederschlagswassers nach dem
Kessel. Je nach Stellung der Ventile tritt Dampf in die
Heizkörper und entweicht Luft nach der Schwimmer-
glocke *g*. Durch diese Einrichtung wird der Unterschied
zwischen Druck und Gegendruck vor und hinter den
Ventilen auf das zum Regeln durch letztere erforderliche
geringe Maſs zurückgeführt. Die Ventile sind derartig
konstruirt, dass sie in geöffnetem Zustande nur so viel
Dampf, als die Heizkörper niederschlagen, einströmen
lassen.

Tafel XXII.

Vorrichtungen zur Wärmeregelung bei Niederdruck-Dampfheizung, Stauer, Abdampfheizung.

Figur 1. **Anordnung zum Regeln der Wärmeabgabe der Heizkörper durch Ventile** von Gebr. Körting. *a* Dampfkessel, *bb* Dampfleitung, *cc* Heizkörper, *dd* Leitung für Luft und Niederschlagswasser aus den Heizkörpern *e* Wassergefäss, das mit dem Kessel in Verbindung steht. Je nach Stellung der Ventile an den Heizkörpern, tritt Dampf in dieselben und drückt die Luft nach den dem Hohlraume der Heizkörper entsprechenden Rohrerweiterungen *ff*. Bei ganzem oder theilweisem Schliessen der Dampfventile wird die Luft wieder durch das Uebergewicht der durch die Lage des Wassergefässes *e* gebildeten Wassersäule in die Heizkörper gedrückt.

„ **2.** **Heizkörper aus übereinander gebauten Rippengliedern** von Kaeferle. Der eigentliche Heizkörper erstreckt sich von oben gerechnet bis *b*, der darunter liegende Theil ist als Zugabe zu betrachten, um bei Durchschlagen des Dampfes denselben nicht in die Niederschlagswasserleitung eintreten zu lassen, sondern noch zu kondensiren. Zur Erschwerung des Durchschlagens ist bei *b* eine Dampfdrosselvorrichtung eingeschaltet, *d* ist der Abfluss des Niederschlagswassers, *a* das Dampfregulirventil.

„ **3.** **Kondenswasserstauer** von Gebr. Poensgen. Das Niederschlagswasser hat vor Eintritt in die Abflussleitung den Stauer *a* zu durchströmen; derselbe wird durch einen hohlen Cylinderhahn *b* verschlossen, der in dieser Stellung nur durch feine Oeffnungen *c* und *d* und durch einen engen Spalt *e* dem Wasser bezw. der Luft Austritt gestattet. Die Oeffnung *c* ist so gross, dass sie im Stande ist, im Beharrungszustande das gesammte Kondensat des Heizkörpers bei geöffnetem Dampfventile durchzulassen. Die Ent- und Belüftung des Heizkörpers erfolgt durch die Oeffnung *d*; etwa sich ansammelnde Unreinigkeiten werden durch die Schraube *f* oder durch Drehung des Hahnes um 90°, bei der alsdann ein grösserer Durchgang frei wird, entfernt. Infolge der Ansammlung des Niederschlagswassers im Stauer soll das Durchschlagen des Dampfes vermieden werden.

„ **4.** **Heizkörper mit Luftumlauf** von Gebr. Körting. Durch Düsen tritt der Dampf in den in Radiatorform ausgebildeten Heizkörper ein und bewirkt ein Mischen des Dampfes mit der Luft im Heizkörper und einen Umlauf derselben. Das Gemisch hat eine niedrigere Temperatur als der Dampf und erwärmt die gesammte Heizfläche gleichmässig. Durch die Menge des zuströmenden Dampfes kann die Mischtemperatur dem jeweiligen Wärmebedürfnisse angepasst werden.

<u>Forts. S. 4.</u>

Additional material from *Leitfaden zum Berechnen und Entwerfen von Lüftungs- und Heizungs-Anlagen*, ISBN 978-3-662-40624-3 (978-3-662-40624-3_OSFO22), is available at http://extras.springer.com

Figur 5. Anordnung zur Heizung mit Abdampf von Pflaum & Gerlach. Von *a* tritt der Abdampf der Maschine in den Ventilstock der Heizanlage. Bei zu hoher Spannung entweicht
Dampf durch das entsprechend belastete Ventil *b* nach
aussen, bei zu geringer Spannung tritt bei *c* durch einen
Druckregler Frischdampf in den Ventilstock.

„ **6. desgl.** von Fischer & Stiehl. Bei *f* tritt der Abdampf, bei
a der Frischdampf ein. Durch die Schwimmer *d* und *e*
wird der Zufluss beider Dampfarten der geforderten
Spannung entsprechend, die durch die mit Hilfe des Gefässes *c* gebildete Wassersäule bestimmt ist, geregelt. Bei
Ueberschreiten der zulässigen Dampfspannung des Abdampfes wird Ventil *b* geöffnet, der Abdampf entweicht
durch *g* ins Freie. Bei richtiger Dampfspannung sind die
Ventile *a* und *b* geschlossen, der Dampf entweicht nur
nach dem vorn am Apparate sich anschliessenden Ventilstocke der Heizanlage. Bei Unterschreiten der geforderten
Dampfspannung öffnet sich Ventil *a* und lässt Frischdampf
nach dem Ventilstocke treten.

Tafel XXIII.

Dampf-Warmwasserheizung und Dampf-Wasserheizung.

Figur 1. **Dampfwarmwasserkessel** von Rud. Otto Meyer.

„ 2. **desgl.** von Pflaum & Gerlach. Die Heizröhren sind nach Lösung des Dampfkopfes herausziehbar.

„ 3. **desgl.** von Fischer & Stiehl. Kessel verbunden mit Feuerbetrieb.

„ 4. **desgl.** von Schwabe & Reutti.

„ 5. **desgl.** von Joh. Haag. Der Dampf strömt bei c ein, das Wasser bei a ein, bei b ab. Je nach Offenhalten eines der 3 Ventile e tritt die ganze Dampfheizfläche oder durch Stauung das Niederschlagswasser nur ein Theil derselben in Wirksamkeit.

„ 6. **Vorrichtung zur Aufspeicherung von Wärme bei einer Dampfwarmwasserheizung** von Rud. Otto Meyer. c ist der Dampfwarmwasserkessel mit selbstthätigem Regelungsventil, k der Wärmeaufspeicherer. Durch Ventile kann das Wasser des letzteren nach Belieben mit in Umlauf gesetzt, zur Erwärmung gebracht und zur Einhaltung der gewünschten Wassertemperatur im Heizsysteme auch nach Absperren des Dampfes herangezogen werden.

„ 7. **Wärmeregler für Dampf-Warmwasser-Kessel** von Rud. Otto Meyer. Die Röhren, durch die von e nach f fliessend das Wasser strömt, erfahren infolge der Erwärmung und der starren Verbindung durch eine Zugstange eine der Temperatur des Wassers entsprechende Ausbauchung, die sich auf den Hebel c und durch die Zugstange d auf die Stellung des Dampfventils überträgt und somit den Dampfdurchgang in gewünschter Weise drosselt.

„ 8. **Düsenapparat zum geräuschlosen Erwärmen von Wasser durch direkten Eintritt von Dampf** von Gebr. Körting.

„ 9. **desgl.**

„ 10 u. 11. **Dampfwasserheizkörper** des Eisenwerks Kaiserslautern. a (gestrichelt) Wasserraum, b (punktirt) Dampfraum.

„ 12. **Dampfwasserofen** von Rietschel & Henneberg. a Wasserraum, b geschlossenes Dampfrohr, in das durch Rohr c Dampf eintritt.

„ 13. **desgl.** von Gebr. Sulzer. a Dampfeintrittsrohr, b selbstthätiges Luftauslassventil, c Niederschlagswasser-Ableitungsrohr, d Dampfröhren zur Erwärmung des Wassers.

„ 14. **desgl.** von Joh. Haag. a Dampfrohr, b Wasserraum.

Additional material from *Leitfaden zum Berechnen und Entwerfen von Lüftungs-
und Heizungs-Anlagen*, ISBN 978-3-662-40624-3 (978-3-662-40624-3_OSFO24),
is available at http://extras.springer.com

EXTRA
MATERIALS
extras.springer.com

Tafel XXV.

Luftheizapparate.

Figur 1 und **2.**   **Luftheizapparat** von Rietschel & Henneberg.
  „ **3** „ **4.**   **desgl.**   von Emil Kelling.

Additional material from *Leitfaden zum Berechnen und Entwerfen von Lüftungs- und Heizungs-Anlagen*, ISBN 978-3-662-40624-3 (978-3-662-40624-3_OSFO25), is available at http://extras.springer.com

Tafel XXVI.

Luftheizapparate.

Figur 1. **Luftheizapparat** von Eisenwerk Kaiserslautern.

„ 2. **desgl.** von Käuffer & Co.

„ 3. **desgl.** von Kori.

Additional material from *Leitfaden zum Berechnen und Entwerfen von Lüftungs-
und Heizungs-Anlagen*, ISBN 978-3-662-40624-3 (978-3-662-40624-3_OSFO26),
is available at http://extras.springer.com

Tafel XXVII.

Luftheizapparate.

Additional material from *Leitfaden zum Berechnen und Entwerfen von Lüftungs-und Heizungs-Anlagen*, ISBN 978-3-662-40624-3 (978-3-662-40624-3_OSFO27), is available at http://extras.springer.com

Tafel XXVIII.

Luftheizapparate.

Figur 1 und 2. **Luftheizapparat** von Käuffer & Co.

„   3 „ 4.   **desgl.**   von Eisenwerk Kaiserslautern.

Additional material from *Leitfaden zum Berechnen und Entwerfen von Lüftungs-und Heizungs-Anlagen*, ISBN 978-3-662-40624-3 (978-3-662-40624-3_OSFO28), is available at http://extras.springer.com